轻松学编程

云端应用与游戏开发

[英] 罗伯 · 迈尔斯（Rob Miles）/ 著
周子衿 / 译

清華大學出版社
北 京

内 容 简 介

本书依据认知心理学相关理论，专门针对初学者设计了结构和内容，帮助初学者运用 JavaScript 在云端开发小程序和游戏，全书分为三个部分，分别介绍了云、如何创建基于云的小程序以及如何利用云技术来进行应用和游戏开发。书中通过视频的方式来辅助读者学习，对提高学习效率很有帮助。

本书适合打算成为高效率云开发人员的读者，能帮助他们在云端开发云原生小程序和游戏。

北京市版权局著作权合同登记号 图字：01-2023-5220

Authorized translation from the English language edition, entitled Begin to Code: Building apps and games in the Cloud 1e by Rob Miles, published by Pearson Education, Inc, Copyright © 2023 by Pearson Education, Inc.

图书在版编目(CIP)数据

轻松学编程：云端应用与游戏开发 /（英）罗伯 • 迈尔斯（Rob Miles）著；周子衿译. —北京：清华大学出版社，2024.6

ISBN 978-7-302-65744-6

Ⅰ. ①轻… Ⅱ. ①罗… ②周… Ⅲ. ①游戏程序—程序设计 Ⅳ. ①TP311.5

中国国家版本馆CIP数据核字（2024）第052876号

责任编辑：文开琪
封面设计：李 坤
责任校对：方 媛
责任印制：杨 艳
出版发行：清华大学出版社
网 址：https://www.tup.com.cn，https://www.wqxuetang.com
地 址：北京清华大学学研大厦A座 邮 编：100084
社 总 机：010-83470000 邮 购：010-62786544
投稿与读者服务：010-62776969, c-service@tup.tsinghua.edu.cn
质量反馈：010-62772015, zhiliang@tup.tsinghua.edu.cn
印 装 者：三河市君旺印务有限公司
经 销：全国新华书店
开 本：170mm×230mm 印 张：32.5 字 数：673千字
版 次：2024年7月第1版 印 次：2024年7月第1次印刷
定 价：159.00元

产品编号：103898-01

前　言

虽然第一台计算机问世已超过七十年，然而程序的基本功能却始终保持不变，仍然像以前那样接收数据、处理数据和输出数据。但是，随着技术的进步，从中央主机到个人电脑，再到云，程序的创建、部署和使用方式却发生了显著的变化。

有了云计算，开发人员如虎添翼，可以借助于云计算服务进一步发挥程序的潜力。通过云计算服务，个人的创意可以快速转化为供全球用户访问的解决方案。本书的目的是讲述云计算的发展历程，识别眼前面临的挑战，帮助你掌握云端应用或服务的开发，最终帮助你成为优秀的云端开发人员。通过本书，可以学习云计算环境下的编码技巧、在本地机器上应用云计算、代码与数据的托管策略，以及如何使用协作软件组件构建应用或服务。

云端开发并不容易。然而，有价值的事情，往往不都需要投入足够的努力和时间吗？刚开始的时候，你可能无法理解云解决方案的多个组件及其协同工作的方式。同时，还必须准备好应对潜在的干扰，包括破解甚至工作成果被窃取。此外，了解云计算的正面影响和负面影响也至关重要。只要坚持不懈，就能够掌握云端应用开发的刚需技能，向全世界展示自己的创造力。

本书的结构

本书分为三部分，各部分基于前一部分的知识，并且始终锁定一个目标：让读者成为一名优秀的云端开发人员。

- 第Ⅰ部分“云计算”

首先探讨云的起源及其发展的驱动因素。接下来，使用 JavaScript 构建应用程序，学习语言特性和应用库。最后，构建在浏览器中运行的应用，编写可在云端执行的服务器代码。

- 第Ⅱ部分“云端应用开发”

首先学习 HTML 文档对象模型，并用它创建一个互动游戏。然后讨论如何把游戏部署到云端，开放给全球有兴趣的用户访问。最后，设计和构建一个云端应用。这部分内容展示了一个云端应用如何从最初的想法到最后准备就绪以部署到云端。

- 第Ⅲ部分“巧用云服务”

首先介绍提升应用程序质量的技术和工具。然后探讨如何在文件和数据库中存储应用程序的数据。接下来，创建登录系统，并实现基于角色的安全机制。最后，探索一系列由 JavaScript 驱动的新技术，包括构建个人云、连接硬件设备到服务器、将应用程序与物联网设备相连，以及开发基于精灵的游戏。

- 专业术语详解

为了帮助你掌握云端编程的基本术语，本书提供了一份详尽的专业术语详解，包括你可能未曾见过或在之前其他背景下见过的相关定义。这份术语详解可在 https://begintocodecloud.com/glossary.html 查看英文版，也可以扫码访问中文版。

术语详解

如何使用这本书

使用本书的最佳方法是在没有电脑的环境下先行阅读每一章节，例如在通勤路上（除非你得自个儿开车上下班）。之后，在电脑前实践书中的示例和练习，以便在无压力的情况下先尝试理解理论和背景知识，然后通过实践来加深理解。每 1 章开篇是概述，描述计划要学习的内容，最后以提问的方式结束，旨在帮助你检验理解并激发思考。

动手实践

本书特别强调动手实践，因而提供了很多编程练习。每个实践都从示例讲解开始，然后提供详细的步骤供大家自行尝试。完成的程序可在 Windows、macOS 或 Linux 上运行。每个动手实践还附带二维码，扫描后可直接观看指导视频，也可以访问 https://www.youtube.com/watch?v=LQJOm9zFfNk 在线观看[①]。

00- 简介

代码分析

学习编程的另一个妙招是研究别人写的代码，并找出代码的作用（有时研究的是代码为什么不起作用）。在本书中，你将看到“代码分析”这样的特色段落。此外，还有一些调试练习，教你如何在代码运行时对它们进行观察。

程序员观点

本书将分享作者多年来对编程教学和软件开发的洞见，旨在帮助你从专业视角看待软件开发。这些观点覆盖编程、人文和哲学等领域，强烈建议仔细阅读。

① 译注：有条件的读者可直接访问作者上传到 YouTube 的视频。

彩色代码

本书采用明亮的配色和插图，代码示例使用颜色突出显示，以助于理解。在JavaScript示例中，关键字为蓝色，字符串为红色，数字和注释为绿色。在HTML示例中，元素和定界符为棕色，属性名为红色，属性值为蓝色。

需要准备的设备

若要运行书中的程序，需要准备一台电脑和一些软件。虽然书中示例用的是Edge浏览器，但也可以选择Chrome、Firefox或Safari。本书还要介绍如何使用Visual Studio Code开发环境。所有示例应用都是采用个人免费版技术创建的，尽管某些服务需要先注册账号，但并不会产生费用。

电脑或笔记本电脑

Windows、macOS或Linux操作系统都可以用来创建和运行本书提供的程序。虽然不要求电脑配置特别高，但至少要具备以下最低要求：

- 1 GHz或更快的处理器，推荐英特尔i5或更高；
- 至少4 GB内存（RAM），推荐8 GB以上；
- 256 GB硬盘空间，安装JavaScript框架和Visual Studio Code的话，需要约1 GB空间。

对图形显示无特殊的要求，但高分辨率的屏幕有助于我们在编程时查看更多内容。

编程经验

请注意，本书不会专门讲解程序的功能以及编程基础知识，而是假定读者有一定的编程基础，尤其是JavaScript。本书要在云计算的应用场景中介绍大量编程技术。书中提供丰富的实例，旨在为大家提供灵感，自由驰骋于云端应用开发的世界。云计算已在多样化的应用场景中得到广泛运用，涵盖了从实用的应用程序开发到通过物联网设备控制室内照明，再到打造引人入胜的互动体验等诸多方面。

可以选择自己熟悉的编程语言来开发云应用。具体到JavaScript，自从它成为网页浏览器的内置语言以来，就与云计算的发展紧密相连。JavaScript尤其适合用来进行云端开发，因为它拥有大量的支持库，这些库为解决方案的开发提供了便利。

拥有JavaScript经验的读者更容易快速掌握本书介绍的概念和技巧。即使只是熟悉其他编程语言，如C、C++、Java或Python，也能够理解本书提供的示例代码。编程是一种普遍适用的技能，不同的编程语言只是将程序指令表达给计算机的不同工具而已。再次重申，为了帮助你更好地理解，我编纂了一份术语详解，列出了你可能不太熟悉或在不同背景下见过的专业术语。英文版术语详解可通过以下网址查阅：https://begintocodecloud.com/glossary.html。

书籍配套资源

本书包含 52 个代码示例、35 个代码分析和 67 个动手实践视频[①]。在本书的前几章中，读者可以使用托管在本书官方网站 https://begintocodecloud.com/ 的代码进行学习。之后，可以在 GitHub 上复制并使用本书提供的资源，网址是 https://github.com/Building-Apps-and-Games-in-the-Cloud。详细的操作说明在后文中给出。

勘误、更新和图书支持

我们始终倾尽全力保证本书及其配套资源准确无误，勘误信息在以下页面发布：

MicrosoftPressStore.com/BeginCodeJavaScript/errata

如果发现尚未在此列出的错误，请在同一个页面提交给我们。

至于其他书籍的支持和信息，请访问以下页面：

http://www.MicrosoftPressStore.com/Support

请注意，这里不提供对微软软件和硬件产品的支持。若想获取有关微软软件或硬件的帮助，请访问以下页面：

http://support.microsoft.com

保持联系

保持联系！请关注我们的推特账号：

http://twitter.com/MicrosoftPress

① 说明：作者在 YouTube 上提供了本书的视频合集，扫描以下二维码即可查看。在后文的动手实践中，大家可扫码查看合集，从中选择观看与当前动手实践相关的视频。如果无法访问 YouTube，可以扫码添加小助手，备注“Miles 轻松学编程”。

英文视频合集

小助手

动手实践一览

代码分析一览

程序员观点一览

简明目录

详 细 目 录

第 I 部分　云计算

第Ⅱ部分 云端应用开发

第 III 部分 巧用云服务

第 I 部分

云计算

首先，回顾和探究云技术的起源及推动其高速发展的诸多因素。然后，开始使用 JavaScript 来构建应用程序，同时在这个过程中深入学习其语言特性及其库的具体用法。最后，构建一个可以在浏览器中运行的应用程序，开发在云端运行的服务器代码。

第 1 章
代码与云

本章概要

在这一章中，首先阐述云计算的基础知识，以及什么样的应用程序才能被称为“基于云”。然后探索 JavaScript 函数如何实现浏览器中代码与 JavaScript 环境的交互，以此来开始 JavaScript 学习之旅。接下来，展示程序如何在网页浏览器中运行，以及如何通过开发者工具直接与在浏览器中运行的代码进行交互，以在程序运行期间查看其内部运作情况。

在这里，我要假设你对编程有一定的了解。一旦有不清楚的地方，就可以随时参考在线术语详解，网址为 https://begintocodecloud.com/glossary.html，看看我所用的定义。

1.1 什么是云

如今，互联网已经渗透到了我们的日常活动中。无论是预定餐厅、买书、还是与朋友保持联系，都可以通过网络服务来进行。这些服务，我们现在称之为“云服务”。但到底什么是云呢？它能够做什么？我们又该如何使用它呢？在云技术出现之前，我们的互联网活动是如何进行的呢？且慢，让我们先回顾一下历史。

1.1.1 万维网

万维网（World Wide Web）[①]和互联网（又称“因特网”）[②]，这是两个不同的概念。互联网最初是为了方便远程软件连接而发明的，电子邮件是其早期最主要的应用。通过接入互联网的邮件服务器，电子信息取代纸质信息，实现了为用户管理邮箱这项服务。

后来，万维网诞生了，使得文档的处理变得更加简单。人们不必获取和阅读纸质文档，使用浏览器程序从网页服务器加载电子副本即可。这些电子文档可以包含链接至其他文档的链接，由此免去了找纸质文档的麻烦。

图 1-1 展示了网页是如何工作的。用户通过浏览器向网页服务器发送请求，获取文档，然后文档被发送回浏览器供用户阅读。随着网络的进步，后期的网络版本增添了图形功能，使得文档中可以包含图片。

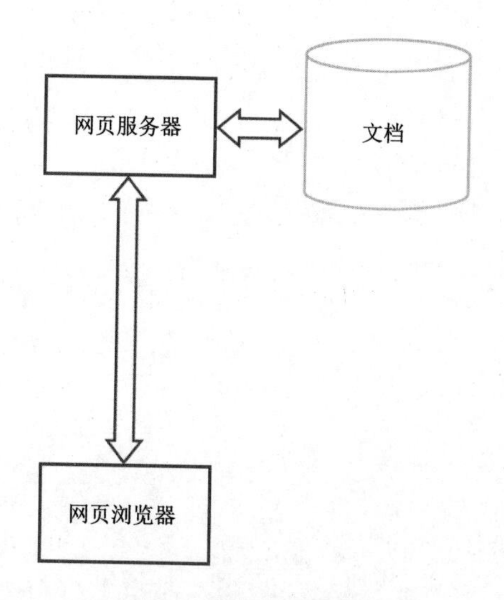

图 1-1 浏览器和服务器

① 译者注：1989 年，蒂姆·伯纳斯·李在欧洲原子核研究所（CERN）开发出世界上第一个 Web 服务器和第一个 Web 客户机。1994 年，我国中科院高能所有了中国第一台 WWW 服务器，并推出网站 www.ihep.ac.cn。

② 译者注：1969 年，阿帕网（ARPANET）标志着互联网的诞生。

1.1.2 将网页放到云端

在互联网的初期，如果想建一个网站，就需要搭建自己的服务器。如果网站的访问量剧增，可能还需要加强现有服务器的处理能力或采购额外的服务器来应对激增的访问量。结果很有可能发现，额外的这些服务器处理能力只在需求高峰时才得到了充分利用，在其余时间，这些昂贵的硬件其实处于闲置状态。

通过将计算资源变成可以买卖的云服务，云计算技术解决了这个问题。现在，再也不需要搭建自己的服务器，而是在云中租用空间，并委托第三方来托管自己的网站。如此一来，在计算资源上的费用与服务需求成正比，再也不需要为自己用不到的资源付费了。更重要的是，有了云，我们可以创建和部署新的服务，用不着自己动手搭建昂贵的服务器。大多数云厂商（也称“云服务供应商”，比如华为云、阿里云和腾讯云等）甚至还提供免费的计划来帮助新手起步。

如此一来，在使用网络服务（包括万维网）时，连接的服务器可能是云厂商自有的（比如，Facebook 就投入了大量资金搭建自己的服务器），也可能是云厂商托管的。在后文中，我们将了解如何在选定的云厂商那里创建账户并在云端构建服务。

图 1-2 展示了网页服务器是如何工作的。网页服务器和文档都托管在云端。值得注意的是，可以混合使用不同的云厂商，从而将文档托管在一处，服务器托管在另一处。从服务用户的角度来看，基于云的网站和基于服务器的网站在使用上并无差异。

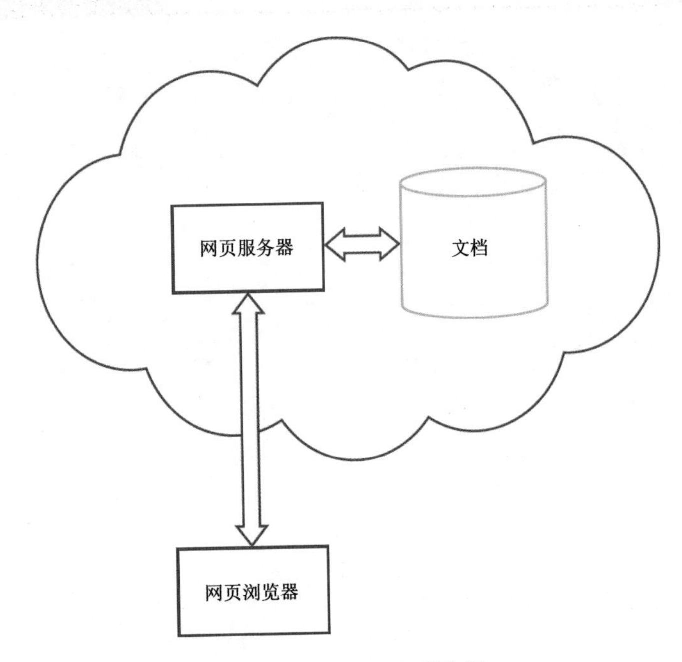

图 1-2 云端服务器与浏览器

图 1-3 展示了一个可以用来执行一个小调查的云服务（我们将在第 8 章中创建）。可以访问 https://tinysurvey.azurewebsites.net/，找到我这个版本的服务。如果你输入 robspizza 作为主题并单击 Open 按钮，就可以参与调查来决定我晚饭吃什么。

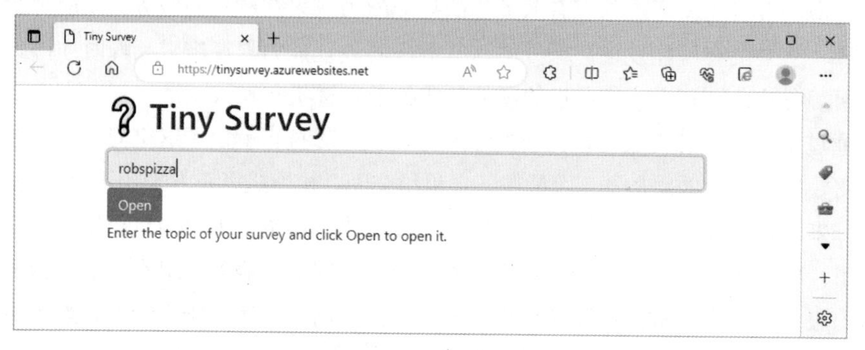

图 1-3　云服务的应用

云服务的管理可以通过网页来进行。图 1-4 展示了之前在图 1-3 中展示的服务在 Azure 门户（Azure Portal）上的概览页面，包括页面接收的流量和响应时间。此页面为服务管理和诊断提供了多个工具选项，这些工具可以用来扩大服务的容量，以支持更多的用户。这里使用的是免费服务，它支持的用户数量对演示和测试是够用的。

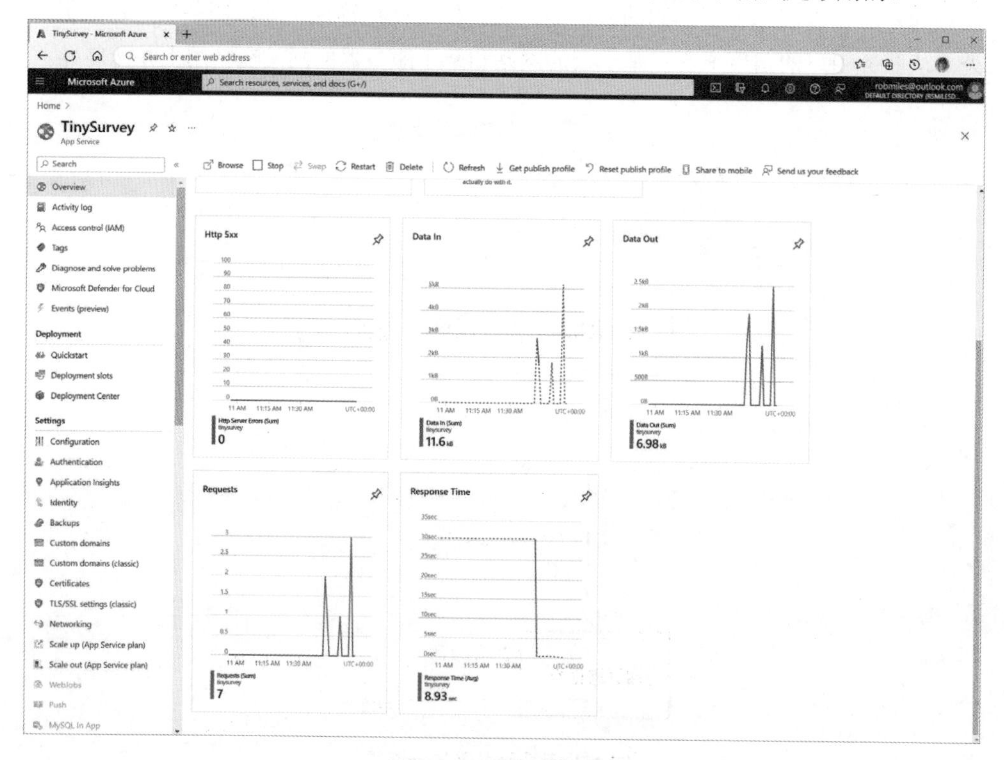

图 1-4　云服务的管理

云是企业以服务的形式提供计算资源的一种手段。它隐藏了计算资源的物理位置，只提供一个逻辑地址给用户建立连接。我们可以通过云服务托管应用，并通过网址让其他人来访问。云厂商会为其托管的每项服务提供一个管理界面。下一个小节，我们要研究一下 JavaScript 语言。

程序员观点

云计算的流行，是开发者的风口

想当年，我在学习编程的时候，想要向人们展示自己的工作成果是非常困难的。我只能把自己的打孔卡寄给别人（每张卡上的孔代表一行代码），而收件人的计算机很可能无法运行这个程序。但如今，只需要编写一些 JavaScript 代码，并将其托管到云平台，就可以把自己的创作成果展示给全世界看。这种变革赋予了我们极大的力量。如今，最难的部分不是开发，而是推广并让人们知道它的存在。可以参考第 2 章中的'程序员观点'，其中两个观点——“开源项目是个人职业生涯的绝佳起点”和“GitHub 也是一个社交网络”为开发人员提供了一些有用的职业发展提示。

1.2 为什么要选用 JavaScript

综上所述，云的作用我们现在已经知道了。云提供了一种途径，有了它，我们可以在互联网上购买或（在某些情况下）免费获取空间，并将服务托管到这些空间中。JavaScript 被认为是“最适合用来开发云应用的编程语言”。让我们来看看这是什么意思。

最初，浏览器的功能仅限于显示从服务器接收到的信息。随着时间的推移，人们意识到如果浏览器能够运行加载自网站的程序，有望显著提升用户体验。嵌入程序到网页中，可以使网页具有交互性，同时又不至于增加与网页服务器之间的数据交换。用户可以与在浏览器中运行的程序进行交互，而无需服务器直接参与交互过程。在浏览器中运行的程序可以创建动态效果，或者在发送用户输入到服务器之前先校验其正确性。

JavaScript 是浏览器内部运行的编程语言，它有几个不同的版本，早期版本缺乏标准化。不同公司的浏览器提供不同的功能集，而这些功能集的使用方式也各有不同。不过，这个问题现在已经得到了解决。现在的语言规范基于 ECMA 标准组织管理的全球标准，本书将使用该语言的 ES6 版本。

图 1-5 展示了一个现代的、支持 JavaScript 的浏览器和服务器通过 JavaScript 实现了协同工作。网页和服务器程序都包含 JavaScript 元素，并且文档存储已经被一系列可以包含 JavaScript 代码的资源所取代。

如今，JavaScript语言已经得到了广泛的应用。当你访问一个网站时，几乎都会运行JavaScript程序。有一种技术名为Node.js，它使得JavaScript能够扩展应用到服务器端，以响应来自浏览器的请求。通过Node.js，运行于云端的JavaScript程序生成了如图1-5所示的网页。稍后，我们将研究这是如何实现的。在本章的剩余部分中，将专注于在网页浏览器中运行JavaScript程序。首先，关注第一个所谓的“JavaScript英雄”：JavaScript函数。

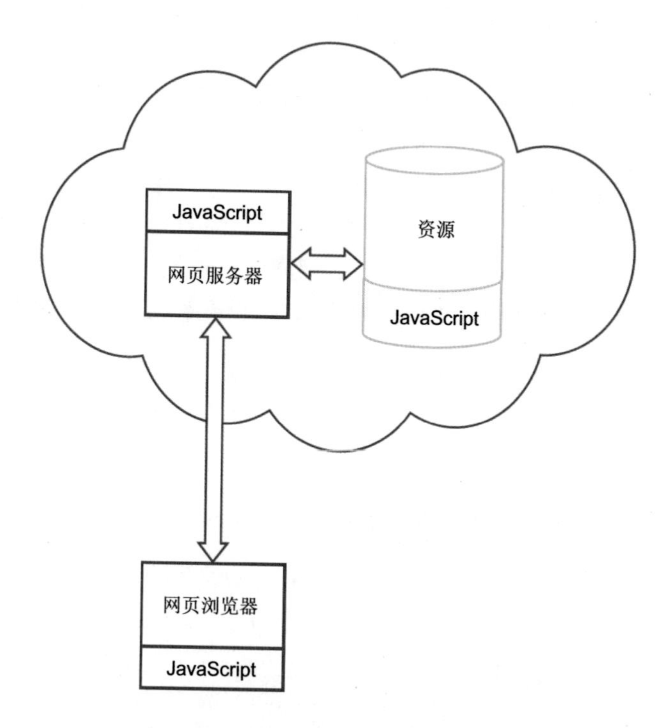

图1-5 JavaScript驱动的网页

1.2.1 JavaScript英雄：函数

这是第一个JavaScript英雄。所谓的JavaScript英雄，是指在创建云端应用程序时，JavaScript语言中非常有用的一些特性。云端应用的构建与事件紧密相关。无论是用户单击鼠标、服务器接收到消息，还是计时器到达设定时间，都可能触发事件。在所有这些情形下，都需要一种方法来指定事件触发时执行的行为。JavaScript中的函数大大简化了将代码连接到事件这个过程。即使你已经相当熟悉编程语言中的函数，但我仍然建议你认真阅读这个小节，因为JavaScript的函数实现方式独特而有趣，我相信你至少能发现一个全新的相关知识点。我们先大致了解一下函数，然后再深入研究JavaScript的函数到底特殊在哪里。

1.2.2 JavaScript 函数对象

在 JavaScript 中，函数被视为对象，它包含一组语句，即函数体，这些语句在函数调用时执行。函数对象包含一个 name 属性，后者提供函数的名称。我们可以通过函数的名称调用函数，此时程序执行就转到函数体内的语句。函数执行完毕后，程序执行返回到调用该函数的语句之后。函数可以设计为接受要处理的值，也可以设计为返回一个结果值。

以下代码定义了一个函数，命名为 doAddition。函数定义包括函数头部（带有函数名及其接受的参数）以及函数体，即当函数被调用时执行的代码块。该函数计算两个值的和，并通过提示框显示结果。

```
function doAddition(p1, p2) {
  let result = p1 + p2;
  alert("Result: " + result);
}
```

alert 函数是浏览器 API 提供的众多内置函数之一。学习如何使用系统提供的 API 函数是成为高效开发者的关键环节。

程序员观点

不必掌握所有的 JavaScript API 函数

有数以千计的函数可供 JavaScript 程序使用，包括 alert 函数。有人可能认为需要了解所有函数，但事实上并非如此。尽管没有人知道所有可供 JavaScript 程序使用的函数，但许多人都很擅长使用搜索引擎来找到自己需要的函数。不要害怕搜索查找，也不要因为没有全部记住而感到自责。

通过以下代码，调用 doAddition 函数，并传入 3 和 4 作为参数。这些值在函数中作为参数 p1 和 p2 使用。随后将显示一个提示框，提示框中显示 7 的值：

```
doAddition(3, 4);
```

图 1-6 展示了函数运行时显示的提示框，该提示框顶部通常显示浏览器的名称。alert 函数是我们见到的第一个 JavaScript 函数，它要求浏览器显示一条消息，然后等待用户单击 OK 按钮。从 API 的角度看，我们可以说 alert 函数接受一个字符串并显示它。

图 1-6 提示框

1.2.3 揭开 JavaScript 的神秘面纱

如果可以观察 `doAddition` 函数的运行过程，会不会更好？事实上，我们真的可以！现代浏览器内置开发者工具，后者用来查看网页内容、逐步执行程序代码，还可以运行单独的 JavaScript 语句。启动开发者工具的方法取决于浏览器。表 1-1 展示了在不同浏览器和操作系统中打开开发者工具的快捷键。请注意，每个浏览器的控制台看起来可能稍有不同，但要用的功能是所有浏览器都有的。现在，我们要开始第一次动手实践。我们将使用开发者工具在浏览器中探索函数。

操作系统	浏览器	快捷键	注意事项
Windows	Edge	F12 或 CTRL+SHIFT+J	第一次使用时，须按要求确认此操作
Windows	Chrome	F12 或 CTRL+SHIFT+J	
Windows	Firefox	F12 或 CTRL+SHIFT+J	
Windows	Opera	CTRL+SHIFT+J	
Macintosh	Safari	CMD+OPTION+C	需要在“设置”|“高级”中选择“在菜单栏中显示‘开发’菜单”以启用它
Macintosh	Edge	F12 或 CTRL+SHIFT+J	
Macintosh	Chrome	CMD+OPTION+J	
Macintosh	Firefox	CMD+SHIFT+J	
Macintosh	Opera	CMD+SHIFT+J	
Linux	Chrome	F12 或 CTRL+SHIFT+J	此快捷键同样适用于 Raspberry Pi 上的 Chromium 浏览器

动手实践 01

扫描二维码查看作者提供的视频合集或者直接访问 https://www.youtube.com/watch?v=Aa2xf BSlHz8，观看本次动手实践的视频演示。

在控制台中探索函数

在这个动手实践中，我们将在浏览器中打开开发者工具，并在控制台中运行 JavaScript 代码来调用刚才创建的函数。本书所有的示例代码都可以在云端获取。可以在 begintocodecloud.com 找到示例页面。打开这个网站，向下滚动到 Sample Code（示例代码）部分。

这个部分列出了每个示例页面的链接。对于这里的第一个示例，可以单击选中 Ch01-What_is_the_cloud/Ch01-01_Explore_functions_in_the_console。

就这样打开本次动手实践的网页。按下对应的快捷键（详见表 1-1），在浏览器中打开开发者工具。

开发者工具将在页面的右侧打开。单击分隔代码区域和开发者工具的竖线并将其拖动到左侧，借此扩大工具区域。网页的大小会自动调整。开发者工具包含几个不同的标签页。现在，单击“控制台”标签页打开控制台。

当我们在控制台输入 JavaScript 语句并按下 Enter 键时，语句会立即执行。控制台提供了提示符 >，可以在此输入语句。在控制台中单击鼠标，然后输入 doAddition，观察会发生什么。

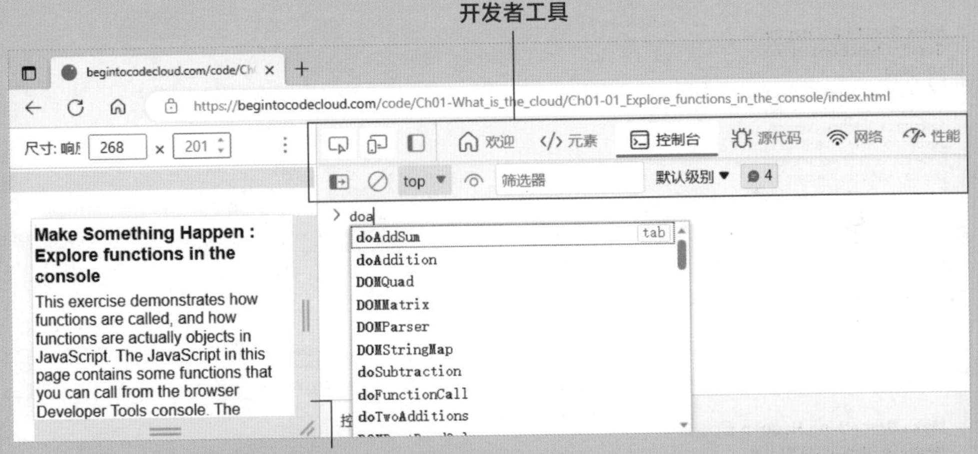

在键入代码时，控制台会提供一系列选项来帮助你自动完成代码。你可以选择一个选项来自动完成代码，省得手动输入整个语句。使用箭头键或鼠标在菜单项中上下移动。在列表中单击 doAddition，或者高亮显示它并按 Tab 键。现在，我们要添加两个参数 3 和 4，以完成函数调用的其余部分：

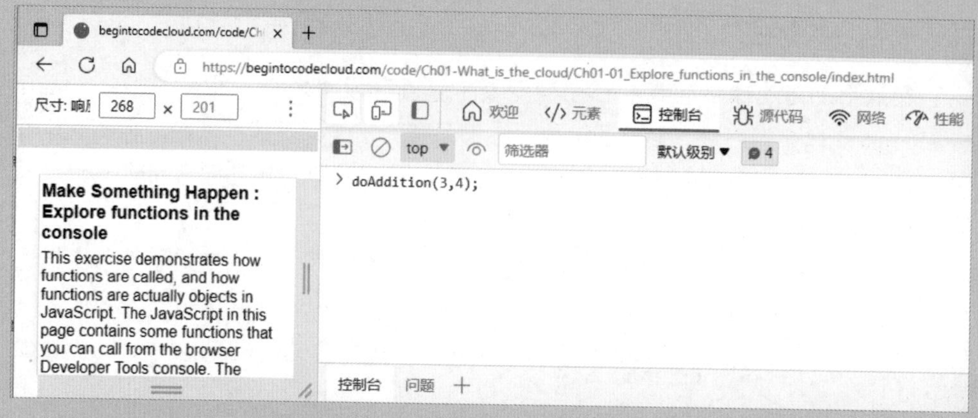

一旦完成，控制台就应该看起来和上图一致。现在，按下 Enter 键执行函数。

如下图所示，`alert` 函数运行并显示了一个包含结果的提示框。请注意，此时我们无法在控制台中输入新的语句，唯一能做的就只有单击“确定”按钮关闭提示框。

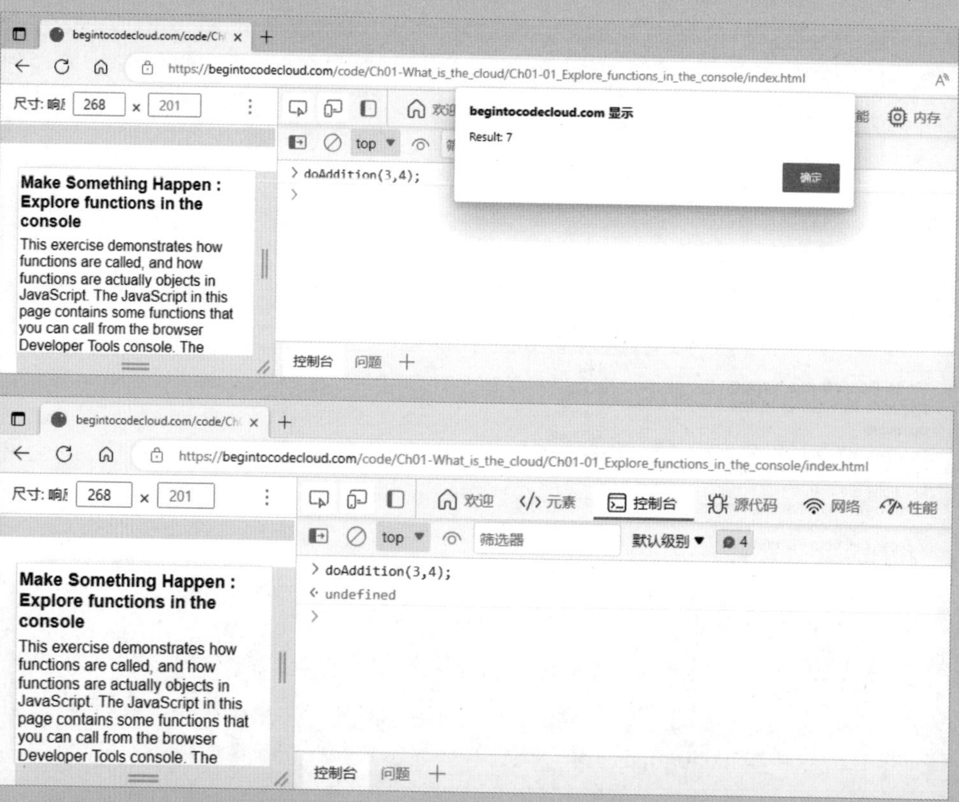

单击“确定”按钮后，提示框消失了，`doAddition` 函数执行完毕。现在，我们可以在控制台中输入更多命令了。

代码分析 01

调用函数

在“代码分析”这个特殊主题中，我们要检查刚刚学到的知识并解答一些可能的问题。你可能对 JavaScript 中的函数调用有一些疑问。请不要关闭浏览器和其中显示的控制台。

1. 问题：在 doAddition 函数运行完毕后，控制台中显示的 undefined 消息是什么意思？

解答：控制台接收一个 JavaScript 语句，执行它，然后显示该语句生成的值。如果该语句计算出了一个结果，那么该语句就有这个结果的值。这意味着你可以将控制台用作计算器。如果在控制台中输入 2+2，那么它将显示 4。

```
> 2+2
< 4
```

表达式 2+2 是一个有效的 JavaScript 语句，它返回计算结果的值。因此，控制台显示 4。

然而，doAddition 函数并不产生结果。它没有值可以返回，所以它返回了一个特殊的 JavaScript 值，也就是“undefined”。稍后我们将探索一些会返回实际值的 JavaScript 函数。

2. 问题：如果试图调用一个不存在的函数会怎样？

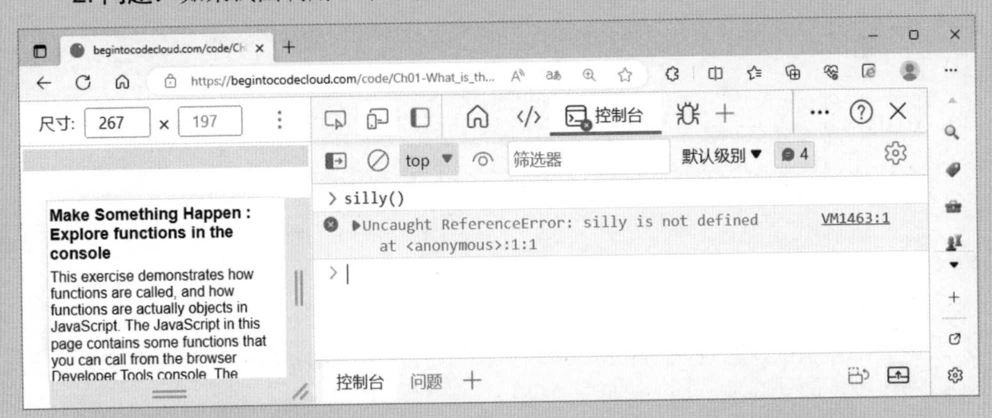

解答：在上图中，可以看到当我试着调用一个 silly 函数时得到的结果。JavaScript 指出这个函数未被定义。

3. 问题：如果把两个字符串相加会怎样？

解答：在 JavaScript 中，可以通过用双引号或单引号中来表示一个字符串。

```
> doAddition("hello","world");
```

以上 doAddition 调用接收两个字符串参数。当函数运行时，p1 的值被设为“hello”，p2 的值被设置为“world”。该函数使用运算符 + 将两个参数相加，以此来得到结果。

```
let result = p1 + p2;
```

在前面，可以看到在 doAddition 函数中的语句计算了函数的结果值。这个语句定义了一个名为 result 的变量，然后将其设为两个参数的和。我们将在第 3 章中深入研究 let 关键字（另外，也可以在术语详解中找到 let）。JavaScript 根据加法的上下文选择了运算符 + 进行操作。举例来说，如果 p1 和 p2 都是数字，那么 JavaScript 将使用数值版的加法运算符 +。

如果 p1 和 p2 是文本字符串，那么 JavaScript 将使用加法运算符并将 result 的值设置为一个包含 helloworld 文本的字符串。一个有趣的尝试是将字符串与数字相加并观察 JavaScript 如何处理这种情况。如果查看 doAddition 函数本身，那你会找到一条执行此操作的语句。

4. 问题：如果从一个字符串中减去另一个字符串会怎样？

解答：将两个字符串加在一起是有意义的，但是从一个字符串中减去另一个字符串就不太合理了。我们可以研究一下这样做会怎样，因为这个练习的网页中包含一个名为“doSubtraction”的函数。通常，我们会给这个函数提供数字参数。来看看如果使用字符串会怎样。

```
> doSubtraction("hello","world");
```

如果做了以上的 doSubtraction 调用，那么 alert 将会显示以下信息：

```
Result: NaN
```

NaN 值代表着“非数字”（not a number）。减法运算符 - 只有一个版本，即数值版的。然而，当尝试对两个字符串执行减法操作时，由于这在语义上无意义，所以这样的操作无法产生一个数值结果。所以，操作的结果是将 result 的值设为特殊值 NaN，以表示结果并非数字。可以在专业术语详解中进一步了解 NaN。

5. 问题：为什么一些字符串用双引号括起来，而另一些用单引号？

解答：当调试控制台向你展示一个字符串值时，它会用单引号括起这个字符串。然而，在程序的某些部分中，字符串是用双引号来界定的。在 JavaScript 中，双引号或单引号都可以用来标识字符串的开始和结束。

6. 问题：这些函数是从哪里来的呢？

解答：这是个好问题。这些函数的声明是从 begintocodecloud.com 服务器加载到浏览器的网页中的。若想使用开发者工具查看这个文件，就必须从控制台视图切换到源代码视图。请单击靠近顶部的行中的“控制台”标签旁边的“源代码”标签。

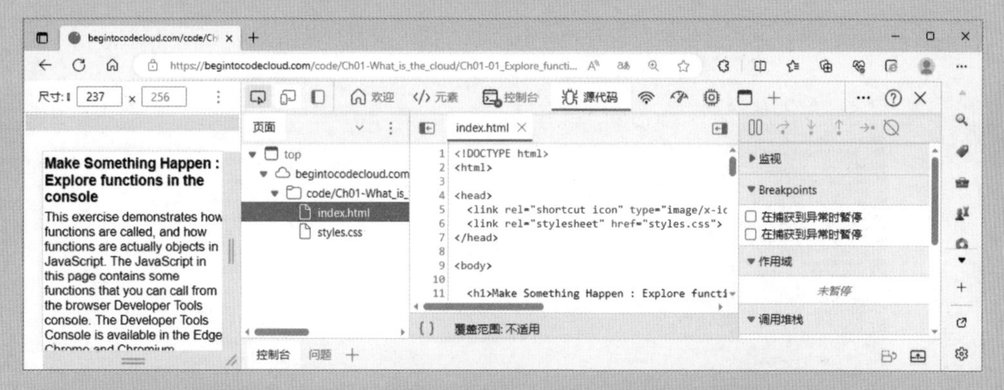

以上源代码视图展示了当前访问的网站背后所有的文件。该网站有两个文件：

- 一个 styles.css 文件，其中包含样式定义（我们将在第 2 章中更详细地讨论）；
- 一个 index.html 文件，其中包含网页的文本和 JavaScript 程序。

如果选中 index.html 文件，如前所述，你会看到文件的内容，包括 `doAddition` 的 JavaScript 代码。还有另一个名为 `doTwoAdditions` 的函数，后者调用 `doAddition` 两次。

7. 问题：我们可以观察 JavaScript 的运行过程吗？

解答：当然可以。可以在一个语句处设置一个断点（Breakpoint），到达该语句时，程序会暂停，这样我们就可以一步一步地执行程序了。这是一个观察程序执行的好方法。如下图所示，通过单击行号左侧的边缘，在第一个 `doTwoAdditions` 语句处设置一个断点。

断点由红色的远点标记，它会使程序在到达第 31 行时暂停。现在我们需要调用 `doTwoAdditions` 函数。选择“控制台”标签，输入以下代码，然后按 Enter 键：

```
> doTwoAdditions();
```

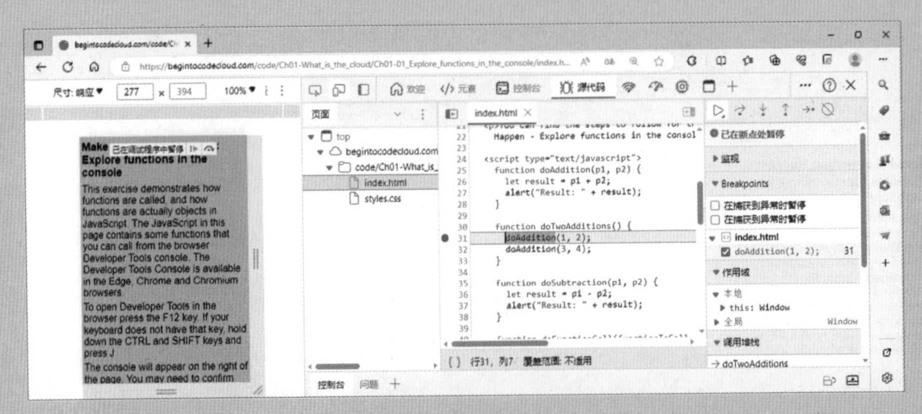

在上图中，可以看到当断点被触发后的情景。浏览器显示程序在设有断点的语句处暂停。页面右侧的控制按钮是这个视图中最有趣的。

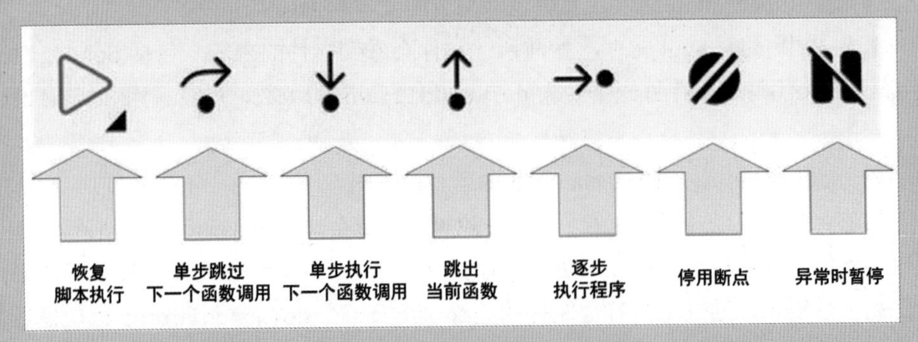

上图中的控制按钮虽然看起来有些抽象，但非常有用。它们控制浏览器如何执行程序。首先，我们将使用“**单步执行下一个函数调用**”按钮。按下这个按钮时，浏览器将执行程序中的一条语句。如果语句是函数调用，浏览器将单步执行该函数。可以使用“**单步跳过下一个函数调用**”按钮来单步跳过函数调用，并使用“**跳出当前函数**”来退出刚刚进入的函数。

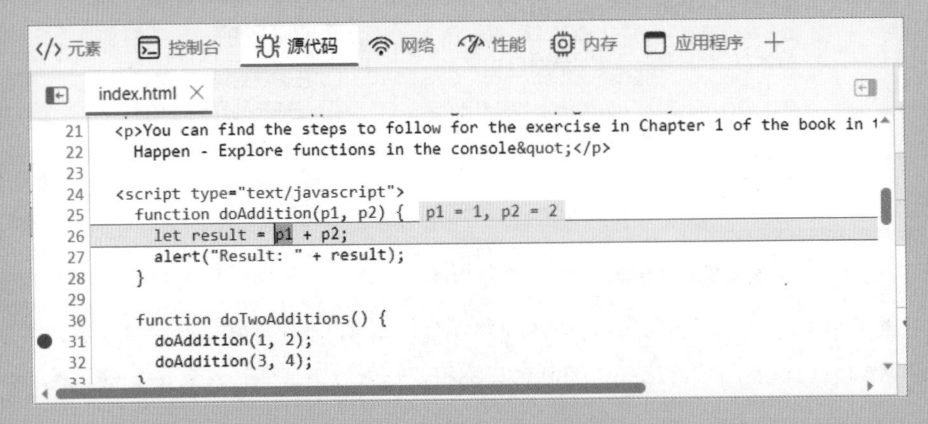

如上图所示，现在，高亮的行已经移到 doAddition 函数的第一条语句。调试器会向你显示参数中的值。如果继续在控制面板中按下“**单步执行下一个函数调用**”按钮，可以看到每条语句依次执行。请注意，当执行到第 27 行，调用 alert 函数的语句时，必须单击弹出提示框中的 OK 按钮。如果厌烦了这个逐步执行的过程，可以按下程序控制栏最左边的“恢复脚本执行”按钮来执行程序。可以通过单击第 31 行旁边的断点来清除它。

可以添加任意数量的断点，并在访问的任何网页上应用这种技巧。看到一个貌似简单的网站背后如此复杂是一件很有趣的事情。让浏览器停留在此页面，我们将在接下来的小节中进行更多操作。

1.2.4 对 JavaScript 函数对象的引用

我们已经知道，在 JavaScript 程序中，函数是由 JavaScript 函数对象来表示的。JavaScript 函数对象通过引用进行管理。程序可以包含引用变量，这些变量可以引用函数。

```
function doAddition(p1, p2) {
    let result = p1 + p2;
    alert("Result:" + result);
}
```

我们在前面看到过上述定义。它定义了 doAddition 函数，该函数将两个参数相加并显示结果。当 JavaScript 看到这个定义的时候，会创建一个代表该函数的函数对象以及一个变量，命名为 doAddition，引用的是函数对象。

```
doAddition(1,2);
```

以上语句调用 doAddition 函数，会弹出一个警告，显示“Result:3”。JavaScript 变量可以包含对对象的引用，因此你可以在程序中编写这样的语句：

```
let x = doAddition;
```

以上语句创建了一个变量，命名为 x，并使其引用与 doAddition 函数相同的对象。

```
x(5,6);
```

这条语句调用 x 所引用的内容，并向其传递参数 5 和 6。它调用的对象与 doAddition 所引用的是同一个（因为这就是 x 引用的内容），结果会弹出一个警告，显示“Result:11”。我们可以让变量 x 引用另一个函数，如下所示：

```
x = doSubtraction;
```

以上语句只在我们之前声明过一个名为 doSubtraction（用于执行减法操作）的函数时才能工作。这条语句让 x 引用该函数：

```
x(5,6);
```

当以上语句调用 x 时，将执行 doSubtraction 函数，并显示结果值“-1”，因为这是从 5 减 6 的结果。可以用函数引用做一些“邪恶”的事。请看以下语句：

```
doAddition = doSubtraction;
```

如果你明白这个语句有多么“邪”，就可以称自己为“函数引用忍者”了。这是个完全合规的 JavaScript 语句，意味着从现在开始，doAddition 的调用将运行 doSubtraction 函数。如果我把这个语句偷偷放入你的程序中，你会发现，当你以为程序在做加法运算时，它实际上却是在做减法运算，因为现在对 doAddition 的调用实际会执行 doSubtraction 中的代码。

1.2.5 函数表达式

可以在一些不同寻常的地方创建 JavaScript 函数。通常，我们习惯于将表达式赋值给变量。

```
let result = p1 + p2;
```

以上语句将表达式 p1+p2 赋给一个 result 变量。但其实也可以将变量赋给函数表达式：

```
let codeFunc = function (p1, p2) { let result = p1 + p2;
alert("Result: " + result); };
```

以上语句创建了一个函数对象，它和我们一直使用的 doAddition 函数有着相同的功能。虽然我们将整个函数都放在了同一行中，但语句是完全相同的。函数由一个 codeFunc 变量引用。我们可以像使用 doAddition 那样调用 codeFunc。下面的语句调用新的函数，并显示结果 17：

```
codeFunc(10,7);
```

1.2.6 被用作函数参数的函数引用

这可能是至今最令人困惑的小节标题，对此我深感抱歉。我想探讨的是如何将函数引用传入函数。换句话说，程序可以指定一个函数要调用哪个函数。在本章的后面部分中，将设定一个计时器，并指定它在到达设定的时间时调用哪个函数。这就是它的工作机制。

参数是调用函数时传入函数的。每次调用 doAddition 函数时，都会传递两个参数（p1 和 p2）。它们是需要相加的项。也可以使用函数的引用作为函数调用的参数。

```
function doFunctionCall(functionToCall, p1, p2){
    functionToCall(p1,p2);
}
```

前面的 doFunctionCall 函数有三个参数。第一个参数（functionToCall）是要调用的函数，第二个（p1）和第三个（p2）参数是在函数被调用时传入该函数的值。doFunctionCall 所做的就是用给定参数调用所提供的函数。虽然它看上去不是很有用，但它表明了我们可以创建一个接受函数引用作为参数的函数。可以像下面这样调用 doFunctionCall：

```
doFunctionCall(doAddition,1,7);
```

以上语句调用了 doFunctionCall 函数。第一个参数是对 doAddition 的引用。第二个参数是 1，第三个是 7。结果将是一个显示提示框，“Result:8”。可以使用 doFunctionCall 调用不同的函数来实现不同的行为。

可以进一步使用函数表达式作为函数调用的参数，如下面的语句所示。这个语句定义了一个函数，后者被用作 doFunctionCall 函数调用的参数。作为参数创建的函数没有名称，因此被称为匿名函数（anonymous function）。

```
doFunctionCall(function (p1,p2){ let result=p1+p2; alert("Result: "+result);},1,7);
```

动手实践 02

扫描二维码查看作者提供的视频合集或访问 https://www.youtube.com/watch?v=JjbIef-LaB8，观看本次动手实践的视频演示。

玩转函数对象

函数对象可能让人感到困惑。让我们运用调试技能来看看它们如何工作。首先，打开本书配套网站 begintocodecloud.com，然后打开 Ch01-What_is_the_cloud/Ch01-01_Explore_functions_in_the_console。按功能键 F12（或组合键 CTRL+SHIFT+J）打开开发者工具，从中选择“控制台”。

```
> let x = doAddition;
```

现在，按 Enter 键。

```
> let x = doAddition;
< undefined
```

控制台显示“undefined”，因为控制台总是显示语句返回的值，而赋值操作（这就是程序正在做的）并不返回任何值。执行完这个语句后，变量 x 现在指向 doAddition 函数。可以通过查看 x 的 name 属性来确认这一点。函数对象的 name 属性是函数的名称。键入 x.name，按 Enter 键，看看返回的是什么：

```
> x.name;
< 'doAddition'
```

控制台显示语句返回的值。在这个例子中，这个语句正在访问变量 x 的 name 属性，它是字符串 doAddition。

```
> x.name;
< 'doAddition'
```

现在，让我们使用一些参数来调用 x。键入下面的语句并按 Enter 键。

```
> x(10,11);
```

因为 x 引用 doAddition，所以你会看到一个显示值 21 的提示框。接下来，我们将把 x 函数的引用输入 doFunctionCall 调用，但在此之前，要设置一个断点来观察程序的运行。如下图所示，选择“源代码”标签，滚动查看 index.htm 源文件，直到找到 doFunctionCall 的定义。单击第 41 行的左边栏，将断点设置在第 41 行函数内部的语句。

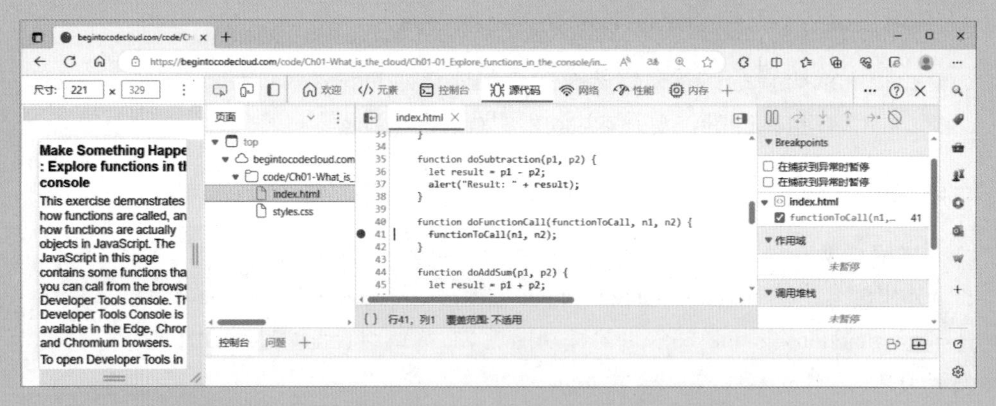

现在，返回到控制台视图，键入以下语句，并按 Enter 键。

```
> doFunctionCall(x,11,12);
```

按下 Enter 键时，控制台调用 doFunctionCall。当它达到函数中的第一条语句时，会触发断点并暂停。

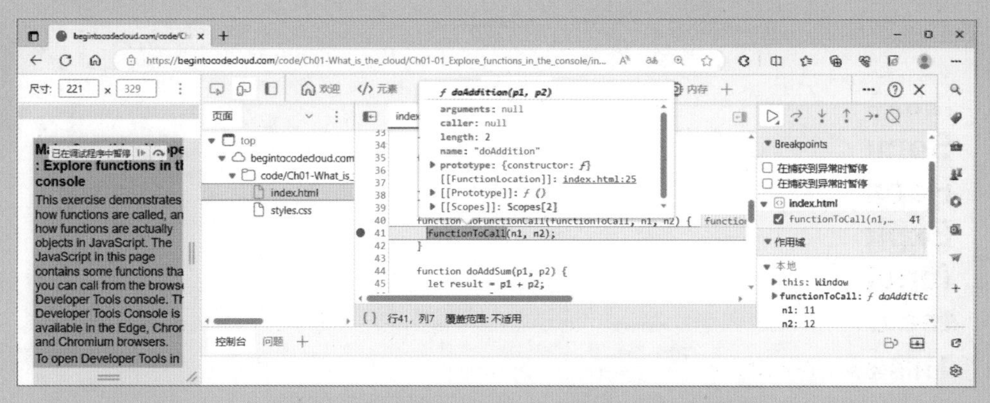

由上图可知，程序已经暂停。程序进入了 doFunctionCall 函数，并将函数的参数设置成我们提供的参数。如果把鼠标指针悬停在第 41 行的 functionToCall，会看到参数值的完整描述，表明该参数引用了 doAddition 函数。

每次按下控制按钮中的“**单步执行下一个函数调用**”，都会执行一条程序语句。可以反复按这个按钮来逐步执行程序并观察它的行为。多次按下这个按钮，你会看到程序进入了 doAddition 函数，计算结果，并在弹出的提示框中显示结果。单击提示框中的 OK 按钮关闭提示框。现在，按最左边的“恢复脚本执行”按钮来完成这个调用。最后，返回控制台，为本次动手实践的最后一个环节做准备。

在最后一个环节中，将创建一个匿名函数，并将它传入 doFunctionCall 的调用。该函数将被定义为 doFunctionCall 的一个参数。接下来要输入的语句有点长，必须确保完全正确，才能让它正常工作。好消息是，控制台会给出合理的输入建议。如果出现错误，我们可以按上箭头键返回错误行，然后输入正确的文本：

```
> doFunctionCall(
   function (p1,p2){let result=p1+p2;alert("Result: "+result);},
   1,7)
```

现在，按 Enter 键执行这个语句。程序触发和之前相同的断点，但显示有所不同：

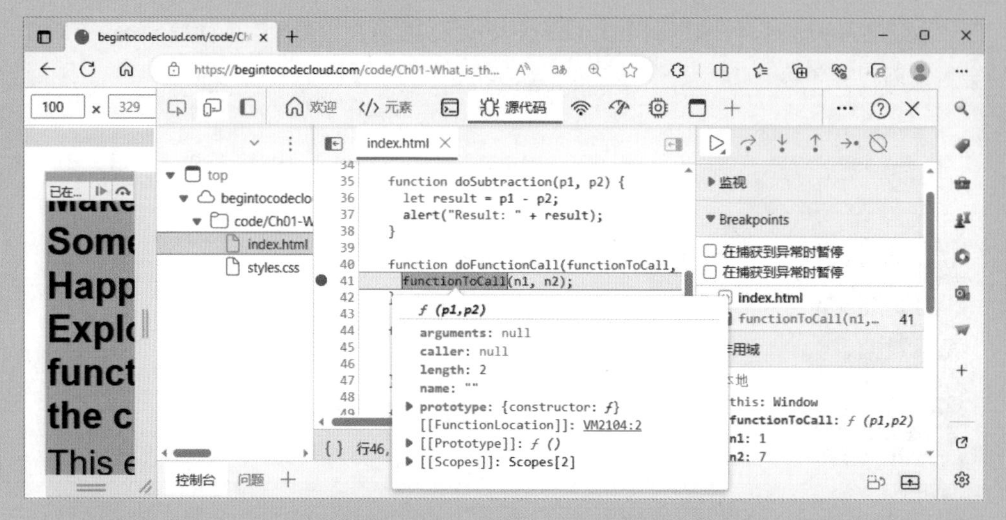

这次，函数的 name 属性是一个空字符串，函数是匿名的。单击“**单步执行下一个函数调用**”按钮，看看调用匿名函数会怎样。

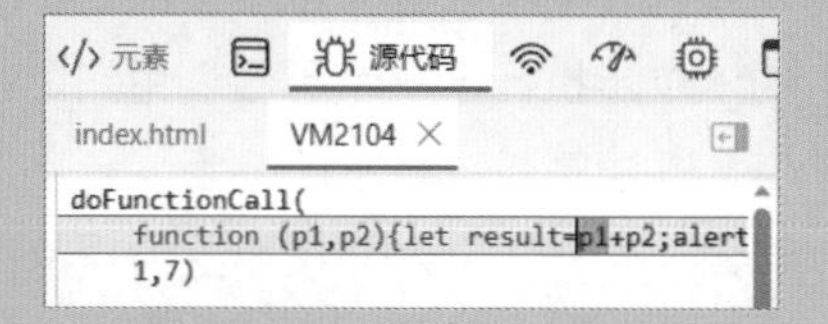

在浏览器的调试器中处理匿名函数时，浏览器会创建一个临时文件——上图是“VM2104”——来保存匿名函数。在做这个练习的时候，可能会看到不同的名字。可以通过“**单步执行下一个函数调用**”来逐步执行这个文件中的语句。如果只是想让函数运行到结束，可以按下控制栏中的“**恢复脚本执行**”按钮。

在 JavaScript 中，匿名函数很常用，特别是在调用 API 函数来执行任务时。一个来自 JavaScript API 的对象会通过调用一个函数来发出某件事已经发生的信号。要创建被调用的函数，一种快捷的方式是将其声明为匿名函数。

1.2.7 从函数调用返回值

到现在为止，我们都只是调用那些不返回值的函数，它们都只返回“undefined”。现在要研究如何让函数返回一个值，以及程序如何使用返回的这个值。

```
function doAddSum(p1, p2) {
    let result = p1 + p2;
    return result;
}
```

以上doAddSum函数展示了一个函数是如何返回一个值的。return关键字后面跟着一个表达式，这个表达式给出函数被调用时要返回的值。

```
let v = doAddSum(4,5);
```

以上语句创建了一个名为v的变量，并将变量的值设置为doAddSum调用的结果——在这个例子中，值为9（4加5的结果）。函数的返回值适用于函数中任何能使用值的地方。

```
let v = doAddSum(4,5) + doAddSum(6,7);
```

在以上语句中，doAddSum函数被调用两次，变量v的值被设为22。也可以使用函数的返回值作为函数调用的参数。

```
let v = doAddSum(doAddSum(4,5), doAddSum(6,7));
```

以上代码看起来有点混乱，但JavaScript执行起来没有问题。首先执行外层的doAddSum调用，然后执行两次更深的调用，以计算两个参数的值。最后，这些值将作为参数，被外层的函数调用。

程序员观点

尽量使代码易于调试和维护

在编程的过程中，在调试和维护代码上花的时间绝对不会少于在编写代码上花的时间。更糟糕的是，你可能经常需要调试和维护别的人编写的程序。比这个更糟糕的是，写完一段代码的6个月后，你自己编写的代码也可能需要调试，到那时你就变成了“别的人”。我有时会想：“这段代码是哪个笨蛋写的？”事后却发现那个笨蛋竟然就是我！

在编写程序时，请尽量确保它易于调试。举个例子，请看下面的doAddSum的实现：

```
function doAddSum(p1, p2) {
    let result = p1 + p2;
    return result;
}
```

你可能认为直接返回结果更高效，因而，可以省去result变量：

```
function doAddSum(p1, p2) {
    return p1 + p2;
}
```

前面这个函数的表现优秀极了，它在运行时省下的时间甚至可能高达几百万分之一秒（不过我对此表示怀疑，因为浏览器在优化代码方面已经做得相当出色了）。然而，这个版本的函数更难以调试，因为你无法直接查看它返回的结果值。在原来的代码中，我可以直接查看 result 变量的内容。但在改进版本中，我需要费些功夫才能找出返回给调用函数的值。

如果函数只负责执行一个任务，那么一个实用的技巧是让函数返回一个状态码（status code），让调用函数就知道究竟发生了什么。我通常采用的做法是，空字符串表示操作成功，而表示操作失败的非空的字符串通常会包含操作失败的原因或错误信息。

如果函数应返回一个值，就可以使用 JavaScript 的 null 值和 undefined 值来表示某件事没有成功。

对了，要是你发现自己在想“是哪个笨蛋写的这段代码？”请别对这个“笨蛋”太苛刻。他们可能只是忙中出错罢了，也可能不如你经验丰富，或者他们的行为背后有着你不知道的合理原因。

1.2.8 从函数调用返回多个值

函数的一个问题是只能返回一个值。然而，有时我们希望函数能返回多个值。也许我们需要一个函数来读取用户的信息。该函数返回姓名、地址以及状态，以表示函数是否成功执行。如果状态是一个空字符串，则意味着函数成功执行了，否则，状态字符串就会包含错误信息。

```
function readPerson() {
    let name = "Rob Miles";
    let address = "House of Rob in the city of Hull";
    let status = "";
}
```

以上代码是 readPerson 函数的一个实现，它虽然设置了一些返回值，但实际上并未返回任何内容。我们现在需要一种方法使其能将这些值返回给调用函数。

从函数调用返回数组

```
function readPersonArray() {
    let name = "Rob Miles";
```

```
    let address = "House of Rob in the city of Hull";
    let status = "";
    return [status, name, address];
}
```

以上代码创建了一个 readPersonArray 函数，它返回一个数组，其中包含状态、姓名和地址值。在 JavaScript 中，我创建数组的方式是用方括号将一系列的值括起来。

```
let reply = readPersonArray();
```

以上语句展示了如何创建 reply 变量，该变量持有 readPersonArray 调用的结果。我们现在可以通过使用索引值来指定想在程序中使用的元素，以处理数组中的值。

```
let status = reply[0];                          从回复中获取状态
if(status != "") {                              检查状态是否为空字符串
    alert("Person read failed:" + status);      在提示框中显示状态
}
```

以上代码将 reply 数组的第一个元素（在 JavaScript 中，数组索引是从 0 开始的）放入名为 status 的变量中。这应该是刚刚进行的调用的状态值。如果这个元素不是一个空字符串，那么代码将显示一个包含状态的警告，让用户知道出了什么问题。如果看一下 readPersonArray 的代码，你会发现数组的第一个元素就是状态值，所以要是 status 变量包含错误消息，这段代码就会显示警告。

这段代码虽然可行，但并不完美。执行 readPersonArray 调用的人需要知道函数返回的值的顺序。因此，我认为在这种情况下使用数组并不好。让我们看看有没有更好的方法。

程序员观点

使用额外的变量使代码更清晰

你可能觉得我在前面代码中使用了一个多余的变量。我创建了一个 status 的变量，后者包含“reply[0]”中的值的副本。我之所以这样做，是因为它可以使接下来的代码变得更清晰。相比在代码中直接使用“reply[0]”，对 status 的测试以及提示框中的显示对读者更有意义。这不会使程序运行变慢或变得臃肿，因为 JavaScript 引擎非常善于优化这样的语句。

从函数调用返回一个对象

```
function readPersonObject() {
    let name = "Rob Miles";
    let address = "House of Rob in the city of Hull";
    let status = "";
    return { status: status, name: name, address: address };
}
```

以上代码创建了一个名为readPersonObject的函数，它返回一个包含属性status、name和address的对象。

```
let reply = readPersonObject();
if (reply.status != "") {
    alert(reply.status);
}
```

以上代码展示了如何调用readPersonObject函数，以及如何测试和显示status属性。这次，我们可以通过属性的名称来指定想要哪一部分的reply对象。如果想利用这些函数做实验，可以在本章使用的示例网页中找到它们：Ch01-What_is_the_cloud/Ch01-01_Explore_functions_in_the_console。

程序员观点

巧用对象字面量

这种在JavaScript程序中创建对象的方式称为对象字面量（object literal）。我非常喜欢对象字面量，因为它们最适合用来创建易于使用和理解的数据结构，而且可以在需要这些数据结构时立即创建、使用。也可以将对象字面量用作函数调用的参数。当我想向函数提供name和address值时，就可以这样做，因为一个函数可以有多个参数。

```
function displayPersonDetails(name, address) {
    // 在此处对 name 和 address 进行处理
}
```

displayPersonDetails函数有两个参数，用于接收传入的信息。然而，调用这个函数时必须小心，因为我们不希望搞错参数的顺序：

```
displayPersonDetails("House of Rob", "Rob Miles");
```

这将会显示一个名为“Rob Miles”的人，他住在“House of Rob”。更好的方法是让函数接受一个包含属性 name 和 address 的对象：

```
function displayPersonDetails(person) {
    // 在这里对 person.name 和 person.address 进行操作
}
```

调用函数时，可以创建一个对象字面量来传递参数：

```
displayPersonDetails({ address:"House of Rob", name:"Rob Miles"});
```

这个函数调用创建一个参数，后者是一个包含姓名和地址信息的对象字面量。如此一来，我们就不会搞错属性的顺序了。

1.3 制作一个控制台时钟

现在，我们将应用前面所学的知识来创建一个可以从控制台启动的时钟。这个时钟将在网页上显示小时、分钟和秒。目前，我们还不知道如何在网页上显示内容（这是第 2 章的主题），所以这里要给出一个可供使用的辅助函数。可以使用**开发者工具**来查看它是如何工作的。

获取日期和时间

时钟需要知道先日期和时间才能显示这些信息。JavaScript 环境提供了一个可以用来完成这个任务的 Date 对象。当程序创建一个新的 Date 对象时，它被设置为当前的日期和时间。

```
let currentDate = new Date();
```

以上语句创建了一个新的 Date 对象，并让 currentDate 变量引用它。new 关键字让 JavaScript 寻找 Date 对象的定义，然后构造一个。我们会在后文详细讨论对象的概念。有了 Date 对象之后，就可以调用该对象的方法来为我们做事。

```
function getTimeString() {
    let currentDate = new Date();
    let hours = currentDate.getHours();
    let mins = currentDate.getMinutes();
    let secs = currentDate.getSeconds();
    let timeString = hours + ":" + mins + ":" + secs;
```

```
    return timeString;
}
```

以上 getTimeString 函数创建了一个 Date 对象，然后使用方法 getHours、getMinutes 和 getSeconds 从中取出相应的值。这些值随后被组装成一个字符串，由 getTimeString 函数返回。可以使用这个函数来获取用于显示的时间字符串。

动手实践 03

扫描二维码查看作者提供的视频合集或访问 https://www.youtube.com/watch?v=Ba9Gib_XgoU，观看本次动手实践的视频演示。

控制台时钟

打开本书配套网站 begintocodecloud.com，向下滚动到示例部分。单击 Ch01-What_is_the_cloud/Ch01-02_Console_Clock 打开示例页面。然后，打开**开发者工具**并选择“控制台”标签。

上图中的页面显示一个“空”的时钟显示器。先来探索一下 Date 对象。输入以下内容：

```
> let currentDate = new Date();
```

现在，按 Enter 键创建一个新的 Date 对象。

```
> let currentDate = new Date();
< undefined
```

以上语句创建了一个新的 Date 对象，并使 currentDate 变量引用它。正如我们之前看到的那样，let 语句不返回任何值，所以控制台将显示 undefined。现在，可以调用方法来从对象中获取值。输入以下语句：

```
> currentDate.getMinutes();
```

按下 Enter 键，会调用 getMinutes 方法，该方法返回当前时间的分钟数。这个值将在控制台中显示：

```
> currentDate.getMinutes();
< 21
```

以上代码是在一个小时的第 21 分钟运行的，所以 getMinutes 返回的值是 21。请注意，currentDate 保存的是时间的“快照”。所以，如果想要获取最新的日期和时间，必须创建一个新的 Date 对象。也可以调用方法来设置日期的值。日期内容将自动更新。可以使用 setMinutes 方法将分钟值增加 1000，看看这个时间之后的日期和时间。

这个时钟的网页内置 getTimeString 函数，所以我们可以使用它来获取当前时间的字符串。输入函数调用并按 Enter 键：

```
> getTimeString();
< '11:34:39'
```

可以看到一个函数调用及其返回的准确时间。有了时间之后，还需要一种方法来显示它。该页面包含一个名为 showMessage 的函数，它可以显示文本字符串。如下图所示，显示一个字符串，做个测试。输入以下语句并按 Enter 键：

```
> showMessage("hello");
```

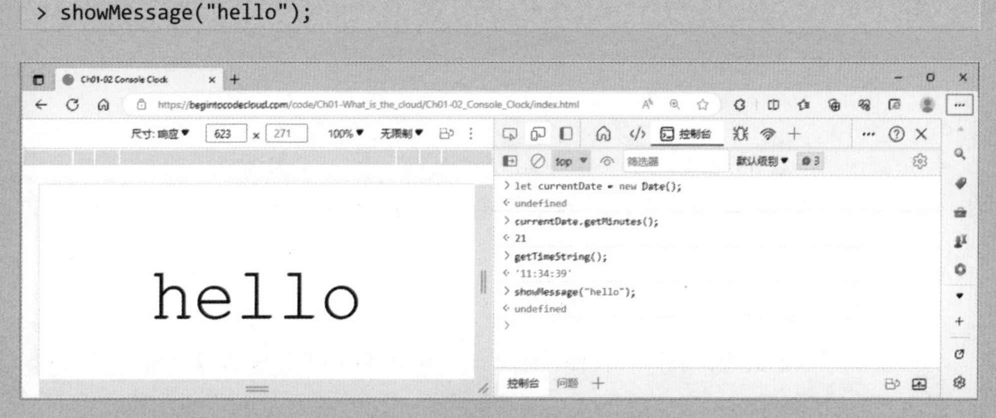

网页现在显示着输入的字符串。现在，需要一个函数来显示当前的时间。可以在控制台窗口中定义这个函数。如下图所示，输入以下语句并按 Enter 键：

```
> let tick = function(){showMessage(getTimeString());};
< undefined
```

仔细查看函数的内容，看你能不能理解它们的作用。如果还是不太清楚，请回想一下我们的目的——获取一个时间字符串并显示它。getTimeString 函数提供了一个时间字符串，showMessage 函数显示字符串。如果输入无误，我们应该能通过调用 tick 函数来显示时间。如下图所示，输入以下语句并按 Enter 键：

```
> tick();
```

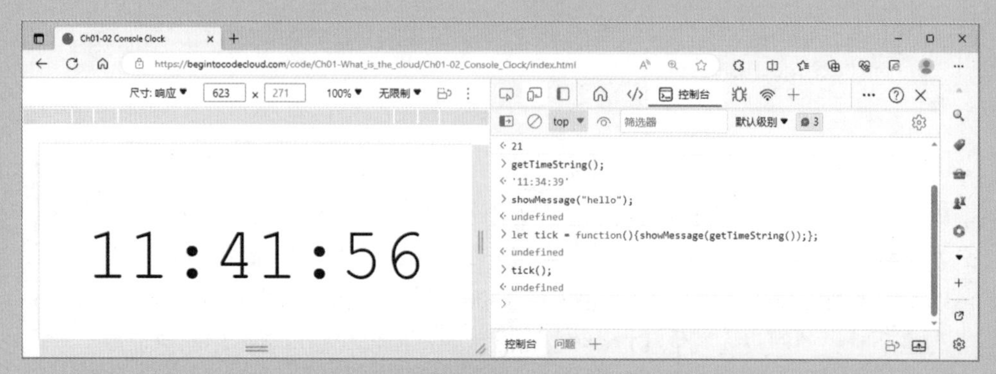

时间显示出来了。为了使时钟走动起来，我们最后还需要一个可以定时调用 tick 函数的方法。实际上，JavaScript 为我们提供了一个 setInterval 函数来完成这个任务。tick 是 setInterval 函数的第一个参数，它是对要调用函数的引用。第二个参数 1000，是以毫秒为单位的调用间隔。我们想要每秒调用一次 tick 函数，因此，输入以下语句并按 Enter 键：

```
> setInterval(tick,1000);
```

这应该可以使时钟走起来。setInterval 函数返回的值是 1，如下所示：

```
> setInterval(tick,1000);
< 1
```

setInterval 的返回值是一个标识该计时器的值。如果愿意，可以使用多个 setInterval 调用来设置多个计时器。可以使用 clearInterval 函数来停止特定的计时器：

```
> clearInterval(1);
```

如果执行以上语句，时钟会暂停。可以再次调用 setInterval 来重新启动时钟。目前，必须通过在控制台中输入命令来启动时钟。在下一章中，将探索如何在页面加载时运行 JavaScript 程序，使时钟可以自动启动了。

1.4 箭头函数

如果你观察过那些流行的卡通形象，会注意到许多角色的手都只有三根手指，而不是五根。个中缘由，你可能很好奇。其实，就只是为了减少动画师的工作量。早期的动画由动画师一帧帧手绘而成。他们发现，通过减少需要绘制的手指的数量，他们可以轻松不少。更少的手指意味着更少的工作量。

JavaScript 的箭头（arrow）函数可以减少开发者的工作量。字符序列“=>”提供了一种方法，不用在定义中使用“function”就可以创建函数。

```
doAdditionArrow = (p1, p2) => {
    let result = p1 + p2;
    alert("Result: " + result);
}
```

以上 JavaScript 代码创建了一个 doAdditionArrow 函数，它与原始的 doAddition 完全相同，但输入起来省事得多。如果箭头函数的主体只包含一个语句，就可以省略标记函数主体的开始和结束大括号。并且，单语句的箭头函数会返回语句的值，所以还可以省略 return 关键字。下面的代码创建了一个 doSum 函数，该函数返回两个参数的和。

```
doSum = (p1,p2) => p1 + p2;
```

我们可以像调用其他函数一样调用 doSum 函数：

```
let result = doSum(5,6);
```

这会将 result 的值设为 11。如果使用箭头来创建作为函数调用参数的函数，就能见识到箭头函数的实力。

```
setInterval(()=>showMessage(getTimeString()),1000);
```

这个看似普通的语句值得我们仔细研究。它能使时钟运行起来。在前面的动手实践中，使用 setInterval 函数来使时钟运行。setInterval 函数接受两个参数，一个是要调用的函数，另一个是每个函数调用之间的间隔。在这里，我已经将要调用的函数实现为一个箭头函数，后者包含一条语句，该语句是对 showMessage 的调用。showMessage 函数只有一个参数：要显示的消息，后者是通过调用 getTimeString 函数来提供的。

程序员观点

箭头函数可能不太容易理解

JavaScript 并不是我学的第一门编程语言，可能也不是你所学的第一门语言。当年我在学习 JavaScript 时，发现箭头函数是最难理解的。如果你接触过 C、C++、C# 或者 Python 编程，那么应该已经了解函数、实参、形参和返回值。这意味着，理解传统的 JavaScript 函数对你而言，相对容易一些。

但是，你以前可能从未见过箭头函数，因为它们是 JavaScript 特有的。而且，你很难直观地从代码中看出它们的作用。如果不明白箭头函数的作用，你可能不太能

> 理解前面的 doSum 创建过程。处理这个问题的方法是只把箭头函数看作是这门语言一个额外的特性，目的是让你觉得 JavaScript 并不难。要是你不介意多打一些字，可以在不使用箭头符号的情况下创建所有程序。然而，我仍然觉得你应该花些时间学习箭头函数的工作原理，以便理解其他人编写的 JavaScript 代码。

在刚开始讨论 JavaScript 函数时，提到过它们主要用于将 JavaScript 代码与事件绑定。箭头函数使得这种操作变得相当简单。

要点回顾与思考练习

在各章结束时，“要点回顾与思考练习”部分都会以要点的方式列出本章涵盖的主要内容并提出一些问题，你可以用这些问题来加深对本章的理解。

1. 网页浏览器是一种应用程序，它通过互联网从网页服务器请求网页形式的数据。

2. 最初，网页服务器都是独立的设备，它们与互联网相连，并由网站所有者管理。云计算把计算能力转化成一种可以买卖的资源。我们可以支付费用并将网站托管在互联网上。发送到我们网站地址的页面请求由服务提供商的服务器处理。

3. JavaScript编程语言是为了让浏览器能够运行从网站下载的程序代码而创造的。后来，它发展成一种可以用于创建网页服务器和独立应用程序的语言。

4. JavaScript 函数是一个由代码块和头部构成的实体，头部指定函数的名称及其接受的参数。在函数内部，参数被替换为作为函数调用参数提供的值。

5. 当运行中的程序调用一个函数时，函数中的语句会被执行，然后程序从函数调用后的语句开始继续运行。函数可以用 return 关键字返回一个值。

6. 当 JavaScript 程序在浏览器内部运行时，它使用应用程序编程接口（API）来与浏览器的服务进行交互。许多 JavaScript 函数都提供了 API。

7. JavaScript 语句中的运算符根据它们处理的操作数（operand）所设置的上下文来采取行动。举例来说，两个数字相加会进行算数加法运算，但两个字符串相加则会创建一个新的字符串，该字符串是一个字符串添加到另一个字符串末尾而成的。如果尝试在不兼容的操作数之间进行数值运算，那么结果会被设定为 NaN（非数字）。

8. JavaScript 中的变量可以存储表示特定变量状态的值。如果一个变量没有被赋予特定的值，它就会被赋予 undefined 值。一个计算出的值如果不是数字（比如说，将一个数字和一个文本字符串相加得到的结果），它就会被赋予 NaN 值。

9. 现代浏览器提供了一个包含控制台的开发者工具组件，可以用来执行 JavaScript 语句。你还可以在开发者工具界面中查看页面内运行的 JavaScript，并添加断点以停止代码的执行。你可以逐步执行单个语句，并查看变量的内容。

10. 在 JavaScript 中，一个函数被表示为一个函数对象。JavaScript 通过引用来管理这些函数对象，使得变量能存储对函数的引用。函数引用可以在变量之间进行赋值，也可以作为函数调用的参数，还可以被函数返回。

11. 有了函数表达式，在程序的任何位置都可以创建一个函数并将其赋给一个引用。被用作函数所调用参数的函数表达式被称为“匿名函数”，因为它不与任何名称关联。

12. JavaScript API 提供一个 `Date` 对象，用来获取当前日期和时间并对其进行操作。API 还提供了 `setInterval` 函数和 `clearInteval` 函数，这两个函数可以定期触发其他函数。

13. 可以使用箭头表示法（arrow notation）来定义函数，这种定义方式比常规的函数定义更简洁。当我们需要创建被用作函数调用参数的函数时，箭头函数尤其有用。

为了巩固对本章的理解，你或许需要思考下面几个关于云及应用的进阶问题。

1. 问题：互联网和网络有什么区别？

解答：互联网是一种能让不同计算机进行通信的技术。网络是一种使用互联网连接网页浏览器和网页服务器的服务。

2. 问题：云和互联网有什么区别？

解答：互联网是一种网络技术，有了它，一台计算机上运行的程序能够和另一台计算机上运行的程序交换数据。在构建基于互联网的应用时不需要云，只需要两台连网的电脑。另一方面，有了云，可以从云服务提供商处购买云服务，来替换连接到互联网的计算机。基于云的服务器有一个网络地址，云服务提供商用它来定位云服务。

3. 问题：云是如何运作的？

解答：由云服务提供商来托管的服务器运行着一个操作系统，后者可以切换不同客户运行服务的进程。云服务的前端是一个组件，它接受请求并将其路由到提供特定云服务的进程。每个进程使用的计算资源都有监控，因而可以根据它们使用的计算时间来计费。

4. 问题：函数和方法有什么区别？

解答：函数是在对象之外声明的。我们在本章中创建了许多函数。另一方面，方法是对象的一部分。`Date` 对象提供了一个 `GetMinutes` 方法，返回给定日期的 `Minutes` 值。之所以称其为方法，是因为它是 `Date` 对象的一部分。方法本身看起来很像函数，它们有参数并且可以返回值。

5. 问题：函数和过程有什么区别？

解答：函数返回一个值，而过程则不。

6. 问题：可以将函数存储在数组和对象中吗？

解答：可以。函数是一个对象，并通过引用进行操作。我们可以创建包含引用的数组，对象也可以包含引用。

7. 问题：什么样的函数能被称作匿名函数？

解答：在不需要赋予名称的上下文中创建的函数被称为匿名函数。我们来看看之前为时钟创建的 tick 函数：

```
let tick = function(){showMessage(getTimeString());};
```

你可能认为这个函数是匿名函数。然而，JavaScript 可以识别出这个函数被命名为“tick”。如果查看函数的 name 属性，你会发现它已经被设置为 tick。但我们可以不创建 tick 函数，而是将函数表达式用作 setInterval 函数所调用的参数：

```
setInterval(()=>showMessage(getTimeString()),1000);
```

以上语句将一个函数表达式传入 setInterval。函数表达式和 tick 的作用相同，但现在它变成了一个匿名函数。函数没有被命名。注意，这个语句使用了箭头表示法来定义函数。

8. 问题：为什么要创建匿名函数？

解答：实际上，并不一定需要使用匿名函数。我们可以为所有函数命名，然后通过名字来调用它们。然而，匿名函数能简化这个过程。我们可以将函数紧密绑定到所需的位置。此外，如果只打算执行某个行为一次，那么专门为它创建名称就会显得非常多余。

9. 问题：匿名函数可以接受参数并返回结果吗？

解答：是的，匿名函数可以接受参数并返回结果。它只有声明方式与传统函数不同。

10. 问题：箭头函数总是匿名的吗？

解答：箭头函数只是创建函数定义的一种快捷方式。实际上，箭头函数也可以有名字。

11. 问题：如果我忘记从函数返回一个值会发生什么？

解答：原则上，一个返回值的函数应该包含一个 return 语句，其后跟着要返回的值。然而，若是忘记添加 return 语句，程序仍然会运行，但函数返回的值会被设置为 undefined。

12. 问题：如果不使用函数返回的值会发生什么？

解答：程序并不需要使用函数返回的值。

13. 问题：let 关键字有什么作用？

解答：let 关键字在代码块中声明一个局部变量。当代码块执行完毕后，该局部变量将被自动丢弃。

14. 问题：JavaScript 程序会崩溃吗？

解答：这是个有趣的问题。一些编程语言在执行程序前会仔细检查程序的一致性，以确保其中的语句都有效。然而，JavaScript 并不会进行这种严格的检查。举例来说，不论你在表达式中使用了错误的数据类型，还是在调用函数时提供了错误数量的参数，甚至是忘记从函数中返回一个值，JavaScript 都不会停止运行程序。这些错误所导致的结果是变量被赋值为 undefined 或 NaN（非数字）等。这意味着在使用操作结果之前必须小心检查，以防程序错误而导致结果无效。

综上所述，答案是虽然 JavaScript 程序大概率不至于崩溃，但可能会显示错误的结果。

第 2 章 进入云端

本章概要

在上一章中，我们探索了云的起源，并在网页上使用浏览器的开发者工具运行了一些 JavaScript 代码。我们还学习了很多关于 JavaScript 函数的知识，以及如何将它们与事件关联。

在本章中，我们将把 JavaScript 代码放到云端，让任何人都可以访问。我们将从获取要用到的工具开始，然后查看支持这些网页的文件的格式。然后，我们将使用 JavaScript 为页面添加编程行为，并探索如何将活动页面放到云端。

别忘了，你可以在术语详解中查看任何不熟悉的术语。在术语详解中定义的单词都以斜体显示。

请注意，本书中的“*this*”和“*in*”都在术语详解中有解释。若想在线查看术语详解，请访问 https://begintocodecloud.com/glossary.html。

2.1 在云端

在开始构建应用程序之前，需要找到合适的工作环境。在物理环境方面，如果在舒适的环境中工作，我们的效率往往更高，因此，合适的显示屏、好用的键盘和配置高的电脑是不可或缺的。不过，还有一些逻辑层面的问题。需要找一个地方来保存所有的文件。虽然可以把所有文件都存储在电脑上，但如果机器出了问题，那么这些文件可能会全部丢失。更糟糕的是，如果对一份关键文件的唯一副本做了错误的修改，那么很多工作极有可能付之东流（我有好几次这样的亲身经历）。所以，我们先来学习使用 Git，看看如何才能更好地管理文件。

2.1.1 Git

Git 是由林纳斯•托瓦兹（Linus Torvalds）在 2005 年创建的，当时他正在开发 Linux 操作系统内核。他需要一个工具来跟踪并与他人分享自己的工作。就这样，他自己动手创建了一个工具——Git。Git 将数据组织成“存储库”（repository），其结构可以非常简单，如只包含一个文件的文件夹，也可以极为复杂，如包括含有数千个文件的嵌套文件夹结构。Git 并不关心文档所包含的内容，也不关心它们是什么类型的数据。一个存储库可以包含图片、歌曲、3D 设计和软件代码。

可以让 Git 提交（commit）你对存储库内容的变更。提交后，Git 会检查存储库中的所有文件，并记录下已有变更的文件。这些文件——连同变更记录——由 Git 存储在一个特殊的文件夹中。Git 的一个优点是，你能够随时回溯到之前任何一次提交的状态。你还可以将存储库（包括那个特殊文件夹）的副本发送给其他人，让他们处理存储库的部分文件，提交变更，然后将存储库返回给你。

Git 能够识别哪些文件已被更改，并帮助处理潜在的冲突。如果两个人都修改了同一个文件，Git 能够分别显示他们的更改。你可以利用这些更改来确定文件的最终版本，并提交到存储库中。如果你认为编写 Git 是一项艰巨的任务，那么你的看法是正确的。实际上，管理文件同步和处理变更冲突相当复杂。然而，有了 Git，共享项目上的协作变得更加便捷了。

图 2-1 显示了包含本书所有示例代码的存储库。我已在“查看”选项中勾选了“显示隐藏的项目”，因此文件资源管理器显示了隐藏的文件。在存储库的根目录下，你会看到一个名为“.git”的文件夹，这是由 Git 自动创建和管理的特殊文件夹。你可以查看其内容，但不建议对其进行任何更改。在复制存储库时，必须确保包含这个特殊的文件夹。示例存储库在 GitHub 上公开，并以一个包含 index.html 文件的网页形式呈现，这意味着你可以在不下载代码的情况下查看所有示例代码。尽管并非所有 GitHub 存储库都用于网站托管，但使用 GitHub 存储库来托管网站的确不失为一种实用的方法（本章末尾将详细介绍这一过程）。

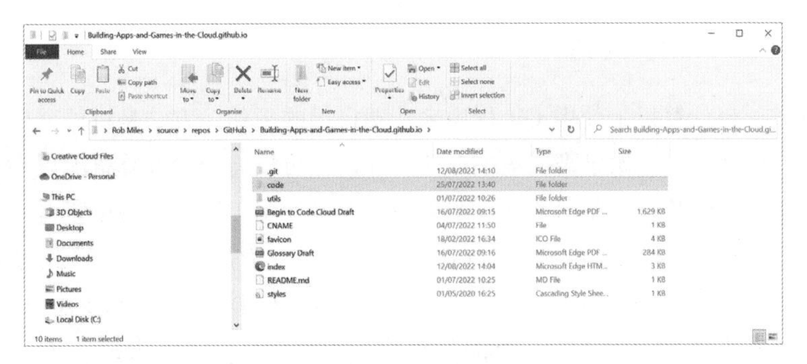

图 2-1 示例存储库

为了处理存储库，你需要先安装 Git 软件，该软件可以免费下载，并且适用于所有操作系统。

动手实践 04

扫描二维码查看作者提供的视频合集或访问 https://www.youtube.com/watch?v=q8O_TEEnNC8，观看本次动手实践的视频演示。

安装 Git

首先，需要打开浏览器并访问下图所示网页：

https://git-scm.com

现在，按照步骤完成安装，并保持所有默认选项不变。

2.1.2 存储 Git 存储库

可以在一台计算机上使用 Git 程序来管理自己的工作，方法是将每个存储库放入单独的一个文件夹中。如果需要集中存储文件，也可以将一台计算机配置为 Git 服务器，这类似于软件开发者使用的网页服务器。可以使用 Git 程序将存储库的副本通过网络发到服务器进行存储，或者从 Git 服务器上克隆一个存储库，后者通常被称为“检出”（checking out）存储库。可以对文件进行变更，并将这些变更同步回原来的版本，这个过程通常被称为“检入”（checking in）或“推送”（pushing）。Git 的用户管理功能允许用户拥有自己的登录名，并支持团队协作，使得用户可以访问和管理各自的存储库。

Git 跟踪所有变更，允许开发者随时回退或详细检查这些变更，从而简化开发者之间的协作过程。这是林纳斯•托瓦兹创建 Git 的初衷之一。Git 还能检测到对同一个文件的多次更改，并协助解决这些冲突，以确保最终版本的确定性。

2.1.3 GitHub 和开源软件

Git 服务器使得同一个组织内部的程序员可以轻松地进行协作。但如果希望全世界的人都能参与到自己的项目汇总，该怎么办？现在，许多重要的软件，如操作系统、网络工具，甚至是游戏，都是通过开源项目开发的。这些项目的软件代码通常会被公开存储在 Git 存储库中，以便那些希望参与项目的人访问。任何人都可以检出存储库，进行更改，并向项目所有者提交一个“拉取请求”（pull request），这样一来，项目所有者就可以审查并“拉取”变更后的副本。这些变更可能包括问题修复、新功能添加或者仅仅是改进错误信息。如果所有者批准这些变更，它们就会被合并到项目中，从而改进应用程序。

图 2-2 展示了本书在 GitHub 上的代码示例存储库。GitHub 还为项目管理提供了组织（Organizations）功能。用户可以创建一个组织，将多个存储库包含到其中。如果你的团队或项目存储库不想直接与特定 GitHub 用户关联，则可以创建一个组织来存放这些存储库。

示例存储库是公开的，因此任何人都可以查看其文件内容。他们还可以将存储库克隆到自己的电脑进行修改，并随后向我发送拉取请求。可以将这些示例视为一个小型的开源项目。此外，还可以创建私有存储库，这样的存储库对其他 GitHub 用户是不可见的。

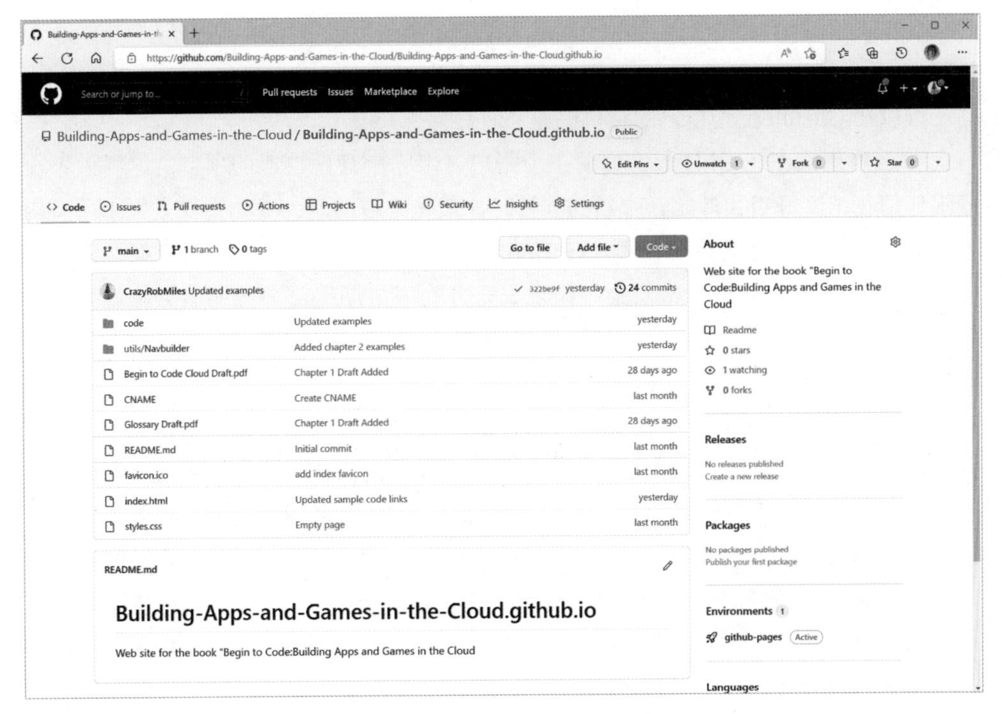

图 2-2 GitHub 上的代码示例存储库

程序员观点

开源项目是个人职业生涯的绝佳起点

你可能认为，如果想要在软件开发领域声名鹊起，必须先成为一名技术精湛的程序员。实际上，情况并非如此。即使你还没有能力独立开发完成一个完整的程序，你仍然可以为开源项目做出贡献。通过阅读其他人的代码，你可以学到大量的知识。探索系统内部各部分如何协同工作，本身就是令人非常有成就感的事情，即使你还不完全了解整个系统的运作原理。

作为一名成功的开发人员，良好的协作能力是非常重要的，因此，参与开源项目可以帮助你为此做好准备。许多开发人员都记得自己青涩的初学经历，只要你保持积极和专注的态度，他们通常都很乐意帮助你取得进步。

此外，一个项目中还有许多与编程无关的任务。大型项目需要有人做测试、写文档、制作美术资源以及创建不同语言的版本等。如果具备其中任何一项技能，就可能会受欢迎。这也可能为你开启一条全新的职业道路。

GitHub 托管了很多开源项目（以及大量商业项目）。公司可以选择在 GitHub 上租用空间，不必建自己的 Git 服务器，GitHub 也为开源开发者提供了全面的免费服务。你还可以在 GitHub 上为自己的项目创建私有存储库。

我强烈建议你在 GitHub 上注册一个账户，用它来管理自己的项目。这样做不会产生任何花销。每当我开始一个新的项目时，最先考虑的是："如果我丢失了所有内容，该怎么办？"针对这个问题，GitHub 提供了一个解决方案。如果我把文件放入 GitHub 存储库，它们会非常安全。如果我充分利用定期提交更改的能力，就可以避免自己的工作丢失。此外，把存储库上传到 GitHub 后，我就可以邀请其他人参与我的项目，与他们一起工作，或者把它公开，让所有人使用。

尽管没有 GitHub 账户就能完成本书中的所有内容，但如果你想从本书中获得最大收益，最好你还是创建一个账户。它将彻底改变你的工作方式。如果我现在想做任何事——无论是想组织一场聚会还是想写一本书——我都会先在 GitHub 上为项目创建一个存储库。

GitHub 是存储数据的好地方。然而，它也是与其他人建立联系的好地方。每个存储库都有一个 Wiki，这个空间用于共同创建文档。存储库可以托管问题跟踪（issue-tracking）讨论，人们可以用它来报告 bug 和请求功能，你还可以在存储库内创建和管理项目。

GitHub 还有一个终极秘密武器——它可以托管网站。你可以将网页放入 GitHub 存储库，使其对世界各地的所有人可见。我们将在本章后面展开具体的实践。

动手实践 05

扫描二维码查看作者提供的视频合集或访问 https://www.youtube.com/watch?v= JzaXvcX4WY8，观看本次动手实践的视频演示。

加入 GitHub

如果不想加入 GitHub，你可以跳过这一部分。你仍然可以查看代码示例存储库，并处理代码，但不能创建自己的存储库或使用 GitHub 来托管网站。

创建 GitHub 账户，必须先有一个邮件地址。首先，打开浏览器，访问 https://github.com/join。

输入电子邮件地址，然后单击 Sign Up For GitHub。然后还有几个步骤，并且需要等待一封验证电子邮件地址的邮件，但最终，进入 GitHub 账户的仪表板（dashboard）。

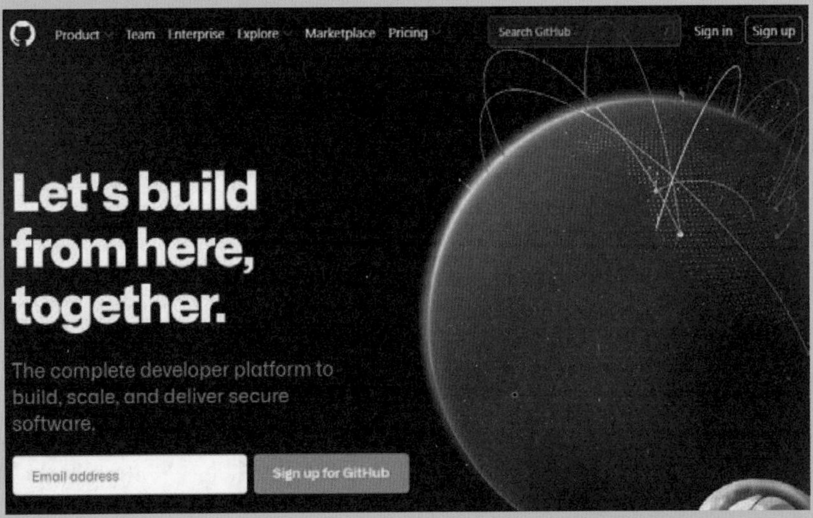

现在，已经登录 GitHub 网站。可以创建自己的存储库，也可以克隆其他 GitHub 用户创建的存储库。如果想在另一台设备的浏览器上使用 GitHub，你需要在那台设备上登录。

可以通过网页界面来处理存储库，也可以在 Windows 终端或 MacOS 控制台中输入 Git 命令。不过，在这一章中，我们将使用 Visual Studio Code 来编辑和调试我们的程序，它也可以与 Git 进行交互，并管理存储库。

程序员观点

GitHub 也是一个社交网络

可以将 GitHub 看作一个社交网络。如果创建了一些自认为对其他人有用的东西，就可以通过创建一个公开的 GitHub 存储库来分享。其他 GitHub 用户可以下载你的存储库并使用它。他们还可以进行更改，并向你发送“拉取请求”，表明他们制作了一个你可能会喜欢的新版本。会员可以为存储库“标星”，并对其内容进行评论。GitHub 上有许多讨论，这意味着你可以在 GitHub 上开始打响自己的名号。然而，就像在其他社交网站上发布个人信息时要谨慎一样，你也要意识到任何社交网络平台都有被滥用的可能。

不要透露太多个人信息，并确保自己放入公共存储库的任何内容里都不包含个人数据。不要将详细的个人信息、用户名或密码放入 GitHub 上的程序代码中。在第 10 章的“TinySurvey 部署”小节中，我将解释如何在项目中把敏感信息与代码分离开。

2.1.4 获取 Visual Studio Code

我们已经安装并运行了 Git，接下来，安装 Visual Studio Code，并用它来创建所有程序。可以免费下载，并且有适用于 Windows、Macintosh 和基于 Linux 的计算机（包括树莓派）的版本。它还支持许多可以用来扩展其功能的扩展插件。

动手实践 06

扫描二维码查看作者提供的视频合集或访问 https://www.youtube.com/watch?v= 0uXD77feBoY，观看本次动手实践的视频演示。

安装 Visual Studio Code 并克隆一个存储库

下面的说明针对的是 Windows，但是 macOS 上的操作与之非常相似。首先，打开浏览器并访问下图所示网页：

https://code.visualstudio.com/Download

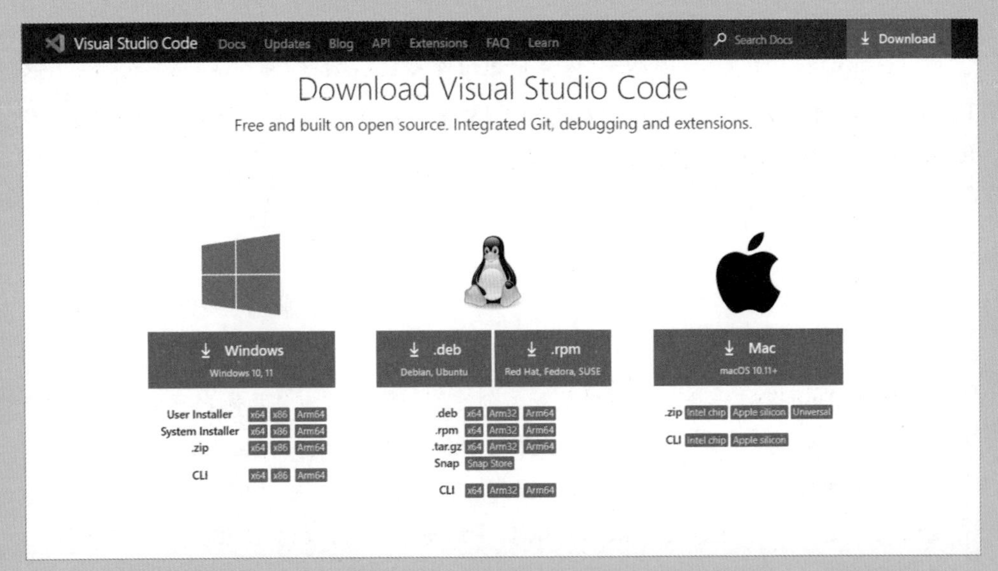

单击自己想要的 Visual Studio Code 版本并按照指示进行安装。安装完毕后，将看到下图所示的起始页。

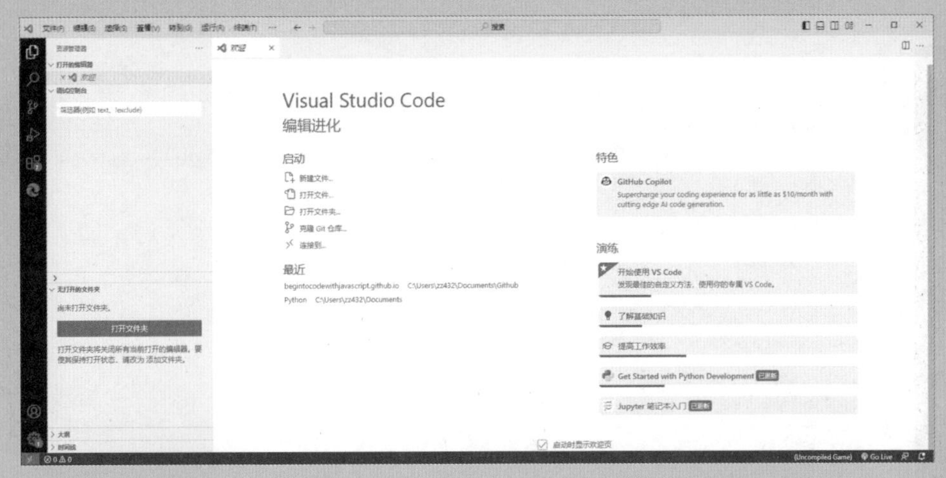

Visual Studio 已经安装好，接下来需要获取要处理的示例文件。为此，请单击页面左侧中间位置的“克隆 Git 存储库”链接。

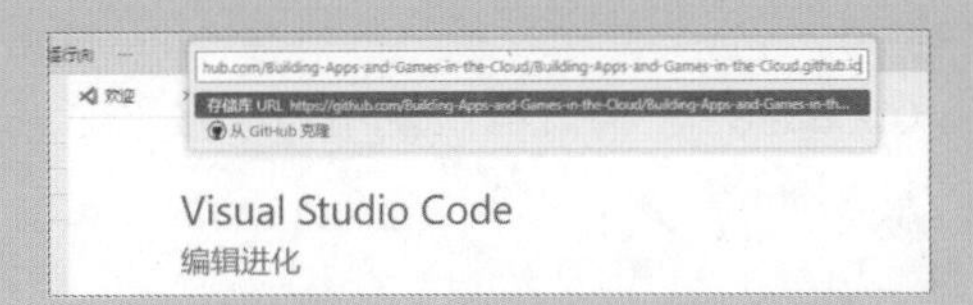

在对话框中输入存储库的地址，如上图所示。单击地址下方的“**存储库 URL**”按钮。如果单击“**存储库 URL**”按钮下方的“**从 GitHub 克隆**”按钮，将收到提示要你登录 GitHub。如果想将设备上的本地存储库发送到 GitHub，这可能会有帮助，但如果只想获取文件的话，并不需要登录。

存储库将被复制到你的机器上的一个文件夹中。接下来，Visual Studio 需要知道那个文件夹的位置。我有一个专门的 GitHub 文件夹，用于存储我的存储库。因为我在用 GitHub 来保护我的文件，所以并不需要用 OneDrive 把文件同步到云端。

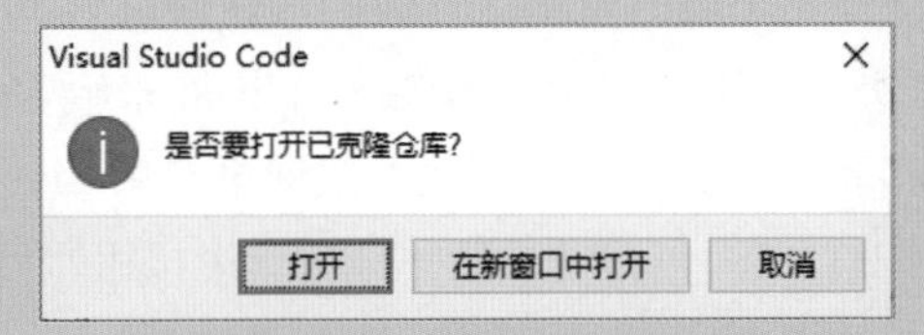

克隆文件后，就可以在 Visual Studio Code 打开新的存储库。单击“**打开**”。按要求确认你是否信任这些文件的作者。在这里，最好选择“**是**”。然后，Visual Studio 将打开存储库并向你展示内容。最左侧是可以用来处理存储库的工具。单击最上方的一个以选择“**资源管理器**”。示例位于代码文件夹中，按章节排列。单击 Ch02-Get_into_the_cloud，打开文件夹，然后打开 Ch02-01_Simple HTML 文件夹，接着单击 index.html 选中文件以便在编辑器中打开它。

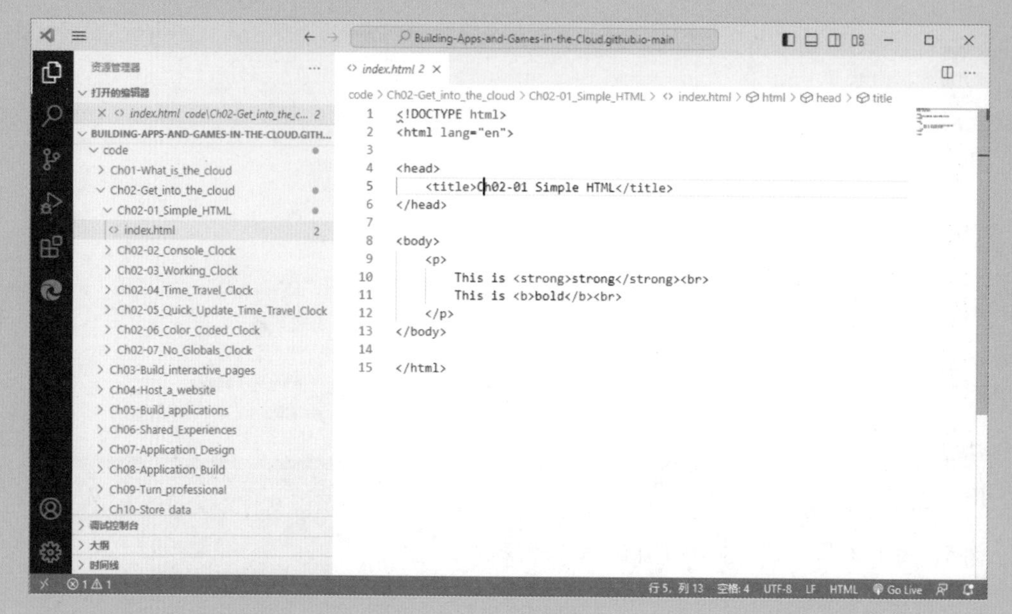

保持 Visual Studio Code 运行，稍后再次使用它。接下来，需要安装自己的第一个 Visual Studio Code 扩展。

安装 Live Server 扩展

在开始处理网页之前，可以先做一件能简化工作过程的事情。这里要用 Visual Studio Code 编辑网页，用网页浏览器查看它，然后再次编辑它，如此反复。尽管可以反复地将网页保存为文件，然后每次都手动打开它，但这样太繁琐了，而程序员最讨厌的就是做大量不必要的工作。面对这样的问题，程序员往往会创建一个工具来为自己完成这项工作。

Ritwick Dey（瑞特威克·戴）就是这样做的，他通过为 Visual Studio Code 创建 Live Server 扩展解决了这个问题。你可以安装一个扩展来给 Visual Studio Code 增加一个新的功能。有数以千计的扩展可供下载，但这里要用 Live Server 扩展。然后，如果想在浏览器中查看 HTML，就只需要简单地按一个按钮即可。

动手实践 07

扫描二维码查看作者提供的视频合集或访问 https://www.youtube.com/watch?v=juCQflxf9ss，观看本次动手实践的视频演示。

安装 Live Server 扩展

打开 Visual Studio Code 并单击左侧工具栏上的“扩展”按钮（从上往下数第 5 个，如下图所示）。扩展商店将会打开。在搜索框中输入“Live Server”。

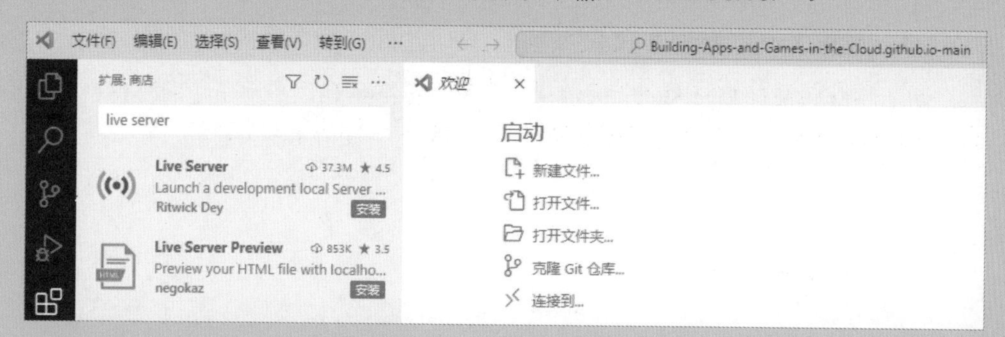

随后将显示所有带有这个名字的扩展。单击作者为 Ritwick Dey 的扩展旁边的“安装”按钮。当扩展安装好后，会显示如下内容。

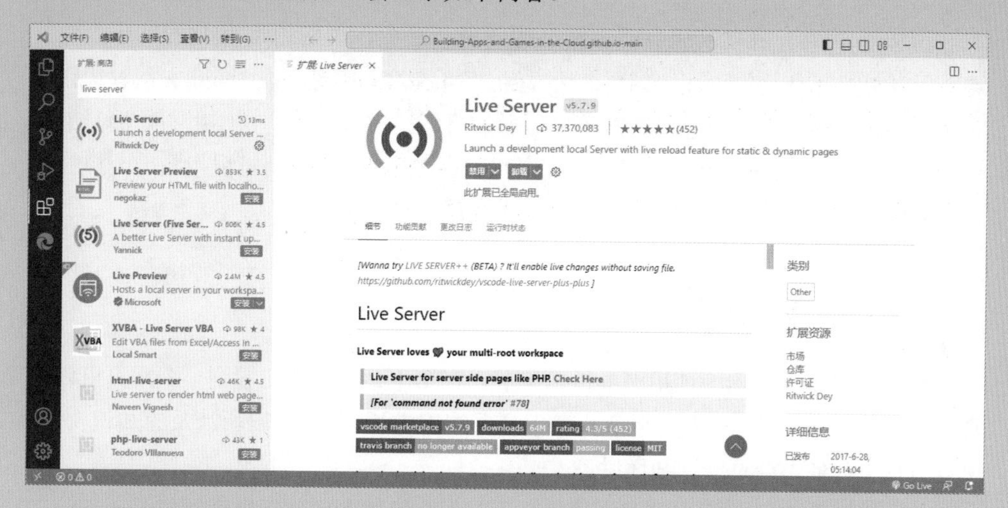

扩展安装完毕后，每次我们启动 Visual Studio Code，它都会自动加载。可以通过使用之前打开的 index 页来测试它。如果没有打开 Visual Studio Code 的话，可以直接打开 Ch02-01_Simple HTML 文件夹存储库，然后单击 index.html 文件并在编辑器中打开它。

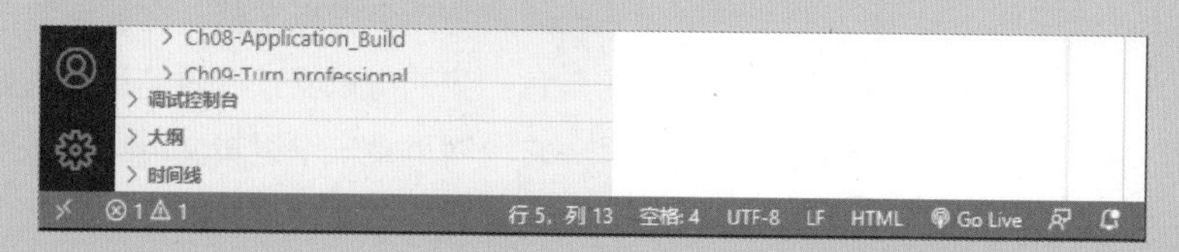

首次打开文件时，防火墙可能会询问是否要允许打开该文件。应该允许 Visual Studio Code 访问它需要的端口。在 Windows 中，请单击“不再询问”。

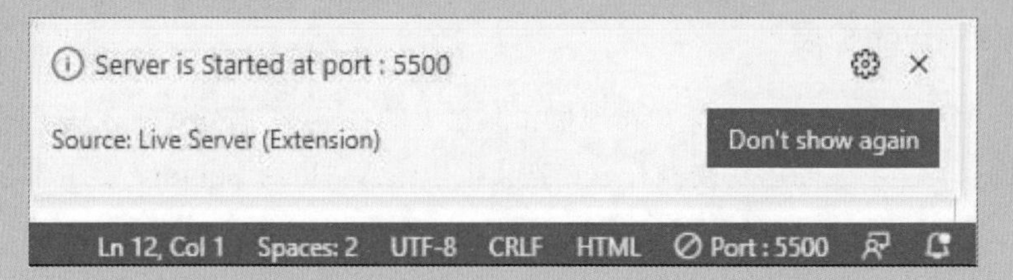

随后将看到来自 Live Studio 的消息，告诉你服务器已经启动了，同时也会指明它正在使用的网络端口。然后，浏览器会打开并显示下图所示的页面。

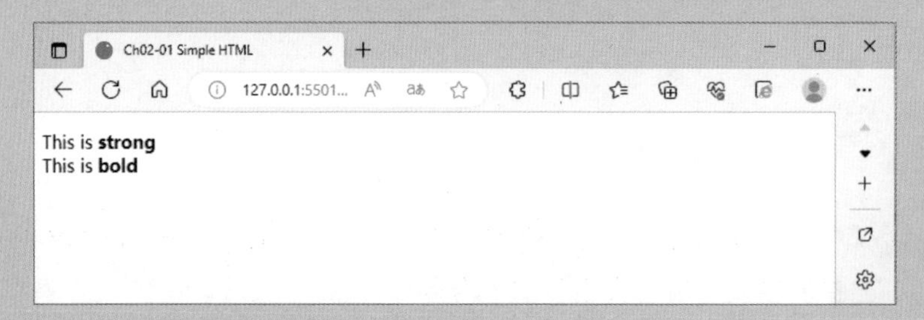

可以看到浏览器显示的页面，如上图所示。注意，页面地址以 127.0.0.1 开头，这表示计算机正在托管页面。如果使用 Visual Studio Code 对 index.html 文件进行修改并保存的话，浏览器将自动重新加载更新后的页面。这是一个非常实用的扩展，下载次数已经超过了 2 300 万次。事实证明，为 Visual Studio Code 写扩展也是一个提升个人知名度的妙招。接下来，需要理解网页的内容。

2.2 网页是如何工作的

我们已经在浏览器中使用网页很多年了。在第 1 章中，我们看到一个网页可以包含 JavaScript 代码。现在，是时候研究一下网页的构成了。这个话题所涉及的知识太多，所以在这里我们不会过于详细地讨论。

你可能认为自己已经知道网页是什么了，但我仍然希望你能继续阅读这一部分，因为你可能会有一些新的发现。

网页是一个“逻辑文档”。这是什么意思呢？请想一想，一本书是一个存在于现实世界的实体文档。我们可以阅读、做笔记、把它落在公交车上，做任何能在现实世界中对一本实体书做的事情。电子书（或者说 e-book）是一个虚拟文档。它被创建出来，以在由计算机创建的虚拟环境中扮演实体书的角色。我们可以阅读、做笔记并且如果我们删除了这本电子书的文件，我们还可能会丢失它。网页是一个逻辑文档。它是由软件创建的，并存储在计算机上。网页没有实体形态。没有任何实体版本的书里会包含一个走动的电子时钟。如图 2-3 所示，最多只能创建一个静态图像。

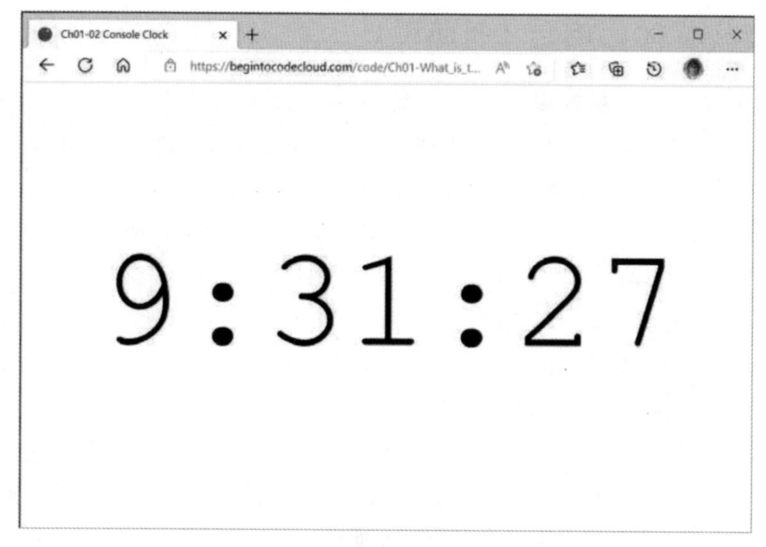

图 2-3　时钟的静态图像

2.2.1 加载并显示网页

网页源于托管在服务器上的一个文本文件。在访问像 www.robmiles.com 这样的网站时，浏览器会寻找位于那个位置的 index.html 文件，这个文件包含网站的主页。这个文件中的文本描述了组成网页的逻辑文档。浏览器从服务器处读取文本文件，并根据其内容来构建网页的逻辑文档。这时，你可能会说："明白了！服务器上的文本文件描述了网页，所以网页其实就是一个文本文件。"

但事实并非如此。网页还可能包含 JavaScript 代码，这些代码会在逻辑文档被加载到浏览器时执行。这些代码可以修改逻辑文档的内容，甚至可以添加新的内容。HTML 描述的逻辑文档被浏览器以一种名为"文档对象模型（Document Object Model，简称 DOM）"的结构存储。DOM 是网络编程的一个重要组成部分。我们编写的 JavaScript 程序将与 DOM 进行交互，从而显示输出结果。

浏览器构建好 DOM 之后，它就会把 DOM 在屏幕上绘制出来。然后，浏览器程序会不断检查 DOM 是否有变化，并在发现任何变化后重新绘制。我们在第 1 章中创建的走动的时钟就是这样运作的。时钟中运行了一个 JavaScript 函数，这个函数会更改文档，并促使浏览器重新绘制页面以反映这些更改。我们不需要做任何事来触发重新绘制；我们的代码可以改变逻辑文档的内容，更新后的页面会自动显示出来。

逻辑文档可以包含自动更新的图像、声音和视频。文档对象的初始内容是用超文本标记语言（HTML）来表达的。下面来了解一下 HTML。

2.2.2 超文本标记语言（HTML）

可以通过剖析其名称来真正理解什么是超文本标记语言（Hypertext Markup Language，简称 HTML）。首先从“超文本”（hypertext）开始。请记住，可以将一些在现实生活中没有实体对应物的东西称作“逻辑版本（logical）”。超文本就是文本的逻辑版本。对于普通文本，无论是印刷的还是显示在屏幕上的，我们通常都会从头到尾地阅读。而超文本只有计算机才能显示，因为超文本可以包含超链接（hyperlink），这些链接指向其他文档。可以开始阅读一个文档，打开一个超链接，然后被转移到一个完全不同的文档，这个文档甚至可能是由一个另一个国家的另一台计算机提供的。当超文本和超链接被发明时，人们认为在它们前面加上“超”（hyper）这个词听起来很酷。综上所述，这就是 HTML 这个名字的由来。至少，我是这么认为的。

所以，HTML 中的“超链接”意味着这种语言旨在表达一个可以包含超链接的页面。HTML 就是为了更方便地在报告中导航而发明的。

在超链接出现之前，如果一份报告引用了另一份报告，你还需要自己找到并打开引用的报告进行阅读。而有了超链接之后，只需要在原始报告中单击链接，就可以直接跳转到引用的报告。超文本被设计成可扩展的，意味着添加新功能非常方便。现代网页所提供的功能已经远远超出了 HTML 的发明者蒂姆·伯纳斯 - 李（Tim Berners-Lee）最初的设想，但网页的基本内容依然如旧。

“标记”（markup）指的是 HTML 文档将作者的意图从页面的内容中分离出来的过程。让我们来看一个简单的网页，了解它是如何运作的。

图 2-4 显示了一个只包含 6 个单词的微型网页。让我们看看它背后的 HTML 文件，了解标记在创建页面内容时起到的作用。

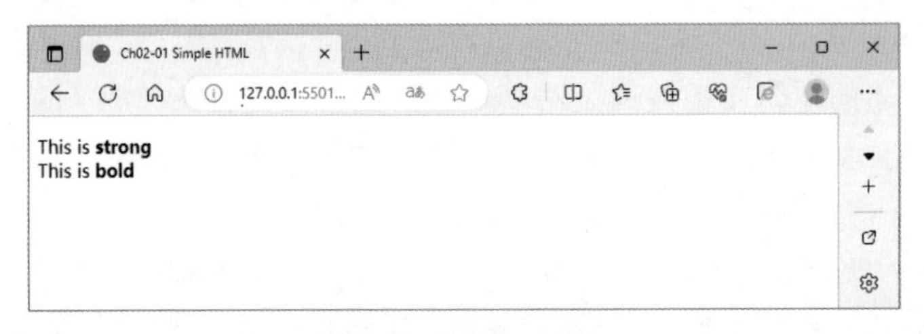

图 2-4 简单的 HTML

下面的 HTML 文件描述图 2-4 中显示的页面：

```
<!DOCTYPE html>
<html lang="en">

<head>
    <title>Ch02-01 Simple HTML</title>
```

```
</head>

<body>
    <p>
        This is <strong>strong</strong><br>
        This is <b>bold</b><br>
    </p>
</body>

</html>
```

这个文件中，最重要的字符是“<”和“>”，它们标记了 HTML 元素名的开始和结束。“<”和“>”称为分隔符（delimiter），定义了某件事物的范围。

元素（element）是浏览器知道如何操作的文档中的事物。元素可以有属性值。名值对（name-value pair）被包含在元素的定义中。在前面的代码中，`<html lang="en">` 元素有一个名为“`lang`”的属性，它指定了文档的语言。“`en`”代表的是英语。

元素可以是容器。容器以元素的名字开始，并以前面加上一个正斜杠“/”的元素名称结束。可以看到，`<title>` 元素包含了用作网页标题的文本。在图 2-4 的网页顶部可以看到这个标题。标题信息是页面头部的一部分，这就是它被包含在 <head> 元素中的原因。

`<body>` 元素包含了所有需要由浏览器绘制的元素。`<p>` 元素（paragraph 的缩写）将文本按段落分组。`<bold>` 和 `<strong>` 元素为浏览器提供了格式化信息。然而，一些元素只需要起始标记，不需要结束标记。举例来说，`<br>` 元素的作用是让浏览器在文本中添加换行符。如果换行之后没有其他内容，就不需要在页面中添加 `</br>` 元素来标记换行的结束。

HTML 中的“L”代表语言（language）。我们用 HTML 来表达事物。HTML 虽然非常具体（用来告诉浏览器如何构建逻辑文档），但它仍然是一门语言。

动手实践 08

扫描二维码查看作者提供的视频合集或访问 https://www.youtube.com/watch?v=OvMsgb1QW54，观看本次动手实践的视频演示。

网页编辑

如果一直跟着本书的讲解进行操作，那么你的浏览器中应该已经打开了第一个示例文件。如果还没有打开的话，请使用 Visual Studio Code 打开本书的 Ch02-01_Simple HTML 示例文件夹，并单击 `index.html` 文件将其在编辑器中打开。然后，单击 Go Live 在浏览器中打开页面。

桌面上现在应该同时打开了 Visual Studio Code 和浏览器，如下图所示。

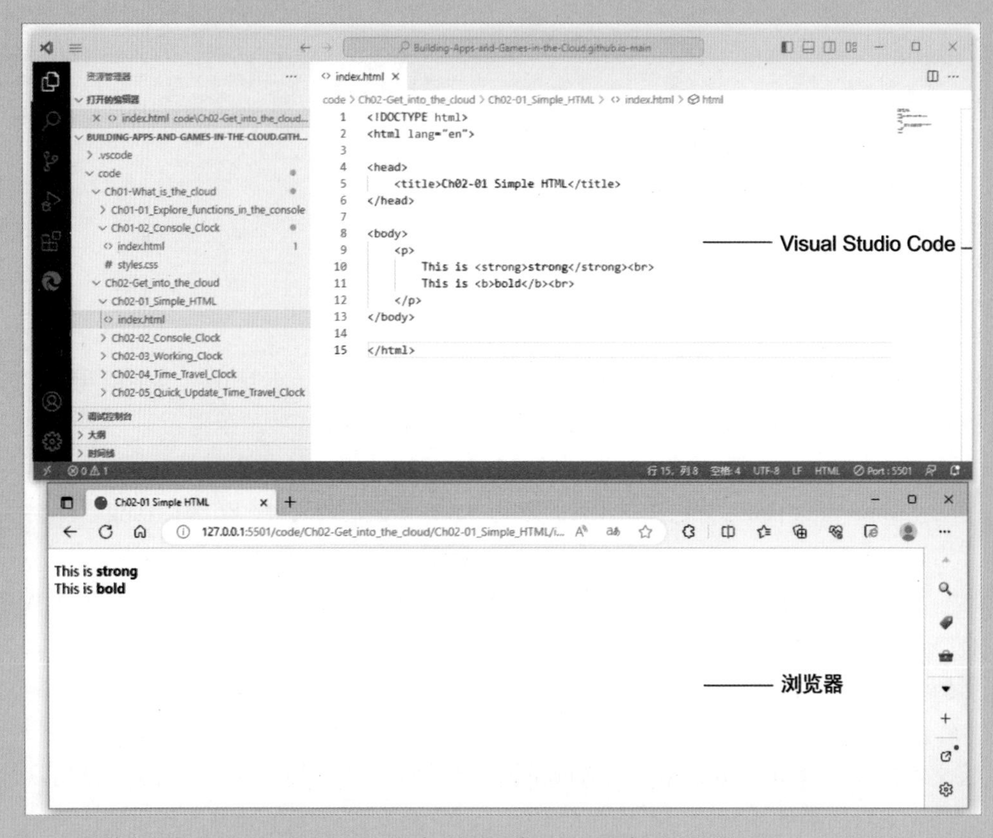

现在回到 Visual Studio Code，向页面添加以下元素：

```
This is <em>emphasized</em>
```

现在的 Visual Studio Code 应该和下图保持一致。

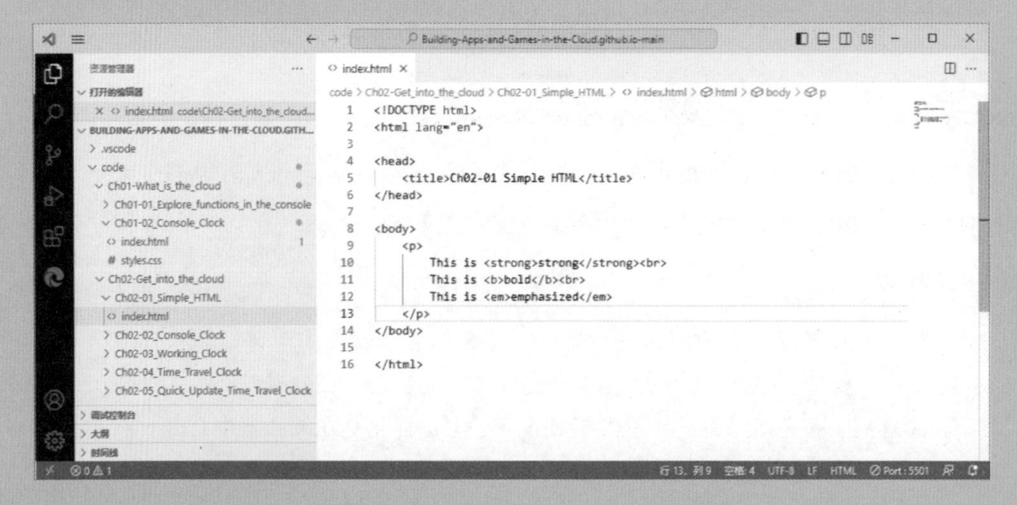

如下图所示，从 Visual Studio Code 菜单栏选择“文件”>“保存”，便保存更新的文件：

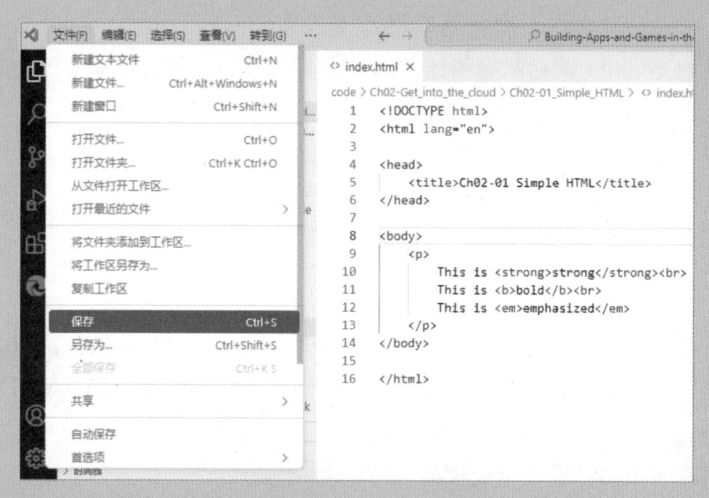

因为你正在使用 Go Live，所以应该可以在浏览器中看到页面自动更新并显示新的文本，如下图所示。

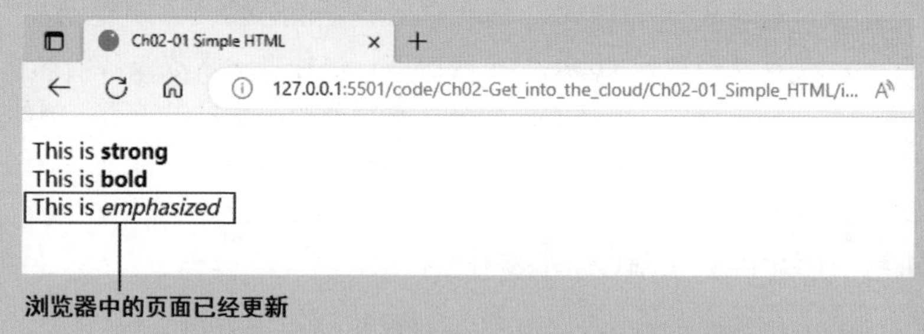

这是编辑网页的一种好方法。每次保存文件时，网页都会自动更新。

代码分析 02

探索 HTML

如果这是你第一次接触 HTML，那么可能会有一些疑问。

1. 问题：粗体“<b>”和强调“<strong>”之间有什么区别？

解答：HTML 文件将一部分文本标记为粗体“<b>”，另一部分为强调“<strong>”。但在图 2-2 中，两者看起来是一样的。你可能会认为这意味着 <b> 和 <strong> 是相同的。然而，两者实际上被设计用于不同类型的文本。需要突出显示的文本应该格式化为粗体“<b>”。而比周围的文本更重要的文本应该格式化为强调“<strong>”。

我会把我的名字格式化为 <b>，因为我想让它突出显示。然而，我会将“当火车运行时，不要将头伸出窗外”这句话格式化为 <strong>，因为这句话可能比周围的文本更重要。

记住，HTML 包含指示浏览器以特定方式显示内容的指令。浏览器的默认行为是将 <b> 和 <strong> 都显示为粗体文本，但可以通过添加样式来改变你的网页，这一点将在本章后面的“文档对象和 JavaScript”代码分析部分进行探讨。

2. 问题：怎样在文本中输入“<”或“>”？

解答：好问题。HTML 使用另一个字符——&——来标记一个符号实体的开始。符号可以通过它们的名字来识别。一些常用的符号如下：

```
&lt; &gt; &amp;
```

可以访问 https://html.spec.whatwg.org/multipage/named-characters.html，查看所有符号。还可以使用这些符号来在页面上添加表情符号。表情符号的代码可以在以下网址中找到：https://emojiguide.org/。

3. 问题：如果拼错了一个元素的名称，会发生什么？

解答：如果浏览器看到了一个它不认识的元素，它会直接忽略这个元素。

4. 问题：如果把元素的嵌套弄错了，会发生什么？

解答：如果浏览一下示例 HTML，你会看到一些元素是被放在其他元素内部的。举例来说，<p> 元素就被放在 <body> 元素内部。这种将元素放在其他元素内部的行为被称为嵌套（nesting）。正确的嵌套是非常重要的。如果弄错了（例如，把 </body> 元素放在 <p> 内），浏览器不会报错，页面仍然会显示出来。但显示出来的页面可能与你预期的不一样。

5. 问题：<!DOCTYPE html> 元素有什么作用？

解答：从网页服务器加载的资源的第一行应该描述了该资源包含的内容。这些资源可能包含图像、声音文件或者其他类型的数据。<!DOCTYPE html> 元素被用来提供这种信息。虽然浏览器并不总是使用这个元素，因为浏览器会尝试解析它得到的任何文本文件，但是，用 <!DOCTYPE html> 元素来添加信息是非常有帮助的。

6. 问题：如何在网页中插入 JavaScript？

解答：可以使用 <script> 元素将 JavaScript 嵌入到网页中。

7. 问题：还有其他类型的标记语言吗？

解答：有。比如用于表达数据结构的 XML（eXtensible Markup Language，可扩展标记语言）。此外，还有很多为特定应用而开发的其他语言。

8. 问题：如何停止 Go Live 服务器？

解答：你可能想要停止 Go Live 服务器，并用不同的 index 文件来打开网页。可以通过重启 Visual Studio Code 来做到这一点，也可以单击 Visual Studio Code 窗口右下角的端口号旁边的“关闭”按钮。

2.3 创建动态网页

我们已经具备了相当强大的能力，我们掌握了创建和存储网页资源的工具，并且在逐渐理解网页的结构。现在，我们将继续向前迈进，探索 JavaScript 程序是如何通过更改文档对象的内容来改变网页的显示效果的。这就是在浏览器中运行的 JavaScript 程序与用户进行交互的方式。

2.3.1 与文档对象交互

下面将通过动手实践和代码分析来介绍如何与文档交互。

动手实践 09

扫描二维码查看作者提供的视频合集或访问 https://www.youtube.com/watch?v= lMTFkUQH3H0，观看本次动手实践的视频演示。

与网页交互

如果在 Visual Studio Code 中打开了文件，请先关闭它们。如果 Go Live 正在显示一个页面，请通过单击 Visual Studio Code 窗口底部的端口号旁边的关闭按钮来停止它的运行。现在，使用 Visual Studio Code 打开本书示例中的 Ch02-02_Console Clock 文件夹，并单击 index.html 文件将其在编辑器中打开。单击 Go Live 在浏览器中打开页面。现在，打开开发者工具，然后选择“**元素**”标签查看文档元素，如下图所示。

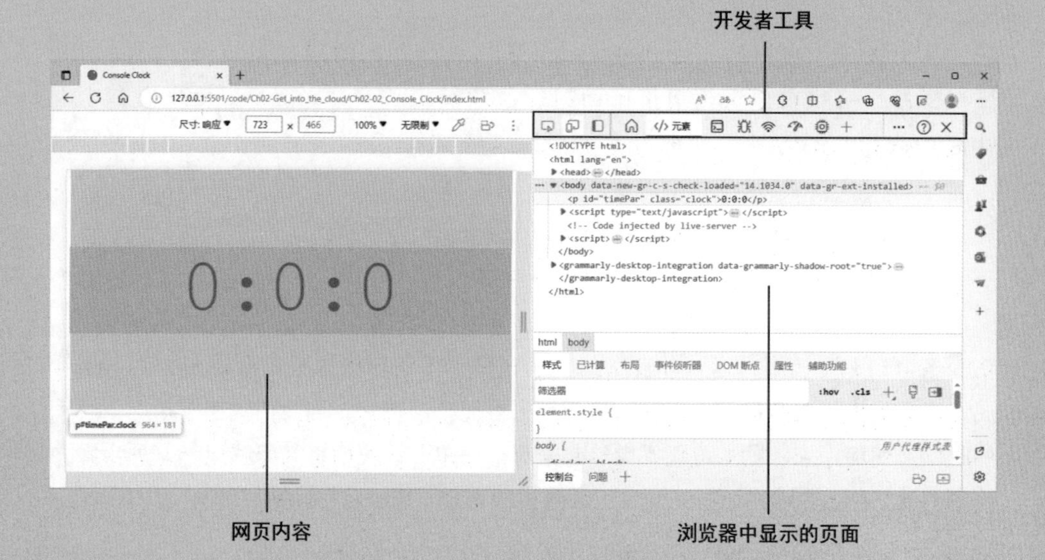

在上图中，我调整了屏幕上的开发者工具部分，以获得更多屏幕空间。在窗口的左侧，可以看到浏览器显示的页面，右侧则可以看到网页的内容。选中的段落包含一个设置为 timePar 值的 id 属性。尽管此页面看起来很像页面的源代码，但它实际上是从 HTML 文件创建的文档对象模型（DOM）中的元素视图。

下面是突出显示的元素。时钟程序会更改此元素的内容来显示时间：

```
<p id="timePar" class="clock">0:0:0</p>
```

该程序寻找 id 属性为 timepar 的元素，然后在此元素中显示时间。在上一章中，我们使用了 showMessage 函数在页面上显示消息。让我们看看它是如何工作的。

```
showMessage("console hello");
```

我们通过给 showMessage 提供我们想要在屏幕上显示的消息作为参数来调用它。输入上述 showMessage 调用并按 Enter 键。

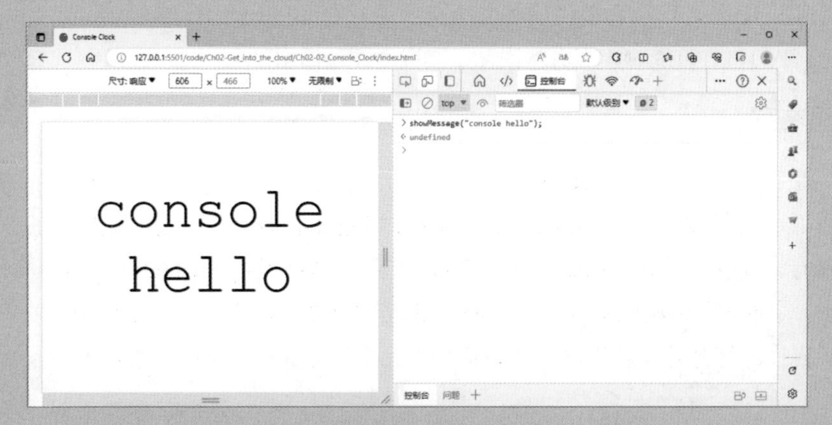

从上图中，可以看到 showMessage 调用的作用。消息显示出来了，因为浏览器重绘了文档并且文档对象中的数据已经发生了变化。现在，让我们看一下 showMessage 函数本身。下面的函数只包含两个语句：

```
function showMessage(message) {
    let outputElement = document.getElementById("timePar");
    outputElement.textContent = message;
}
```

第一条语句在文档中找到一个 HTML 元素，第二条语句将这个元素的 textContent 属性设置为作为参数提供的消息。这听起来很简单，特别是当我们快速概括这个过程的时候。然而，它实际上可能不像看起来那么简单。让我们将其分解成一系列步骤并将它们输入到控制台中。在开发者工具窗口中选择 **“控制台”** 标签，并输入以下语句：

```
let outputElement = document.getElementById("timePar");
```

以上语句在文档中查找显示输出的元素（这就是 `getElementById` 所做的事）。DOM 提供了 `getElementById` 方法，以便我们能够通过名称来搜索元素。我们要找的元素是一个 `id` 属性被设为“`timePar`”的段落。`getElementById` 返回的值被赋值给一个名为“`outputElement`”的变量。按 Enter 键执行这条语句。

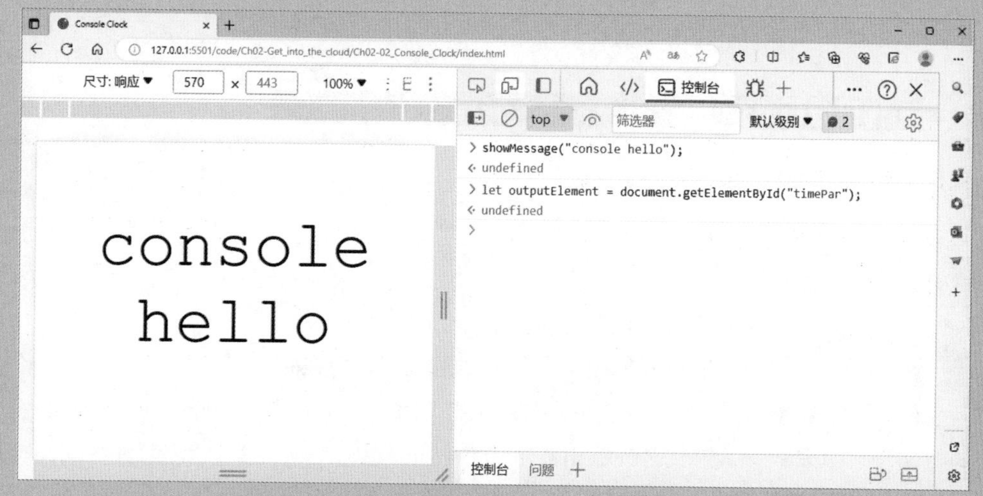

我们知道 `let` 语句并不返回任何值，因此控制台会显示“`undefined`”。显示内容没有改变，因为我们只获取了文档中一个段落的引用。我们需要更改该段落中的文本。接下来，请输入以下语句：

```
outputElement.textContent = "element hello";
```

以上语句使用了我们刚刚创建的 `outputElement` 引用。它将字符串“`element hello`”放入 `outputElement` 所引用的元素的 `textContent` 属性中。按 Enter 键，看看会发生什么。

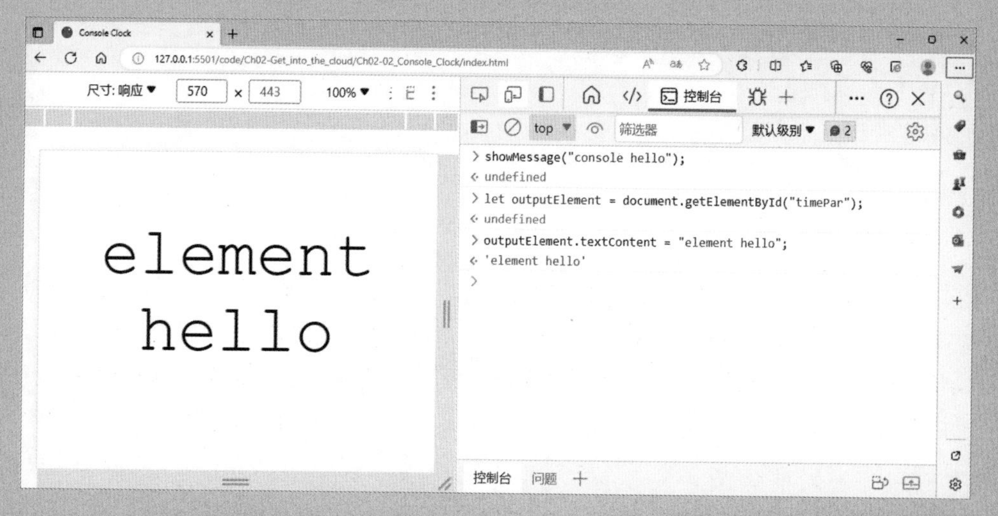

现在，页面显示的消息变成“element hello”，因为 outputElement 的 textContent 属性现在就是“element hello”。showMessage 函数执行了这两步操作，并将 textContent 属性设为提供给它的参数，因此，我们可以使用 showMessage 来显示任何想显示的消息。

代码分析 03

文档对象与 JavaScript

JavaScript 程序能以多种多样的方式与文档互动，但这也可能很令人困惑。你可能对此有一些疑问。

1. 问题：为什么我们显示的文本如此之大？

解答：我们制作的所有其他网页上的文本都很小。但在时钟中，时间以很大的字号显示，并且使用了不同的字体。这是因为我们使用了一个名为“样式表（stylesheet）”的特性。下面来看一下定义时钟输出段落的 HTML 代码：

```
<p id="timePar" class="clock">0:0:0</p>
```

最初，这是一个包含“0:0:0”的段落，其 id 属性是“timePar”（这就是 JavaScript 找到这个段落的方式）。它还包含一个 class 属性，其值设为“clock”。class 属性告诉浏览器在渲染元素时应该如何显示。

与包含时钟网页的 HTML 文件相邻的有一个定义这个页面样式的文件。时钟网页的 head 元素中的 link 元素负责告诉浏览器应该使用哪个样式表文件：

```
<link rel="stylesheet" href="styles.css">
```

该文档正在使用 styles.css 文件。在这个文件中，可以找到如下样式定义：

```
.clock {
  font-size: 10em;
  font-family: 'Courier New', Courier, monospace;
  text-align: center;
}
```

这段样式信息定义了一个名为“clock”的类，这个类可以赋给网页中的元素。它设定了大小、字体和对齐方式。网页加载时，浏览器也会获取响应的样式表文件。你可以使用样式表文件将页面的格式设计与创建页面的代码分开。如果设计师和程序员就类的名称达成一致，那么设计师可以创建样式，程序员可以创建相应的软件。运行中的程序可以改变元素的样式类。举例来说，我们可以创建一个名为 error 的样式类，将元素中的文本颜色设为红色。如果程序检测到用户在该元素中输入了无效的值，它可以将该元素的样式类更改为“error”，从而使元素中的文本变为红色。

2. 问题：如果我们试图寻找一个不存在的文档元素，会怎样？

```
let outputElement = document.getElementById("timeParx");
```

解答：前面的语句是合法的 JavaScript 语句，其目的是获取一个 id 为 timePar 的元素的引用。但是，由于我们打错了 id，而网页中没有 id 为 timeParx 的元素，所以它不会按照我们的期望来运行。当这个语句运行时，getElementById 函数返回一个 null 值。这意味着 outputElement 被设为 null。在 JavaScript 中，null 是一个特殊的值，我们之前也看到过其他的特殊值，比如 NaN（非数字）和 undefined（未定义）。getElementById 函数通过返回 null，可以表达这样一种情况：“我找过了，但没有找到，所以我返回一个明确表示未找到的值。”如果程序试图设置 null 引用的属性，则会出现错误，并且程序会停止运行。

```
> let outputElement = document.getElementById("timeParx");
< undefined
> outputElement
< null
> outputElement.textContent = "hello";
⊗ ▶Uncaught TypeError: Cannot set properties of null VM542:1
(setting 'textContent')
    at <anonymous>:1:27
>
```

从上图中，可以看到尝试使用 null 引用的结果。红色的消息表示程序会在此处停止。换句话说，在这条试图在 null 引用上设置 textContent 属性的语句之后的任何语句都不会被执行。稍后，我们将了解如何检测 null 引用，并处理这样的失败语句。

3. 问题：如果我们试图使用一个不存在的元素属性，会怎样？

```
outputElement.textContentx = "hello";
```

解答：前面的语句也是合法的 JavaScript 语句，但它不会显示“hello”信息。这是因为它设置的属性是 textContextx，而不是正确的 textContext 属性。接下来发生的事情非常有趣。你并不会得到“hello”信息，因为你写入的是错误的属性。反而，JavaScript 会在 outputElement 对象上创建一个名为“textContextx”的新属性，并将这个属性的内容设置为“hello”。这是 JavaScript 语言的一个强大的特性。这意味着在网页中运行的代码可以将自己的数据附加到网页的元素上。在第 3 章制作小游戏《找奶酪》的显示界面时，我们将深入探索这个特性。

4. 问题：favicon 有什么作用？

```
<link rel="shortcut icon" type="image/x-icon" href="favicon.ico"></link>
```

解答：你可以在时钟 HTML 的 head 部分找到以上语句。它指定了一个要在每个网页左上角显示的小图像，这被称为“网站图标”或“favicon”。图像保存在一个名为 favicon.ico 的文件中，该文件存储在服务器上，并在加载页面时由浏览器获取。我的示例页面中使用了一个小红球作为图标。可以在本章的页面图像中看到它。可以创建自己的 favicon 图像来个性化页面。如果想这么做的话，请浏览 https://favicon.io/。

2.3.2 网页和事件

我们将创建一个包含动态内容的网页，页面加载时这些内容就会运行。之前的页面中包含 JavaScript 函数，但我们必须通过开发者工具控制台来运行它们。现在，我们将赋予它们控制权，创建真正的交互式网站。为此，我们将把一个函数绑定到浏览器加载网页时触发的事件上。在第 1 章的“JavaScript 英雄：函数”小节中，我们知道了如何将函数引用传递给事件生成器，以在事件发生时调用该函数。我们用它制作了一个走动的时钟。这个时钟使用了可以获取并显示时间的 tick 函数，如下所示。我对第 1 章中的版本进行了微小的调整，以更清楚地说明它的工作原理。

```
function tick(){
    let timeString = getTimeString();        获取时间
    showMessage(timeString);                 显示时间
}
```

函数中的第一条语句将时间放入一个名为 timeString 的字符串中，第二条语句将它显示在屏幕上。每次调用 tick 时，它都会显示最新的时间值。为了持续更新时钟的显示，我们需要定期调用 tick 函数。这可以使用 setInterval 函数来实现：

```
setInterval(tick,1000);
```

setInterval 函数有两个参数。第一个参数是指向 tick 的引用，第二个参数是调用之间的间隔——在这种情况下是 1000 毫秒。这将使我们的时钟每秒走动一次。setInterval 函数每秒生成一个事件，所以时钟会每秒更新一次。接下来，我们需要找到一种方法来在每次加载网页时调用这个函数，以运行时钟。

下面，可以看到一个名为“startClock”的函数。如果能找到一种在时钟网页加载时调用这个函数的方法，就可以创建一个在页面加载时就开始运行的时钟：

```
function startClock(){
```

```
    setInterval(tick,1000);
}
```

在第 1 章中，刚开始学习 JavaScript 时，我们了解到学习提供函数的应用程序编程接口（API）的重要性。现在，我们将探索另一种接口——由网页元素的属性提供的接口——的重要性。我们已经看到了如何给 HTML 文档中的元素添加属性。每个元素支持一组属性。一些属性可以绑定到 JavaScript 代码片段上。

下面显示的 body 元素现在有一个 onload 属性，其值为“startClock(); 字符串：

```
<body onload="startClock();">
```

名称以“on”开头的属性是事件属性，当事件发生时，这些属性将被触发。onload 事件在页面的 body 部分加载完成时触发。当页面加载完毕，浏览器会执行 JavaScript 字符串，这与浏览器执行在控制台中输入的命令的方式相同。

动手实践 10

扫描二维码查看作者提供的视频合集或访问 https://www.youtube.com/watch?v=_-JXWgS-zw8，观看本次动手实践的视频演示。

制作走动的时钟

如果一直在跟着本书的介绍进行操作，你应该已经在浏览器中打开了 Console Clock 文件。现在使用 Visual Studio Code 打开本书的 Ch02-02_Console Clock 示例文件夹，并单击 index.html 文件在编辑器中打开它。接下来，需要在网页的 JavaScript 代码中添加一些函数，所以滚动到文档的对应部分：

```
function tick() {
  let timeString = getTimeString();
  showMessage(timeString);
}

function startClock() {
  setInterval(tick, 1000);
}
```

这两个函数是使时钟正常运行的关键。将它们输入到 index.html 页面的 <script> </script> 部分，靠近现有的两个函数的地方。

现在，需要修改 body 元素，添加将调用 startClock 函数的 onload 属性。导航到文件的第 10 行，并如下修改语句：

```
<body onload="startClock();"></body>
```

现在，body 元素有了一个 onload 属性，当页面加载时，它将调用 startClock() 函数。现在按下 Go Live 按钮，在浏览器中打开页面。这样应该可以看到时钟开始走动了。

代码分析 04

事件和网页

事件非常有趣，但你可能对它有一些疑问。

1. 问题：我的时钟没有走动，为什么？

解答：原因可能有很多。如果拼错了任何一个函数的名字，可能就无法正确地调用它了。举例来说，如果调用的启动函数是 StartClock（首字母是大写的），这将不会起作用，因为 onload 事件期望调用的是名为 startClock 的函数（首字母是小写的）。如果还是没有头绪，可以看看 Eg 03 Working clock 文件夹，那里面有一个可以正常运转的时钟。

2. 问题：attribute 和 property 之间有什么区别？

解答：这两者的中文都可以译作“属性”，但它们的含义有所不同。property 是与软件对象相关联的。我们已经看到了在程序运行时，我们可以访问对象的 property。例如，在第 1 章的“动手实践 2：玩转函数对象”中，我们查看了一个函数对象的 name 属性（property）。attribute 则与网页中的元素相关联，它有时也被译作“特性”。举例来说，body 元素可以具有一个 onload 特性。

3. 问题：在页面加载时，可以运行多个函数吗？

解答：可以，但这并不是通过添加多个 onload 属性来实现的，而是应该编写一个函数，依次运行所有函数，并将该函数连接到 onload 事件。

2.4 制作时间旅行时钟

在了解如何制作时钟后，我们现在将制作一个可以模拟时间旅行的时钟。在第 1 章的“动手实践 3，控制台时钟”小节中，我们看到 Date 对象提供了一些方法，可以用来设置日期值并读取它们。如果我们用这个方法在分钟值上加 1000 分钟，那么 Date 对象会计算出 1000 分钟之后的日期和时间。下面的代码展示了应该如何实现：

`let d = new Date();`	让 d 引用一个新的 Date 对象
`let mins = d.getMinutes();`	从日期中提取分钟数
`let mins = mins + 1000;`	在分钟值上加 1000
`d.setMinutes(mins);`	设置未来的分钟数

- 第一行语句创建一个名为 d 的变量，它引用了一个包含当前日期的对象；
- 第二行语句创建一个名为 mins 的变量，它保存了存储在 d 中的日期的分钟数；
- 第三行语句给 mins 的值加上了 1000；
- 第四行语句将 d 的分钟值设为 mins 的值。这使得 d 中的日期向未来移动了 1000 分钟，Date 对象会自动更新日期值，包括小时甚至日、月、年（如果需要的话）。

我们可以利用这个方法创建一个快速或慢速的时间旅行时钟，速度可以由我们自己来设定。在一天的某些时候，例如早上，可以让时钟走得快些，这样就不会迟到。而其他时间，比如临近睡觉的时间，可以让时钟走得慢些，这样就可以稍微晚些时间上床。

图 2-5 显示了如何使用它。用户单击按钮来选择时钟的速度是快、慢还是正常。

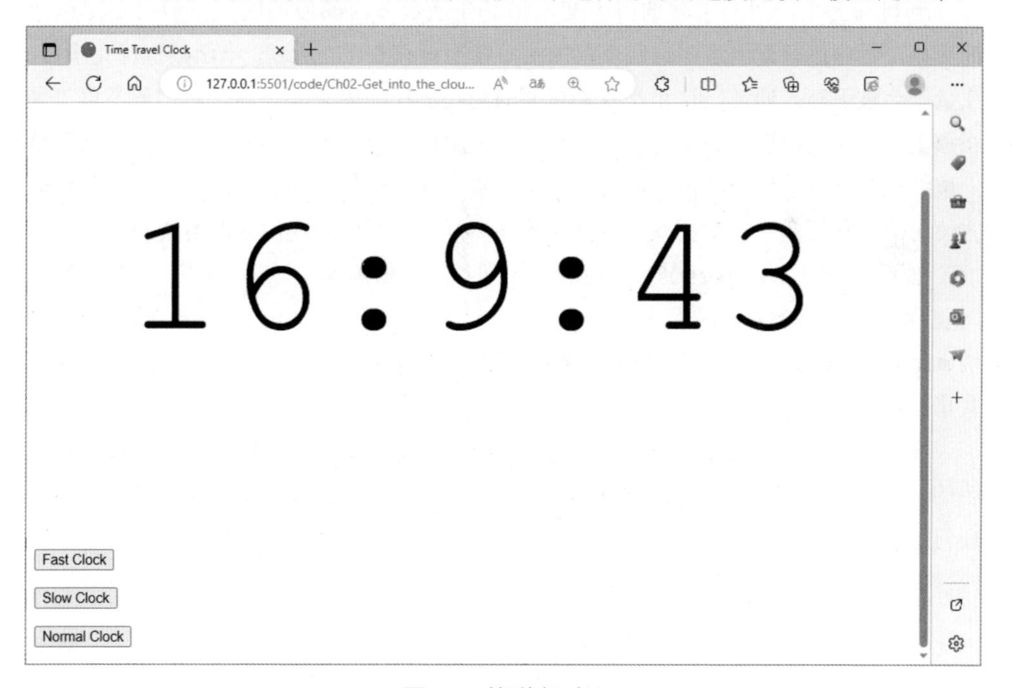

图 2-5　时间旅行时钟

2.4.1 向页面添加按钮

首先，需要在页面上添加一些按钮供用户单击。可以通过 <button> 元素来实现这一点。这里，可以看到一个包含按钮的段落：

```
<p>
  <button onclick="selectFastClock();">Fast Clock</button>
</p>
```

这个按钮包含的文本会显示在按钮上。<button> 元素可以有一个 onclick 属性，该属性包含了当按钮被单击时执行的 JavaScript 代码字符串。当这个按钮被单击时，会调用一个名为 selectFastClock 的函数。现在，需要创建一些代码并放入这个函数中，使得当函数运行时，时钟会快进五分钟。这可以通过创建一个全局变量来实现。

2.4.2 通过全局变量共享值

到目前为止，我们创建的每个变量都是在函数体内部使用的。我们用 let 创建的变量在程序执行退出声明这些变量的块后就不再存在了。所以，当函数执行完毕后，变量就会被丢弃。通常，这正是我们想要的结果。在使用完变量后，它们就不再“呆在那里”，这是最理想的情况。我非常喜欢使用标识符 i 的变量进行计数，因为我是一位经验非常丰富的程序员。然而，我不希望在程序的某一部分使用的 i 与在其他地方使用的 i 相混淆。我更喜欢让变量在程序离开声明变量的块后立即消失。

然而，对于 minutesOffset 变量，我们希望在函数之间共享它。当程序退出使用 minutesOffset 的函数时，它不应该消失。我们不能只在一个函数中声明 minutesOffset，而是需要把它声明为全局（global）变量，使它能被所有函数共享。

下面的 minutesOffset 变量并不是在任何代码块内声明而是在所有函数之外声明的。同时，我们使用了 var 而非 let 进行声明。这就意味着该变量可以在后续的任何函数中被使用，变量中的值将被所有函数共享，这正是我们所想要的：

```
var minutesOffset = 0;
```

如果更改 minutesOffset 中的值，那么在下一次 tick 函数更新时钟时，它就会显示新的时间。

程序员观点

全局变量是一种必要之恶（necessary evil）

当你在所有函数之外声明一个变量来使其成为全局变量时，你就失去了对它的控制。这是什么意思呢？假设我和一群程序员一起工作，每个人都在编写我的 JavaScript 应用程序中的一部分函数。如果我用 `let` 声明所有函数中的变量，我可以确保这些变量只能被我改变，我也可以确保自己不会改变其他函数中的任何值。

然而，如果一个变量被设为全局的，那么任何函数中的代码都可以查看和改变它，这可能导致错误，使程序的安全性降低。

有些变量必须是全局的。如果不创建一个名为 `minutesOffset` 的全局变量，就很难让时钟运转起来。但在编写代码时，应该先尽可能地使用变量（用 `let` 声明它们），然后在必要时再声明全局变量。

JavaScript 为我们赋予了控制变量可见性的能力。我们将在第 3 章的“JavaScript 英雄：`let, var` 和 `const`”小节中探索如何做到这一点。

以下是 `selectFastClock` 函数的代码。当函数运行时，它将 `minutesOffset` 变量设为 5。`minutesOffset` 变量的内容会在显示时间时加到分钟值上：

```
function selectFastClock() {
  minutesOffset = 5;                 设置分钟偏移为 5
}
```

以下是 `getTimeString` 函数的修改版本。这个函数会把 `minutesOffset` 的值加到时间字符串的分钟数上。这意味着当快速按钮被单击时，时钟会显示五分钟后的时间。此外，页面还有两个按钮处理程序 `selectSlowClock` 和 `selectNormalClock`，它们会将 `minutesOffset` 的值设定为适当的值：

```
function getTimeString() {
  let currentDate = new Date();                 获取日期
  let displayMins = currentDate.getMinutes()
                  + minutesOffset;              计算新的分钟值
  currentDate.setMinutes(displayMins);          设置新的分钟值
  let hours = currentDate.getHours();
  let mins = currentDate.getMinutes();
  let secs = currentDate.getSeconds();
```

```
  let timeString = hours + ":" + mins + ":" + secs;    构建时间字符串
  return timeString;                                    返回时间字符串
}
```

下面显示的是时光旅行时钟的整个 HTML 文件。可以在 Eg 04 Time Travel Clock 示例中查看代码：

```
<!DOCTYPE html>
<html lang="en">
<html>

<head>
  <title>Time Travel Clock</title>
  <link rel="shortcut icon" type="image/x-icon" href="favicon.ico">
  <link rel="stylesheet" href="styles.css">
</head>

<body onload="startClock();">
  <p id="timePar" class="clock">0:0:0</p>

  <p>
    <button onclick="selectFastClock();">Fast Clock</button>
  </p>
  <p>
    <button onclick="selectSlowClock();">Slow Clock</button>
  </p>
  <p>
    <button onclick="selectNormalClock();">Normal Clock</button>
  </p>

  <script type="text/javascript">

    var minutesOffset = 0;

    function selectFastClock() {
      minutesOffset = 5;
    }
```

```
    function selectSlowClock() {
      minutesOffset = -5;
    }

    function selectNormalClock() {
      minutesOffset = 0;
    }

    function tick() {
      let timeString = getTimeString();
      showMessage(timeString);
    }

    function startClock() {
      setInterval(tick, 1000);
    }

    function getTimeString() {
      let currentDate = new Date();
      let displayMins = currentDate.getMinutes() + minutesOffset;
      currentDate.setMinutes(displayMins);
      let hours = currentDate.getHours();
      let mins = currentDate.getMinutes();
      let secs = currentDate.getSeconds();
      let timeString = hours + ":" + mins + ":" + secs;
      return timeString;
    }

    function showMessage(message) {
      let outputElement = document.getElementById("timePar");
      outputElement.textContent = message;
    }
  </script>
</body>

</html>
```

代码分析 05

制作时光旅行时钟

对于时光旅行时钟，你可能有一些疑问。

1. 问题：能否在按钮被按下后立即更新显示？

解答：时光旅行时钟存在一个问题。一旦单击一个按钮，它就需要一段时间才能“反应过来”。必须等待一秒钟，才能看到时间改变，并反映新的值。可以通过让 `selectFastClock`、`selectSlowClock` 和 `selectNormalClock` 函数在更新偏移值后调用 `Tick` 函数来解决这个问题：

```
function selectFastClock() {
  minutesOffset = 5;
  tick();
}
```

现在，一旦用户单击按钮，时钟就会立即更新。这个版本可以在 Eg 05 Quick Update Time Travel Clock 示例中找到。

2. 问题：我们能否改变时钟的显示颜色，以表示时钟快还是慢？

解答：可以。我们可以为每个时钟选项的显示段落设置不同的样式类。

```
.normalClock,.fastClock,.slowClock {
  font-size: 10em;
  font-family: 'Courier New', Courier, monospace;
  text-align: center;
}

.normalClock{
  color: black;
}
.fastClock {
  color: red;
}

.slowClock {
  color: green;
}
```

以上可以看到一个样式表，它创建了三种样式：normalClock、fastClock 和 slowClock。可以看到哪些设置是所有样式共享的，以及哪些设置仅设置了特定的颜色。快速时钟以红色显示，而慢速时钟以绿色显示。当选择按钮被按下时，你可以将样式类设置为相应的样式。下面的 selectFastClock 函数与页面上的 Fast Clock 按钮绑定，一旦按钮被按下，它就会运行。

```
function selectFastClock() {
  let outputElement = document.getElementById("timePar");
  outputElement.className = "fastClock";
  minutesOffset = 5;
  tick();
}
```

一个 HTML 元素有一个 className 属性，其值被设为类的名称。可以通过更改这个名称来更改样式类。selectFastClock 函数将 outputElement 的 className 设为 fastClock，以使用 fastClock 样式类来显示它。所以，现在当时钟走得快时，文本会变成红色。在 Eg 06 Color Coded Clock 示例中可以找到这个版本的代码。

3. 问题：这个程序可以在不使用全局变量的情况下编写吗？

解答：时光旅行时钟目前使用了一个名为 minutesOffset 的全局变量来确定时钟是快还是慢。如果可能的话，应避免使用全局变量，但具体该怎么做呢？

网页种包含一个显示时间的段落。时钟程序将此段落的 TextContent 属性设置为显示时间，并设置段落的 className 属性以选择不同的显示样式（fastClock，slowClock 或 normalClock）。你还可以利用时间段落的 className 属性的值来设置时间偏移。

```
function getMinutesOffset() {
  let minutesOffset = 0;
  let outputElement = document.getElementById("timePar");
  switch (outputElement.className) {
    case "normalClock": minutesOffset = 0;
      break;
    case "fastClock": minutesOffset = 5;
      break;
    case "slowClock": minutesOffset = -5;
      break;
  }
  return minutesOffset;
}
```

前面的 getMinutesOffset 函数使用了 JavaScript 的 switch 结构来返回一个偏移值，如果 timePar 元素的 className 属性为 normalClock，则返回值为 0；如果 className 为 fastClock，则返回值为 5，如果 className 为 slowClock，则该值为 -5。这个值可以在 getTimeString 中用来计算要显示的时间。

```
function getTimeString() {
  let currentDate = new Date();
  let minutesOffset = getMinutesOffset();
  let displayMins = currentDate.getMinutes() + minutesOffset;
  currentDate.setMinutes(displayMins);
  let hours = currentDate.getHours();
  let mins = currentDate.getMinutes();
  let secs = currentDate.getSeconds();
  let timeString = hours + ":" + mins + ":" + secs;
  return timeString;
}
```

这个版本的代码获取 minutesOffset 的值，然后用它来创建一个带有所需偏移量的时间字符串。这样就不再需要 minutesOffset 全局变量了。这是解决问题的一个非常好的方法。在这里，设置是元素的一个属性，它会直接影响到这个元素。并且，显示的颜色与 minutesOffset 值之间不会出现不同步的问题。这个版本可以在 Eg 07 No Globals Clock 示例文件夹中找到。

2.5 在 GitHub 上托管网站

现在，你有了一些可能想要向全世界展示的东西。有什么方式可以胜过把它放在一个网站上让每个人都能看到呢？这么做的话，如果有人想要一个时间旅行时钟，那他们只需要直接访问你的网站，就可以启动它了。实现这一点的一种方式是在 GitHub 上创建一个网站存储库。为此，你必须有一个 GitHub 账号。尽管你的账号上只能托管一个网站，但是这个网站可以包含多个页面，并且页面之间可以链接。我们将从一个非常简单的网站开始，它只包含时间旅行时钟。如果想要尝试不同的样式，你可以更改时钟文本的颜色，大小和字体。下一章要讲解如何向网页添加图片。

动手实践 11

扫描二维码查看作者提供的视频合集或访问 https://www.youtube.com/watch?v= 0sJyxBzAOwM，观看本次动手实践的视频演示。

在 GitHub 上托管网页

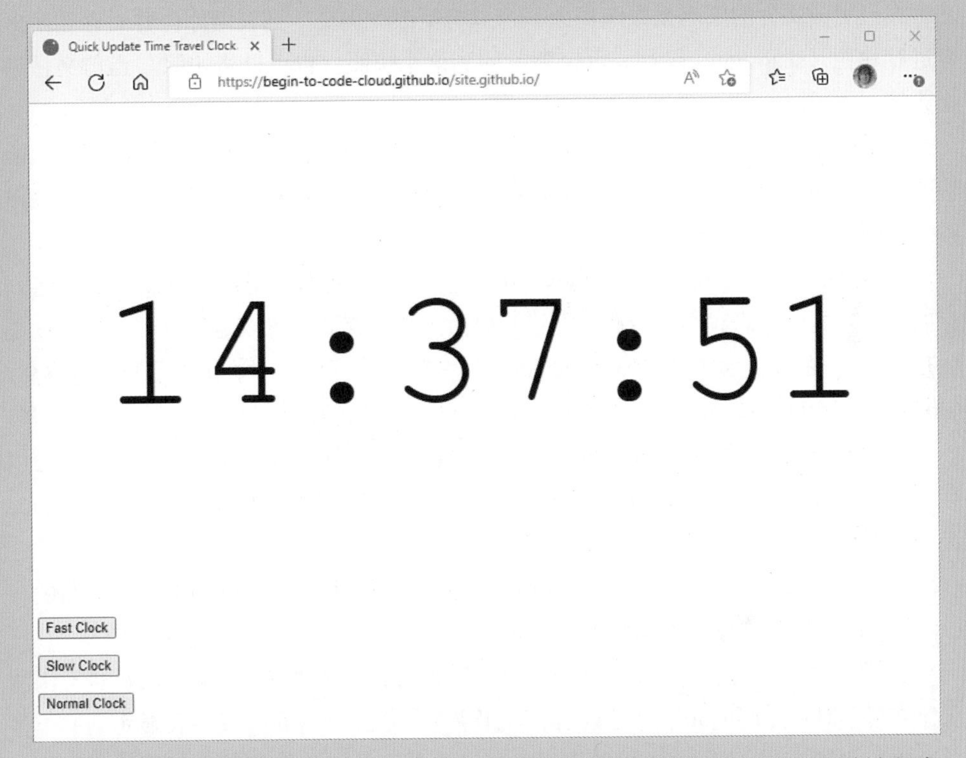

上图是这个练习的最终结果，它显示了在 GitHub 托管的网站上运行的时钟程序。这里没有足够的篇幅来详细介绍整个过程了。简而言之，需要完成以下几个步骤。

1. 创建一个空的存储库。
2. 使用 Visual Studio Code 将存储库克隆到你的电脑上。
3. 将时钟文件添加到存储库中。
4. 使用你的 GitHub 用户名和电子邮件来在电脑上配置 Git。
5. 将更改提交到你本地的 Git 安装环境中。
6. 将本地电脑上的更改同步到存储库中。
7. 配置 GitHub，指定存储库的哪一部分应该共享到网上。

好消息是，不需要每次都重复这些步骤。更好的消息是，我制作了一个视频来详细讲解这个过程，带大家逐步完成操作。

要点回顾与思考练习

这一章的内容非常丰富，涵盖了很多主题。接下来是一些要点回顾以及一些需要思考的内容。

1. Git 是一个工具，它使处理大型项目变得更容易。它将工作单元组织成存储库。存储库是包含着文件的文件夹；它还包含一个由 Git 工具管理的特殊文件夹，用于通过制作已更改文件的副本来跟踪更改。可以将更改“提交”到存储库，并对存储库内容进行快照（snapshot）保存。可以随时回到这个快照。也可以将快照与当前文件进行比较。

2. Git 可以由一个人在一台设备上使用，也可以通过设立 Git 服务器，让多人能够通过网络访问存储库。同时，Git 提供了一种解决多人同时修改同一文件的冲突问题的机制。

3. GitHub 是一个基于云的服务，用于托管 Git 存储库。用户可以复制（克隆）存储库，对其进行修改，然后通过网络将修改上传。存储库可以是私有的，也可以是公开的。公开的存储库是开源项目的基础，管理者会接收贡献，并在测试后再进行提交。GitHub 存储库可以作为网页公开显示，这使 GitHub 成为了一个托管简单网站的好选择。

4. Git（及其扩展服务 GitHub）可以集成到各种软件工具，让这些工具可以利用存储库的存储和管理功能。Visual Studio Code 集成开发环境（IDE）就是这样做的。我们在处理存储库时，可以进行检出和提交操作。

5. Visual Studio Code 还提供了一个扩展机制，可以用来添加额外的功能。其中，Live Server 可以让你在个人电脑上部署和测试网站。

6. 网页是由含有超文本标记语言（HTML）的文本文件来表述的。网页包含由浏览器在显示时要绘制的元素。元素的名称用字符 < 和 > 来界定，以与要显示的文本区分开来。举例来说，`<head>` 用于表示头部元素的开始。相应的，头部的结束由包含反斜线前缀的 `</head>` 表示。 值得一提的是，`<br>` 元素（表示换行）不需要对应的 `</br>` 元素。

7. HTML 元素可以嵌套。比如，`<body>` 元素包含了在网页主体中要显示的所有元素。

8. HTML 元素可以具有属性，这些属性提供了关于元素的信息。属性是以名值对的形式添加到元素定义中的。比如在 HTML 中，`<p id="timePar">` 表示一个段落的开始，这个段落有一个 `id` 属性，它的值设置为 timePar。

9. HTML 文档中的元素可以被赋予一个 `class` 属性，该属性指向浏览器加载的样式表文件中的样式定义。HTML 源文件通过在文档的 `<head>` 部分使用 `link` 元素来指定样式表文件的位置。

10. 浏览器使用 HTML 文件创建一个文档对象模型（DOM）。DOM 是一个描述网页结构的软件对象。DOM 包含对 HTML 页面中描述的元素所对应的对象的引用。

11. 在 DOM 中，元素对象包含的属性值对应 HTML 中指定的属性。举个例子，HTML 文档中的元素的 class 属性映射到了 DOM 元素对象的 `className` 属性上。这种映射使得 JavaScript 程序能够改变属性值以及它们在页面上的呈现形式。在改变时间旅行时钟的文本颜色时，我们就使用了这种能力。

12. 可以利用浏览器的**开发者工具**中的“**元素**”标签来查看 DOM 中的元素。

13. HTML 文档中的元素可以被赋予 `id` 属性，这可以帮助 JavaScript 程序在 DOM 中定位它。DOM 提供了 `getElementByID` 方法，这个方法可以通过 `id` 查找元素。如果该方法找不到具有所请求的 `id` 的元素，那么它将返回一个 `null` 引用。

14. 可以通过赋一个字符串来更改段落元素的 `textContent` 属性。这么做的话，段落元素将在网页上显示这段新文本。

15. 一些 HTML 元素可以生成事件。事件由一个名称（通常以“`on`”为前缀）和一段在事件发生时要执行的 JavaScript 代码组成。`body` 元素可以有一个 `onload` 属性，该属性指定浏览器加载网页时要执行的 JavaScript 代码。

16. 网页种可以包含按钮元素，被用户单击后，它们会生成事件。当网页用户单击这些按钮时，可以调用 JavaScript 函数来响应事件。

17. GitHub 可以用来托管网页和存储存储库。

为了加深对本章的理解，可能需要大家思考一些进阶问题。

1. **问题**：Git 和 GitHub 之间的区别是什么？

解答：Git 是用来管理代码存储库的程序。而 GitHub 是一个基于云的服务，它托管代码存储库，用户可以通过 Git 程序来访问这些存储库。

2. **问题**：任何类型的文件都可以放入 Git 存储库吗？

解答：是的。但得小心，不要把任何凭证或隐私数据放入你添加到存储库的文件中，因为它们可能会被上传到 GitHub 并公之于众。在第 8 章，我将解释如何使用 `gitignore` 文件来标记不应存储在存储库中的文件。在第 12 章，将使用环境变量在部署程序时传递凭证。

3. **问题**：我可以在自己的设备上使用 Git 吗？

解答：可以。可以使用它来管理存储在你的设备上的存储库，也可以设置你自己的 Git 服务器并在家庭网络中存储私有项目。

4. **问题**：可以直接使用 Git 程序吗？

解答：我会尽量避免这样做。通常，Git 本身很复杂，而 Visual Studio Code 为它消除了许多复杂性，但是偶尔（特别是在做团队项目的时候），你可能必须输入一个 Git 命令来修复某些问题。

5. 问题：开源项目是否有不同的类型？

解答：是的。这是由分配给特定项目的许可协议的条款控制的。这些条款值得一读，可以从中了解在开源项目上可以升级哪些权限。在使用开源项目时，也应该查看一下许可协议，确保你没有违反任何条款。

6. 问题：为什么 HTML 被称为“标记语言”？

解答：HTML 被用于描述网页视图的设计，例如哪些元素应该在段落中，哪些应该是标题，等等。在计算机出现的之前，印刷工人会在他们要打印的文档的原稿上写上指示，指定文字的字体和大小，这称为“标记”。HTML 可以用来表达如何格式化文本，因此称为“标记”语言。

7. 问题：如果只给浏览器一个文本文件，会怎样？

解答：浏览器会尽量去显示一些内容，即使这个文件看起来并不像一个规范的 HTML 文档。它会将文本文件以单行形式展示，忽略换行符并将多个空格缩减为 1 个。如果你想以分行和段落的形式展示文本，则必须添加适当的格式化元素。

8. 问题：浏览器是在哪里存储文档对象模型的？

解答：网页加载时，浏览器会将文档对象模型（DOM）存储在计算机的内存中。这个 DOM 是一个软件对象，它提供数据存储和与对象中的数据交互的方法。HTML 文件则设定了这个对象中的初始元素和它们的初始值。

9. 问题：HTML 和 HTTP 之间的区别是什么？

解答：HTML 是表示网页内容的一种方式，而 HTTP（超文本传输协议）则负责从服务器获取网页并传输到浏览器。浏览器使用 HTTP 协议来获取资源，服务器负责传送这些资源。浏览器发送一个包含 GET 关键词的 HTTP `get` 请求，服务器找到资源并返回。`get` 请求总是会返回一个状态码，例如，状态码 200 意味着“一切正常，这是你要的数据”，而 404 则是臭名昭著的“文件未找到（file not found）”错误，这个错误相当知名，它甚至被印在了 T 恤上。

10. 问题：HTML 是一种编程语言吗？

解答：不是。编程语言用于表达解决问题的方法。这可能涉及做出决策和重复某种行为。然而，HTML 并没有提供这样的结构。HTML 主要用来表示一个逻辑文档的内容，而不是用来解决问题。

11. 问题：如果 JavaScript 程序高频率地改变一个元素的可见属性，会怎样？

解答：我们已经看到，JavaScript 程序可以通过更新文档对象中的元素的属性来在浏览器中显示消息。比如，我们设置了段落的 `textContent` 属性以更新时钟。如果我们更改得非常频繁，浏览器可能无法跟上。浏览器以一定的频率进行更新，通常是每秒 60 次。

12. **问题**：网页上的每个元素都需要有 `id` 属性吗？

解答：为网页元素设置 `id` 属性可以让程序通过 `getElementById` 方法轻松地定位它。例如，我们在时钟显示功能中使用这个方法来找到显示时间的段落，并在时钟走动时更新其文本。但实际上，我们并不需要为页面上的每个元素都设定 `id` 属性，只有当 JavaScript 代码需要定位某个元素时，我们才为其设置 `id`。

13. **问题**：如果事件函数卡住了，会怎样？

解答：在网页上，我们可以通过属性将事件关联到 JavaScript 函数。在前文中，我们已经看到 `body` 元素的 `onload` 属性能让我们在页面加载时调用 JavaScript 函数。但要是函数永远不结束执行的话，会怎样？我们都可能遇到过这种情况：访问一个网站时，浏览器突然停止响应了。这可能是因为由页面上的事件触发的 JavaScript 函数卡住了。如果你编写了一个不会返回的函数（比如，它可能陷入了无限循环）然后通过 `onload` 属性调用它，你会发现网页永远无法完成加载。通过 `setInterval` 调用的函数不返回时，网页不会立即停止。随着时间的推移，页面可能会逐渐变慢，因为计算机的内存被越来越多的未结束的进程所占据。而且，如果一个按钮的 JavaScript 函数卡住了，用户在该函数结束之前将无法单击其他按钮。

第 3 章
创建交互式网站

本章概要

现在，已经知道了如何创建 JavaScript 应用并将其部署到云端的 HTML 格式的网页中。我们已经了解到，JavaScript 代码能够通过更改浏览器从原始 HTML 创建的文档对象模型（DOM）中的文档元素属性与用户进行交互。我们制作了一个走动的时钟，其中，JavaScript 代码更改了显示时间的段落的 `textContent` 属性。我们还可以将网页及应用程序部署到云端，这样任何使用网页浏览器的人都可以访问和使用它们。

在第 2 章中，还探索了程序如何通过按钮来从用户处接收输入。在本章中，将研究 JavaScript 程序如何从用户处接收数字和文本，并在不同的浏览会话之间存储这些值。接下来，将开始编写可以动态生成网页内容的代码。在这个过程中，我们还将认识一些“JavaScript 英雄”。

别忘了，随时可以使用网上的词汇表（https://begintocodecloud.com/glossary.html）来查找还不熟悉的内容。

3.1 从用户处获取输入

你可能觉得很奇怪，但人们似乎很喜欢“时间旅行时钟”这个想法。不过，像大多数喜欢你做的东西的人一样，他们也有一些改进建议。对于时间旅行时钟，用户希望能够自行调节时钟快多久或慢多久。我们知道，网页可以从用户那里读取输入。自从开始使用网页以来，我们就经常在网页中输入数字、文本和密码。接下来，就让我们来看看如何实现一个可调节的时钟。

图 3-1 显示了时间偏移是如何在页面的左下角输入的。当按下 Minutes offset 按钮时，输入的值就会被设置为偏移量。在这个例子中，用户输入了“10”并按下了 Minutes offset 按钮。现在，时钟快了 10 分钟。

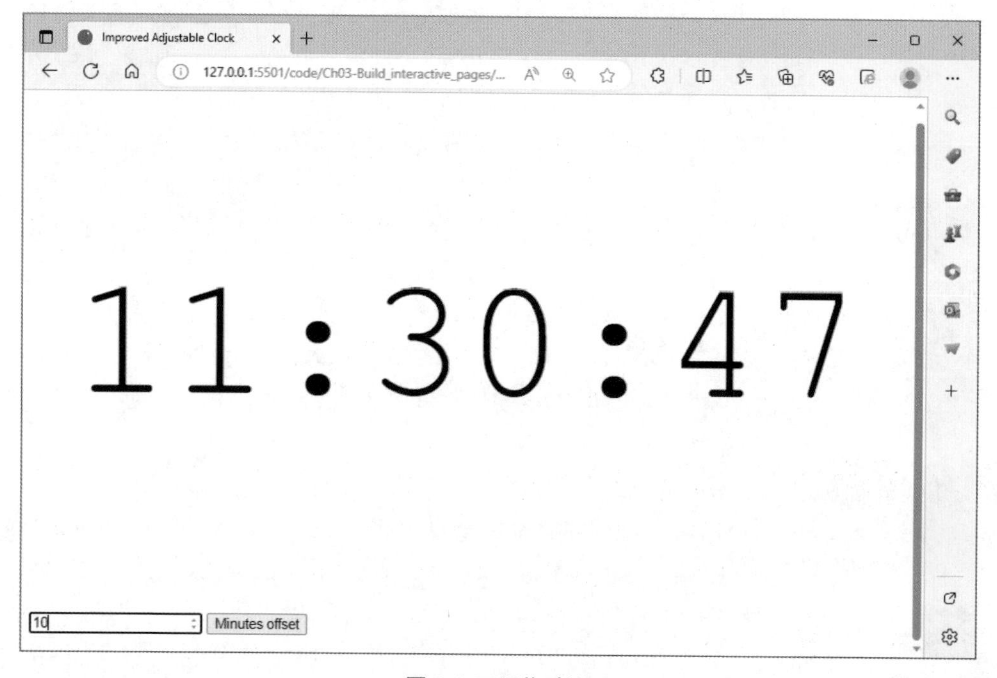

图 3-1 可调节时钟

3.1.1 HTML 输入元素

首先，需要在网页上为用户提供一个输入文本的位置。HTML 为此提供了 `input` 元素，该元素有两种主要用途。一方面，它可以把用户的输入数据发送回网页服务器（第 8 章将介绍讲解如何将 Web 表单数据发送回服务器）；另一方面，它可以接受用户的输入，这些输入可以被 JavaScript 程序读取，如下所示：

```
<input type="number" id="minutesOffsetInput" value="">
```

前面的 HTML 语句创建了一个 input 元素，这个元素有三个属性。第一个属性 input type 指定了输入的类型（被设置为 "number"），这告诉浏览器该输入仅接受数字。第二个属性 id 使 JavaScript 程序可以找到这个元素并读取它的值（被设置为 "minutesOffsetInput"）。第三个元素 value 是输入的初始值（被设置为一个空字符串，也就是 ""）。

接下来，我们需要一个用于设置新偏移值的按钮。当按钮被按下时，它将调用一个函数来设置偏移值：

```
<button onclick="doReadMinutesOffsetFromPage();">Minutes offset</button>
```

我们在第 2 章中看到过用于设置时钟模式的按钮。按钮有一个 onclick 属性，指定了按钮被按下时要运行的 JavaScript 代码。当刚刚创建的按钮被按下时，它将调用 doReadMinutesOffsetFromPage 函数：

```
function doReadMinutesOffsetFromPage() {
  let minutesOffsetElement =
        document.getElementById("minutesOffsetInput");       获取输入元素
  let minutesOffsetValue = minutesOffsetElement.value;    从输入元素中获取值
  minutesOffset = Number(minutesOffsetValue);
}                                                          将字符串转换为数字
```

从前面的代码中，可以看到 doReadMinutesOffsetFromPage 函数的定义。它执行以下操作：

- 查找用户输入数字的输入元素；
- 读取该元素的值属性，其中包含了用户输入的数字文本；
- 将数字文本转换为实际的数字；
- 将新的值存储在名为 minutesOffset 的全局变量中。

动手实践 12

扫描二维码查看作者提供的视频合集或访问 https://www.youtube.com/watch?v=2jDfs2T01fM，观看本次动手实践的视频演示。

可调节的时光旅行时钟

本次实践的代码位于 Ch03-Build_interactive_pages 示例文件夹的 Ch03-01_Adjustable_Clock 中。使用 Visual Studio 打开该示例的 index.html 文件，启动 Go Live 以在浏览器中打开页面，并在页面中打开**开发者工具**。通过单击“控制台”标签选择应用的控制台视图。

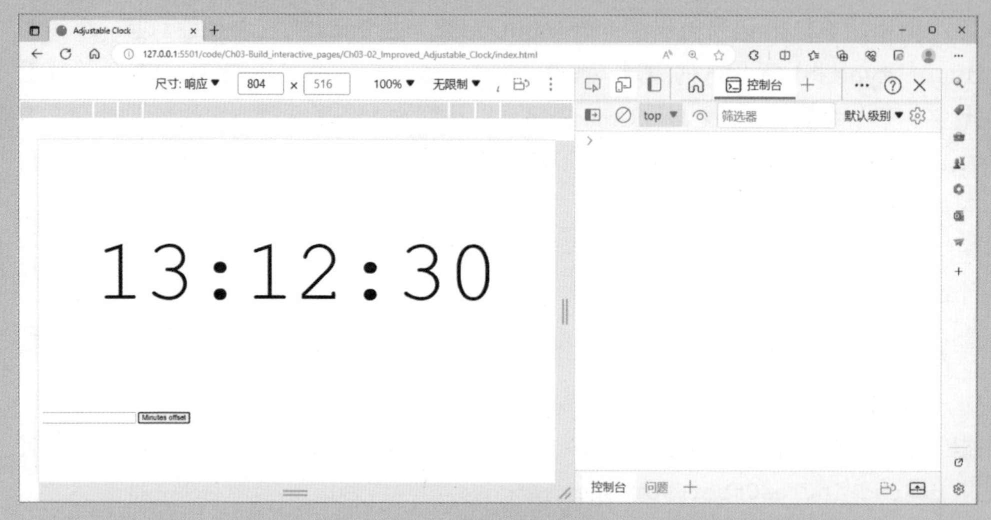

如上图所示，屏幕左侧是一个正在运行的时钟，而右侧则是控制台。你可以通过控制台查看 `minutesOffset` 的当前值。只需在控制台中键入 `minutesOffset` 并按下 Enter 键，就可以让控制台显示变量的内容。

得到的结果如下所示。变量最初设置为 0，所以时钟显示当前的时间：

```
> minutesOffset
0
```

现在，将一个偏移值输入到文本框中并单击 Minutes Offset 按钮：

10　Minutes offset

应该可以看到时钟的时间改变了，显示着快了 10 分钟之后的时间。现在尝试将偏移值设置为空字符串。清空输入框的内容并单击 Minutes Offset 按钮：

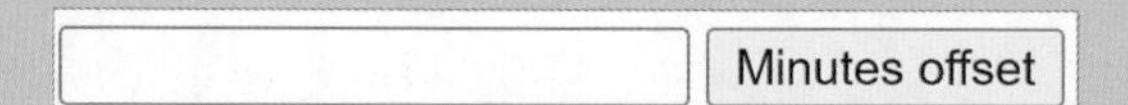

观察时钟显示的时间发生了什么变化；它恢复回了正确的时间。偏移值已经被设置为 0。这有些奇怪，因为我们并没有将其设置为 0，而是设置成了一个空字符串 `""`。在某些编程语言中，如果试图将空字符串转换为数字，你会收到一个错误。但 JavaScript 似乎并不在意这一点。让我们看看这背后究竟发生了什么。

这里比较有趣的是 `Number` 函数，它可以将输入转换为数字。我们可以给 `Number` 一个包含数字的字符串，它将返回一个数字值。让我们尝试几个不同的输入，首先从一个包含值的字符串开始。在浏览器的开发者工具控制台中输入以下语句。这将向你展示 `Number` 函数接收字符串 `"99"` 后返回的结果：

```
> Number("99")
```

现在按下 Enter 键。请记住，控制台总是会显示执行的 JavaScript 代码所返回的值。在本例中，它将显示 Number 函数返回的值：

```
> Number("99")
99
```

用字符串 "99" 调用 Number 的结果是数字值 99。现在，尝试输入另一个字符串：

```
> Number("Fred")
NaN
```

为了简洁起见，从现在开始，我只会展示 Number 函数的调用及它所显示的结果。如果你愿意的话，你可以自行在控制台中验证这些结果。文本 "Fred" 不可能被转换为数字。Number 函数会返回 NaN（非数字），这是合理的，因为 "Fred" 并不代表一个数字。现在，再来尝试：

```
> Number("")
0
```

Number 函数处理了一个空字符串，它返回的值为 0。你可能以为会再次看到 NaN，但实际上并非如此。这也部分解释了为什么当你在输入框内输入空值时，minutesOffset 的值会变成 0。另一部分原因涉及输入元素的数字类型。当你尝试设置 minutesOffset 值时，数字输入会尝试阻止你输入文本。带有触摸屏的设备可能会显示数字键盘而非文本键盘。如果你真的输入了一个无效的数字（或留空），输入元素的值属性就会是一个空字符串。这个空字符串被传入 Number 函数，并产生结果 0。

这可能不是你想要的。你可能认为，如果用户没有输入数字，minutesOffset 就保持不变，而不是变回 0。我们可以通过向 doReadMinutesOffsetFromPage 函数添加一些额外的代码来解决这个问题。可以使用 Visual Studio Code 修改该函数，或者在 Ch03-02_Improved_Adjustable_Clock 示例文件夹中找到时钟的这个版本。

```
function doReadMinutesOffsetFromPage() {
  let minutesOffsetElement = document.getElementById("minutesOffsetInput");
  let inputString = minutesOffsetElement.value;          从输入元素获取值
  if (inputString.length == 0) {                         检查空字符串
    alert("Please enter an offset value");
  }
  else {
    minutesOffset = Number(inputString);
  }
}
```

这个版本的 `doReadMinutesOffsetFromPage` 函数会检查从输入元素处接收的值的长度。如果长度为0（这意味着没有输入数字或只输入了空字符串），那么函数会显示一个警告。否则，它会设置 `minutesOffset` 的值。

在下图中，可以看到在输入框中留空并单击 Minutes Offset 按钮时会发生什么事件。

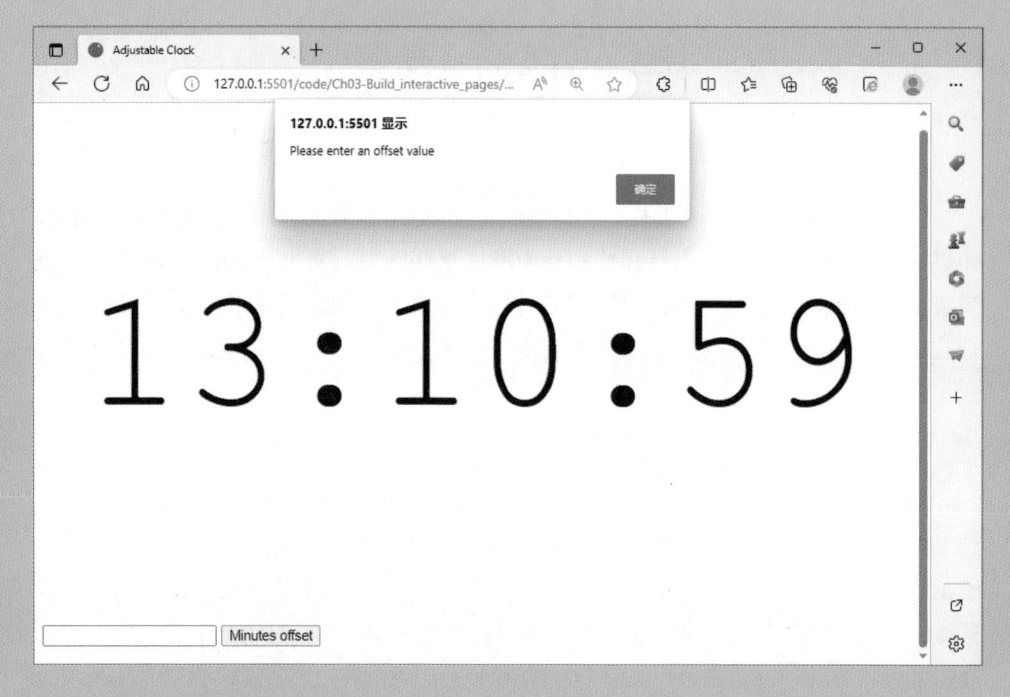

3.1.2 输入类型

图 3-2 展示了一些可用的输入类型以及当你在其中输入数据时它们在网页上的显示。图 3-2 中的每个输入项都有一个包含适当类型的输入框和一个用于调用函数的按钮，这个函数负责显示浏览器接收的输入内容。可以在输入框中输入数据，然后单击它旁边的按钮以展示得到的值。例如，图中的 `passwordIinput` 元素被用来输入 `topsecret`，并且旁边的 `password` 按钮已被单击，以显示输入框中的值。但需要注意的是，在输入时，浏览器不会显示明文显示密码。

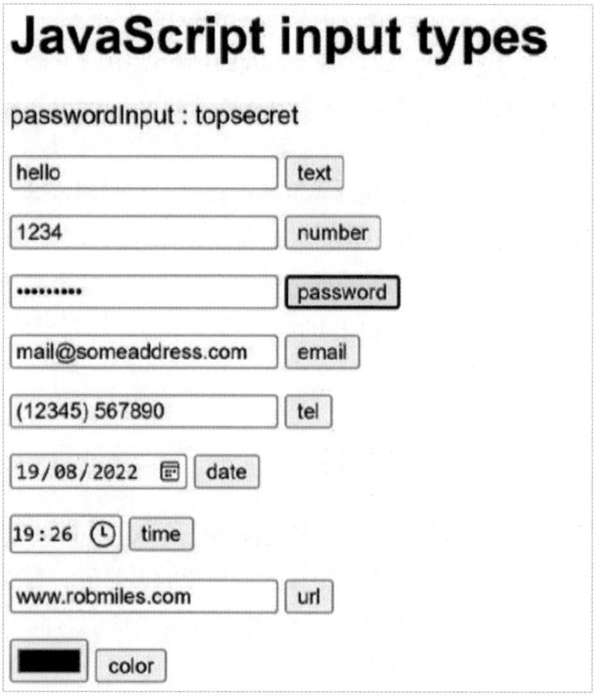

图 3-2　输入类型

以下是接受密码输入的 HTML 代码。外部的段落包围了输入和按钮元素。按钮元素的 onclick 事件调用了一个名为 showItem 的函数，并使用 passwordInput 作为参数。

```
<p>
  <input type="password" id="passwordInput">
  <button onclick='showItem("passwordInput");'>password</button>
</p>
```

注意，程序使用了两种引号来界定在按钮被按下时要执行的 JavaScript 字符串中的项。外部的单引号界定了整个 JavaScript 文本，而内部的双引号则界定了 "passwordInput" 字符串，该字符串是函数调用的参数。每种不同的输入类型都有类似的段落。showItem 函数的任务是查找输入的值并在输出元素上显示它。

```
function showItem(itemName) {
  let inputElement = document.getElementById(itemName);
  let outputElement = document.getElementById("outputPar");
  let message = itemName + " : " + inputElement.value
  outputElement.textContent = itemName + " : " + inputElement.value;
}
```

获取源元素

获取目标元素

构建消息

显示消息

showItem 函数使用 document.getElementByID 方法获取 inputElement 和 outputElement 的值。接着，它通过将 inputElement 中的值添加到 itemName 的末尾来构建一个要显示的消息。然后，这个消息被设置为 outputElement 的内容（即要显示的内容）。

不同的浏览器对输入类型的处理方式也各不相同。有些浏览器会自动填充电子邮件地址，或在输入日期时弹出日历。但重要的是要记住，所有这些输入都会生成一个字符串，程序在使用前需要对其进行验证。电子邮件输入不会阻止用户输入一个不存在的电子邮件地址。可以通过 Ch03-03_Input_Types 示例文件夹中的 HTML 页面来研究它们的行为。

3.2 在本地机器上存储数据

在向大家展示可调节时钟时，他们一开始都会惊叹不已，但这只会持续一段时间。过不了多久，他们就会抱怨说时钟无法记住之前设置的偏移值。每次打开这个时钟的网页时，minutesOffset 都会重置为 0，导致时钟显示当前的时间。他们希望时钟能保存 minutesOffset 的值，这样每次启动时，它都会保持上次设置的时间偏移。他们认为这个功能完全是可以有的，如此一来，你就得提供这个功能了。

程序员观点

积极参与的用户是灵感的源泉

要真正理解用户对系统的需求是相当有挑战性的。即使你认为你们已经就需要提供的功能达成共识，也仍然会遇到预料之外的问题。解决这种问题的关键是设立一个反馈机制，让用户能直接告诉你哪里出了问题，并为此提供建设性的意见。

如果将解决方案存放在 GitHub 存储库中，那么它的问题跟踪功能让用户可以提交他们遇到的问题，便于你及时响应。如果操作得当，那么你或许能建立一个由积极参与的用户（而不是愤怒的用户）组成的团队，他们会帮助你改进解决方案，甚至为它做宣传。

JavaScript 让网页能够在本地计算机上存储数据。这之所以可行，是因为浏览器能够访问电脑主机上的文件存储系统，并且浏览器可以将少量数据写入这个存储，并在收到请求时提取这些数据。

在下面的代码中，storeMinutesOffset 函数展示了如何在一个 JavaScript 程序中使用此功能。storeMinutesOffset 函数有一个名为 offset 的参数，该参数持有要存储在浏览器的本地存储中的偏移值。数据的存储是通过 localStorage 对象的 setItem 方法实现的，这个方法需要两个参数：存储的位置名称和要存储的字符串值：

```
function storeMinutesOffset(offset) {
  localStorage.setItem("minutesOffset", String(offset));
}
```

下面的 loadMinutesOffset 函数使用 localStorage 对象提供的 getItem 方法来获取存储的偏移值。getItem 方法需要一个字符串作为参数，用来指定要在本地存储中检索的数据项。如果本地存储中没有该名称的项目，getItem 就会返回 null。我们在前面看到过 null，它意味着"找不到"。下面的代码会检查 getItem 的返回值，如果为 null，就将偏移值设置为 0。这种处理方式是必要的，因为浏览器初次加载时钟时，本地存储是空的：

```
function loadMinutesOffset() {
  let offsetString = localStorage.getItem("minutesOffset");   获取存储的值
  if (offsetString == null) {                                 检查是否有缺失的值
    offsetString = "0";                                       如果没有存储任何内容，则将偏移值设置为 0
  }
  return Number(offsetString);                                返回一个数字
}
```

这段代码可以在 Ch03-04_Storing_Adjustable_Clock 示例中找到。

动手实践 13

扫描二维码查看作者提供的视频合集或访问 https://www.youtube.com/watch?v=J-HvWOc1m6Q，观看本次动手实践的视频演示。

探索设置

虽然时钟能够正常工作，但用户在使用时无法查看分钟偏移的值，因为它并没有显示在页面上。但这是否意味着没有任何办法能找到这个值呢？让我们看看是否可以用调试器来从浏览器中获取这个值。首先，从网络上加载时钟页面，通过下面的链接找到它：

https://begintocodecloud.com/code/Ch03-Build_interactive_pages/Ch03-04_Storing_Adjustable_Clock/index.html

页面加载完毕后，打开**开发者工具**窗口，选择“**源代码**”选项并打开 index.html 文件。接着，如下图所示，向下滚动代码，直到找到 `get-TimeString` 函数。这个函数每秒钟调用一次，以显示当前时间。

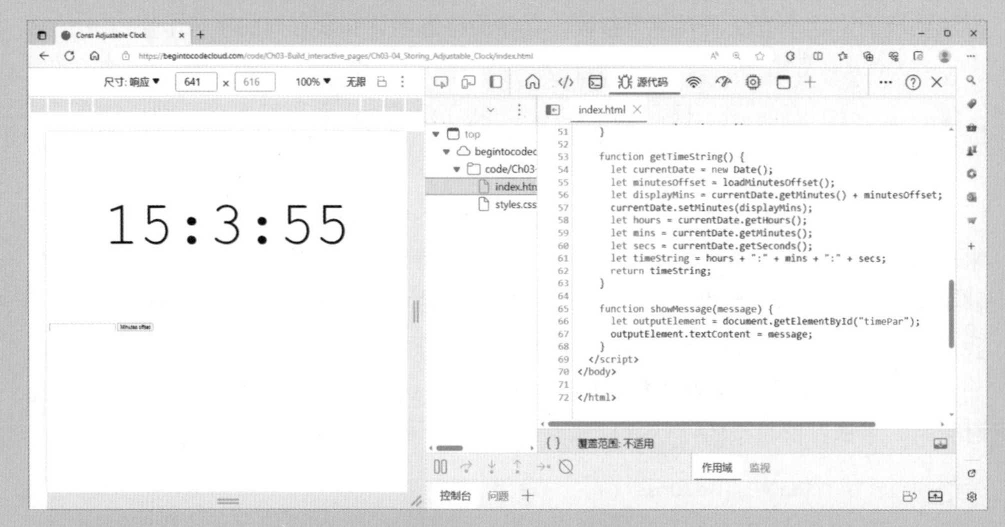

通过单击行号左侧的边距，在第 56 行设置一个断点。这个函数每秒钟调用一次，所以断点几乎会立即被触发。

在代码窗口中，你应该能看到下图这样的显示。如果将鼠标悬停在 `minutesOffset` 变量上，可以看到已经从本地存储加载了值 `20`。这展示了查看程序运行时的值有多么简单。

单击这里　　**从本地存储加载的值**

```
53    funct 20 getTimeString() {
54      let currentDate = new Date();   currentDate
55      let minutesOffset = loadMinutesOffset();
56      let displayMins = currentDate.getMinutes()
57      currentDate.setMinutes(displayMins);
58      let hours = currentDate.getHours();
59      let mins = currentDate.getMinutes();
```

不过，可以用一个更简单的方法来查看存储在本地存储中的值。

如果打开**开发者工具**中的“**应用程序**”标签，可以查看**本地存储**的内容。如下图所示，`minutesOffset` 的值被存储为 `20`。

请注意，这个本地存储的 begintocode.com 域名下的所有页面所共享。换句话来说，这里的任何示例 JavaScript 应用程序都可以查看和更改这个值。可以使用这个视图来调查网页存储在本地电脑上的内容。

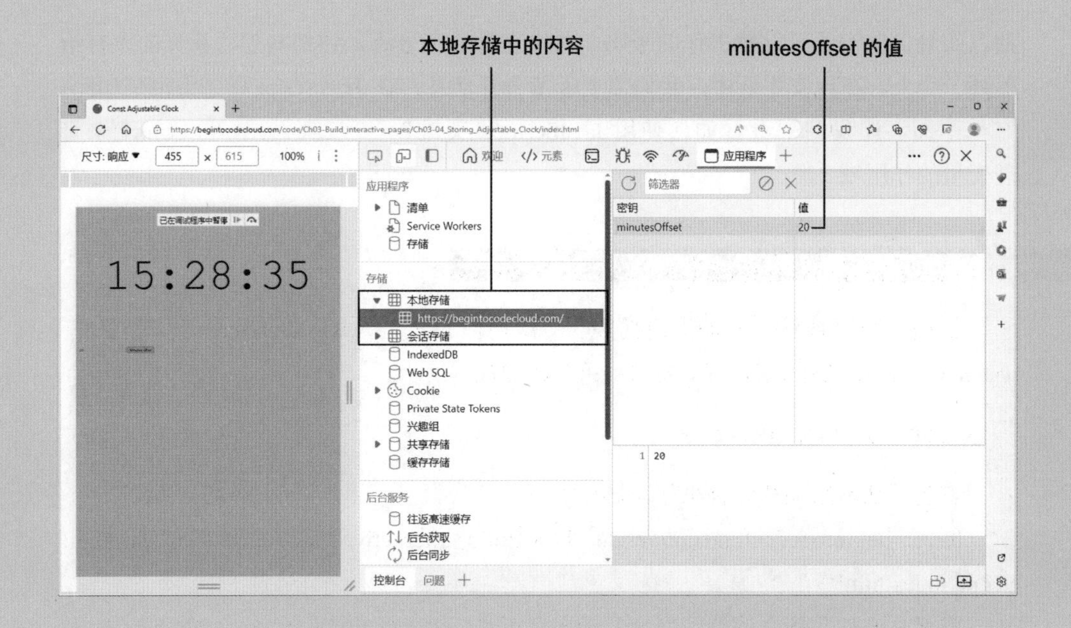

程序员观点

在编写 JavaScript 时，需要慎重考虑安全问题

尽管就算有人读取并更改了时钟的分钟偏移值，也不会带来什么麻烦，但我希望你能意识到 JavaScript 的开放性。如果一个应用程序把密码字符串存储在本地，那么它将非常容易受到攻击，尽管攻击者需要能直接接触设备，这么做的风险仍然也是不可承受的。编写应用程序时，需要考虑这个应用程序面临的攻击风险。将数据存储到本地看似便利，但你需要考虑这对于恶意用户有多么大的利用价值。并且，还应该确保变量只在需要使用它们的地方可见。

3.3 JavaScript 英雄：let、var 和 const

编程语言的一些特性是为了让你利用该语言创建可以工作的程序而存在的。例如，程序需要能够计算结果并做出决策，因此 JavaScript 提供了赋值和 `if` 结构。然而，`let`、`var` 和 `const` 不是为了让程序工作而生的，它们存在的目的是帮助我们编写更安全的代码，以及控制程序中的变量的可见性。接下来，让我们探索一下为什么变量的可见性如此重要以及如何使用 `let`、`var` 和 `const` 在 JavaScript 中管理可见性。

在程序中设置一个全局变量有点像在办公室的公告板上写下自己的名字和电话号码，使同事能够轻松联系到自己，但也意味着任何看到公告板的人都可以给自己打电话。而且，他们还可以擦去你的号码，并换上另一个号码，让那些想联系你的人打给另外一个人。在现实生活中，我们需要谨慎公开信息，在 JavaScript 程序中也是如此。

下面，让我们来看看如何使用 JavaScript“英雄”——`let`、`var` 和 `const` 来管理变量的作用域。

动手实践 14

扫描二维码查看作者提供的视频合集或访问 https://www.youtube.com/watch?v= DPnRL7k02wY，观看本次动手实践的视频演示。

探索 let、var 和 const

首先，从网络加载时钟页面。链接如下：

https://begintocodecloud.com/code/Ch03-Build_interactive_pages/Ch03-06_Variable_Scope/index.html

将此页面加载到浏览器中并打开开发者工具。现在打开控制台标签。如下图所示，你会看到一个页面，其中包含一系列样本函数，你可以从开发者工具控制台标签中调用这些函数，以了解更多关于变量和作用域的知识。

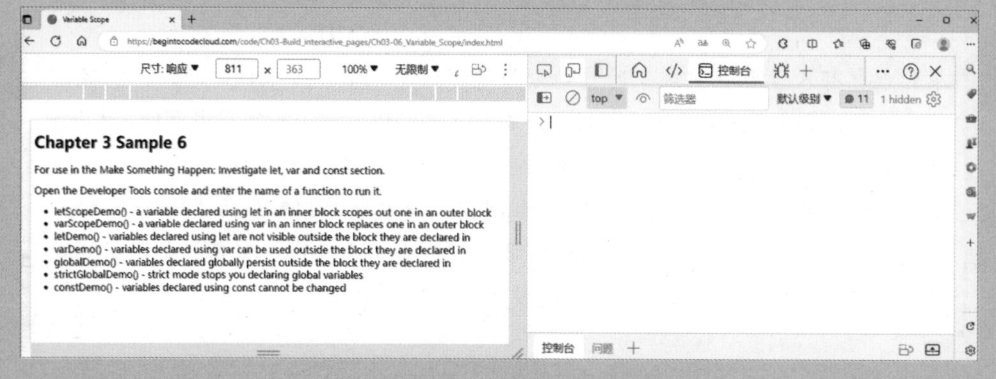

变量的作用域是程序中可以访问该变量的部分。JavaScript 有三种作用域：全局、函数和块级作用域。

- **全局作用域**（Global scope）：具有全局作用域的变量可以在程序的任何地方被访问。
- **函数作用域**（Function scope）：具有函数作用域的变量可以在函数体的任何地方被访问。
- **块级作用域**（Block scope）：具有块级作用域的变量可以在其所在的块内的任何位置访问，除非它在某些地方被其他作用域的变量“覆盖”。

让我们通过一些代码示例来理解这些概念。下面的函数创建了两个命名为“i”的变量。第一个 i 被赋值为 99。这个变量在函数体中声明。第二个 i 在内部块中声明，并被赋值为 100：

```
function letScopeDemo() {
    let i = 99;
    {
        let i = 100;
        console.log("let inner i:" + i);
    }
    console.log("let outer i:" + i);
}
```

让我们看看在控制台运行该函数时会怎样：

```
> letScopeDemo()
let inner i: 100
let outer i: 99
```

在前面，可以看到 letScopeDemo 的调用以及它运行时显示的结果。你可以在自己的电脑上运行这个函数。在运行这个函数时，每个 i 的值都会被打印出来。请注意，在内部代码块中，值为 99 的外部变量 i 是无法访问的。这被称为被“作用域外”。当程序离开内部代码块时，值为 100 的内部变量 i 被丢弃，而外部变量 i 再次变得可访问。使用 let 可以创建一个只在其所在代码块中存在的变量，而不是全局变量。下面的 varScopeDemo 函数与 letScopeDemo 相似，但它使用了 var 来声明 i：

```
function varScopeDemo() {
    var i = 99;
    {
        var i = 100;
        console.log("var inner i:" + i);
    }
    console.log("var outer i:" + i);
}
```

在运行它时，我们会得到一个不同的结果：

```
> varScopeDemo()
var inner i: 100
var outer i: 100
```

在函数内部使用 var 声明的变量具有函数作用域，而在所有函数之外声明的变量则具有全局作用域。在前面的代码中，i 的第二次声明覆盖了原始值，这个新值会一直维持，直到 varScopeDemo 函数的末尾。因此，在代码块内使用 var 声明的变量，即使在块结束后，也会在整个函数中保持存在，并且它们可以被新值覆盖。

为了深入了解作用域，我们将尝试一些可能无法正常工作的事情。下面的 letDemo 函数内包含了一个嵌套的代码块。在这个块中，我么使用 let 关键字声明了一个名为 i 的变量并赋值为 99。当这个代码块结束后，我们会在控制台显示变量 i 的值：

```
function letDemo() {
    {
        let i = 99;
    }
    console.log(i);
}
```

可以通过在控制台上键入 letDemo() 来运行程序：

letDemo 函数执行失败是因为变量 i 只在函数的内部代码块中存在。当执行流程离开这个块时，这个变量就被丢弃了。这意味着试图访问这个变量将无法再次被访问，因为它已经不存在了。

varDemo 函数与 letDemo 非常相似，只不过这次使用 var 来声明 i。接着，来看看运行这个函数时会怎样：

```
function varDemo() {
    {
        var i = 99;
    }
    console.log(i);
}
```

这次，函数完美执行。使用 var 声明的变量从它被声明的地方开始一直存在，直到它所在的作用域结束。在这种情况下，作用域是 varDemo 函数的主体。因此，如果在控制台中尝试访问变量 i，你会发现它已经不存在了，因为 varDemo 函数已经执行完毕。

到目前为止，一切都很清晰明了。如果想让变量在代码离开其声明的块之后就消失，那么就使用 let；如果想让变量在其整个外部作用域中都存在，那么就使用 var。

接下来，让我们做一些奇怪的尝试：

```
function globalDemo() {
    {
        i = 99;
    }
    console.log(i);
}
```

在 globalDemo 函数中，变量 i 没有使用 let 或 var 来声明。你可能会以为这样会导致错误，但实际上并不会。更奇怪的是，当函数执行完成后，变量 i 仍然存在。

在本书的前言中，我说过我要重点介绍 JavaScript 英雄，它们是 JavaScript 中的亮点。但 JavaScript 也有一些不足之处，我称它们为“JavaScript 短板”。而这是就一个 JavaScript 短板。这是我对 JavaScript 非常不满的一点。如果不使用 let 或 var 来声明变量，就会得到一个全局变量，这意味着它在整个程序中都是可访问的。这个设计非常糟糕。如果我忘记使用 var 或 let，系统不会报错，而是会设置一个全局变量，它在整个程序中都可见，非常容易被误用。

这种设计决策可以追溯到 JavaScript 的最初版本，当时的设计目标是让这门语言易于学习和使用。在那时，自动创建变量似乎是个好主意。但如今，JavaScript 被用来开发需要高度安全和可靠性的应用程序，所以这种设计已经不再适用了。为了解决这个问题，JavaScript 的最新版本引入一个严格（strict）模式，只需要在程序中添加特定的声明就能启用它：

```
function strictGlobalDemo() {
    'use strict';
    i = 99;
}
```

strictGlobalDemo 函数设置了严格模式并试图创建一个全局变量。但当它试图自动创建变量 i 时，这个函数失败了。

当我为本次动手实践录制视频时，我惊讶地发现 strictGlobalDemo 函数在我这里并没有失败。这是因为我在运行 strictGlobalDemo 之前运行了 globalDemo 函数，而后者创建了一个名为 i 的全局变量。我必须重新加载网页（这会删除所有变量）以使 strictGlobalDemo“正确”地失败。

需要注意的是，只有在 strictGlobalDemo 函数体内，严格模式才会被执行。如果想在应用程序的所有代码上都执行严格模式，那么你应该将声明放在程序的开头处，并确保在所有函数之外进行声明。

严格模式禁用了 JavaScript 中的许多危险行为，包括自动声明变量。我每次在编写 JavaScript 程序时都会在开头处启用该模式。

最后要介绍的 JavaScript 英雄是 const。当你不希望程序更改变量中的值时，就可以使用它。在下面的 constDemo 函数中，变量 i 被声明为一个 const。这意味着试图将 1 加到 i 的值上的语句将会出错。

```
function constDemo() {
    {
        const i = 99;
```

```
        i = i + 1;
    }
    console.log(i);
}
```

如果程序中有一个不应更改的值，你就可以将其声明为常量。使用 const 在块内声明的变量的作用域与使用 let 时相同。在所有函数之外使用 const 声明的变量则具有全局作用域。

let 和 var 的使用场景是显而易见的。如果我们想创建一个变量，并希望当程序退出其声明所在的代码块时，这个变量就消失，那么就使用 let。我们会尽量避免使用 var，除非真的需要在整个程序中共享某个变量。但是，const 的使用场景又是什么样的呢？在编写代码时，我会尝试寻找可能出现 bug 的情况，然后修改代码以消除这种可能。

看看可调节时钟中的这两条语句，它们在浏览器中存储了 minutesOffset 值：

```
localStorage.setItem("minutesOffset", String(offset));
...
offsetString = localStorage.getItem("minutesOffset");
```

第一条语句在本地存储中创建了一个名为“minutesOffset”的项，其中包含一个指定偏移值的文本字符串。第二条语句从本地存储中获取这个值。你能发现这段代码中可能存在的问题吗？我比较不满意的是，我必须输入 "minutesOffset" 字符串两次。这个字符串指定了稍后将写入并读取的存储位置的名称。

这样的代码会可能引起 bug。如果我错误地将其中一个字符串输入为 "MinutesOffset"（首字母本应是小写，但这里打成了大写），那么程序要么将值存储在错误的位置，要么无法查找到它。通过创建一个保存存储项名称的常量变量，我可以彻底解决这个问题：

```
const minutesOffsetStoreName = "minutesOffset";
localStorage.setItem("minutesOffset", String(offset));
...
offsetString = localStorage.getItem("minutesOffset");
```

以上代码显示了我是如何处理的。如此一来，就不会键入错误的存储名称了。minutesOffsetStoreName 是在每个函数之外的全局范围内声明的，所以它在整个程序中都是可用的。将常量值设为全局的也没关系，因为它们不容易更改。可以在 Ch03-06_Variable_Storage 示例中找到这段代码。

程序员观点

使用语言特性优化代码

JavaScript的`let`、`var`、`const`和严格模式等功能不是为了实现某件事而存在的，而是为了帮助你编写更安全的程序而存在的。当创建一个新变量时，我会考虑它需要有多高的可见性。如果需要广泛地使用某个值，那么我会先尝试寻找创建全局变量以外的方法。此外，我每次都会使用严格模式，并且我也建议你这么做。

3.4 使用 JavaScript 创建网页元素

我们已经看到了浏览器如何利用定义了网站的HTML文件的内容，在内存中构建文档对象模型（DOM）。随后，浏览器渲染DOM来为用户展示页面的内容。我们还了解了JavaScript程序如何通过更改其属性来与DOM中的元素进行交互，以及这些更改如何反映在用户在页面上看到的内容中。我们使用这个功能更改了时钟所显示的时间。现在，我们将探索JavaScript程序在运行时如何创建元素。这是JavaScript编程的一个非常重要的部分。有些网页是完全根据由JavaScript代码组成的HTML文件构建的。当页面加载时，JavaScript代码会执行并动态地生成页面上用于显示的所有元素。接下来，我们将通过创建一个名为《找奶酪》（Cheese Finder）的小游戏来展示这个功能，你会发现这个游戏非常好玩。

图3-3展示了小游戏《找奶酪》，它在一个10×10的按钮网格上玩。其中一个按钮包含一块奶酪。在开始之前，你决定是要找到奶酪还是避开它（如果你不喜欢奶酪的话）。然后，每个玩家轮流按下一个按钮。如果按钮不包含奶酪，它会变成粉红色，并显示该方格距离奶酪的距离。如果按钮是奶酪，一个消息会被显示，奶酪按钮变成黄色，游戏结束。重新加载页面会创建一个全新的游戏，并将奶酪移到一个新的位置。

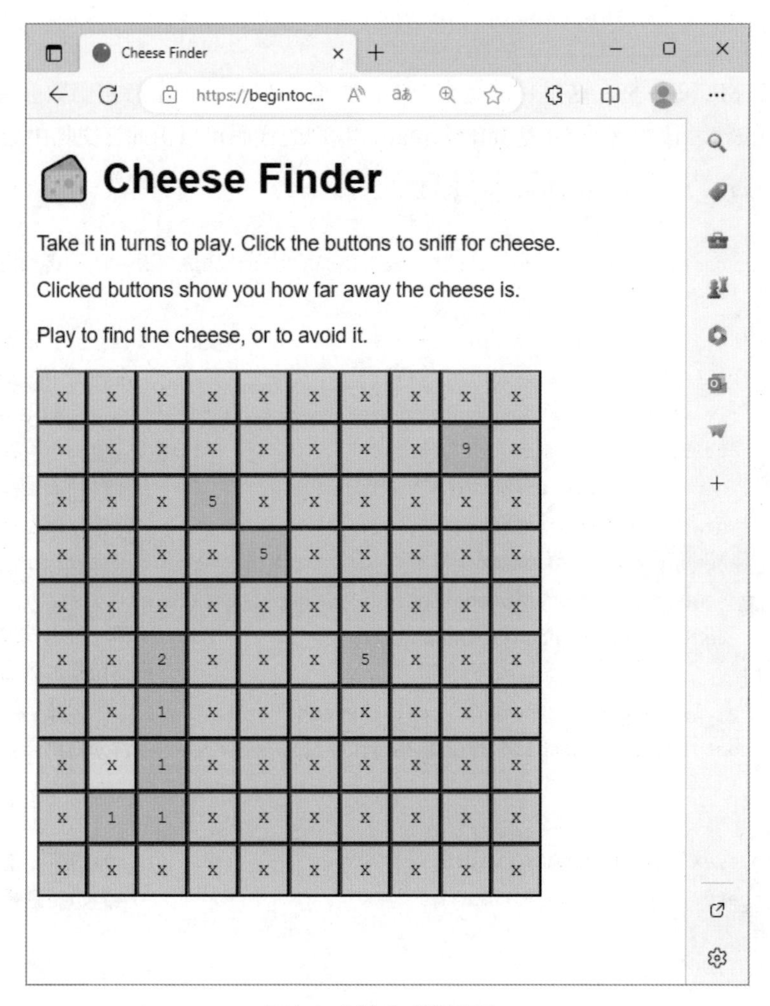

图 3-3 小游戏《找奶酪》

3.4.1 小游戏《找奶酪》

可以通过访问示例页面来试玩游戏，链接如下：

https://begintocodecloud.com/code/Ch03-Build_interactive_pages/Ch03-07_Cheese_Finder/index.html

放置按钮

为了使游戏正常运行，我们需要一个包含 100 个按钮的网页。手动地逐一创建这些按钮将会特别耗时间。幸运的是，我们可以借助 JavaScript 程序中的循环来自动创建这些按钮。下面是包含按钮的代码：

```
<p id="buttonPar"> </p>
```

在 HTML 文件里，这里目前是空白的。页面加载时，一个特定函数会被调用来添加这些按钮。该段落的 `id` 是 `buttonPar`，我们的代码可以由此在文档中定位它。

```
function playGame(width, height) {

  let container = document.getElementById("buttonPar");        找到目标段落

  for (let y = 0; y < height; y++) {                           处理每一行
    for (let x = 0; x < width; x++) {                          在一行中处理每一列
      let newButton = document.createElement("button");        制作一个按钮
      newButton.className = "upButton";                        将样式设置为“upButton”
      newButton.setAttribute("x", x);                          在按钮中存储 x 位置
      newButton.setAttribute("y", y);                          在按钮中存储 y 位置
      newButton.textContent = "X";                             在按钮中画一个 X
      newButton.setAttribute("onClick", "doButtonClicked(this);");
      container.appendChild(newButton);                        添加一个事件处理程序
    }                                                          将按钮添加到目标位置
    let lineBreak = document.createElement("br");              创建一个换行符
    container.appendChild(lineBreak);                          将换行符添加到段落
  }

  cheeseX = getRandom(0, width);                               为奶酪设置 X 位置
  cheeseY = getRandom(0, height);                              为奶酪设置 Y 位置

}
```

这个函数负责生成按钮并对游戏进行初始化设置。让我们探索一下它的运作机制。

以下语句创建了一个名为 `container` 的局部变量，它引用了将包含页面上所有按钮的段落。该段落的 `id` 是 `buttonPar`：

```
let container = document.getElementById("buttonPar");
```

以下语句使用了两个 `for` 循环，一个嵌套在另一个里。外层循环对应于按钮网格的每一行，而内层循环则对应于一行中的每一列。其中，`y` 变量用于记录行号，`x` 变量则用于记录列号：

```
for (let y = 0; y < height; y++) {
  for (let x = 0; x < width; x++) {
```

接下来的语句展示了一个我们之前未曾见过的操作。文档对象提供了一个名为 `createElement` 的方法，能够创建新的 HTML 元素。通过将一个字符串传递给这个方法，我们可以明确要创建的元素种类。在这里，我们想要创建一个按钮。但值得注意的是，创建元素并不意味着它会自动添加到 DOM 中，这是一个需要独立完成的步骤：

```
let newButton = document.createElement("button");
```

下面的语句为按钮设定了 `className`，从而确定了按钮的显示样式：

```
newButton.className = "upButton";
```

接下来是按钮的具体样式设置，其中包括一些通用的样式属性（比如字体、对齐、最小宽度和高度），以及根据按钮的不同状态设定的颜色：

```
.upButton,.downButton,.cheeseButton {
  font-family: 'Courier New', Courier, monospace;
  text-align: center;
  min-width: 3em;
  min-height: 3em;
}

.upButton{
  background: lightblue;
}
.downButton {
  background: lightpink;
}
.cheeseButton {
  background: yellow;
}
```

以下语句定义了按钮的初始文本内容。但当按钮被单击时，这个内容会被替换为相应的距离值：

```
newButton.textContent = "X";
```

以下两条语句为新按钮设置了一对属性，用于表示按钮在网格中的位置。我们打算将一个函数绑定到按钮的 `onclick` 事件上。我们不希望每次按下按钮时都创建不同的函数，因为这意味着我们需要创建 100 个函数。我们想在每个按钮中存储位置信息，这样就只需要一个按钮函数，它可以根据特定按钮的位置信息来执行。我们已经编写了为元素设置现有属性的代码（用来改变 `class` 或段落的 `textContent`）。以下两条语句创建了分别名为 x 和 y 的属性，它们包含按钮的 x 和 y 位置。这是一种非常强大的技术，它能使 DOM 中的元素成为变量存储的扩展：

```
newButton.setAttribute("x", x);
newButton.setAttribute("y", y);
```

以下代码是设置按钮的最后一条语句。它将 doButtonClicked 方法绑定到按钮的 onClick 事件上。按钮被单击时，这个函数就会运行。所有按钮在被单击时都会调用同一个函数。你可能会好奇 doButtonClicked 函数是怎么知道哪个按钮被单击了的。让我们看看 onClick 事件的 JavaScript 语句，以了解其工作原理：

```
newButton.setAttribute("onClick", "doButtonClicked(this);");
```

当在 HTML 中执行 JavaScript 语句时，this 的值被设置为生成事件的元素的引用。每次调用 doButtonClicked 时，它都会收到一个参数，这个参数指向被单击的按钮。这是一个非常有用的功能。它使事件处理器能够马上知道是哪个元素触发了该事件：

```
doButtonClicked(this);
```

如果仍然不理解上述内容，请回想一下我们正在尝试解决的问题。我们有 100 个按钮。每个按钮都可以生成一个 onClick 事件。我们并不想为所有这些 onClick 事件创建 100 个函数。最好的做法是仅编写一个函数。但如果只有一个函数，它需要知道自己被哪个按钮调用了。this 引用是传递给 doButtonClicked 调用的一个参数，当按钮被单击时，这个参数会被传入函数。在本例中，this 的值指的是已经被按下的按钮。

所以，doButtonClicked 总是会知道哪个按钮被单击了。来看一下 doButtonClicked 函数的具体操作，以加深理解。一开始，我们设置了一个 container 变量，它引用了一个将容纳所有按钮的段落。container 提供了一个名为 appendChild 的方法，它接收一个新元素的引用并将其添加到 container 中。这意味着段落现在包含了新创建的按钮。新元素按顺序被添加进来。所以，第一个元素将是按钮 (0,0)，第二个元素将是按钮 (0,1)，以此类推：

```
container.appendChild(newButton);
```

在添加了一行中的所有按钮后，以下两条语句将被执行。它们创建了一个换行元素（br）并将其追加到段落容器中。我们就是通过这种方式在网格中分隔连续行的：

```
let lineBreak = document.createElement("br");
container.appendChild(lineBreak);
```

图 3-4 展示了如何使用开发者工具中的“**元素**”标签查看由这些代码创建的所有按钮。请注意，原始的 HTML 页面并不包含任何按钮。所有这些都是由这些代码创建的。可以看到，所有按钮都具有符合我们预期的属性。

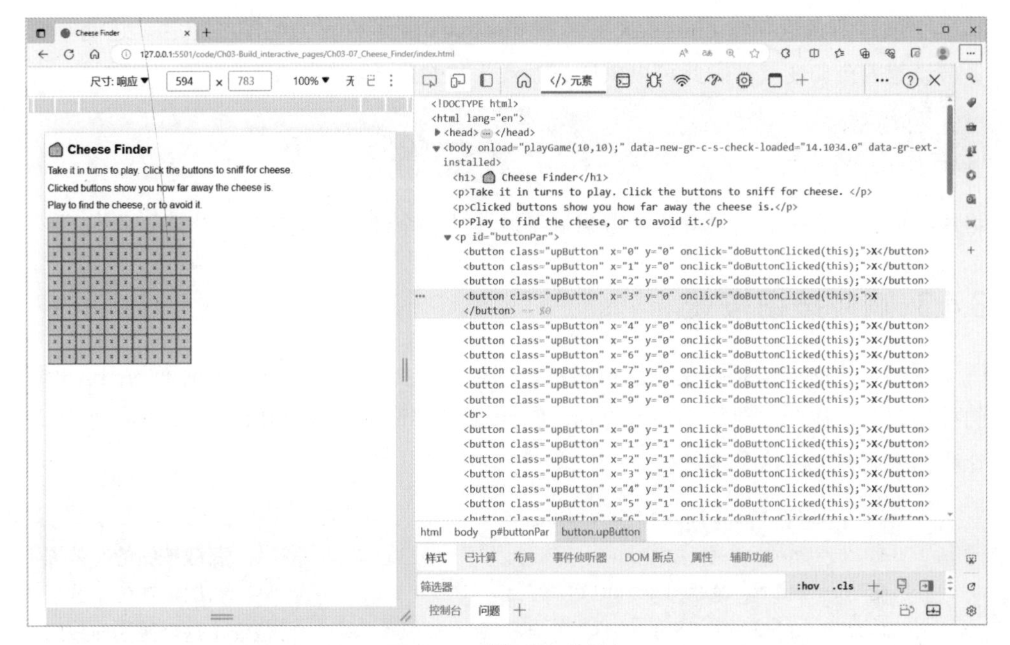

图 3-4　《找奶酪》的按钮

3.4.2 放置奶酪

接下来，游戏需要在网格中的某处放置奶酪。为此，我们需要用到随机数。JavaScript 有一个随机数生成器，它可以生成 `0` 和 `1` 之间的随机值。这个随机数生成器名为“`random`”，它位于 Math 库中。我们可以在辅助函数中使用它，以在特定范围内生成随机整数：

```
function getRandom(min, max) {
  let range = max - min;
  let result = Math.floor(Math.random() * (range)) + min;
  return result;
}
```

`getRandom` 函数接受要生成的随机数的最小值和最大值，然后生成一个介于这两个值之间的值。最大值被排除在外，因此生成的值永远不会等于最大值。该函数使用 `Math.random` 创建 `0` 到 `1` 之间的随机数，并使用 `Math.floor` 截断数字的小数部分，以生成我们所需要的整数值：

```
cheeseX = getRandom(0, width);
cheeseY = getRandom(0, height);
```

下面这两条语句将 cheeseX 变量和 cheeseY 变量设置为奶酪的位置。这两个变量被设置为全局变量，因此可以供所有游戏函数共享：

```
var cheeseX;
var cheeseY;
```

将这些值设置为全局变量虽然略微降低了游戏的安全性，但也简化了代码。

3.4.3 响应按钮按压

最后一个必要的函数是响应按钮按压的函数。如果回顾一下本章前面的图 3-4 中的按钮定义，你会发现每个按钮的 onClick 属性都调用了 doButtonClicked 函数。让我们来研究一下这个函数：

```
function doButtonClicked(button) {
  let x = button.getAttribute("x");                         获取按钮的 x 位置
  let y = button.getAttribute("y");                         获取按钮的 y 位置
  if (x == cheeseX && y == cheeseY) {                       检查这是否是奶酪按钮
    button.className = "cheeseButton";                      将按钮样式设置为“cheese”
    alert("Well done! Reload the page to play again");
  }                                                         告诉玩家他们找到了奶酪
  else {                                                    如果未找到奶酪，则执行此部分
    let dx = x - cheeseX;                                   获取到奶酪的 x 距离
    let dy = y - cheeseY;                                   获取到奶酪的 y 距离
    let distance = Math.round(Math.sqrt((dx * dx) + (dy * dy)));  计算距离
    button.textContent = distance;                          将距离值放入按钮
    button.className = "downButton";                        将按钮样式设置为“down”
  }
}
```

doButtonClicked 函数有一个参数，代表被单击的按钮。该参数是通过 this 引用获得的，当事件在元素定义中绑定时，这个引用会被添加。

函数的前两条语句读取按钮的 x 属性和 y 属性中的值。这些值表示按钮在网格上的位置：

```
let x = button.getAttribute("x");
let y = button.getAttribute("y");
```

接下来的语句检查此按钮是否和奶酪的位置一致。如果 x 属性和 y 属性的值都匹配，那么语句就会将按钮的 className 样式设置为 "cheeseButton"。使按钮变成黄色，并显示一个提示框告诉玩家游戏结束。

```
    if (x == cheeseX && y == cheeseY) {
      button.className = "cheeseButton";
      alert("Well done! Reload the page to play again");
    }
```

这个函数的最后一部分设定可当按钮并非奶酪时执行的操作。前三条语句使用勾股定理（直角三角形的斜边的平方等于其他两边的平方和）来计算当前按钮到奶酪的距离。接着，它将按钮的文本内容设置为这个距离值，并将样式更改为 **downButton**，从而使按钮变为红色：

```
    else {
      let dx = x - cheeseX;
      let dy = y - cheeseY;
      let distance = Math.round(Math.sqrt((dx * dx) + (dy * dy)));
      button.textContent = distance;
      button.className = "downButton";
    }
  }
```

3.4.4 玩游戏

这个游戏很好玩，特别是与两名或以上的对手对战时。如果想让游戏变大（或变小），只需更改绑定到 HTML 主体的 **onload** 事件的 **playGame** 函数的调用即可。它决定了网格的行数和列数：

```
<body onload="playGame(10,10);">
```

网格由一行行的按钮组成，行之间通过换行符进行分隔。如果用户把浏览器窗口缩得太小，按钮行就会自动换行。我们可以通过在 HTML 表格元素中显示按钮来解决这个问题。我们可以以编程的方式创建表格（和创建按钮时一样），然后将元素添加到表中以生成所需的行和列。

动手实践 15

扫描二维码查看作者提供的视频合集或访问 https://www.youtube.com/watch?v=xQVSNv1775M，观看本次动手实践的视频演示。

玩《找奶酪》

让我们先通过互联网加载小游戏《找奶酪》的页面，链接如下：

https://begintocodecloud.com/code/Ch03-Build_interactive_pages/Ch03-07_Cheese_Finder/index.html

在浏览器中加载这个页面，然后尝试游玩。单击各个按钮并根据显示的距离值推测奶酪的位置。找到奶酪后，可以重新加载网页以开始新游戏。

接着，让我们来探索一下代码的运行逻辑。打开**开发者工具**，选择**“源代码”**标签，打开 index.html 文件。为了观察程序的运行，你需要在程序中设置一个断点。请在第 42 行代码左侧单击以设置此断点，这条语句负责将一个新创建的按钮添加到文档对象模型中。添加了断点之后，重新加载页面以开始新游戏。程序会在你设置的断点位置停止。

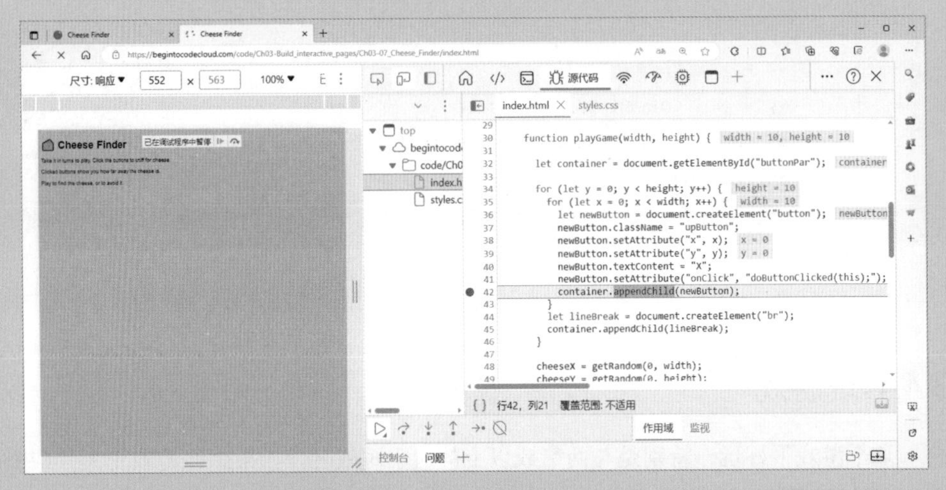

第 42 行代码上方的语句创建一个新的按钮，定义了按钮的 X 属性和 Y 属性和文本内容，并指定了一个当按钮被单击时执行的事件处理函数。现在，程序已在将添加按钮到文档的语句处暂停。单击屏幕底部的程序控件中的**“单步执行下一个函数调用”**按钮，以执行第 42 行的语句。

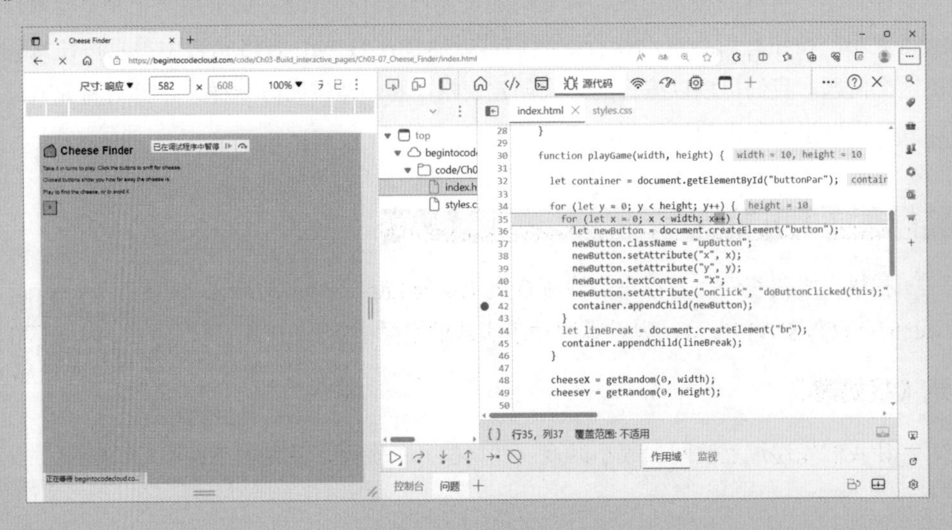

appendChild 方法会将新按钮添加到文档对象模型中。然后浏览器会在页面上显示按钮。你可以反复单击“单步执行下一个函数调用”按钮以观看游戏按钮的创建过程。充分了解这一过程后，请单击语句旁边的红点以清除第 42 行的断点，并在下面所示的第 54 行语句处设置一个断点。这是 doButtonClicked 函数的第一条语句，它会在一个按钮被单击时运行。现在，单击“恢复脚本执行”按钮（程序控件中的蓝色三角形）来继续运行程序。接下来，单击游戏中的一个按钮，程序会在断点处停止。

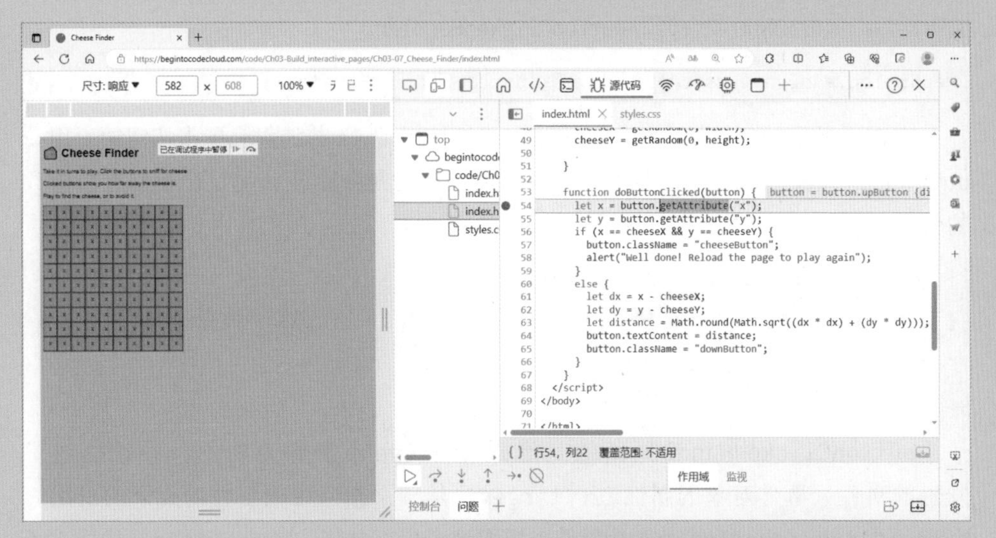

可以反复单击“单步执行下一个函数调用”按钮并观察 doButtonClicked 函数是如何--处理游戏按钮的单击事件的。首先，该函数会获取被单击的按钮的 x 和 y 位置，然后检查它们是否与奶酪的位置匹配。将鼠标悬停在代码中的 cheeseX 和 cheeseY 变量上，可以查看其内容。接下来，请单击按钮网格中对应的位置来找奶酪，其中 x 代表从左到右的位置（从 0 开始），y 代表从上往下的位置（同样从 0 开始计数）。观察当玩家找到奶酪时会怎样。

3.4.5 使用事件

我们可以用一种更简洁的方式把事件连接到 JavaScript 函数：

```
newButton.setAttribute("onClick", "doButtonClicked(this);");
```

以上代码在新的按钮上创建了一个 onClick 属性并将其设置为调用所需方法的 JavaScript 字符串（还使用 this 提供了指向被单击按钮的指针）。我们在 HTML 文件中为元素设置事件处理程序时，往往就是这么做的。但是，如果使用 JavaScript 代码创建 HTML 元素，这种方法并不是最好的。

这种技术的主要限制是，我们只能连接一个事件处理程序。但我们可能会希望在按钮被单击时触发多个事件。然而，因为 HTML 元素只能有一个属性，所以这目前是不可能实现的。好在，我们可以使用另一种机制来连接按钮单击处理程序。

下面的语句使用 newButton 对象提供的 addEventListener 方法，为新按钮添加了事件监听函数。其中的字符串指定了事件的名称；在本例中，我们想要的事件是单击（click）。第二个参数是当按钮被单击时要调用的方法的名称：buttonClickedHandler。添加了事件监听器后，单击按钮时就会调用 buttonClickedHandler。

```
newButton.addEventListener("click", buttonClickedHandler);
```

在前面显示的事件处理程序代码中，我们使用 this 传递对已单击按钮的引用。buttonClickedHandler 函数如何知道它所响应的是哪个按钮呢？让我们看看函数的代码：

```
function buttonClickedHandler(event) {
    let button = event.target;                    从事件描述中获取按钮引用
. . .
}
```

buttonClickedHandler 函数是通过一个 event 参数声明的，后者描述了发生的事件。事件对象的属性之一 target，是一个指向生成事件的元素的引用。buttonClickedHandler 函数从事件中提取这个值，并将它赋给 button。然后，函数以与上一个版本相同的方式工作。可以在 Ch03-08_Cheese_Finder_Events 示例中找到这段代码。

3.4.6 改进小游戏《找奶酪》

这个游戏很有趣，但仍然有一些改进的空间。下面是一些改进建议。

- 可以再添加一个计数器来统计单击过的方格的数量。然后，可以制作一个新版本，并把目标设置为使用最少的次数找到奶酪。
- 可以添加一个倒计时器，让玩家在最短的时间内找到奶酪（单击方格的次数比先）。
- 还可以改变显示奶酪距离的方式。比如不在方格中写明数字，而是使用不同的颜色来表示不同的数字。这样做的话，需要创建 10 个或更多的新样式（每个样式的颜色都不一样），然后可以使用一个样式名数组，用距离值作为索引来获取方格的样式。如此一来，游戏进行时所呈现的效果可能更为美观。

要点回顾与思考练习

本章的内容仍然很丰富，探讨了许多主题。下面是一些要点回顾以及需要思考的要点。

1. 网页中可以包含输入元素，用于从用户处读取数据。输入标签可以具有不同的类型，比如文本、数字、密码、日期和时间。输入标签的值始终作为字符串传递，并在使用之前需要进行有效性检查。在不同的浏览器中，输入标签的行为可能也有所不同。

2. `Number` 函数将一串文本转换为数字。如果文本不包含有效的数字，那么函数将返回 `NaN`。如果文本为空，则返回 `0`。

3. 浏览器提供了本地存储的功能，JavaScript 应用程序可以在其中存储未打开网页时仍要保留的数据。本地存储是按站点提供的（这意味着每个顶级域都有自己的本地存储）。本地存储以命名的文本字符串的形式实现。使用浏览器的开发者工具中的"**应用程序**"标签可以查看本地存储的内容。本地存储特定于具体计算机上使用的浏览器。

4. 可以在代码块内部使用 `let` 关键字来将 JavaScript 变量声明为局部变量。当程序执行离开它们所在的块时，这些变量就会被丢弃。在内部块中使用 `let` 声明变量会"屏蔽"外部块中声明的同名变量。如果试图在其声明范围之外使用这种变量，则会产生错误并终止程序。

5. 可以在代码块内部使用 `var` 关键字来将 JavaScript 变量声明为全局变量。函数体内使用 `var` 声明的变量对该函数而言是全局的，但在其外部就不可见了。在所有函数之外使用 `var` 声明的变量是全局的，并对所有程序函数可见。

6. 全局变量是有风险的。程序中的任何代码都可以查看全局变量（这意味着存在安全风险），并且任何代码都可以在程序中更改它（这意味着存在被意外更改或攻击漏洞的风险）。

7. 没有使用 `let` 或 `var` 明确声明的变量对整个程序而言都是全局的。通过在函数或整个程序的开始处添加 `use strict` 语句，可以禁用这种危险的默认设置。

8. 可以使用 `const` 来声明变量，如此一来，赋给该变量的值就不会被更改。

9. JavaScript 程序可以向 DOM 添加元素，这让我们能够通过编程方式创建网页内容，而不必在描述页面的 HTML 文件中定义它。可以使用**开发者工具**中的"**元素**"视图查看网页中的元素（包括那些由代码创建的元素）。

10. 在 JavaScript 程序中创建的元素可以添加额外的属性。利用这个功能，我们在《找奶酪》小游戏中保存了按钮在网格中的 `x` 和 `y` 的位置。

11. 在 JavaScript 程序中创建的新 HTML 元素并不会自动添加到页面中。可以使用 `appendChild` 函数在 `container` 元素（比如段落）上添加新元素。当元素被添加时，页面将重绘，以显示新元素。

12. 在 JavaScript 中，可以在与事件处理器绑定的 JavaScript 字符串中使用 `this` 关键字。`this` 关键字提供了对生成事件的对象的引用。对于《找奶酪》小游戏，我们使用 `this` 来允许 100 个按钮连接到同一个事件处理器。通过将 this 的值传递给事件处理器，我们可以告诉处理器被按下的按钮是哪个。

13. 你也可以使用元素实例（在本例中，它是《找奶酪》小游戏中的一个按钮）提供的 `addEventListener` 方法来指定事件发生时要调用的函数。事件处理函数被调用时，会提供对事件详细信息的引用，其中包括引用引发事件的对象。

14. JavaScript 提供了一个名为 `Math.random` 的函数，可以产生 `0` 到 `1` 范围内的随机数。我们可以将此值乘以一个范围，以在该范围内获得一个数字。

为了加深对本章的理解，可能需要思考以下进阶问题。

1. 问题：只能通过让用于按下按钮来触发输入的读取吗？

解答：你可以使用 `onInput` 事件每次输入框内容更改时指定要调用的函数。这意味着如果用户正在输入一个数字，那么每输入一个数字，`onInput` 函数就会被调用。

2. 问题：`Number` 是将字符串转换为数字的唯一方法吗？

解答：不是。JavaScript 提供了名为 `parseInt` 和 `parseFloat` 的函数，可以用来解析字符串并返回所请求类型的值。这些函数与 `Number` 的行为略有不同。例如，解析以数字开头的字符串（例如“`123hello`”）时，`parseInt` 和 `parseFloat` 会返回该数字值（即 `123`），而 `Number` 会将其视为非数字（`NaN`）。使用 `Number` 还是解析函数都可以，但要注意它们在行为上的细微差异。

3. 问题：一个网站可以有多少本地存储空间？

解答：对于电脑上的浏览器，存储限制约为 5 MB。

4. 问题：变量在本地存储中能够存储多长时间？

解答：值的存储时间没有限制。

5. 问题：我可以从本地存储中删除某些内容吗？

解答：可以。可以通过 `removeItem` 方法做到这一点。但是，一旦删除，数据就无法恢复了。

6. 问题：如何在本地存储中存储更复杂的项目？

解答：本地存储所存储的是一串数据。你可以将 JavaScript 对象转换为使用 JavaScript 对象表示法（JSON）编码的文本字符串。这样你就能够在单个本地存储位置存储复杂的项目。可以在第 5 章的“使用 JSON 传输数据”部分了解有关 JSON 的更多信息。

7. 问题：如何保护存储在本地存储中的项目？

解答：你无法保护本地存储中的值。它们是公开的。你唯一能做的就是尝试加密这些值，这样的话，尽管它们还是会被读取，但不容易理解。永远不要在本地存储中存储重要数据。你应该将此类数据存储在用户无法访问的服务器上。我们将在第 10 章探索如何执行此操作。

8. 问题：我能阻止别的人查看我的网页的 JavaScript 代码吗？

解答：不能。你可以使用一些工具来让原本容易理解的代码变得复杂难懂。这些工具被称为“混淆器（obfuscators）”。然而，还有一些工具可以对混淆后的代码进行解码。如果想要构建真正安全的应用程序，唯一的方法是在服务器上运行所有代码，而不是在客户端上。我们将在第 II 部分的“创建基于云的应用程序”中这么做。

9. 问题：`let` 和 `var` 之间的区别是什么？

解答：使用 `let` 声明的变量将在程序离开声明变量的块后不复存在。这使得 `let` 非常适合用来创建那些想用一下就丢弃的变量。使用 `var` 声明的变量的生存期更长。如果在函数内部声明，那么变量将存在到函数结束为止。在全局范围（所有函数之外）用 `var` 声明的变量是全局的，并且在整个应用程序中都是可见的。全局变量需要谨慎使用。尽管它们提供了便利性（所有函数都能轻松访问它们），但在安全方面存在隐患（还是那句话，所有函数都能轻松访问它们）。

10. 问题：严格模式有什么作用？

解答：严格模式改变了 JavaScript 引擎的行为，禁用了危险的程序结构。严格模式的作用之一是在程序员未指定 `let` 或 `var` 的情况下不自动创建全局变量。

11. 问题：常量应该在哪种情况下使用？

解答：当代码中有一个特定的值时，就可以使用常量。使用常量能让你更轻松地在整个程序中更改它的值，减少输入错误的几率，并使程序更清楚明了。举例来说，使用一个名为 `maxAge` 的常量，而不是 `70` 这个值，更容易让人理解代码的意图。

12. 问题：由 JavaScript 创建的文档元素可以有事件处理程序吗？

解答：可以。实际上，前面已经这样操作过了。最佳实践是使用 `addEventListener` 方法来指定事件发生时要调用的函数。

13. 问题：事件处理器怎么知道是哪个元素触发了事件？

解答：我们通过两种不同的方式处理了这个问题。在《找奶酪》这个小游戏的第一个版本中，我们在处理事件的函数调用中添加了一个 `this` 引用。该函数在每个按钮元素上通过 `onClick` 属性绑定。函数接收 `this` 引用（在本例中，它引用生成事件的元素）并用它来找到按下的按钮。

第二种方式更为灵活，我们在新按钮上使用 `addEventListener` 方法添加了事件处理器。当浏览器为了响应事件而调用事件处理器时，它会传递一个包括关于事件信息的 `Event` 对象的引用，其中 `target` 属性包含对触发事件的元素的引用。

第 4 章 托管网站

本章概要

现在，我们已经理解了 JavaScript 程序能够在网页浏览器内运行，并且可以与网页的文档对象模型（DOM）交互，以创建交互式网站。我们知道，定义文档的 HTML 页面可能只是网站定义的起点。JavaScript 程序可以在页面加载时在浏览器中运行，并动态地创建内容和连接事件，以制作活跃的网页。接下来，将探索如何编写 JavaScript 程序以创建发送到浏览器的内容。我们将使用一个名为 Node.js 的框架，在电脑上直接运行 JavaScript 程序，而不需要在浏览器内运行。我们还将详细了解如何将 JavaScript 程序分解为模块。

和之前一样，可以在 https://begintocodecloud.com/glossary.html 找到在线术语详解，查阅术语。

4.1 Node.js 框架

图 4-1 展示了我们在云端应用开发这一主题上的学习进度。

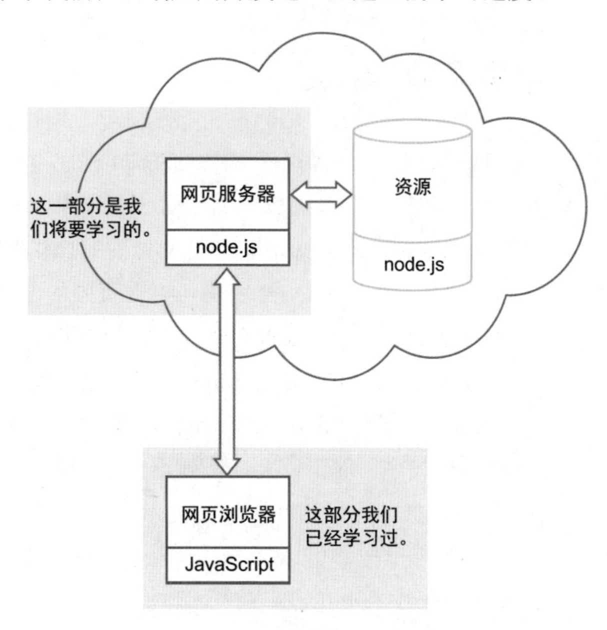

图 4-1 Node.js 所处的位置

我们可以编写在浏览器中运行的 JavaScript 程序，并通过 DOM 元素与用户进行通信。现在我们将学习如何编写在服务器上运行并响应浏览器请求的 JavaScript 程序。这样的 JavaScript 程序将在一个 Node.js① 框架内运行。Node.js 通过从浏览器中提取 JavaScript 组件并将其转化为一个独立程序而创建的。在本书中，我通常简单称之为“Node”。首先，需要启动 node。

动手实践 16

扫描二维码查看作者提供的视频合集或访问 https://www.youtube.com/watch?v=_qrBYHa8xxA，观看本次动手实践的视频演示。

安装 node

在使用 node 之前，需要先安装它。这个应用程序是免费的，并且有 Windows 版本、macOS 版本和 Linux 版本。请打开浏览器，并访问 https://nodejs.org/en/download/，如下图所示。

① 译注：Nde.js 框架诞生于 2009 年，是一套用来支持 JavaScript 代码执行的 JavaScript 运行环境，简称 Node。它主要由 V8 引擎、标准库和本地模块组成。有了它，JavaScritp 代码可以脱离浏览器环境，直接在计算机上运行。

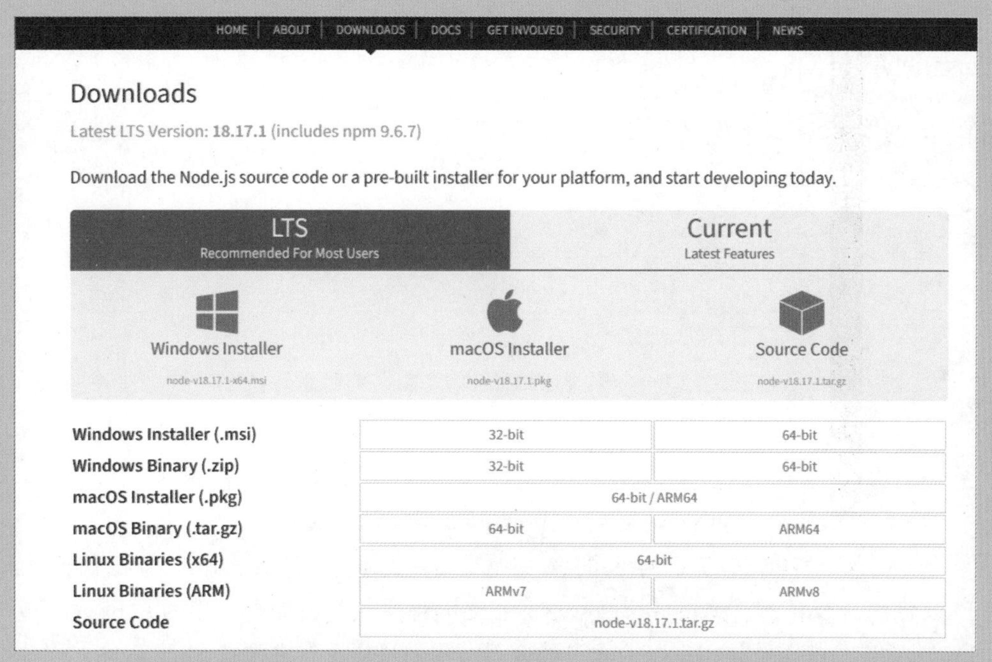

单击适合自己设备的安装程序链接，按照安装步骤进行操作。保持所有默认选项不变。现在，让我们使用 Visual Studio Code 终端，开始与 Node 交流。启动 Visual Studio Code 并打开包含示例代码的 GitHub 文件夹。在包含将用于测试 Node 的 JavaScript 程序的文件夹中启动一个终端。通过单击左侧列顶部的图标，在 Visual Studio 中打开资源管理器视图。现在，查看代码示例，找到 Ch04-01_Tiny_Json_app 文件夹。右键单击此文件夹以打开如下图所示的菜单。

选择“**在集成终端中打开**”，以便在此目录中启动一个终端会话。页面右下角将出现一个新的终端窗口，如下图所示。

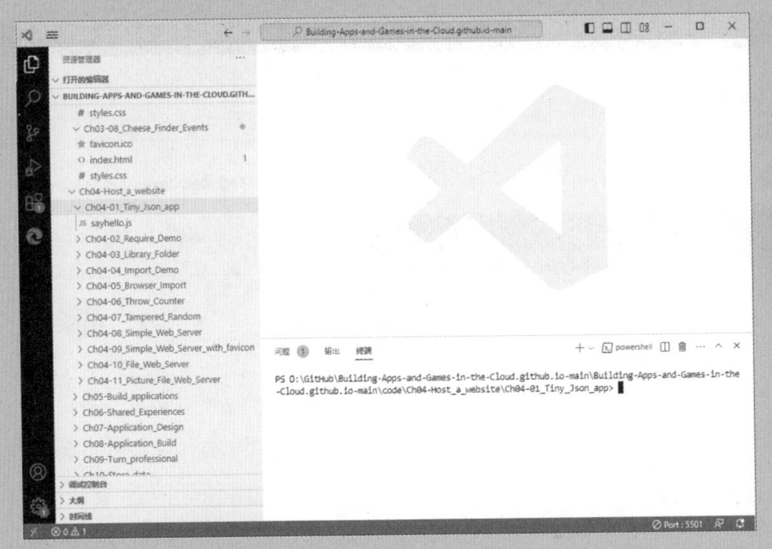

使用这个窗口向计算机的操作系统发送命令。我使用的是 Windows 系统的电脑，所以我的命令将通过 Windows PowerShell 终端程序执行。如果使用的是 macOS 或 Linux 系统，就需要使用设备的命令处理器。我们只用命令来控制 Node 程序，因此所有平台上的命令都是相同的。

我们需要通过输入文本命令来告诉终端要做什么。现在，让我们使用终端启动 node 程序。单击终端窗口以使其成为活跃窗口，然后在终端命令提示符下键入 Node，如下图所示。

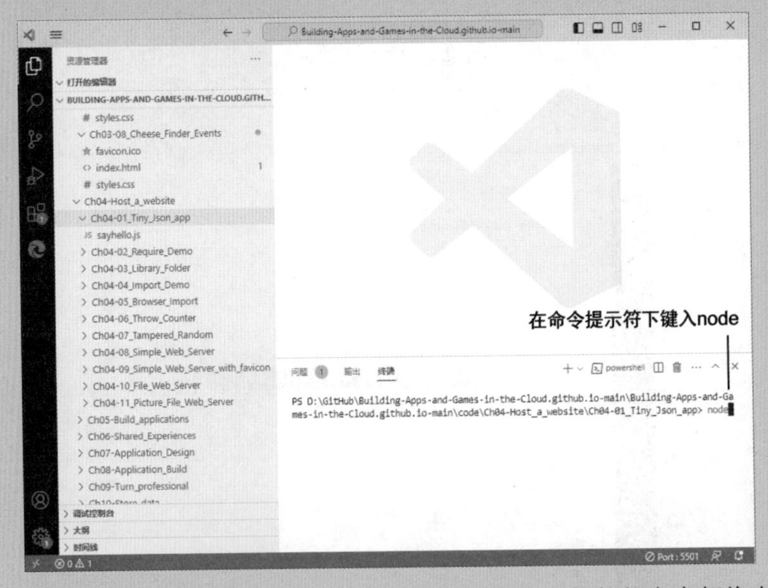

接下来，按 Enter 键在终端内启动 Node。之后你输入的任何命令都将由 Node 处理，而不是终端。

当 Node 启动时，会显示一个控制台提示符。如果没有看到上图所示的输出，请检查安装过程是否已经正确完成。输入下面的求和算式，并观察发生了什么。

```
> 2+2+2
6
```

可以看到，在键入算式时，Node 非常迫切地想要帮助你。它会在你键入完毕之前执行部分语句并显示结果。你可以像使用浏览器的开发者工具中的控制台一样使用这个控制台。在键入 JavaScript 语句时，Node 将会执行语句并打印所生成的结果。

我们不会经常使用 Node 控制台，但我建议你运行它以确保 node 在电脑上的正常运转。你将使用 Node 来运行你所编写的 JavaScript 程序。

若想退出 Node，可以键入 .exit（别忘了开头的句号）并按 Enter 键。这将停止 Node 并让你返回到终端。

现在，终端已在包含一个简单 JavaScript 源文件的目录中打开了。可以使用 Node 来运行这个程序。为此，我们需要输入 node 命令以及想要运行的 JavaScript 源文件的名称。在这里，我们想运行 sayhello.js 文件中的程序：

```
console.log("We can run this program using node");
```

以上是程序文件的内容，它会在控制台上打印一条消息。你可以通过启动 node 程序并将文件名作为参数来运行此程序。键入 node sayhello，如下所示，并按 Enter 键：

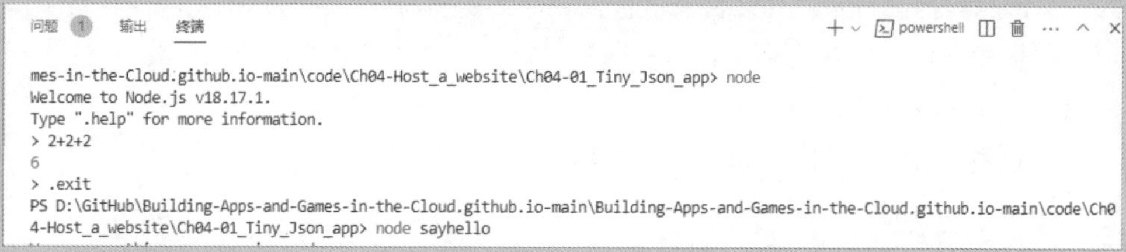

```
问题 1   输出   终端                                              + ∨  powershell
mes-in-the-Cloud.github.io-main\code\Ch04-Host_a_website\Ch04-01_Tiny_Json_app> node
Welcome to Node.js v18.17.1.
Type ".help" for more information.
> 2+2+2
6
> .exit
PS D:\GitHub\Building-Apps-and-Games-in-the-Cloud.github.io-main\Building-Apps-and-Games-in-the-Cloud.github.io-main\code\Ch0
4-Host_a_website\Ch04-01_Tiny_Json_app> node sayhello
```

终端将运行 Node 并将 sayhello 字符串作为参数传递给程序。Node 将打开 sayhello.js 文件并运行该文件中的 JavaScript 代码。

```
问题 1   输出   终端                                              + ∨  powershell
mes-in-the-Cloud.github.io-main\code\Ch04-Host_a_website\Ch04-01_Tiny_Json_app> node
Welcome to Node.js v18.17.1.
Type ".help" for more information.
> 2+2+2
6
> .exit
PS D:\GitHub\Building-Apps-and-Games-in-the-Cloud.github.io-main\Building-Apps-and-Games-in-the-Cloud.github.io-main\code\Ch0
4-Host_a_website\Ch04-01_Tiny_Json_app> node sayhello
We can run this program using node
```

前面就是运行 sayhello 程序的结果。终端中显示了消息，而 sayhello 程序和 Node 程序都已执行完毕。现在可以键入 exit 命令来关闭终端会话了。

代码分析 06

运行 Node

你可能对终端和 Node 有一些疑问。

1. 问题：为什么我的程序无法运行？

回答：可能的原因有很多。其中一个比较常见的原因是你可能把文件名写错了。如果将文件名输入为“syHello”，那么 Node 程序将无法找到这样的文件，从而产生错误。错误并不是“嘿，你把文件名搞错了”这样的简单消息，而是一行密密麻麻的错误报告，后面跟着 MODULE_NOT_FOUND 信息。如果文件名没有 .js 语言扩展名，也会得到这个错误。而且最让人困惑的是，在某些系统上，提供 `sayhello` 文件名也会出现这个错误。

在 Windows 系统的电脑上，文件名不区分大小写，所以用大写或小写输入都无所谓。如果输入“sayhello”，Windows 文件系统会很乐意将其与“`sayHello`”匹配。但是，基于 Unix 的操作系统——包括 Linux 和苹果的系统——是区分大小写的，所以它们不会把这两者匹配到一起。这意味着在 Windows 设备上可以执行的命令在 macOS 或 Linux 设备上可能无法工作。

此外，命令无法工作的另一个可能的原因是你正在错误的目录中运行终端程序。终端会跟踪其当前目录，并在目录里查找文件。我们通过在包含示例代码的目录中使用“**在集成终端中打开**”命令启动了终端。如果打开了错误的目录，那么 Node 将无法找到 sayHello 程序。

2. 问题：如果 sayhello 程序中包含无限循环，会怎样？

回答：Node 程序将运行 JavaScript 程序，直到它结束为止。如果 JavaScript 程序永不结束，那么 Node 将一直运行。这通常是我们想要的。如果 Node 正在托管用 JavaScript 编写的网页服务器程序，那么我们通常想让服务器程序一直运行，而这正是 Node 所做的。另外，我们可以通过在终端窗口中使用 CTRL+C 快捷键（按住 Control 键和 C）来停止 Node 中正在运行的 JavaScript 程序。

3. 问题：Node 程序如何与用户通信？

回答：它会运行 JavaScript 程序，但不提供文档对象，所以我们无法创建 HTML 元素并更改其属性以为用户创建显示。Node 可以使用 `console.log` 函数向控制台发送消息。它还有一个名为 `readline` 的模块，可以从终端读取输入。可以在 https://nodejs.org/api/readline.html 中找到有关 `readline` 的更多信息。我们将在下一节中学习有关模块的知识。

4. 问题：终端程序是如何找到 Node 的？

回答：这是一个有趣的问题。我们刚才了解到，终端程序会在当前目录中查找文件。然而，Node 程序不在当前目录中，终端程序却仍然可以找到 Node 并运行它。这是为什么呢？

操作系统管理着一组环境变量，和它们的名字一致，这些变量描述了该计算机上程序的环境。其中一个变量被称为路径（path），它是“寻找东西的地方”的列表。如果我找不到钥匙，我会检查前门、厨房门、钥匙挂钩、口袋，最后是我的右手。这个位置列表就是我寻找钥匙的“路径”。对于计算机而言，路径就是沿各个可能的地方寻找要运行的程序。

在输入 `node` 命令后，终端程序会搜索路径变量中指定的所有目录，看它们是否包含一个 Node 程序。终端找到它之后，就会运行它。Node 程序的安装将 Node 程序的目录位置添加到了计算机的路径中。在 Windows 系统的电脑上，可以在终端中使用“`$Env:path`”命令查看路径。Mac 或 Linux 设备上使用的命令则是“`echo $PATH`”。你可能会对目录的数量感到震惊：

```
 C:\WINDOWS\system32;C:\WINDOWS;C:\WINDOWS\System32\Wbem;C:\WINDOWS\System32\
WindowsPowerShell\v1.0\;C:\WINDOWS\System32\OpenSSH\;C:\Program Files\Microsoft
SQLServer\130\Tools\Binn\;C:\Program Files\Microsoft SQL Server\Client SDK\
ODBC\170\Tools\Binn\;C:\Program Files\Git\cmd;C:\ProgramData\chocolatey\bin;C:\
ProgramFiles\dotnet\; C:\Program Files\CMake\bin;C:\Program Files\nodejs\;
C:\Users\rsmil\AppData\Local\Mu\bin;C:\Users\rsmil\AppData\Local\Microsoft\
WindowsApps;C:\Users\rsmil\AppData\Local\Programs\Microsoft VS Code\bin;C:\Users\
rsmil\AppData\
 Local\GitHubDesktop\bin;C:\Users\rsmil\.dotnet\tools;C:\Users\rsmil\AppData\
Local\Microsoft\WindowsApps;C:\Program Files\heroku\bin;C:\Users\rsmil\.
dotnet\tools;C:\Users\rsmil\AppData\Roaming\npm
```

前面是我电脑上 `$Env:path` 变量中的一些目录。包含 node 的目录是加粗显示的。

程序员观点

学会使用终端

花些时间来学习终端的使用是非常值得的。有许多可以为你省不少事情的小技巧。可以用键盘上的上下箭头浏览之前输入的命令，这样就可以方便地重新输入命令或编辑有错误的命令。在输入文件名时，可以按 Tab 键，让终端自动补全名称。可以在书后的（或网上的）词汇表中进一步了解终端及其用法。

4.1.1 JavaScript 英雄：模块

Node 不仅可以运行 JavaScript 程序，它还允许你创建由模块组成的程序。模块是你需要了解的另一个 JavaScript 英雄。模块是可以重用的 JavaScript 代码的包，它可以包含函数、变量和类。模块源文件中的一些元素可以从模块中“导出”以供其他程序使用。模块的第一次实现是作为 node 框架的一部分创建的。它使用一个名为“require”的函数来从已经导出的模块中导入项。下面来看看它是如何工作的。

4.1.2 创建并引用模块

让我们来想想什么适合转化为模块。在第 3 章中，我们创建了一个名为“getRandom”的函数来生成随机数。我们用它来选择小游戏《找奶酪》中奶酪的位置。

getRandom 函数的代码如下：

```
function getRandom(min, max) {
    var range = max - min;
    var result = Math.floor(Math.random() * range) + min;
    return result;
}
```

当程序需要在特定范围内的随机数时，就可以使用该函数。下面的语句创建了一个名为“spots”的变量，它的值被设置为 getRandom 函数调用的结果。spots 变量将包含 1 到 6 之间的值。我们可以使用 spots 的值来代替网格游戏中的骰子。请注意，随机数生成器的上限是被排除在外的，返回的点数永远不会是 7：

```
let spots = randomModule.getRandom(1,7);
```

我们可能想在其他需要随机数的应用程序中使用 getRandom。虽然可以直接将函数的文本复制到新应用程序中，但是如果我们发现 getRandom 函数中有错误，那么就必须找到所有使用 getRandom 函数的应用程序，并在依次更正每个应用程序的代码。然而，如果我们的程序都使用的是同一个共享版本，只需在一个文件中修复错误，所有程序中的错误都会被修复。模块还有其他优点。比如，它可以独立于应用程序的其余部分，由其他程序员进行开发。

我们可以添加一个 exports 语句来指定正在导出的内容，把 JavaScript 文件生成一个模块。以下代码仅导出一个函数，即 getRandom 函数。在导出过程中，该函数的名称保持不变，仍然是 getRandom 函数：

```
function getRandom(min, max) {        创建要导出的函数
    var range = max - min;
```

```
    var result = Math.floor(Math.random() * (range)) + min;
    return result;
}
exports.getRandom = getRandom;
```
用 getRandom 这一名称导出函数

可以把这段代码放在名为“randomModule.js”的源文件中。想使用 getRandom 函数的程序可以使用 require 函数加载包含它的模块。下面两个语句显示了 node.js 应用程序是如何使用 getRandom 函数的：

```
const randomModule = require("randomModule");
let spots = randomModule.getRandom(1,7);
```
导入函数

在程序中使用该函数

randomModule 变量被声明为常量，并被设置为引用 require 函数的结果。require 函数接收一个包含 randomModule.js 源文件路径的字符串。字符串前的 "./" 字符序列指示 require 函数在包含程序的目录中查找。

动手实践 17

扫描二维码查看作者提供的视频合集或访问 https://www.youtube.com/watch?v=Vi7xh9FvGD4，观看本次动手实践的视频演示。

使用调试器探索 require 语句

在第 2 章的“代码分析：调用函数”中，曾经使用浏览器中的调试器来研究 JavaScript 函数是如何被调用的。现在，将使用 Visual Studio Code 中的 node.js 调试器来探索如何使用 require 将模块加载到程序中。启动 Visual Studio Code，并打开本书示例代码的 GitHub 存储库。接着，如下图所示，找到 Ch04-02_Require_Demo 目录，并打开 useRandom.js 文件：

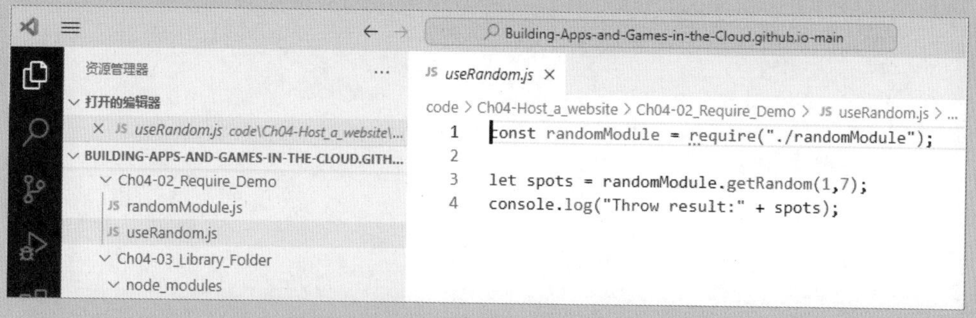

这个程序使用 require 来加载 randomModule.js 文件，然后，它从模块中调用 getRandom 函数。可以使用 Visual Studio Code 的调试器来逐步执行这个程序的代码。

可以通过单击左侧列中的调试图标来启动调试器。如下图所示，它看起来像是一个前面趴着一只瓢虫的运行按钮。

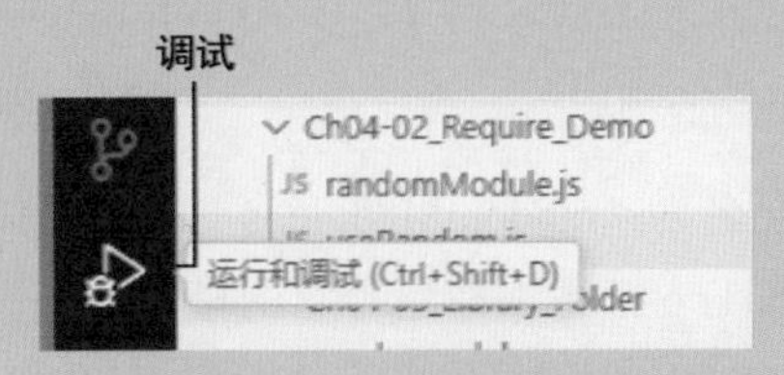

首次启动调试器时，Visual Studio Code 会询问你要使用哪个调试器，如下图所示。

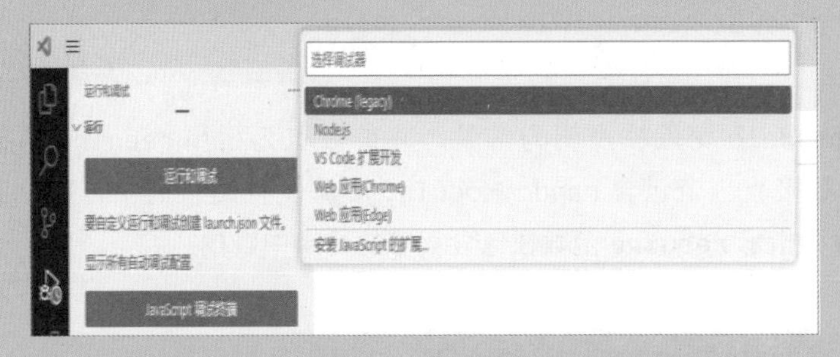

选择 Node.js。现在，Visual Studio Code 窗口左侧将显示“**运行和调试**”窗口。单击“**运行和调试**”按钮。

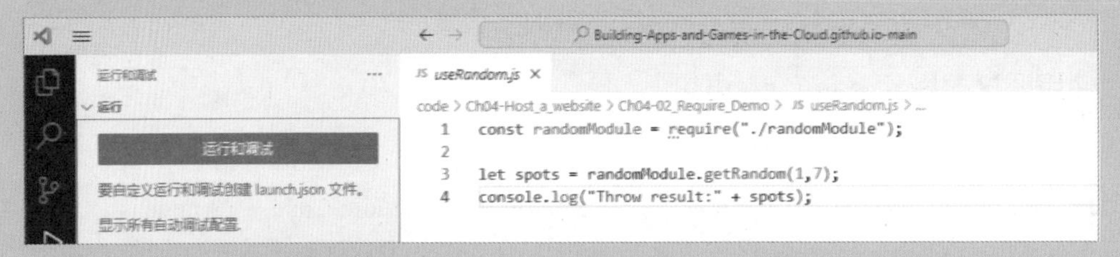

下图中，可以看到程序已经运行并在调试控制台中显示了“Throw result:3”。可以单击控制台日志旁边显示的链接，访问产生输出的 JavaScript 代码行。这个输出显示程序在正常运转，但我们真正想做的是使用调试器来探究 `require` 过程是如何工作的。我们可以通过在这个程序中设置断点，然后逐步执行代码来实现这一目的。

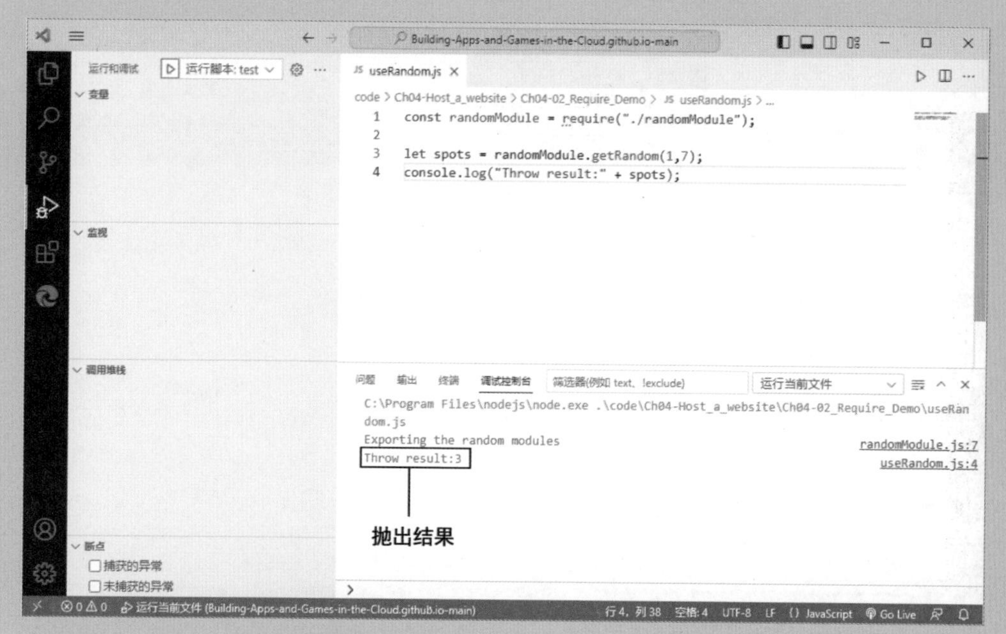

我们已经在浏览器的调试器中使用了断点，这里的设置方法和浏览器的开发者工具相同。单击行号左侧来添加断点。在程序的第一个语句处添加一个断点，如下图所示。

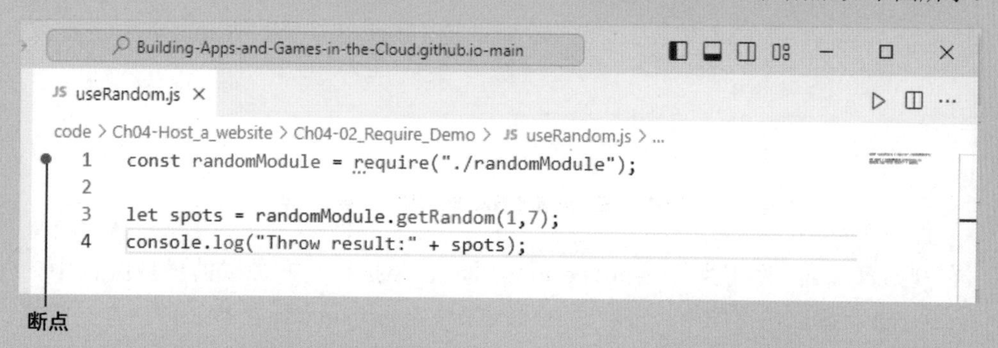

程序将在设置断点的语句处停止，以便我们查看它正在执行的操作如下图所示，单击调试窗口顶部“运行当前文件”下拉菜单旁边的绿色三角形来重新启动程序。

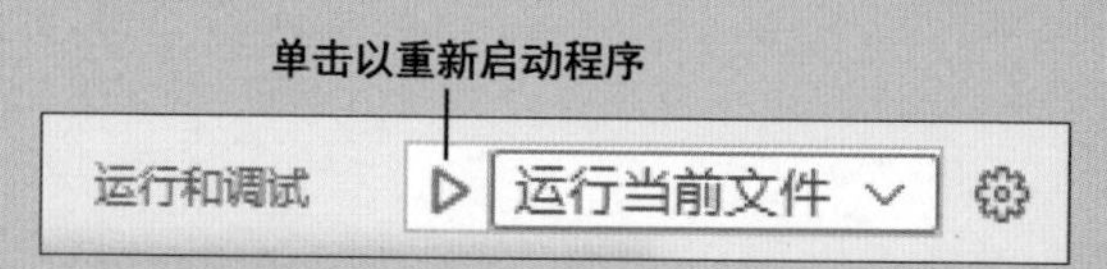

Node 环境现在会运行 JavaScript 程序，直到碰到断点。在下图中可以看到，程序在 useRandom 的第一个语句处停止了。窗口顶部有一组调试控件，它们与浏览器的**开发者工具**中的调试组件非常相似。

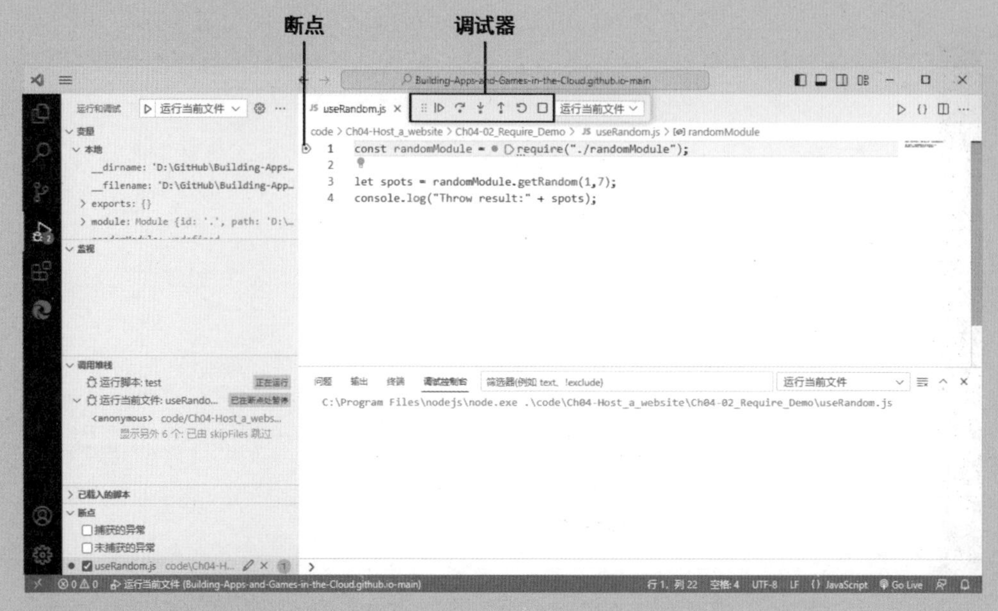

如下图所示，按下“**单步调试**”控件（下箭头）来执行下一条语句，在这里是 `require` 语句。

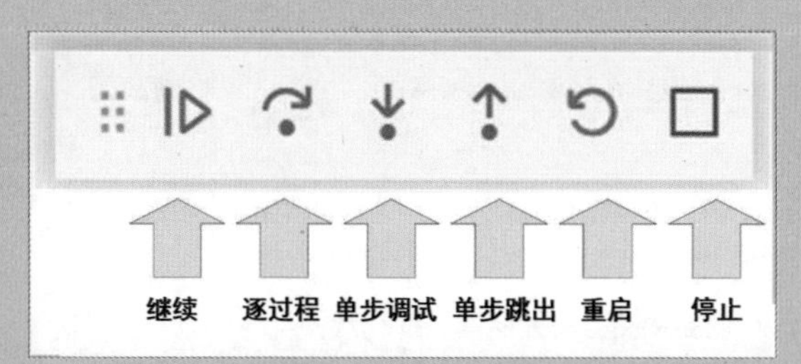

当 JavaScript 程序执行 `require` 语句时，它会执行正在加载的模块文件中的 JavaScript 代码，在下图中，可以看到模块在导出 `getRandom` 函数之前，有一条将消息记录到控制台的语句。可以单击“**单步调试**”按钮来逐步执行程序。当执行到 randomModule 源文件的末尾时，它会返回到 `useRandom` 函数并调用 `getRandom` 函数。

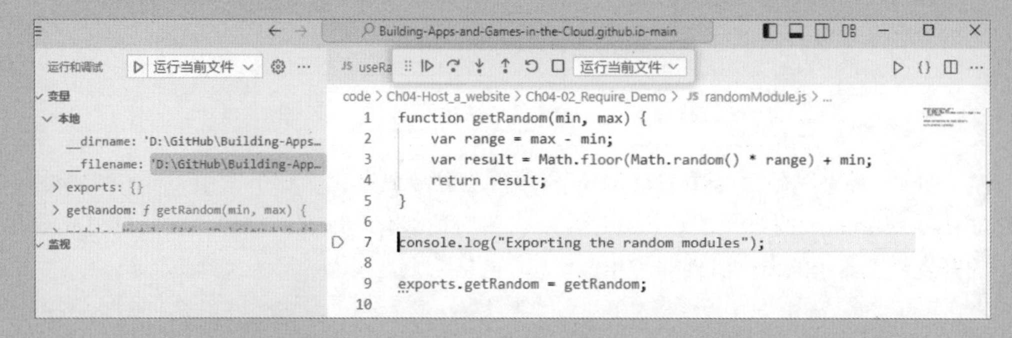

将模块与应用程序代码分开存储是有道理的。node 环境就是为此而设计的。我们可以创建一个名为 node_modules 的目录，node 将在此目录中搜索所需的模块文件。Ch04-03_Library_Folder 示例里有一个包含模块文件的 node_modules 目录。

以下代码展示了如何访问 node_modules 文件夹中的模块。如果我们将模块文件存储在 node_modules 文件夹中，就不需要在模块文件路径中添加前缀。可以在调试器中打开程序并逐步执行它们，了解它们是如何工作的。

```
const randomModule = require("randomModule");        加载模块

let spots = randomModule.getRandom(1,7);             使用模块中的 getRandom
console.log("Throw result:" + spots);                将结果打印到控制台
```

4.1.3 require 与 import

require 机制虽然有效，但也存在一些缺点。程序可以在执行过程中的任何节点使用 require 来加载模块。你可能觉得这种灵活性是好事。然而，如果在使用时必须通过 require 获取组件，可能会导致应用程序反应迟缓。最理想的情况是应用程序在启动时就加载所有外部资源。

另一个问题是，require 机制是同步运行的。我们观察到，当程序使用 require 来加载模块时，它会执行包含模块代码的 JavaScript 文件的全部内容。这发生在执行 require 时，并且会导致程序暂停，直至所有模块都加载完毕。如果一个应用程序包含多个 require 调用，则每个都必须在下一个开始之前完成。而且，require 无法只加载模块中的某个特定元素，它每次都必须扫描整个模块。

为了解决这些问题，JavaScript 的后续版本引入了 import 声明和 export 声明，它们提供的功能和 require 相同，但方式略有不同。导出 getRandom 函数模块的 JavaScript 代码如下。另一个模块可以通过使用 import 声明来导入：

```
function getRandom(min, max) {
    var range = max - min;
    var result = Math.floor(Math.random() * (range)) + min;
    return result;
}

export {getRandom} ;                                  导出 getRandom 函数
```

以下代码从名为 randomModule.mjs 的本地模块文件中导入 getRandom 函数。然后调用该函数以生成 spots 的值：

```
import { getRandom } from "./randomModule.mjs";     导入 getRandom 函数

let spots = getRandom(1,7);
console.log("Throw result:" + spots);
```

使用 `import` 时，需要注意以下重要事项：

- 模块文件和任何导入模块的文件都必须使用 .mjs 扩展名，而不是通常代表 JavaScript 程序的 .js 扩展名；
- 模块的所有导入操作都必须在模块的开头处执行。

可以在 Ch04-04_Import_Demo 源代码文件夹中找到这些示例文件。如果你正在为自己的项目创建模块，那么建议你使用 `import` 机制。虽然你可能会看到用 `import` 创建的模块，也可能看到用 `require` 创建的模块（特别是一些旧项目），但在本书的示例中，所有用于创建网页服务器的库都使用的是 `import`。

4.1.4 在浏览器中使用 import

到目前为止，我们一直在通过直接在网页中嵌入代码来创建 JavaScript 应用程序。但是，如果要构建大型项目，这并不是一个好的解决方案。我们可能想在浏览器中运行的 JavaScript 应用程序中使用模块中的代码。让我们看看如何创建一个使用模块的网页。

图 4-2 所示的页面会在用户单击 Throw Dice（掷骰子）按钮时显示一个 1 到 6 之间的新随机值。这个页面使用了我们之前用过的随机数模块。在 Ch04-05_Browser_Import 示例文件夹中可以找到该站点背后的文件。可以在以下网址中查看网页：

https://begintocodecloud.com/code/Ch04-Host_a_website/Ch04-05_Browser_Import/index.html

图 4-2 掷骰子

以下是掷骰子网页的 HTML 文件。它包含一个 Throw Dice 按钮的定义。应用程序需要知道这个按钮何时被单击，以生成并显示新的掷骰子的值。

```
<!DOCTYPE html>
<html>

<head>
  <title>Dice using getRandom</title>
  <link rel="shortcut icon" type="image/x-icon" href="favicon.ico">
  <link rel="stylesheet" href="styles.css">
</head>

<body>
  <p>
    <button id="diceButton">Throw dice</button>
  </p>
  <p id="dicePar" class="dice">*</p>
  <script type="module">                                    指定脚本为模块
    import { doStartPage } from "./pageCode.mjs";           导入 doStartPage 函数
    doStartPage();                                          调用 doStartPage 函数
    console.log(throwCount);
  </script>
</body>

</html>
```

现在，网页的 HTML 中的按钮定义包括一个 onclick 属性，当按钮被单击时，它会调用一个处理函数：

```
<button onclick="selectFastClock();">Fast Clock</button>
```

这是一个按钮的定义，来自第 2 章的 Ch02-04_Time Travel Clock 示例网页。当我们想让时钟快进 5 分钟时，就可以单击这个按钮。onclick 属性包含当按钮被单击时要执行的 JavaScript 代码“selectFastClock();”。这意味着当按钮被单击时，selectFastClock 函数就会运行。虽然这是可行的，但网页的创建者（负责编写包含按钮元素的 HTML 部分）必须与 JavaScript 的创建者（负责编写包含事件处理程序的 JavaScript 部分）就事件处理函数的名称和调用方式达成一致。

更好的做法是让开发人员负责将事件处理器连接到按钮，使其可以随意为处理程序函数命名。开发人员只需要知道按钮元素的 id。在骰子页面的 HTML 中，按钮的 id 被赋值为 "diceButton"。

```
<button id="diceButton">Throw dice</button>
```

以下是骰子页面的 HTML，它定义了一个掷骰子按钮，用户可以在想显示新的骰子值时单击。元素的 id 是 "diceButton"。单击事件的函数绑定是在名为 doStart 的函数中执行的，该函数位于名为 pageCode.mjs 的 JavaScript 模块中。HTML 文件从这个模块导入 doStartPage 函数，然后调用 doStart 函数以运行页面。pageCode.mjs 源文件的内容如下所示：

```
import { getRandom } from '/modules/randomModule.mjs';     导入 getRandom 函数

function doThrowDice() {                                    掷骰子的函数
  let outputElement = document.getElementById("dicePar");
  let spots = getRandom(1, 7);
  outputElement.textContent = spots;
}

function doStartPage() {                                    启动页面运行
  let diceButton = document.getElementById("diceButton");   找到掷骰子按钮
  diceButton.addEventListener("click", doThrowDice);
}                                                           将事件处理程序绑定到它前面

export { doStartPage };                                     导出 doStartPage 函数
```

此文件包含两个函数：

- doThrowDice，用于显示新的骰子值；
- doStartPage，用于启动页面运行，此函数将 doThrowDice 函数连接到按钮的单击事件。

doStartPage 函数使用 addEventListener 函数将事件侦听器（event listener）添加到我们在第 3 章中创建的小游戏《找奶酪》的按钮中。我们从模块中导出了 doStartPage 函数，以便在网页中导入和使用它。

代码分析 07

在浏览器中运行模块

对于这段代码，你可能有一些疑问。

1. 问题：为什么 JavaScript 文件必须具有 .mjs 的语言扩展名？

解答：JavaScript 对模块文件的处理方式和普通文件不同。import 声明只能在模块文件中使用。模块文件还默认启用了严格模式。我们在第 3 章的“探索 let、var 和

const”小节中首次看到了 JavaScript 的严格模式。严格模式要求 JavaScript 执行额外的检查，以确保程序没有错误。这意味着 JavaScript 需要知道何时处理模块文件。这种区别由语言扩展来表示，这些扩展被添加到文件名的末尾，并以句点（.）开头：

- .js——JavaScript 程序；
- .mjs——JavaScript 模块。

如果想表明 HTML 文件中的 JavaScript 代码是一个模块，请在 HTML 文件中使用 JavaScript 元素的 type 属性来表示。对于标准的 JavaScript 程序，这个属性的值是 text/javascript，对于模块则是 module。如此一来，浏览器的 JavaScript 引擎就知道它是模块代码，并能正确地使用 import。

2. 问题：randomModule.mjs 文件存储在哪里？

解答：将 getRandom 函数导入程序的语句如下所示。from 后面跟着的是包含要导入的 JavaScript 代码的文件的路径。该路径以 ./ 序列开始，这告诉 JavaScript 在程序源代码所在的文件夹中查找 randomModule.mjs 文件。虽然这么做是可行的，但这意味着每个应用程序都有自己的模块文件副本。

```
import { getRandom } from "./randomModule.mjs";
```

以下是为骰子网页导入 getRandom 模块的语句。现在，路径不再以句点（.）开头了。省略前导句点（leading period）会告诉 JavaScript 在网站的顶级目录中查找，而不是在包含 JavaScript 程序的目录中查找。我在网站的顶部创建了一个名为“modules”的目录，用于存储所有的模块文件。randomModule.mjs 文件的副本就在那个目录中，这意味着网站中的所有页面都可以从这个模块导入。

```
import { getRandom } from '/modules/randomModule.mjs';
```

从下图可以看到这一切是如何组合在一起的。浏览器的开发者工具中的**“源代码”**视图显示了所有文件的位置，你可以浏览每一个文件。

3. 问题：Node 和浏览器是否可以共享相同的模块文件？

解答：是的，但要谨慎地选择共享模块文件的存放位置。如果在 Node 中省略了文件路径的前导句点，就这意味着“查看存放 node 的存储设备的根目录”，这与网站的根目录略有不同。

4. 问题：一个模块是否可以导出多于一个项目？

解答：是的，只需要将要导出的项添加到列表中即可。变量和函数都可以导出。

5. 问题：可以在模块文件中声明变量吗？

解答：可以。在模块文件全局声明（也就是在文件中所有函数之外声明）的变量只对该模块文件中的代码可见。为了理解这是如何工作的（以及为什么要这样做），假设我们想让 doThrowDice 函数计算它被使用的次数。我们将需要一个变量来保存这个数字，然后每次函数被调用时增加它。

下面的代码展示了我们是如何实现这一点的。这段代码位于 pageCode.mjs 源文件中，使用了 doThrowDice 函数的修改版本。doThrowDice 函数使用了 throwCount 变量，每次按下 Throw Dice 按钮时，该函数都会被调用。它会递增 throwCount 变量，并在显示点数后显示它。可以在 Ch04-06_Throw_Counter 示例中找到这个版本的骰子。

```
import {getRandom} from '/modules/randomModule.mjs';

var throwCount = 0;

function doThrowDice() {
  let outputElement = document.getElementById("dicePar");
  let spots = getRandom(1,7);
  throwCount = throwCount + 1;
  outputElement.textContent = spots + " " + throwCount;
}
```

就这样，把你不希望别人访问的变量巧妙地“藏起来”。如果在模块内部声明变量，那么除非明确导入，否则模块外部的代码无法使用它。

4.1.5 导入代码注意事项

在下一小节中，我们将使用几行 JavaScript 代码和许多从模块导入的代码来构建一个可以运行的网页服务器。但是，在这样做之前，我们应该了解一下模块的“阴暗面”以及使用它们时有哪些注意事项。让我们从一个特殊的新版 getRandom 函数开始，该函数可以返回一个随机数。

在前文中，我们使用 getRandom 函数为小游戏《找奶酪》和骰子生成过随机数。然而，下面新版本的 getRandom 函数具有一个特殊功能。在每个小时的前 10 分钟，该函数会从结果中减去 1。你可能会想知道为什么要编写这样的代码。想想看，我可以在每个小时的前 10 分钟跟人打赌，说："如果这个骰子掷出六点，我就给你一百万英镑。"我能确保自己绝不会赌输，因为在这 10 分钟里不可能掷出 6 点。如果这个 getRandom 版本最终被赌场的程序所采用，那么我可以利用这个知识为自己谋利。

在 Ch04-07_Tampered_Random 示例中，可以找到这个被篡改后的版本：

```
function getRandom(minimum, maximum) {
    let range = maximum - minimum;
    let result = Math.floor(Math.random() * range) + minimum;

    let currentDate = new Date();
    if (currentDate.getMinutes() < 10) {
        if (result > minimum) {
            result = result - 1;
        }
    }
    return result;
}
```

获取当前日期

现在的时间是否处于一个小时的前 10 分钟以内？

如果是，从结果中减去 1

在使用来源不受信任的代码时，需要小心确保它们不包含任何像上述函数那样的恶意附加功能。模块可能包含有缺陷的代码，也有可能包含恶意代码。甚至还有报告称，有人会复制 GitHub 存储库，并制作篡改过的库版本，供那些不设防的开发人员在应用程序中使用。记得检查 GitHub 站点上的活跃水平，确保自己使用的库版本的"正确"。

4.2 创建网页服务器

在第 2 章中，我们在 Visual Studio Code 中安装了 Live Server 扩展，并用它查看了我们在 Visual Studio 中创建的网页。Live Server 提供了一个在我们的电脑上运行的微型网页服务器。当浏览器请求网页时，Live Server 程序会找到包含该页面的文件，并将其发送回浏览器。现在，我们将创建一个由 JavaScript 代码驱动并在 node 内部运行的网页服务器。它不仅可以将文件发送回浏览器，还可以直接根据代码生成 HTML。

你可能认为托管个人网站意味着必须要把一些东西放在云端，但其实并非如此。我们可以使用 node 程序在本地机器上运行网页服务器，然后用浏览器来连接。我们的服务器将在网络端口上监听传入请求。当消息进入时，服务器将生成 HTML 格式的响应并将其发送回去。我们将为浏览器提供一个 localhost 网络地址作为服务器地址，让它连接到我们的本地计算机。服务器将使用超文本传输协议（HTTP）与浏览器进行交互。我们将连接事件处理函数，以在请求到达时做出响应。

写完服务器的代码之后，就可以将其移至云端，让世界各地的任何人都可以使用我们创建的服务。云托管服务可以接收并运行我们的 JavaScript 代码。甚至还有一个用于 Visual Studio 代码的扩展，可以将网站部署到云端。

4.2.1 软件即服务（SaaS）

下面的程序托管一个网页，当从网页访问时，它会返回一个网页，其中包含文本“Hello from Simple Server”。网页托管在本地机器的 8080 端口上：

```
import http from 'http';                                     加载 http 库

function handlePageRequest(request,response){                用于处理请求的函数
    response.statusCode = 200;                               为响应设置状态码
    response.setHeader('Content-Type', 'text/plain');        将内容类型设置为文本
    response.write('Hello from Simple Server');              添加内容
    response.end();                                          发送响应
}

let server = http.createServer(handlePageRequest);           创建服务器

console.log("Server running");

server.listen(8080);                                         启动服务器并监听 8080 端口
```

让我们使用调试器逐步浏览代码，并观察服务器是如何构建并返回网页响应的。

动手实践 18

扫描二维码查看作者提供的视频合集或访问 https://www.youtube.com/watch?v=F2ixu-RQiaw，观看本次动手实践的视频演示。

使用调试来探索服务器

我们可以使用 Visual Studio Code 的调试器来观察微型网页服务器是如何运作的。启动 Visual Studio Code 并打开本书示例代码的 GitHub 存储库。现在，使用资源管理器找到 Ch04-08_Simple_Web_Server 目录并打开 server.mjs 文件。

本次动手实践将是迄今为止最复杂的一个。我们将使用两个程序，Visual Studio Code 和浏览器。Visual Studio Code 将使用 node 来运行一个用 JavaScript 编写的网页服务器，浏览器将访问该服务器。请确保按照给定的顺序执行所有步骤。

在本章前面的“动手实践 17：使用调试器探索 `require` 语句”中，使用了断点和调试器。在开始本次实践之前，请回顾一下有关断点的知识，以及如何在调试器中启动程序以及调试控件。现在，在 server.mjs 的第 4 行和第 11 行添加两个断点，如下图所示。

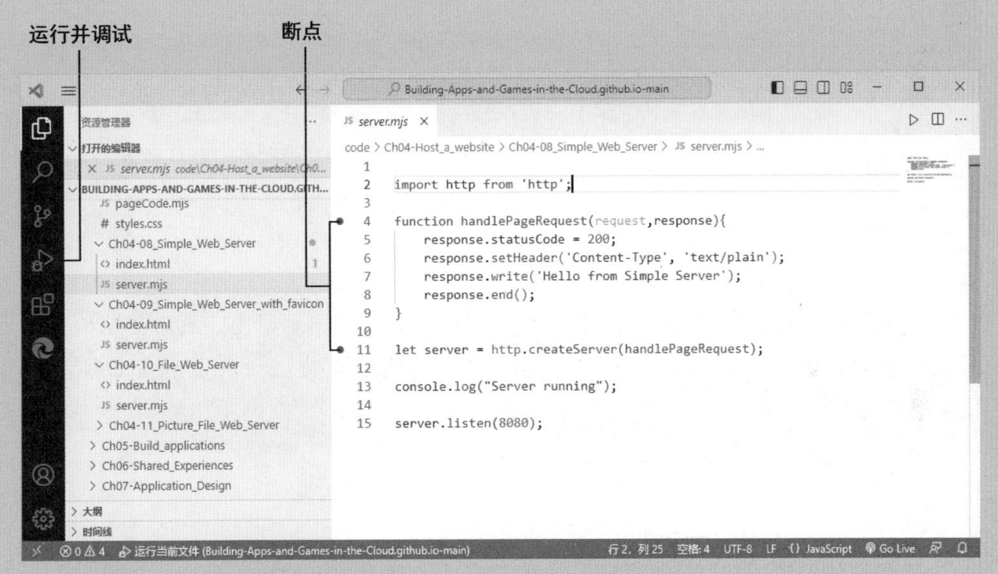

现在，在调试器中运行程序。它将在第 11 行触发断点，这条语句的作用是启动服务器。第 5 行的断点没有被触发，因为它位于 `handlePageRequest` 函数内部，而这个函数尚未被调用。`handlePageRequest` 函数被传递给 `createServer` 函数，这样服务器就知道在收到页面请求时应该调用哪个函数。单击调试控件中的“**单步调试**”按钮（或按键盘上的功能键 F11）来执行该语句。

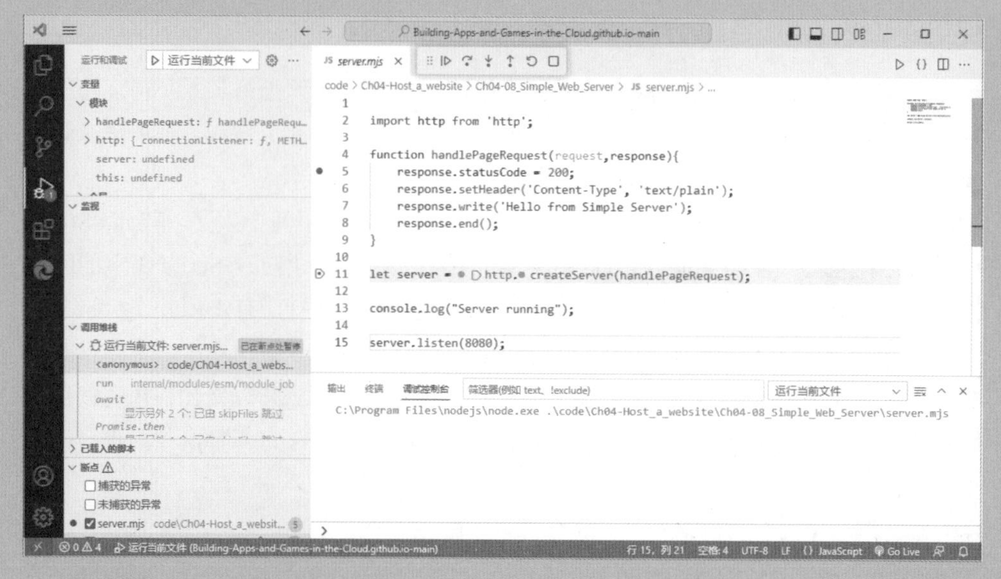

如下图所示，现在程序将转到一条在控制台上记录“Server running”的语句。

```
11  let server = http.createServer(handlePageRequest);
12
13  console.log("Server running");
14
15  server.listen(8080);
```

再次单击“**单步调试**”按钮来执行这条语句。如下图所示，你应该会在控制台上看到这条消息，执行将移动到下一条语句，该语句通过调用 listen 函数启动服务器的监听。

在上图中，我们可以看到程序的输出，并发现程序停在第 15 行，准备开始监听网页请求。我们再调用 listen 时提供了要监听的端口号（在本例中是 8080）。单击“**单步调试**”来执行 listen 函数。现在 listen 函数正在运行，并在 8080 端口上等待网页请求。

可以使用浏览器向服务器托管的站点发出网页请求。我们将使用以下地址：http://localhost:8080。地址的第一部分是机器的地址（在本例中是 localhost），第二部分是端口号（在本例中是 8080，因为这是服务器程序监听的地方）。打开浏览器，将地址键入地址栏，如下图所示，然后按 Enter 键打开站点。

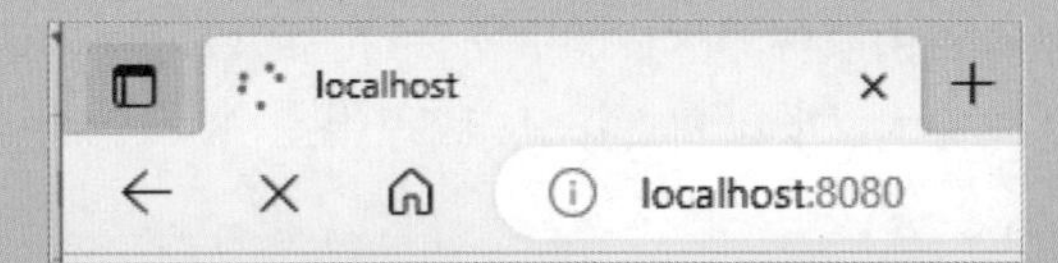

浏览器将会暂停，等待服务器发送站点。现在，回到 Visual Studio。程序已在 handlePageRequest 函数中触发了断点。当页面被请求时，服务器会调用这个函数。这个函数的任务是构成一个响应然后将其发送回服务器。如果在你允许 handlePageRequest 函数运行之前等得太久，浏览器将会显示网页请求超时。现在，我们来看一下这个函数。

回到 Visual Studio Code 并单击调试控件中的“继续”按钮（指向右边的蓝色三角形），继续运行 handlePageRequest 函数。你可能认为浏览器会显示网页，但这并没有发生。你会发现，handlePageRequest 函数中的断点再次被触发。再次单击“继续”按钮。

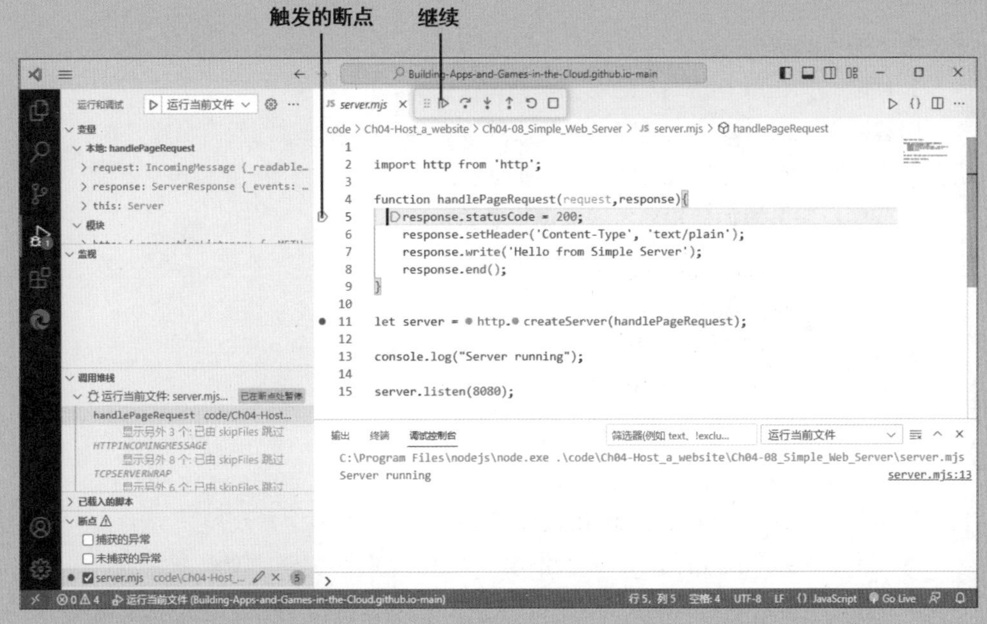

现在，可以回到浏览器看看发生了什么。

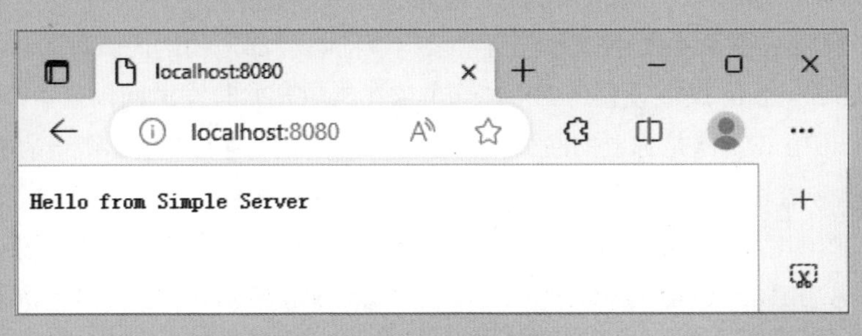

在上图中，可以看到由服务器生成的页面。这之所以可行，是因为浏览器被告知服务器返回的内容是纯文本，所以它直接显示了出来，下一节将会解释具体是如何工作的。

现在，停止运行服务器（按下调试控件中的红色方格），编辑第 7 行的 `response.write` 所调用的文本，并再次运行程序以确认所提供的文本已经更改。在确认完毕后，就可以再次停止运行服务器了。

这是一个重大的里程碑。你现在了解万维网的两端是如何工作的。你已经看到浏览器是如何下载和显示网页的，并知道程序是如何提供网页的。

代码分析 08

运行服务器

对于刚才的动手实践，你可能有一些疑问。

1. 问题：如果服务器不发送响应，会发生什么？

回答：浏览器向网站发送请求，然后等待响应。如果长时间没有响应，那么请求就会超时，浏览器将显示“无法访问此页面”。

2. 问题：服务器如何构建发送给浏览器的响应？

```
function handlePageRequest(request,response){
    response.statusCode = 200;
    response.setHeader('Content-Type', 'text/plain');
    response.write('Hello from Simple Server');
    response.end();
}
```

当调用 `handlePageRequest` 函数被调用时，它接收两个参数：

- 第一个参数 `request` 是一个引用，描述了来自浏览器的请求；
- 第二个参数 `response` 也是一个引用，描述了将要发送给浏览器的响应，但目前，我们并未使用 `request` 参数。

`handlePageRequest` 函数为任何请求构建的响应都是相同的。首先，该函数将响应的 `statusCode` 属性设置为 `200`。这个值在响应开始时发送回浏览器。`200` 的值意味着“一切正常；这是你要的网页。”我们可以使用其他值来表示错误情况。例如，`404` 的值意味着“页面未找到。”

接下来，该函数在响应中使用 `setHeader` 方法在要发送给浏览器的头部中设置一个值。它将“`Content-Type`”的值设置为“`text/plain`”字符串。浏览器使用

Content-Type 的值来决定如何处理传入的数据。如果内容类型是”text/html”，浏览器将构建一个文档对象并显示它。但是，我们的服务器只提供纯文本。

handlePageRequest 函数中的第三个语句使用响应中的 write 方法来编写页面的实际内容。在本例中，虽然它只是一条简单的消息，但它可以更长。

最后一条语句在响应上调用 end 函数。响应就是在这里被组装并发送回浏览器的。

3. 问题： 服务器如何知道浏览器请求的是哪个页面？

回答： request 参数（我们尚未使用过）包含一个名为 url 的属性，其中包括了所请求页面的 URL（统一资源定位符）。如果浏览器请求索引页面，url 属性就是 "/" 字符串。我们将在下一个服务器中使用路径来提供文件。

4. 问题： 为什么浏览器向服务器发出两次请求？

回答： 在本章前面的“动手实践 18：使用调试来探索服务器”中，我们在 handlePageRequest 函数里设置了一个断点。当服务器请求页面时，断点就会被触发。当我们尝试将页面加载到浏览器中时，断点被触发了两次，这意味着浏览器向服务器请求了两次响应。这是为什么呢？

原因与网络的工作方式有关。许多网页，包括本书的示例代码所在的网页，都有 favicon 图标（也称网站图标）。favicon 是页面左上角显示的小图像。

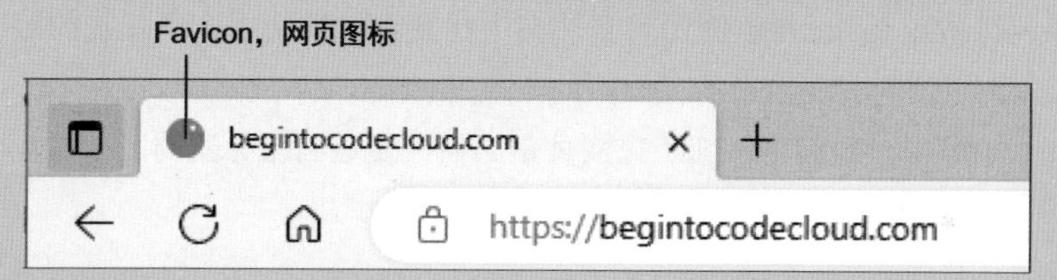

上图展示了“begintocodecloud.com”网站的 favicon——一个我认为相当具有艺术性的亮闪闪的红球。当浏览器加载网站时，它会发出两个请求。一个请求针对 favicon 图像文件；另一个则针对站点的实际内容。我们的服务器对这两个请求返回相同的响应：“Hello from Simple Server”。浏览器无法将文本消息转换为 favicon，所以它忽略了 favicon。如果我们想让站点有一个正常工作的 favicon，则必须创建正确类型的位图（bitmap）文件，然后在文件被请求时提供它。

```
import http from 'http';
import fs from 'fs';

function handlePageRequest(request, response) {
    let url = request.url;

    console.log ("Page request for:" + url);
```

```
    if (url == "/favicon.ico") {
        console.log("  Responding with a favicon");
        response.statusCode = 200;
        response.setHeader('Content-Type', 'image/x-icon');
        fs.createReadStream('./favicon.ico').pipe(response);
    }
    else {
        console.log("  Responding with a message");
        response.statusCode = 200;
        response.setHeader('Content-Type', 'text/plain');
        response.write('Hello from Simple Server');
        response.end();
    }
}
```

这个版本的 handlePageRequest 函数检查传入请求的 URL。如果请求是针对 favicon 的，那么它将打开图标文件并将其发送回服务器。否则，它将发送“Hello from Simple Server”消息。这个版本的简单服务器可以在本章的 Ch04-09_Simple_Web_Server_with_favicon 示例代码文件夹中找到。如果使用这个版本的服务器，你应该能看到浏览器为页面显示的亮闪闪的红色 favicon。

在下一小节中，我们将仔细研究网页是如何被发送回服务器的。

4.2.2 文件传输

我们刚刚创建的服务器总是将同样的文本——字符串“Hello from Simple Server.”——返回给浏览器。我们可以通过允许浏览器指定服务器要返回的文件来使其变得更有用。当我们要求浏览器显示特定页面时，页面的地址被表示为“统一资源定位符”（universal resource locator），也就是“url”。这让浏览器知道去哪里寻找页面。

图 4-3 显示了 URL 的概览。protocol（协议）和 host（主机）元素告诉浏览器计算机的地址以及如何与其通话。路径指定要在服务器上读取的文件。端口值（如果有的话）指定要连接的计算机上的网络端口（port）。如果端口元素缺失，那么浏览器将尝试连接到端口 80。

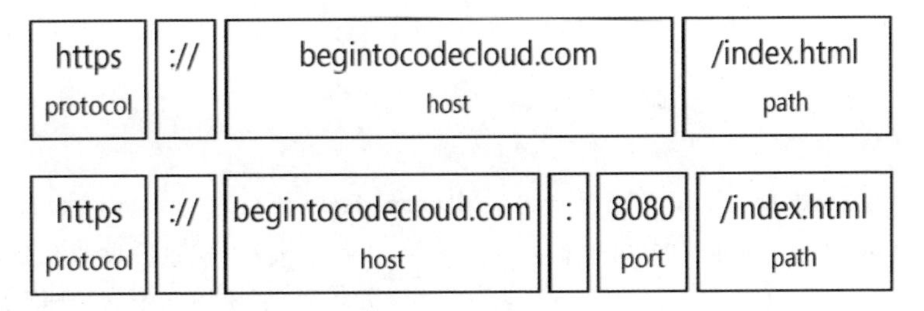

图 4-3 URL 结构

网络服务器使用路径的值来查找请求的文件。图 4-3 中的路径是 begintocodecloud.com 网站的 index.html 文件。如果省略地址中的路径（path），那么服务器将自动发送索引文件。我们的服务器可以使用网页请求的 `url` 属性来确定要发送回浏览器的内容。

```
import http from 'http';
import fs from 'fs';
import path from 'path';

function handlePageRequest(request, response) {
    let url = request.url;                              从响应中获取 url

    console.log("Page request for:" + url);

    let filePath = '.' + url;                           将 url 转换为本地路径

    if (fs.existsSync(filePath)) {                      检查文件是否存在
        console.log("     found file OK");
        response.statusCode = 200;
        let extension = path.extname(url);              获取 url 的文件扩展名
        switch (extension) {                            选择内容类型
            case '.html':
                response.setHeader('Content-Type', 'text/html');
                break;
            case '.css':
                response.setHeader('Content-Type', 'text/css');
                break;
            case '.ico':
                response.setHeader('Content-Type', 'image/x-icon');
                break;
            case '.mjs':
```

```
                response.setHeader('Content-Type', 'text/javascript');
                break;
        }

        let readStream = fs.createReadStream(filePath);        为文件创建读取流
        readStream.pipe(response);                             将读取流连接到响应
    }                                                          如果文件不存在，发送文件未找到消息
    else {
        console.log("     file not found")
        response.statusCode = 404;
        response.setHeader('Content-Type', 'text/plain');
        response.write("Cant find file at: " + filePath);
        response.end();
    }
}

let server = http.createServer(handlePageRequest);

console.log("Server running");

server.listen(8080);
```

动手实践 19

扫描二维码查看作者提供的视频合集或访问 https://www.youtube.com/watch?v=BXeNydBTQhA，观看本次动手实践的视频演示。

使用文件服务器

可以使用前面"文件传输"小节中的程序来为本书的整个网站提供服务。启动 Visual Studio Code 并打开示例代码的 GitHub 存储库。接着，使用**资源管理器**找到 Ch04-10_File_Web_Server 目录，然后打开 server.mjs 文件。

现在，选择调试器并启动程序。下图展示了正在运行的调试会话。我使用浏览器打开了由该程序提供服务的 http://localhost:8080/index.html 文件。服务器会根据浏览器的请求输出每个文件的名称。服务器已经发送了两个文件 index.html 和 styles.css。查看网站上的其他页面，可以看到它们都显示了出来。这样一个小小的程序竟然能够充当如此可靠的网页服务器，真是令人惊叹。

```
import http from 'http';
import fs from 'fs';
import path from 'path';

function handlePageRequest(request, response) {
    let url = request.url;

    console.log("Page request for:" + url);

    let filePath = '.' + url;

    if (fs.existsSync(filePath)) {
        console.log("     found file OK");
        response.statusCode = 200;
        let extension = path.extname(url);
        switch (extension) {
            case '.html':
                response.setHeader('Content-Type', 'text/html');
                break;
            case '.css':
                response.setHeader('Content-Type', 'text/css');
                break;
            case '.ico':
                response.setHeader('Content-Type', 'image/x-icon');
                break;
            case '.mjs':
                response.setHeader('Content-Type', 'text/javascript');
                break;
        }

        let readStream = fs.createReadStream(filePath);
        readStream.pipe(response);
    }
    else {
```

代码分析 09

Simple file 服务器

对于服务器，你可能有一些疑问。

1. 问题：服务器如何将文件发送回浏览器？

解答：Node 程序自带一些内置模块。其中之一就是我们用来托管网站的 HTTP 模块。另一个库是文件系统模块（也就是 fs），Node 程序用它来与本地文件存储进行交互：

```
let readStream = fs.createReadStream(filePath);
readStream.pipe(response);
```

这些语句将文件发送回浏览器。第一条语句使用 fs 模块的 `createReadStream` 函数创建一个与文件连接的 `ReadStream`。第二条语句使用 `ReadStream` 上的 `pipe` 函数将文件发送给网页响应。你可能需要思考一下这个过程。数据流就是一堆你想要发送到某处的数据。让我们把它比作一桶水，假设我们要将一桶水注入水槽。在现实生活中，我们会使用水管来将两者连接起来。我们的服务器有一个需要一些用来发送的数据的 `response` 对象（水槽），和一个提供该数据的 `file` 对象（一桶水）。我们在 `ReadStream` 对象上使用 `pipe` 方法，告诉它将 `file` 发送到 `response` 对象。我们不需要担心这具体是如何工作的。从数据流中接收到文件后，响应会自动结束。如果还是难以理解的话，请想一想我们的目的。我们有数据和一个想要接收数据的东西。pipe 方法将使用数据流执行这一传输。

2. 问题：如果浏览器请求的页面不存在，会怎样？

解答：服务器使用 fs 模块中的一个名为 existsSync 的函数来检查请求的文件是否存在。这个函数是文件系统库的一部分。如果未找到文件，那么服务器会以 404“资源未找到”错误代码作为响应。

3. 问题：服务器怎么知道要发送回服务器的文件类型是什么？

解答：当服务器对请求做出响应时，它必须始终包括 Content-Type 信息，以让 0 浏览器知道如何处理传入的数据。服务器通过查看传入 URL 的文件扩展名来确定要返回的数据类型。

```
let extension = path.extname(url);
```

以上语句使用路径模块的 extname 方法获取 URL 扩展名。扩展名是文件路径或 URL 末尾以句点（.）开头的字符序列。例如，路径 index.html 的扩展名是 .html。扩展名指定了文件中包含的数据类型。因此，index.html 应该包含描述网页的 HTML 文本。服务器使用扩展名字符串来决定要将何种 Content-Type 添加到响应中：

```
switch (extension) {
    case '.html':
        response.setHeader('Content-Type', 'text/html');
        break;
}
```

case 结构选择与扩展名字符串匹配的响应类型。

4. 问题：如果浏览器请求一个不存在的文件类型会怎样？

回答：在服务器层面，内容类型是文件扩展名（指定文件中数据的类型）到要发送回浏览器的 Content-Type 值的映射。我们刚刚创建的服务器使用 switch 结构来执行这个映射，可以处理 html、css、mjs 和 ico 这几种文件类型。如果提供的文件扩展名与这些文件类型中的任何一个都不匹配（例如，浏览器请求的是带有 .jpg 扩展名的图像文件），那么 switch 结构就不会有与 .jpg 匹配的 case 元素，也就不会在响应中添加 Content-Type。

如果想添加更多内容类型（比如 .jpg 图像），则可以向 switch 中添加额外的 case 元素，不过，更优雅的方法是为内容类型创建一个查找表：

```
    let fileTypeDecode = {
        html: "text/html",
        css: "text/css",
```

```
        ico: "image/x-icon",
        mjs: "text/javascript",
        js: "text/javascript",
        jpg: "image/jpeg",
        jpeg: "image/jpeg",
        png: "image/png",
        tiff: "image/tiff"
    }
```

上述代码创建了一个名为 fileTypeDecode 的变量，它可以用作将语言扩展名映射到 Content-Type 字符串的查找表。每个文件扩展名都有一个相匹配的 Content-Type 字符串。它允许我们的浏览器处理不同类型的图像文件。若想使用查找表，必须首先从浏览器接收的路径中获取包含语言扩展名（例如 html）的变量，如以下代码所示：

```
let extension = path.extname(url);
extension = extension.slice(1);
extension = extension.toLowerCase();
let contentType = fileTypeDecode[extension];
```

这四条语句从 URL 中获取内容类型。第一条语句从包含浏览器请求的文件的扩展名字符串的 URL 中创建了一个名为 extension 的变量。这将从“index.html”的请求中创建“.html”。第二条语句从扩展名中删除了前导句点。它会将“.html”转换为“html”。第三条语句将扩展名转换为小写，将“HTML”转换为“html “。第四条语句从 fileTypeDecode 对象中获取与扩展名匹配的文件类型。

查找过程之所以可行，是因为 JavaScript 允许我们使用字符串指定对象的属性。换句话说，下面两条语句都会将 contentType 的值设置为“text/html”：

```
let contentType = fileTypeDecode.html;
let contentType = fileTypeDecode["html"];
```

如果试图查找在 fileTypeDecode 对象中不存在的扩展名，则会返回 undefined 的值。服务器中的代码可以检测这种情况，并在发生时以 Error 415 作为响应。如果没有检测到这种情况，那么文件将像以前一样传输到响应中。可以在本章的 Ch04-11_Picture_File_Web_Server 示例代码文件夹中找到这个版本的服务器，并使用它来查看示例网页上的图片。如果想的话，可以扩展服务器以传递音频和视频文件。只需要识别每个文件类型的内容类型，然后将它们添加到 FileTypeDecode 对象中：

```
    let contentType = fileTypeDecode[extension];
```

```
    if (contentType == undefined) {
        console.log("     invalid content type")
        response.statusCode = 415;
        response.setHeader('Content-Type', 'text/plain');
        response.write("Unspported media type: " + filePath);
        response.end();
    }
    else {
        response.setHeader('Content-Type', contentType);
        let readStream = fs.createReadStream(filePath);
        readStream.pipe(response);
    }
```

4.2.3 活跃站点

现在，我们明白了一个在Node下运行的JavaScript程序如何同时提供动态内容（来自正在运行的程序的消息）和文件内容（服务器上的文件内容）。大多数Web应用程序会混合使用这些内容。页面的固定元素将使用文件，然后按需插入程序生成的内容。框架非常有用，你可以在其中创建包含站点固定部分的“模板”，然后在需要时允许将程序生成的内容填入其中。好消息是，我们将在下一章学习如何做到这一点。更好的消息是，你已经对网页在浏览器和服务器中的工作方式有了相当程度的理解。

要点回顾与思考练习

本章的内容依旧十分丰富。我们学习了许多新的知识。下面是一些回顾以及需要思考的要点。

1. Node.js（又称Node框架）是一个允许JavaScript程序在浏览器之外运行的框架。它可以免费下载，并有适配所有机器的版本。它不提供文档对象模型来与用户通信，而是通过终端界面进行控制。它提供了一个控制台，用户可以在其中输入命令来运行JavaScript语句，甚至可以加载和执行JavaScript程序。

2. Node框架提供了模块支持。JavaScript代码文件中可以含有导出数据或代码元素的语句，并且可以通过 `require` 语句将它们引入其他程序。

3. 模块文件还可以包括不用于导出的元素，这些元素可以由该模块在内部使用。

4. 当通过 `require` 调用获取元素时，Node 框架会先执行模块源文件中的全部代码，然后再导出这些元素。这个执行过程是同步进行的，意味着执行 require 的程序会暂停运行，直到 require 调用执行完成。

5. 模块源文件可以包含不导出的元素。这些元素仅在模块内部可见，对外部不可见。

6. Node 可以在 Visual Studio Code 中调试，就像在浏览器中运行 JavaScript 代码一样。你可以在代码中设置断点，并查看变量的内容。

7. JavaScript 语言提供了一种使用 import 关键字的方法，可以替代 require 机制。包含 import 语句的模块必须使用 .mjs 扩展名，而不是 .js 扩展名。

8. 在浏览器执行的网页中的 JavaScript 代码不能使用 require。但是，浏览器中运行的 JavaScript 代码可以使用 import 语句。在 HTML 文件中包含 import 语句的 JavaScript 代码必须声明为 module 类型。嵌入 HTML 元素属性中的 JavaScript 代码无法访问 module 中的元素，module 中的代码必须获取 HTML 文件中特定名称的元素引用，并直接对其进行操作。

9. 在使用不是自己编写的代码时（例如，在导入一个下载下来的模块时），应该确保代码中不包含任何不当行为。

10. Node.js 自带一些内置模块。其中之一是 http 模块，它能够创建作为网页服务器的 JavaScript 程序。

11. http 模块包含一个名为 createServer 的函数，用于创建网页服务器。createServer 函数接收一个函数的引用作为参数，用于处理来自浏览器的页面请求。这个处理函数带两个参数，分别指向请求和响应对象。response 对象必须由处理来自浏览器的页面请求的函数填充页面信息。随后，response 对象的内容被发送回发出请求的浏览器。

12. 对 Web 请求的响应包含一个名为 statusCode 的属性，它表示响应的状态。若 statusCode 为 200，则意味着页面已被正确找到。

13. 对 Web 请求的响应包含一个名为 Content-Type 的属性，浏览器将用它来决定在页面到达时如何处理它。text/plain 类型表示文件包含纯文本。

14. 可以通过使用请求公开的 write 方法将纯文本添加到对 Web 请求的响应中。

15. 处理 HTTP 服务器传入请求的函数还接收一个描述浏览器发出的请求的 request 参数。request 参数包含一个 url 属性，提供了服务器上请求的文件的路径。服务器可以将此 URL 映射到本地文件存储，以找到要发送回服务器的文件。

16. Node 框架提供了 fs 和 path 这两个模块，用于与机器上的文件系统互动。fs 模块可以创建连接到本地文件的流对象。流包含一个 pipe 方法，可以将流的内容导向另一个对象。在 Web 请求中发送到服务器的响应对象可以接收文件流，并将它们发送回浏览器。

17. 当浏览器访问网站时，它还会请求一个包含浏览器显示的位图的 favicon.ico 文件。

18. 服务器必须确保回复的 Content-Type 元素反映了文件的内容。

为了加深对本章的理解，你可能需要思考以下“进阶问题”。

1. 问题：Node.js 框架有什么作用？

解答：Node.js 框架让你可以在不使用浏览器的情况下在计算机上运行 JavaScript 程序。

2. 问题：模块要在哪种情况下使用？

解答：如果你编写了希望在多个应用程序中使用的代码，那么就应该使用模块。你还可以利用模块与他人共享工作。确定了每个模块的作用之后，就可以分别开发各个模块了。使用模块的另一个原因是它能增强代码的隐私性。模块内未被导出的代码和变量在模块外部不可见。在测试时，模块也非常有用。举例来说，我们可以通过创建一个来产生一组固定值的随机数生成器模块，以此来测试使用随机数生成器模块的程序。在测试过程中等待随机数生成器投掷出 6 点是非常耗时和枯燥的，所以一个能生成所需值的“测试骰子”模块是更好的选择。

3. 问题：为什么 JavaScript 中有 require 和 import 这两种使用模块的机制？

解答：事实证明，随着人们不断地新的需求和解决方案时，编程语言也在随之演进。有时，为了解决问题所做的第一次尝试可能不是最好的。require 是专门为 node.js 应用程序开发的。而 import 则是一种基于 require 功能的语言元素。

4. 问题：同一个模块可以既用 require 又用 import 吗？

解答：可以。我们一直使用 import 将模块导入到 node.js 应用程序中，但也可以在 node.js 应用程序中使用 require 来导入相同的模块。

5. 问题：网页服务器程序可以在哪里运行？

解答：网页服务器程序接受来自浏览器的页面请求，并将要显示的内容回应给浏览器。你可以在任何计算机上运行网页服务器。在本章中，我们编写了作为网页服务器的程序。供公众使用的网页服务器运行在具有永久网络连接的机器上，或作为云中的进程运行。

6. 问题：同一台计算机上的两个应用程序可以共用端口号吗？

解答：端口是指向在机器上运行的程序的编号连接。我们使用 8080 作为服务器运行的端口号。一旦程序在机器上占用了一个端口号，该机器上的任何其他正在运行的程序就都无法使用该端口进行连接。1024 以下的端口号是为那些“众所周知”的应用程序保留的，所以我们要确保自己的应用程序不使用这些数字。

7. 问题：端口和路径之间有什么区别？

解答：在计算机上运行的程序可以打开一个网络端口，其他程序可以用它来连接。端口由数字指定。网页服务器通常使用 80 作为端口号。路径是一串文本，指定如何穿越存储系统以获取特定的文件或位置。举例来说，路径 code/Ch04-Host_a_website/Ch04-10_File_Web_Server/index.html 告诉程序找到 code 目录，然后在其中的 Ch04-Host_a_website 文件夹中查找 index.html 文件。

8. 问题：如果服务器弄错了 `Content-Type`，会怎样？

解答：服务器会在每个发送回浏览器的响应中添加 `Content-Type`。然后浏览器可以弄清楚要如何处理该内容。如果服务器犯了一个错误，比如将 jpeg 图像的内容类型标记为 `text/plain`，那么浏览器将错误地显示内容。如果图像被标记为文本，浏览器会显示一堆看似随机的字符，而不是图片。请记住，计算机并不能真正地理解数据。我们必须告诉它文件中的内容是什么，以便它能正确地处理。

9. 问题：在个人机器上托管服务器会有危险吗？

解答：可能有。我们所创建的服务器只能提供我们所指定的文件类型的内容。换句话说，它可以提供 JPEG 图像，但不能提供电子表格或文本文档。这意味着即使有人设法浏览我的硬盘上的任何其他目录，他们也将无法查看密码或系统文件。然而，他们可能会从其他类型的文件中了解到很多我们的个人信息。千万不要在自己的计算机上托管面向公众（对外界开放）的网站，而是仅限于将自己想要分享的文件移到单独的机器或云服务上，交由后者托管。

第 II 部分

云端应用开发

首先，要研究浏览器中的 HTML 文档对象模型，并用它来创建一个可以玩的游戏。然后，把游戏部署到云端，让全世界的人都能访问。接下来，把这个游戏变成一个共享的用户体验，由运行于浏览器和服务器中的连接代码来驱动。最后，通过设计和构建一个应用作为本部分的收尾。始于一个想法，终于一个云就绪的应用。

第5章
构建共享应用

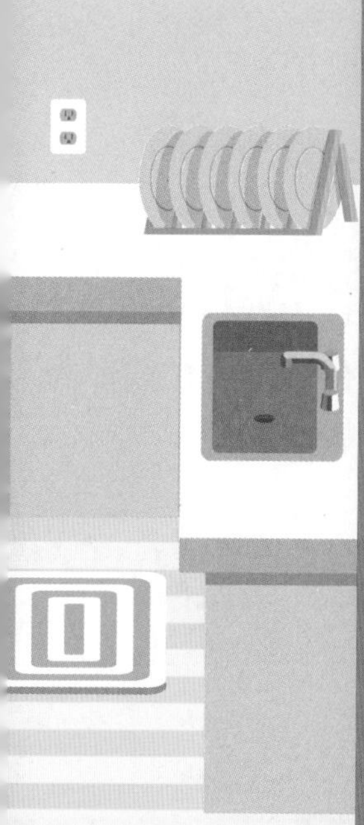

学习目标

在第 4 章中，我们利用 node 创建了一个 JavaScript 应用程序，它可以用作网页服务器。我们通过两种方式使用这个服务器应用程序：提供文件的内容和响应 Web 请求运行 JavaScript 代码。我们还探索了通过标准浏览器访问我们的网站的方式。在本章中，将研究如何创建可以托管应用程序组件的服务器。应用程序的一部分将在浏览器内运行，其余部分将在服务器上运行。我们将在服务器上创建服务，并从在浏览器中运行的代码中访问它们，实现应用程序在两个平台上的分布。此外，还将了解 JavaScript 对象表示法（JSON）如何在服务器和浏览器之间传输 JavaScript 变量的内容。不过，首先要回顾之前在第 3 章中创建的游戏，并添加一些引人入胜的游戏元素，同时进一步了解 JavaScript 开发和调试过程。

别忘了，随时可以访问“https://begintocodecloud.com/glossary.html”找到术语详解并查阅。

5.1 改进小游戏《找奶酪》

在第 3 章中，我们制作了一个小游戏，名为《找奶酪》。玩家单击网格中的方格，尝试找到藏着奶酪的方格。单击方格后，它会显示一个数字，表示该方格到奶酪的距离。图 5-1 展示了游戏的玩法。人们似乎还挺喜欢这个游戏的，但他们觉得有些地方还需要改进。

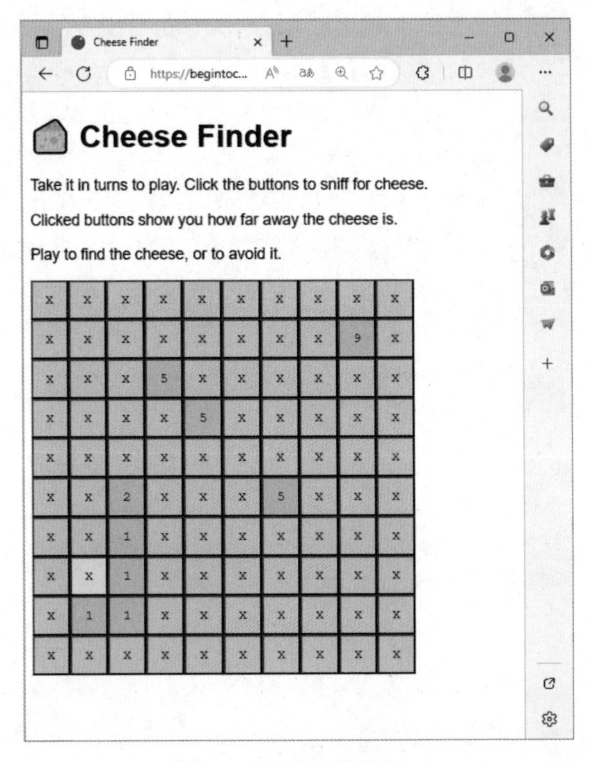

图 5-1 小游戏《找奶酪》

5.1.1 添加一些颜色

尽管小游戏《找奶酪》运行得很顺畅，但玩家似乎并不喜欢方格中的数字。有人建议使用颜色而不是数字来表示方格和奶酪之间的距离。这实际上相当简单。首先，需要为方格制作一些包含颜色的样式：

```
.cheese,
.dist1,
.dist2,
.dist3,
.dist4,
```

```
.dist5,
.dist6,
.distFar {
  font-family: 'Courier New', Courier, monospace;
  text-align: center;
  min-width: 3em;
  min-height: 3em;
}

.empty {
  background:lightgray;
}

.cheese {
  background: lightgoldenrodyellow;
}

.dist1 {
  background: red;
}

.dist2 {
  background: orange;
}

.dist3 {
  background: yellow;
}

.dist4 {
  background: yellowgreen;
}

.dist5 {
  background: lightgreen;
}

.dist6 {
  background: cyan;
}
```

```
....

.distFar {
  background: darkgray;
}
```

为了避免显得太过冗长，我删除了一部分样式。游戏的样式表中实际上有 10 个表示距离的样式，命名为 `dist1` 到 `dist10`。所有样式都基于最初的一个样式，每个样式的背景色都是单独设置的。接下来，我们需要一种方法将距离值转换为样式的名称。我们可以使用数组来做到这一点。

动手实践 20

扫描二维码查看作者提供的视频合集或访问 https://www.youtube.com/watch?v=NvkVpcq1H7E，观看本次动手实践的视频演示。

用作查找表的数组

JavaScript 程序可以将数组用作查找表。`colorStyles` 数组就是一个查找表。让我们来研究一下它是如何工作的。启动浏览器并打开本章 Ch05-01_Colored_Cheese_Finder 示例文件夹中的 index.html 文件。这是小游戏《找奶酪》的彩色版本。如果想要先休闲一下，可以先玩几次游戏，然后在准备好开始工作时，打开浏览器中的开发者工具窗口。然后打开“**控制台**”标签，如下图所示。

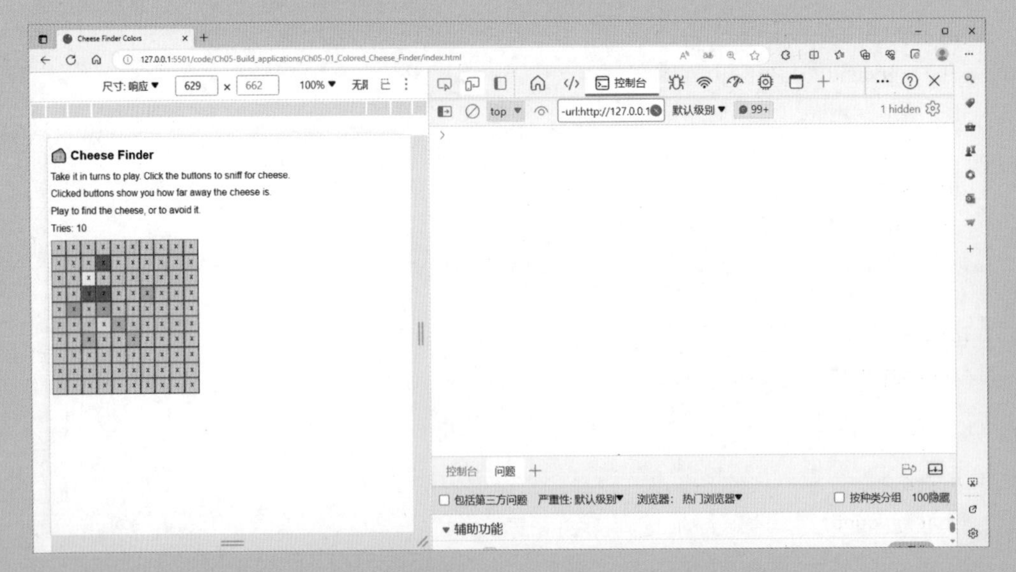

现在，让我们开始研究数组是如何运作的。在控制台中，可以通过输入项目名称来查看项目内容。键入以下文本并按 Enter 键：

```
colorStyles
```

控制台会显示 colorStyles 数组的内容，它用于将距离值转换为样式名称。数组中的项目被称为“元素”。

让我们来看看数组中的元素，先从数组开头的元素开始。我们可以通过提供索引值来指定想要查看的元素，这个索引值告诉 JavaScript 要走多远才能获取所需的元素。索引是用方括号括起来的。键入以下内容并按 Enter 键：

```
colorStyles[0]
```

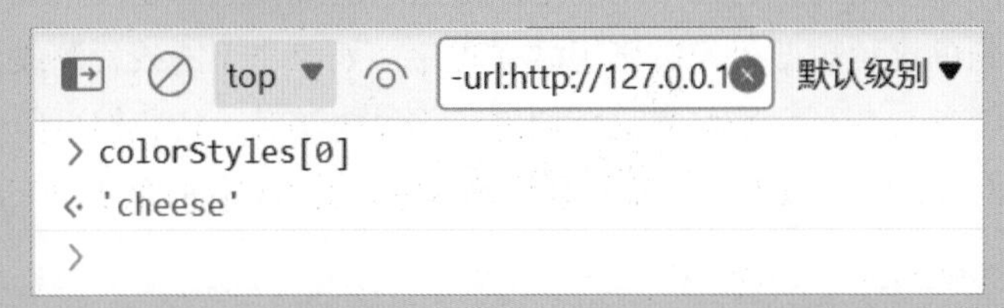

JavaScript 中的数组是从 0 开始索引的，所以 cheese 是数组中的第一个元素。

下面来看看在尝试越过数组的界限时会怎样。键入以下内容并按 Enter 键：

```
colorStyles[1000]
```

数组中不存在索引为 1000 的元素。在这种情况下，有些编程语言会报错，但 JavaScript 的做法是返回一个 undefined 值。

我们还可以为数组中的元素分配值。在某些语言中，数组被声明为具有特定类型的元素。让我们看看 JavaScript 中给数组分配值会发生什么。键入以下内容并按 Enter 键：

```
colorStyles[0] = 99
```

以上语句尝试将数字 99 放入数组的第一个元素中。它似乎起了作用。数组开头的元素（索引为0）现在是数字 99。

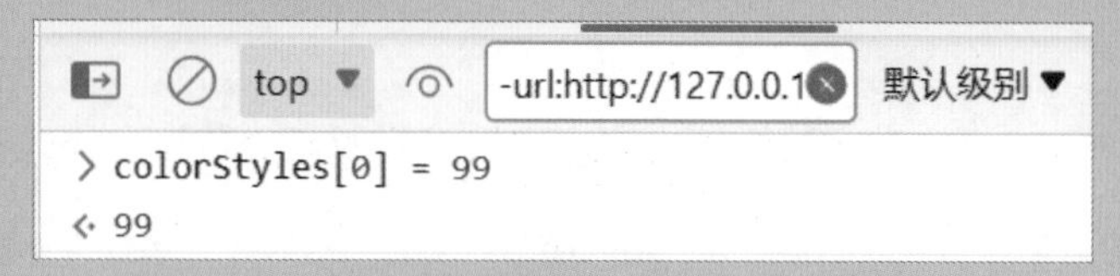

键入以下内容并按 Enter 键查看数组的内容：

```
colorStyles
```

这个结果证明单个数组可以容纳不同类型的数据。colorStyles 数组现在包含数字和字符串。对数组的这种更改已经破坏了游戏程序，奶酪将无法被检测或正确地显示。我们可以通过重新加载页面来修复这个问题，不过先等等，让我们再做一些非常有趣的尝试。让我们尝试将值放入不存在的数组元素中。键入以下内容并按 Enter 键：

```
colorStyles[100]='hello world'
```

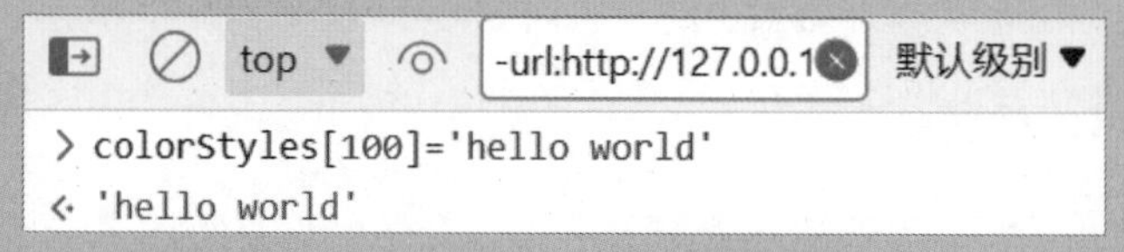

这似乎起作用了。没有出现错误。键入以下内容并按 Enter 键查看数组的内容，看看发生了什么：

```
colorStyles
```

控制台显示，数组现在包含 101 个元素，其中的 88 个元素是空的，数组末尾的元素是 hello world。

代码分析 10

JavaScript 数组

你可能一开始认为 JavaScript 中的数组的工作方式没有什么特别的，但现在却产生了一些疑问。

1. 问题：如何创建一个空数组？

```
let arr = [];
```

解答：这样就可以创建一个名为 arr 的空数组。

2. 问题：可以创建特定大小的数组吗？

解答：一些编程语言要求你在使用数组之前先创建它。在 JavaScript 中，你不能这样做。不过，你可以使用 push 函数将一个项目追加到现有数组的末尾。下面的语句会将数值 8 放入 arr 数组：

```
arr.push(8);
```

3. 问题：如何确定数组的长度？

解答：数组有一个 length 属性，它代表着数组的长度。

4. 问题：可以创建二维数组吗？

解答：一些编程语言允许你创建可以容纳网格和层的多维数组。在 JavaScript 中，数组只能容纳一行元素。如果你想要一个二维数组（例如用于表示网格），就需要创建一个由数组构成的数组。

5. 问题：当我将数组用作函数调用的参数时会发生什么？

解答：当数组被用作函数调用的参数时，传递给函数参数的是数组的引用。

colorStyles 解码数组

如下所示，colorStyles 数组包含一系列样式名称。我们可以输入数组中的索引值来获取表示特定距离的样式名称。如果距离为 0，则选择 "cheese" 样式；若距离为 11，则选择 "distFar" 样式。

```
  const colorStyles = ["cheese", "dist1", "dist2", "dist3", "dist4", "dist5",
"dist6", "dist7", "dist8", "dist9", "dist10", "distFar"];
```

可以创建一个函数。输入距离值，该函数就会返回应用于特定方格的样式：

```
function getStyleForDistance(styles, distance) {
  if (distance >= styles.length) {          检查距离是否在数组的范围之内
    distance = styles.length - 1;           如果距离不在数组范围内，则选择 distFar 样式
  }
  let result = styles[distance];            查找要使用的样式名称
  return result;
}
```

getStyleForDistance 函数接收一组样式和一个距离值，并返回与距离匹配的样式。它确保了即使输入一个非常大的值，也不会导致选择无效的样式。我们可以用它来为方格设置样式：

```
function setButtonStyle(button) {
  let x = button.getAttribute("x");          获取按钮的 x 位置
  let y = button.getAttribute("y");          获取按钮的 y 位置
  let distance = getCheeseDistance(x, y);    获取到奶酪的距离
  button.className = getStyleForDistance(colorStyles, distance);
}                                            设置按钮样式
```

setButtonStyle 函数接收一个按钮引用，并将按钮的样式设置为匹配于按钮到奶酪的距离的样式。它使用 getCheeseDistance 函数计算到奶酪的距离。setButtonStyle 函数在按钮的事件处理器中被调用：

```
function buttonClickedHandler(event) {
  let button = event.target;                 获取被单击的按钮

  if (button.className != "empty") {         如果按钮不为空，则返回
    return;
  }

  setButtonStyle(button);                    为按钮设置样式

  if (button.className == "cheese") {        如果找到奶酪，则结束游戏
    alert("Well done! Reload the page to play again");
  }
  else {
    counter++;                               更新回合计数器
    showCounter();                           显示回合计数器
  }
```

一旦有玩家单击网格中的按钮，程序就会调用 buttonClickedHandler 函数，并附上一个描述 buttonClicked 事件的参数。事件的 target 属性指向被单击的按钮。buttonClickedHandler 函数可以判断按钮是否已被单击，因为未单击的按钮的 className 为“empty”。如果按钮尚未被单击，函数就会设置按钮的样式，然后检查样式是否为“cheese”。如果是，就结束游戏并显示提示框。如果游戏未结束（玩家没有找到“cheese”按钮），那么该函数将递增、显示回合计数器，然后继续。

图 5-2 展示了彩色版本的游戏是怎么玩的。可以看到我找奶酪的路径。奶酪方格是淡黄色的。这个版本的游戏可以在 Ch05-01_Colored_Cheese_Finder 示例文件夹中找到。

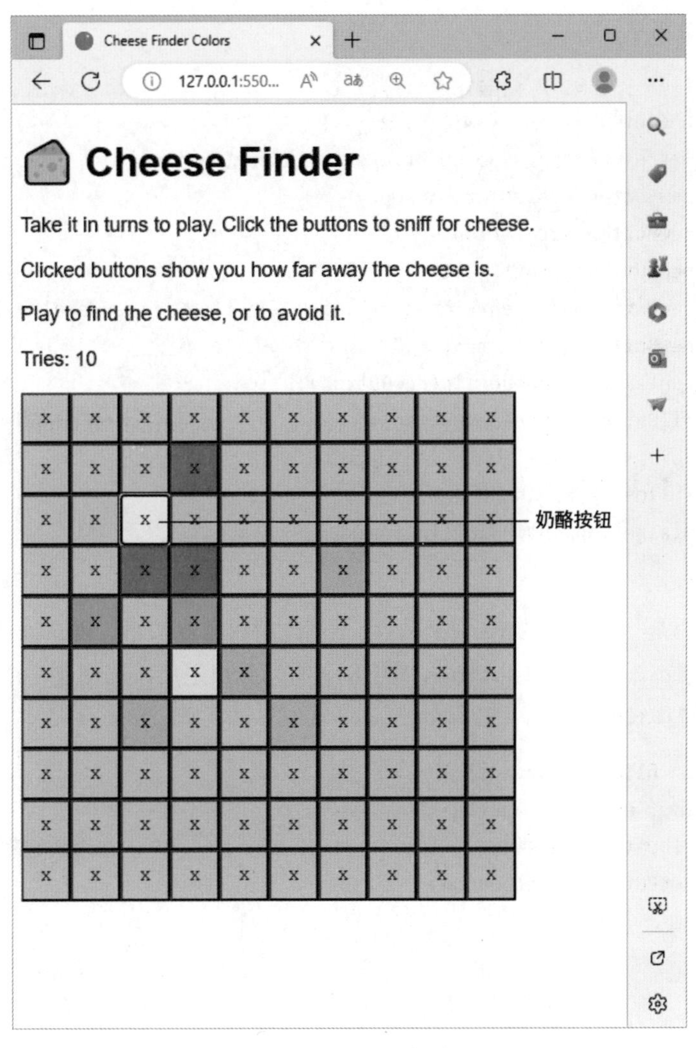

图 5-2 彩色版《找奶酪》

5.1.2 为游戏添加结尾

玩家很喜欢新添加的颜色，但也有人表示，在游戏结束时显示所有彩色方格会更好。这虽然不会为游戏玩法带来什么提升，但听起来很有意思，所以我们决定依言照做。我们只需要让程序遍历所有按钮并设置它们的样式。当然，这意味着程序需要一个包含所有按钮的数组来进行操作：

```
var allButtons = []
```

allButtons 变量是一个数组，为每个按钮保存一个条目。它是在所有函数之外用 var 声明为变量，因此应用程序中的所有函数都可以使用它。我们在创建按钮时把它们添加到数组中：

```
for (let y = 0; y < height; y++) {
  for (let x = 0; x < width; x++) {
    let newButton = document.createElement("button");
    newButton.className = "empty";
    newButton.setAttribute("x", x);
    newButton.setAttribute("y", y);
    newButton.addEventListener("click", buttonClickedHandler);
    newButton.textContent = "X";
    container.appendChild(newButton);
    allButtons.push(newButton);            将按钮添加到所有按钮的列表中
  }
  let lineBreak = document.createElement("br");
  container.appendChild(lineBreak);
}
```

以上代码是一个嵌套的 for 循环，用于创建所有游戏按钮。现在，使用 push 函数将所有按钮都添加到 **allButtons** 数组中。有了数组之后，要创建一个可以用来为所有按钮设置样式的函数：

```
function fillGrid(buttons) {
  for (let button of buttons) {
    if (button.className == "empty") {          这个按钮需要填充吗？
      setButtonStyle(button);
    }
  }
}
```

fillGrid 函数接收一个按钮列表作为参数。它使用 for-of 构造遍历列表中的所有按钮。它会为任何 className 为“empty”的按钮都设置样式。一旦玩家找到奶酪，fillGrid 函数就会被调用。

图 5-3 展示了现在游戏结束时的样子。可以在 Ch05-02_Color_Fill_Cheese_Finder 示例文件夹中找到这个版本的游戏。

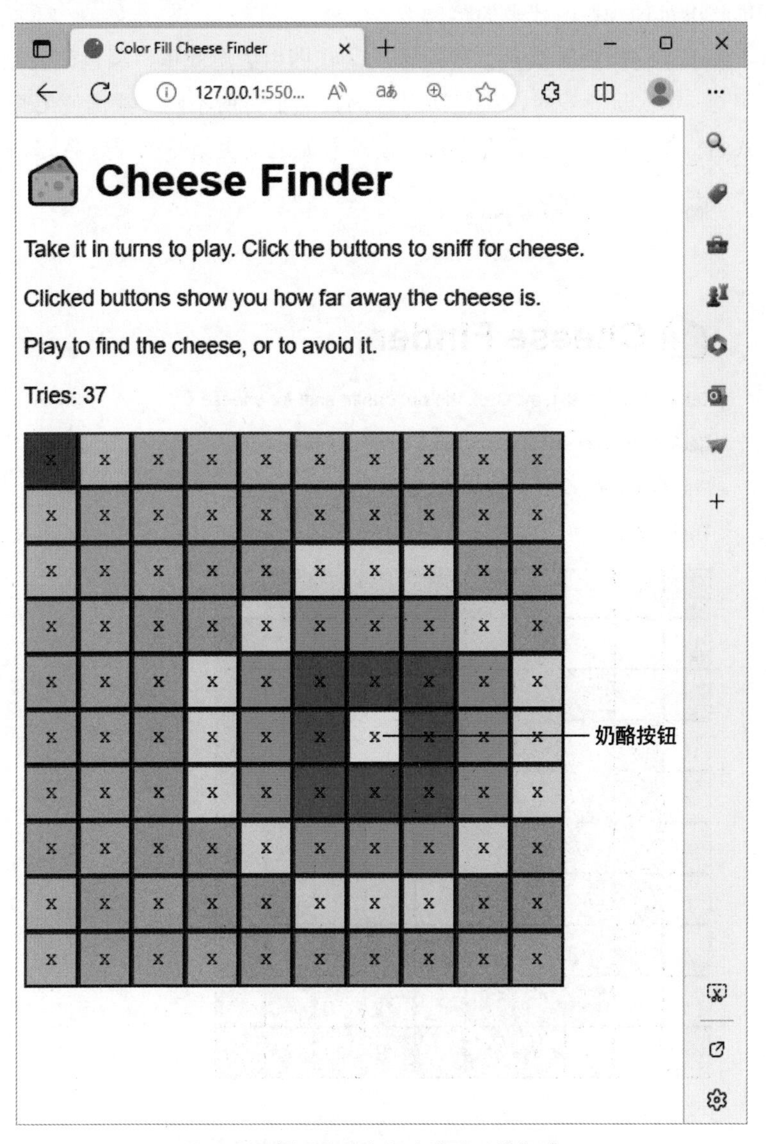

图 5-3　更新后的彩色版小游戏《找奶酪》

5.1.3 增加随机性

人们觉得这个游戏很好玩，并且真的很喜欢游戏结束时显示的彩色方格。但他们很快就发现这个游戏太过简单了。只要掌握了颜色所代表的含义，就能迅速找到奶酪。有人建议说，如果在游戏开始时打乱代表着距离的颜色，可能会更有趣。如此一来，玩家必须推断出每种颜色所代表的距离。

图 5-4 展示了这样的游戏是如何运作的。在图中的游戏里，绿色代表距离 1，灰色代表距离 2。每次玩游戏时，颜色所对应的距离都有所不同。我们使用查找表将距离值与样式名称相对应，并且需要在每次游戏开始之前重新排列样式名称。

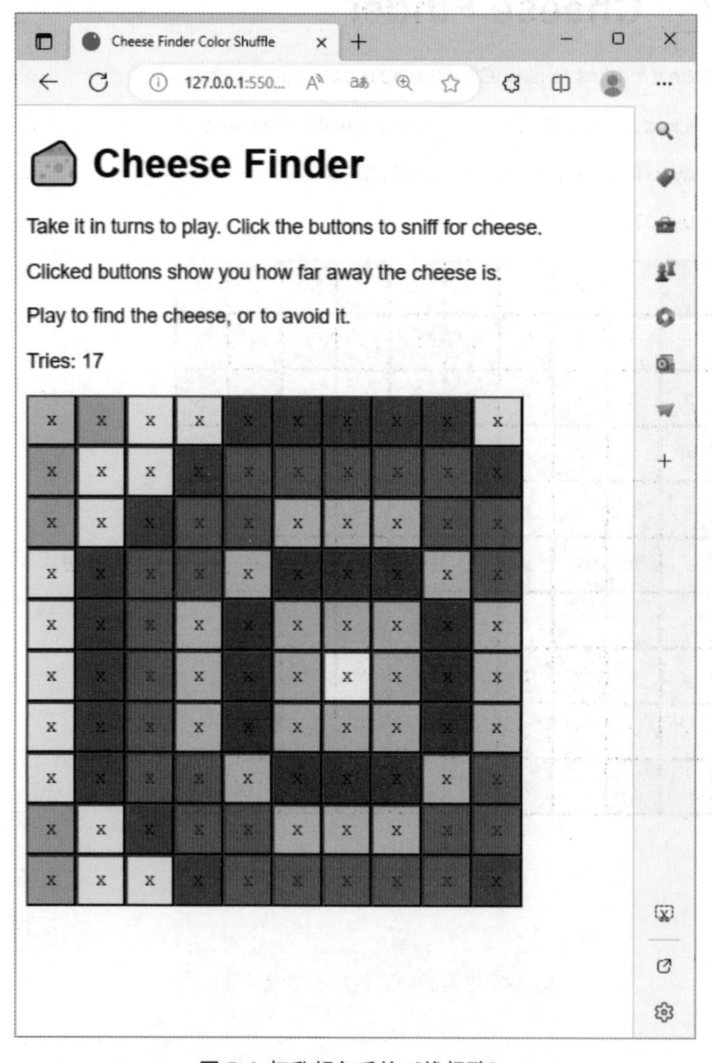

图 5-4 打乱颜色后的《找奶酪》

```
const colorStyles = ["white", "red", "orange", "yellow", "yellowGreen",
"lightGreen", "cyan", "lightBlue", "blue", "purple", "magenta", "darkGray"];
```

以上代码中的 colorStyles 数组被用来将距离转换为样式名称。游戏必须对此列表进行随机排序。我们可以创建一个函数来洗牌数组：

```
function shuffle(items) {
  for (let i = 0; i < items.length; i++) {
    let swap = getRandom(0, items.length);
    [items[i], items[swap]] = [items[swap], items[i]];
  }
}
```

shuffle 函数遍历数组，为其中的每一项选择一个随机位置。我采用了一种你以前可能没见过的交换两个项目的巧妙方式，也就是通过将一个数组分配给另一个数组来执行交换，而不使用临时变量。这个函数的作用是打乱 colorStyles 数组：

```
shuffle(colorStyles);
```

现在，每次游戏运行时，每个距离的样式都会有所不同。请注意，我们可以使用 shuffle 函数来打乱任何集合，而不仅仅是样式名称。我们稍后将使用 shuffle 来打乱其他东西。

找奶酪

在游戏的上一个版本中，cheese 样式在 colorStyles 数组中的索引为 0。当按钮样式变成 cheese 时，就找到奶酪了。在这个添加了随机性的游戏版本中，我们不能把 cheese 放在 colorStyles 数组中，因为打乱之后，它可能在任何距离值的位置上。我们必须修改 setButtonStyle 函数，以检查玩家是否找到了奶酪，如果找到了，就把样式设置为 cheese。

下面的版本会检查按钮是否位于奶酪的位置，如果是，就将样式设置为 cheese；如果不是，就使用距离来索引 colorStyles 数组。现在，当游戏结束时，会调用 fillGrid 来填充所有颜色：

```
function setButtonStyle(button) {
  let x = button.getAttribute("x");
  let y = button.getAttribute("y");

  let distance = getCheeseDistance(x, y);

  if (distance == 0) {                    找到奶酪了吗？
    button.className = "cheese";          如果找到了，则设置奶酪的样式
```

```
    }
    else {                                              否则，设置距离的样式
      button.className = getStyleForDistance(colorStyles, distance);
    }
  }

    if (button.className == "cheese") {
      fillGrid(allButtons);
    }
```

可以在 Ch05-03_Cheese_Finder_Color_Shuffle 文件夹中找到这个版本的游戏。这是个相当有趣的游戏。

程序员观点

始终考虑到可访问性

用颜色来表示与奶酪之间的距离使得游戏更加美观了，但是，这样会给那些无法分辨不同颜色的玩家造成困难。我们可以通过提供游戏模式的选项来解决这个问题，让玩家选择是使用字母或符号表示距离值，还是使用颜色。无论何时，只要是制作面向公众的东西，都应该把可访问性放在心上。“Web 内容可访问性指南”（网址为 https://www.w3.org/TR/WCAG21/）提供了关于可访问性的丰富信息，包括如何使用可区分的颜色。

5.1.4 增加更多奶酪

我坚信，没有什么是加块奶酪改善不了的，如果有，就再加一块。一些游戏玩家也有同感。他们认为，如果包含奶酪的方格不止一个，游戏会更具挑战性。每次游戏开始时，都需要设置两块奶酪的位置，然后显示一个方格到最近的奶酪的距离。

只有一块奶酪的游戏版本是如下运作的。两个变量给出了奶酪的 x 坐标和 y 坐标。随机数生成器设置了奶酪的 x 位置（在网格上的水平位置）和奶酪的 y 位置（在网格上的垂直位置）。

```
var cheeseX = getRandom(0, width);
var cheeseY = getRandom(0, height);
```

如果想要有两块奶酪，那么我们可以添加一些额外的变量：

```
var cheese1X = getRandom(0, width);
var cheese1Y = getRandom(0, height);
```

```
var cheese2X = getRandom(0, width);
var cheese2Y = getRandom(0, height);
```

我们添加了两个新变量来存储第二块奶酪的位置。接着，可以在计算到最近的奶酪的距离时测试这两个奶酪的位置：

```
function getcheeseDistance(x, y) {
  let d1x = x - cheese1X;
  let d1y = y - cheese1Y;
  let distance1 = Math.round(Math.sqrt((d1x * d1x) + (d1y * d1y)));

  let d2x = x - cheese2X;
  let d2y = y - cheese2Y;
  let distance2 = Math.round(Math.sqrt((d2x * d2x) + (d2y * d2y)));

  let distance;

  if (distance1 < distance2) {
    distance = distance1;
  }
  else {
    distance = distance2;
  }

  return distance;
}
```

这个版本的 `getCheeseDistance` 函数计算到两个奶酪的距离，然后返回最小的值。我们还需要奶酪计数器的值，用于追踪找到了几块奶酪：

```
var gamecheeseCounter = 0;
```

找到奶酪时，这个计数器会增加（见图 5-5）。当它达到“2”时，游戏就结束了：

```
if (button.className == "cheese"){
  gamecheeseCounter = gamecheeseCounter + 1;
  if (gamecheeseCounter == 2) {
    showCounter();
    fillGrid(allButtons);
  }
}
else {
```

```
        gameMoveCounter++;
        showCounter();
    }
```

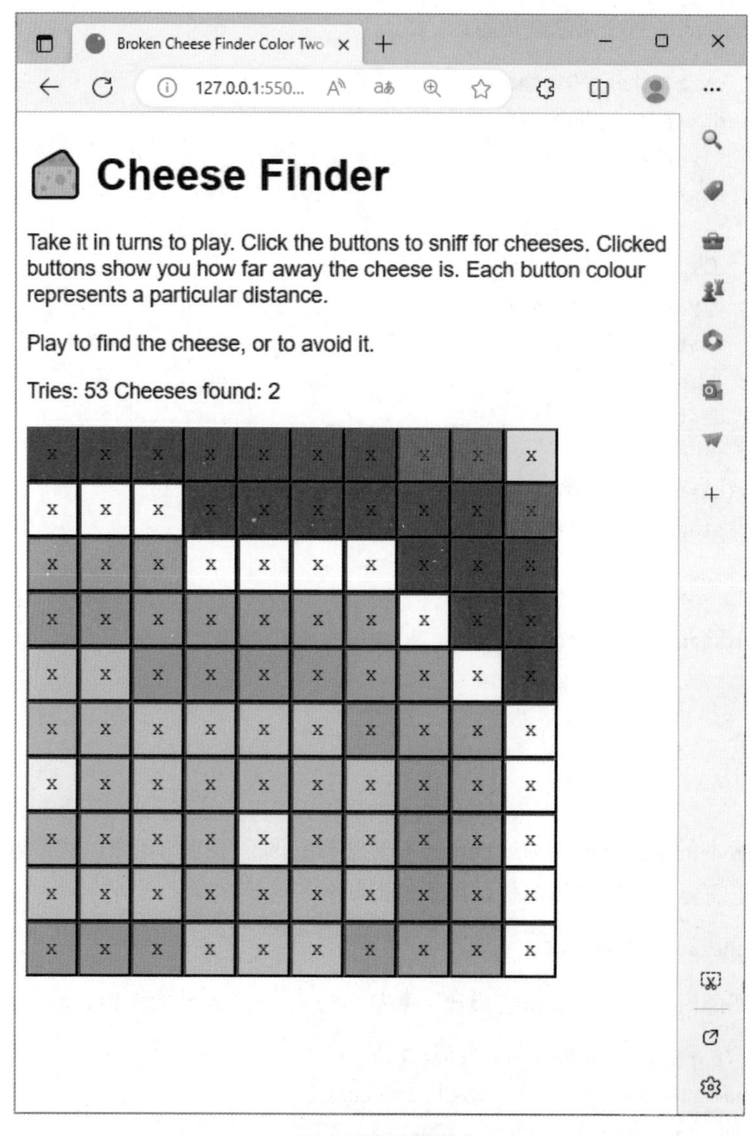

图 5-5 两块奶酪

游戏似乎能正常运行。可以在 Ch05-04_Broken_Cheese_Finder_2_Cheeses 示例文件夹中找到它。不过，这个文件夹名看上去让人不太放心。有时候，这个版本的游戏会出问题。让我们来调查一下。

动手实践 21

扫描二维码查看作者提供的视频合集或访问 https://www.youtube.com/watch?v=rfmyGJReBxk，观看本次动手实践的视频演示。

找到 bug

双奶酪版本的游戏里肯定有 bug，也许你已经发现了。还没发现的话也没有关系，我专门做了一个有缺陷的版本。让我们来看看究竟是什么 bug。启动浏览器并在 Ch05-05_Really_Broken_Cheese_Finder_2_Cheeses 示例文件夹中打开 index.html 文件。玩一遍这个游戏，你就会注意到其中的问题。

如下图所示。每个方格都被单击过了，但网格里只有一块奶酪。

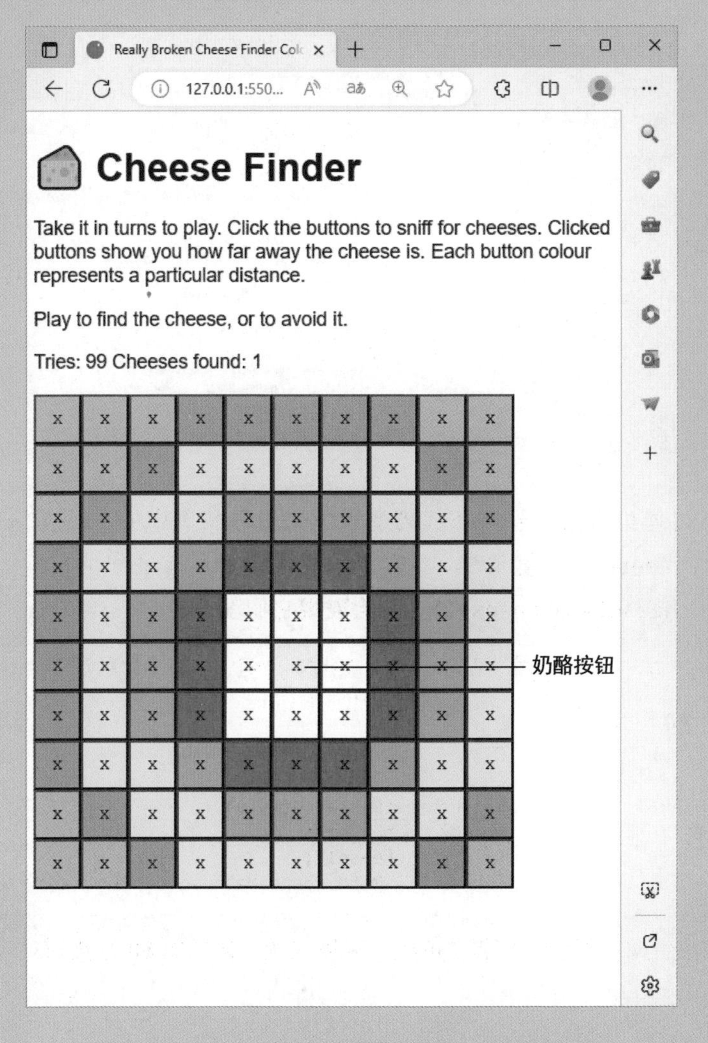

可以通过使用开发者工具中的调试器来调查发生了什么。执行以下步骤即可。

1. 打开浏览器的开发者工具。
2. 选择“**源代码**”标签。
3. 打开 index.html 文件。
4. 找到 `getCheeseDistance` 函数，并在函数的第一条语句处设置断点。
5. 刷新页面以开始新游戏。
6. 单击网格中的任意按钮。

如下图所示，程序已经执行到 `getCheeseDistance` 函数的第一条语句。如果仔细观察的话，你会发现我单击的按钮位于 `x=7`，`y=4` 处。

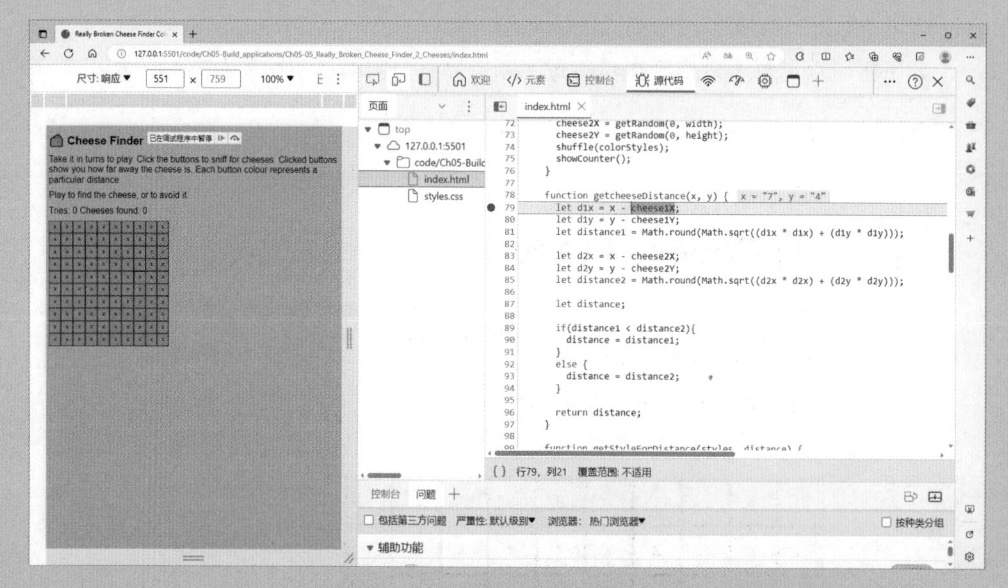

我们可以通过将鼠标悬停在代码变量上来查看代码中的一些其他值。下面，你可以看到 `cheese1X` 的值是 5。事实上，如果查看所有的奶酪位置 `cheese1X`、`cheese1Y`、`cheese2X` 和 `cheese2Y`，你会发现它们都是 5。

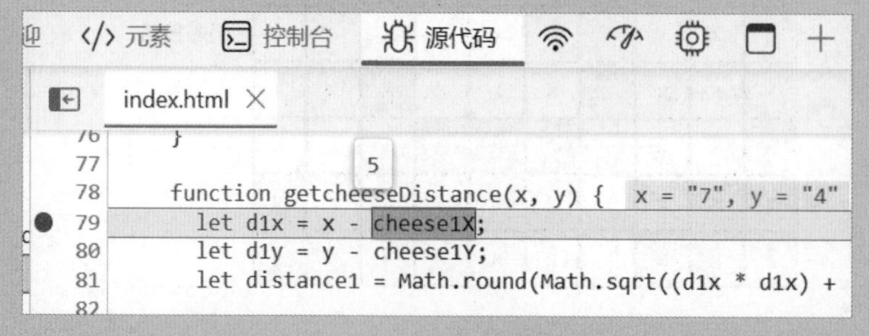

这使得随机数生成过程看起来非常可疑。可以在源代码的第 38 行找到对应的代码：

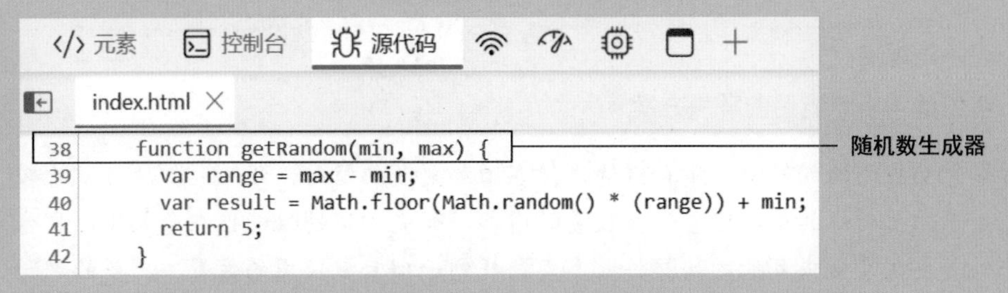

getRandom 函数计算一个随机结果，并返回固定值 5。这意味着奶酪的所有位置值都是 5。换句话说，两块奶酪位于同一位置。这将导致程序中断，因为只有一块奶酪，而没有第二块。在上一版本的游戏中，游戏偶尔会将两块奶酪放在同一个方格上。一旦发生这种情况，游戏就无法通关了。

这段代码模拟了两块奶酪放在网格的同一位置的情况，这种情况有时会发生。我们已经找到了问题所在，现在需要修复它。

5.1.4.1 检测重复的位置

我们已经看到，有两块奶酪的小游戏《找奶酪》中有一种最糟糕的 bug——那种只在偶然情况下出现的 bug。第二块奶酪被放在第一块奶酪的同一个方格内的几率只有百分之一。而一旦发生这种情况，游戏就无法结束了。解决办法是确保第二块奶酪与第一块不在相同的方格中。下面的代码展示了我们的做法：

```
cheese1X = getRandom(0, width);
cheese1Y = getRandom(0, height);

do {
  cheese2X = getRandom(0, width);
  cheese2Y = getRandom(0, height);
} while (cheese1X == cheese2X && cheese1Y == cheese2Y);
```

第二块奶酪的位置会不断被选中，直到它的位置与第一块奶酪不同。可以在 Ch05-06_Working_Cheese_Finder_2_Cheeses 文件夹中找到这个版本的游戏。

5.1.4.2 继续增加奶酪

给人们提供额外的奶酪的问题在于，他们想要更多奶酪。包含两块奶酪的版本大受欢迎，这导致人们现在想要更多的奶酪，至少三块，甚至可能更多。此时，放置奶酪的代码的简单结构的局限性就暴露了出来。要想有三块奶酪，我们必须添加更多的语句来选择奶酪的位置，检查冲突，并测试距离。支持 10 块奶酪的代码的复杂程度更是不堪设想。现在，我们需要停下来，思考一下程序是如何运作的。

程序员观点

避免使用粗制滥造的解决方案

尽管两块奶酪的解决方案行得通，但在增加更多奶酪时，程序的扩展性就比较差了。更糟糕的是，随着奶酪数量的增加，解决方案的性能也在急剧下降。代码需要反复生成可能的奶酪位置，直到找到一个未被使用的位置。更多的奶酪意味着程序更有可能选择已被占用的位置。同时，我们也无法准确预测程序需要花多长时间来放置奶酪。如果运气非常不好，程序可能会花很长时间来寻找位置。JavaScript 和 Node 的目标之一是创建一个能够尽快处理请求的系统。我们最不想要的就是耗费太长时间、甚至可能会被卡住。

如果仔细思考一下，你会发现添加第二块奶酪的解决方案有点“粗制滥造”。所谓“粗制滥造的解决方案”，指的是尽管构建方式比较粗糙，但能够起作用的解决方案。这样的解决方案通常难以理解、维护和扩展。事实证明，通过复制第一块奶酪的代码来处理额外的奶酪就是一个粗制滥造的解决方案。尽管这种方法对于两块奶酪而言尚且可行，但使用相同的方法处理更多的奶酪会使代码变得非常复杂。

重要的是认识到，应用程序需求的变化可能意味着完全改变解决方案的工作方式。我们面临的情况就是这样。在制作有两块奶酪游戏这个版本时，我们就应该认识到以下两点：

- 如果我们需要处理多于一块奶酪，那么只有一块奶酪的解决方案并不是一个好的起点；
- 对额外奶酪的需求不会止于两块，我们必须制定一个能处理大量奶酪的解决方案。

5.1.4.3 尽可能多增加奶酪

幸运的是，创建一个可以支持大量奶酪——数量甚至可以达到整个网格中的方格那么多——的版本并不是很复杂。可以使用与创建游戏随机颜色版本的随机样式名称列表并将其映射到距离的相同技术。列出所有按钮，再打乱这个列表，然后依次处理列表中的元素。每次打乱顺序后，索引所对应的元素都会变化。

游戏中已经有一个包含网格中所有按钮的数组了。在游戏开始时，会创建一个名为 `allButtons` 的数组，其中包含对网格中所有按钮的引用。`fillGrid` 函数通过这个数组来为网格中的所有按钮设置颜色样式。如果有疑问的话，请参阅本章前面的“为游戏添加结尾”。

下面的语句将打乱 allButtons 数组，以获得随机顺序的按钮列表。比如，allButtons[0] 可能持有游戏中的第一块奶酪，allButtons[2] 持有第二块，依此类推。检查距离最近的奶酪的函数会根据奶酪的总数来在这个数组查找，然后确定与给定位置最相近的奶酪的距离：

```
shuffle(allButtons);
```

getDistToNearestCheese 函数接收 x 值和 y 值，并返回到最近的一块奶酪与该位置的距离。它通过 allButtons 数组获取奶酪的位置，获取每块奶酪的距离，并返回最小的一个。

```
function getDistToNearestCheese(x, y) {
  let result;
  for (let cheeseNo = 0; cheeseNo < gameNoOfCheeses; cheeseNo = cheeseNo + 1) {
    let cheeseButton = allButtons[cheeseNo];          获取最近的奶酪按钮
    let distance = getDistance(cheeseButton, x, y);   获取到这个奶酪的距离
    if (result == undefined) {                        已经设置结果了吗？
      result = distance;                              将其设置为第一个值
    }
    if (distance < result) {                          距离小于结果吗？
      result = distance;                              将结果设置为距离
    }
  }
  return result;                                      返回结果
}
```

gameNoOfCheeses 变量被设置为游戏中的奶酪总数。参见图 5-6。

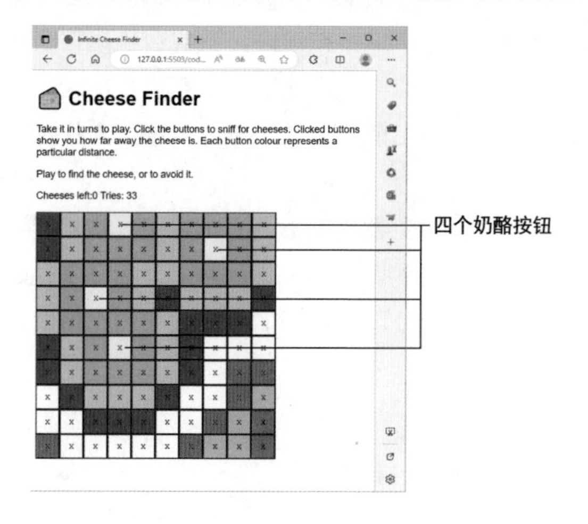

图 5-6　四块奶酪

可以在本章的示例代码中的 Ch05-07_Infinite_Cheese_Finder 文件夹中找到这个游戏版本。[①]游戏中的奶酪数量由下述语句设置在 2 到 5 之间，在游戏开始时执行。请注意，传递给 getRandom 函数的上限是被排除在外的，也就是说，在调用 getRandom 函数时，它永远不会返回 6 这个值。

```
gameNoOfCheeses = getRandom(2, 6);
```

这个版本的《找奶酪》完全在浏览器内运行，为单机玩家创造了良好的游戏体验。接下来，我们将创建一个多人共享的版本。

5.2 创建共享游戏

我们花不少时间创建了一个有趣的小游戏《找奶酪》。这时有人建议，制作一个可供多人游玩的版本可能更有意思。也许多个玩家可以在同一个房间中竞赛，看谁最快找到隐藏的奶酪。游戏开始时不再随机放置奶酪，而是让所有人的游戏里的奶酪位置都一样，然后让他们与时间赛跑，看谁最先找到所有奶酪。

这看似很简单，但有一个问题。正如我们在使用浏览器的开发者工具中的调试器时所看到的那样，玩家可以查看网页背后的代码并从中获取信息。狡猾的玩家可以按 F12 键，从调试器中的代码获取奶酪位置的变量值，从而轻松拔得头筹。

这是任何基于浏览器但又希望保密的应用程序都会面临的问题。我们可以尝试通过代码混淆（obfuscation）来隐藏浏览器代码的工作方式，混淆会重命名程序中的所有变量，并通常会使文本难以理解。然而，无论混淆多么巧妙，奶酪的位置仍然保留在浏览器中，容易受到攻击。

为了解决这个问题，我们可以将奶酪位置完全保密，把它存储在托管该页面的服务器上。在我们的游戏中，当用户单击按钮时，游戏会依据按钮离最近奶酪的距离寻找对应的样式，并在页面上应用此样式。然后，它会检查样式是否代表着奶酪已被找到，并相应地更新游戏状态。在当前的游戏版本中，这一查找过程是在浏览器内部进行的。

对于多人游戏，我们将让浏览器向服务器查询特定方格的样式。在第 4 章的“制作网页服务器”小节中，我们看到了在 Node 环境下运行的 JavaScript 程序是如何响应网络请求并提供消息和文件的。现在，我们将探索在浏览器中运行的程序如何向服务器查询，并相应地更新其显示。

---

① 译注：请对该文件夹中的 index.html 稍作修改，把第 109 行的“let distance=getcheeseDistance(x, y);”改为“let distance = getDistToNearestCheese(x, y);”，否则程序可能无法正常运行。

5.2.1 设计对话协议

在基于服务器的小游戏《找奶酪》运行时，浏览器和服务器之间会进行消息交换。我们首先需要决定消息的形式和含义，然后再考虑程序如何发送和接收这些消息。这是应用程序设计的重要环节。从某种意义上说，我们正在为对话创建自己的语言。这通常被称为“协议”（protocol）。让我们先来概括描述协议，然后再探讨如何实现它。

1. 玩家进入网站，开始玩《找奶酪》。
2. 浏览器从服务器加载网页，并在网页上运行 JavaScript 程序。
3. 在浏览器中运行的程序向服务器查询游戏的具体细节，例如网格的宽和高以及需要寻找的奶酪数量。
4. 浏览器构建包含网格的网页，并显示还需寻找的奶酪数量和已经进行的回合数。
5. 玩家单击网格中的一个按钮。浏览器将被单击的按钮的位置发送至服务器。服务器以该位置的样式作为回应。随后，浏览器在显示屏上更新游戏状态，并等待下一次单击。
6. 这个过程将一直持续，直到游戏检测到玩家已找到所有奶酪。

检查这个协议非常重要。一个测试它的好办法是让一个人扮演浏览器，另一个人扮演服务器。然后通过玩游戏来观察双方的信息交换。

接着，我们将开始创建实现浏览器和服务器之间协议的代码。图 5-7 展示了我们要制作的内容。它展示了在浏览器中进行的游戏和服务器提供的奶酪管理。游戏开始时，浏览器中运行的代码会向服务器请求游戏的详细信息，然后使用这些信息来绘制游戏网格。然后，一旦有用户单击网格中的一个按钮，浏览器就发送一条消息，询问该按钮的样式。服务器会回应一条包含此样式的字符串。随后，浏览器更新游戏。

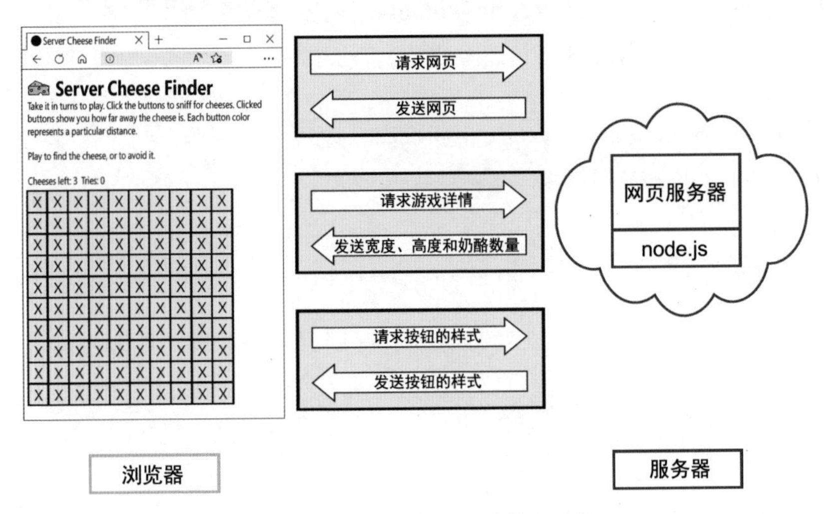

图 5.7 浏览器和服务器所交换的消息

这个游戏将由两个 JavaScript 程序实现。一个在浏览器上运行，提供游戏的用户界面；另一个在服务器上运行，管理奶酪的位置。我们将在计算机上同时运行服务器和浏览器。稍后，我们可以将服务器程序托管到云端，让任何人都可以玩这个游戏。

重要提示：在查看本文中的代码样本时，有必要记住代码是在哪里运行的。在本章的后续部分中，浏览器中运行的代码样本将用浅黄色边框表示，而在服务器上运行的代码样本将用浅蓝色边框表示。

5.2.2 创建端点

端点（endpoint）是浏览器用来获取某些东西的网络地址。我们需要为《找奶酪》小游戏的服务器创建三个端点。第一个端点将返回构成《找奶酪》网站内容的页面和文件。第二个端点将在浏览器请求时返回游戏详细信息。第三个将在玩家单击网格上的按钮时返回该按钮的样式。

响应这些请求的代码将在服务器上运行。在开发过程中，要在本地机器上托管服务器。游戏可以正常运行后，我们就可以将服务器托管到云端，并使游戏在互联网上向公众开放。我已经获得了 `cheesefinder.xyz` 这个域名（用于游戏的最终实现）。如果想游玩最终版的游戏，可以访问该网站并试玩一下。

下面的 JavaScript 代码在浏览器中运行，并设置了 `hostAddress`、`startUrl` 和 `getStyleUrl` 的值，浏览器代码将使用这些值作为端点。我们将在自己的机器上用 8080 端口运行一个 Node.js 服务器，以响应这些请求。浏览器将使用这些端点连接到服务器。服务器和浏览器需要就这些端点的名称达成一致，这非常重要。否则，应用程序将无法正常运转。一旦把服务器移到云端，我将把字符串 `http://localhost:8080` 改为 `https://cheesefinder.xyz`：

```
let hostAddress = "http://localhost:8080/";


let startUrl = hostAddress + "getstart.json";
let getStyleUrl = hostAddress + "getstyle.json";
```

5.2.3 开始游戏

如果用户想玩《找奶酪》，可以首先打开网站。服务器将向浏览器发送一个 HTML 页面以供显示。然后，浏览器将构建文档对象模型（DOM）并运行 HTML 文件中的 JavaScript 程序。

下面是从服务器发送到浏览器的网页的 HTML 文件。该页面包含两个段落元素，一个元素的 id 是 counterPar，用于显示计数器，另一个元素的 id 是 buttonPar，将包含网格的所有按钮。

```
<!DOCTYPE html>
<html>

<head>
  <title>Server Cheese Finder</title>
  <link rel="shortcut icon" type="image/x-icon" href="favicon.ico">
  <link rel="stylesheet" href="styles.css">
</head>
<h1>&#129472; Server Cheese Finder</h1>

<body>

  <p>Take it in turns to play. Click the buttons to sniff for cheeses.
    Clicked buttons show you how far away the cheese is.
    Each button colour represents a particular distance.</p>
  <p>Play to find the cheese, or to avoid it.</p>
  <p id="counterPar"></p>                                    计数器段落
  <p id="buttonPar"> </p>                                    按钮网格段落

  <script type="module">
    import { doPlayGame } from "./client.mjs";               导入游戏开始功能
    doPlayGame();                                            调用游戏开始功能
  </script>
</body>

</html>
```

HTML 文件中只有两个 JavaScript 语句。第一个语句从 client.mjs 库中导入 doPlayGame 函数，第二个语句调用它。下面显示的 doPlayGame 函数并没有做太多事情。它将 moveCounter 和 cheesesFound 变量设置为 0，然后调用 getFromServer 函数。该函数将从服务器获取游戏详细信息，并使用它们来设置游戏网格。发送到 getFromServer 函数的第一个参数是 startUrl，即服务器的 getstart 服务的端点地址。第二个参数引用了 setupGame 函数，该函数将设置游戏。

```
function doPlayGame() {
  moveCounter = 0;
  cheesesFound = 0;                              清除游戏计数器
  getFromServer(startUrl, setupGame);            开始游戏
}
```

如果我们正在组织一场派对，我可能会问：“你能去商场买些气球，然后把它们挂在客厅里吗？”我的请求里提及要从哪里取东西（商场）以及拿回的东西要做什么（把气球挂在客厅里）。如果看一下 doPlayGame 中的 getFromServer 的调用，你会看到一个获取东西的位置（startUrl）和一个处理取得物品的函数（setupGame）。下面，让我们看一下 getFromServer 函数是如何工作的。

```
function getFromServer(url, handler) {
  fetch(url).then(response => {                            开始获取
    response.text().then(result => {                       获取完成后运行的 then 部分
      handler(result);                                     调用处理器以处理已获取的消息
    }).catch(error => alert("Bad text: " + error));        捕捉处理器中的错误
  }).catch(error => alert("Bad fetch: " + error));         捕捉获取中的错误
}
```

getFromServer 函数使用一个名为 fetch 的 JavaScript 函数从服务器获取响应。fetch 函数接收一个指定服务器地址的 URL。获取的过程可能要持续一段时间，我们不希望游戏因为需要等待服务器的响应而卡住。为了解决这个问题，fetch 函数将返回一个表示正在执行的获取操作的 JavaScript 的 promise 对象（我们将在第 6 章中学习有关 promise 和异步代码的知识）。promise 对象包含一个名为 then 的方法，可以用来指定当 promise 实现时要调用的函数（即，从服务器获取信息时）。在上述代码中，一个匿名箭头函数将把调用（或请求）传递给作为 getFromServer 函数的参数提供的处理器函数。

如果难以理解这段代码的作用，请回想一下它要解决什么问题。getFromServer 函数允许程序从网络（由 url 参数指定的地址）请求一些数据，并指定用于处理数据的函数（在由处理器参数指定的函数中）。这是一个非常有用的函数，游戏用它来在游戏开始时获取设置，并获取特定游戏方格的样式设置。在应用程序的这个阶段，我们正在使用 getFromServer 函数来在服务器收到响应时调用 setupGame。下面就来探索一下。

```
function setupGame(gameDetailsJSON) {

  let gameDetails = JSON.parse(gameDetailsJSON);           从响应中获取游戏的详细信息

  noOfCheeses = gameDetails.noOfCheeses;                   根据详细信息保存奶酪数量

  let container = document.getElementById("buttonPar");

  for (let y = 0; y < gameDetails.height; y++) {           创建按钮网格
    for (let x = 0; x < gameDetails.width; x++) {
      let newButton = document.createElement("button");
      newButton.className = "empty";
      newButton.setAttribute("x", x);
      newButton.setAttribute("y", y);
      newButton.addEventListener("click", buttonClickedHandler);
      newButton.textContent = "X";
      container.appendChild(newButton);
      allButtons.push(newButton);
    }
    let lineBreak = document.createElement("br");
    container.appendChild(lineBreak);
  }
  showCounters();
}
```

你在第 4 章介绍放置按钮时看到过这段代码的大部分内容，当时，我们创建了《找奶酪》的第一个版本。这段代码最有趣的部分在开头，它对服务器的响应进行解码，以获得宽度、高度和奶酪数量的值。这一切都是通过一行 JavaScript 代码完成的，借助了 JavaScript 对象表示法（JSON）的魔力。让我们看看它是如何工作的。

通过 JSON 传输数据

浏览器中的程序使用 `startUrl` 端点向服务器发出请求：“我可以获得屏幕宽度、高度，以及奶酪数量吗？”如果这些值能够轻松地编码和解码，将非常有帮助。事实证明，确实有这样的一种方法——JavaScript 对象表示法（JSON）。有了 JSON，我们可以将一个对象转换成一串文本。让我们来深入了解一下。

动手实践 22

扫描二维码查看作者提供的视频合集或访问 https://www.youtube.com/watch?v=697mRY3DjM0，观看本次动手实践的视频演示。

调查 JSON

JSON 是 JavaScript 中极为强大的一部分。启动浏览器并打开 Ch05-08_JSON_Investigation 示例文件夹中的 `index.html` 文件。如下图所示，打开**开发者工具**并单击选中“**控制台**”标签。

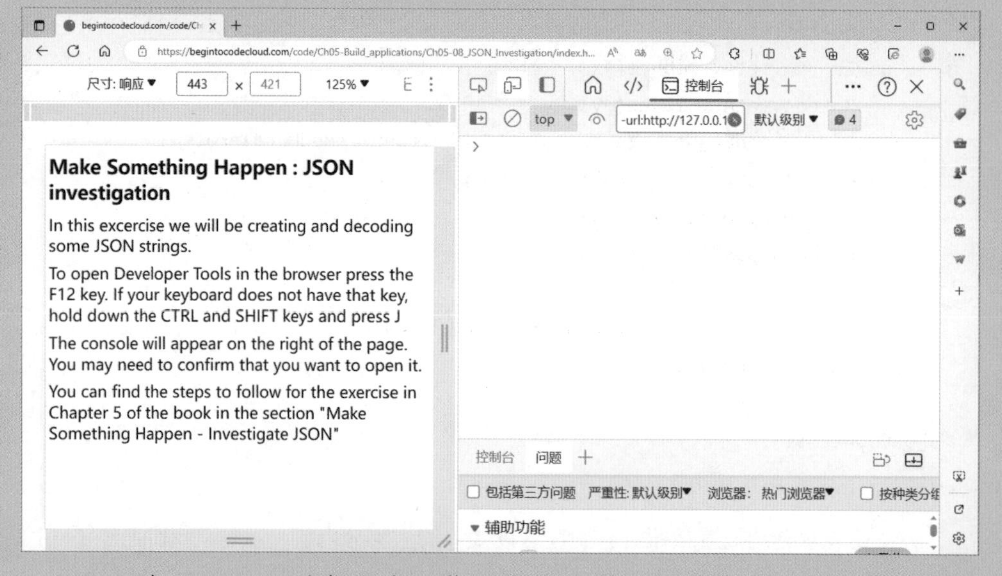

JSON 与 JavaScript 对象配合工作。我们知道，可以在代码的任意处创建 JavaScript 对象。这是我们喜欢这门语言的原因之一。让我们创建一个小对象来回答浏览器的第一个问题——网格的宽度和高度以及奶酪的数量。键入以下语句并按**回车键**：

```
let answer = { width:10,height:10,cheeses:3};
```

这个语句创建了一个名为 `answer` 的变量，它引用一个包含宽度、高度和奶酪属性的对象。你可以要求控制台显示这个值。键入以下语句并按 **Enter** 键：

```
answer
```

控制台现在显示 `answer` 引用的对象，如下图所示。

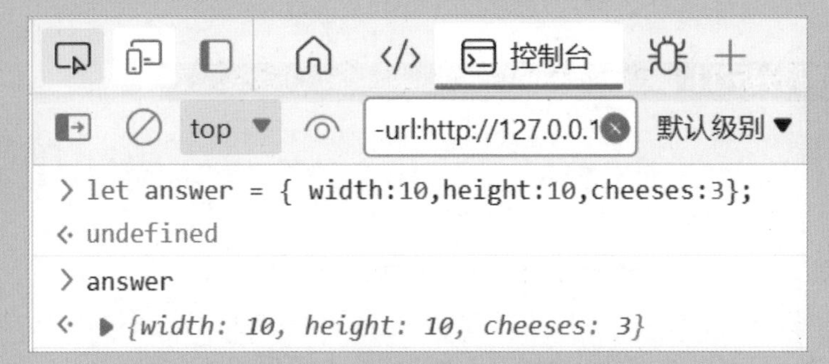

可以看到，属性都在对象内部。这个对象的显示方式与表示对象内容的 JSON 代码非常相似。你可以使用 `stringify` 函数将一个对象转换成 JSON 字符串。键入以下语句并按 Enter 键：

```
let jsonString = JSON.stringify(answer)
```

`stringify` 方法接受一个对象引用，然后返回描述对象内容的 JSON 字符串。前述语句创建了一个名为 `jsonString` 的变量，指向包含对象的 JSON 表示的字符串。现在，来看一下这个字符串是什么样的。键入以下语句并按 Enter 键：

```
jsonString
```

控制台现在会显示描述对象的 JSON 字符串：

可以看到，JSON 编码的字符串看起来与在 JavaScript 程序代码中声明对象的方式几乎是一样的。唯一的区别是属性名称是用双引号（" "）包围的。可以通过使用 JSON 解析函数将此字符串转换回对象。键入以下语句并按 Enter 键：

```
JSON.parse(jsonString)
```

控制台将执行解析并显示由解析函数创建的对象。

结果是一个包含我们所需要的确切值的对象。浏览器中的 JavaScript 代码可以从对象中读取宽度、高度和奶酪属性，并用它们来设置页面。

代码分析 11

JSON

JSON 很棒，但你可能对它有一些疑问。

1. 问题：我可以在 JSON 字符串中保存哪些类型的值？

解答：数字、字符串、布尔值（`true` 或 `false`）和对象都可以。

2. 问题：我可以在 JSON 中保存一个包含多个项目的数组吗？

解答：可以。在解析 JSON 时，会根据大小的需要来创建数组。

3. 问题：在用 JSON 编码一个对象时，字符串的长度有限制吗？

解答：JavaScript 字符串可以非常长，理论上来讲，其长度甚至可以超出你计算机硬盘的大小。这意味着你可以创建代表大量数据的 JSON 字符串。然而，如果这么做的话，在设备之间通过网络传输这些数据可能会耗费一些时间。如果想在 JavaScript 对象中存储大量数据，建议了解一下第 10 章介绍的数据库。

4. 问题：如果程序试图解析不包含有效 JSON 的字符串会发生什么？

解答：如果解析函数收到无效的 JSON，它会停止程序并抛出一个异常。我们将在第 10 章讨论关于异常的知识。

5. 问题：JSON 仅限于 JavaScript 使用吗？

解答：不。JSON 已经变得无处不在了。每个现代开发平台都支持 JSON。在现代计算机中，JSON 被广泛用于从一个地方向另一个地方发送结构化数据。

5.2.4 游戏服务器

我们在浏览器的工作原理上花了不少时间，现在，来看看服务器在做什么。服务器提供构成网站的文件，包括 index.html、代码库和样式表。我们在第 4 章中创建了一个非常基础的服务器，在本节中，我们将使用该服务器来提供游戏网站。然后，我们将添加代码来处理 `getstart` 和 `getstyle`。我们将在服务器的 `handlePageRequest` 函数中完成此操作。

```
function handlePageRequest(request, response) {

    let filePath = basePath + request.url;

    if (fs.existsSync(filePath)) {          是否有这个路径的文件？
        // If it is a file - return it      打开文件并将其发送回去
```

```
    }
    else {
        // If it is not a file it might be a command
        console.log("Might have a request");
        switch (request.url) {
            case '/getstart.json':                        针对 getstart 端点的情况
                response.statusCode = 200;
                response.setHeader('Content-Type', 'text/json');
                let answer = { width:gridWidth,height:gridHeight,
noOfCheeses:cheeses.length};
                let json = JSON.stringify(answer);                    创建回答
                console.log("     handled a getstart:" + json);
                response.write(json);
                response.end();                                        发送回答
                break;

            default:
                console.log("     file not found")
                response.statusCode = 404;
                response.setHeader('Content-Type', 'text/plain');
                response.write("Cant find file at: " + filePath);
                response.end();
        }
    }
}
```

`handlePageRequest` 函数的第一部分在服务器上提供文件。如果该函数找不到与请求匹配的文件，就会使用 `switch` 结构来检查请求是否针对的是 `getstart.json`。处理此端点的代码会组装所需的 JSON 并将其发送回来。

动手实践 23

扫描二维码查看作者提供的视频合集或访问 https://www.youtube.com/watch?v= Brm0jRnr7Uk，观看本次动手实践的视频演示。

浏览器和服务器

现在是个好机会，可以使用调试技能来探索浏览器和服务器是如何协同工作的。虽然有些复杂，但这么绝对是值得的。

启动 Visual Studio Code，打开本章所对应的文件夹并找到 Ch05-09_Browser_and_Server 示例文件夹。我们将同时运行服务器和浏览器，并在代码中设置断点，观察这两个程序是如何交互的。

打开 server.mjs 文件，该文件包含实现游戏服务器的代码。如下图所示，现在单击第 60 行代码的左侧以插入一个断点。当浏览器使用 getstart.json 端点时，此断点将被触发。

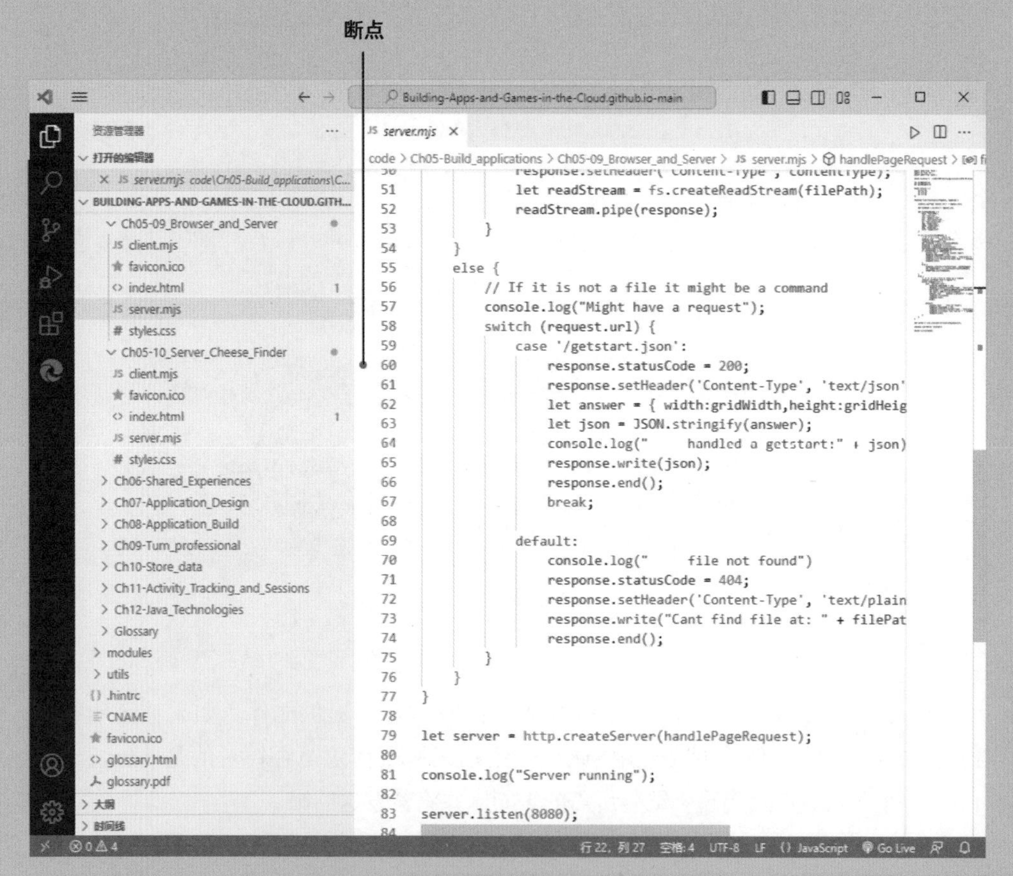

现在按下“**运行和调试**”按钮（左侧带有瓢虫的三角按钮），打开调试窗口并启动程序。

程序现在正在 http://localhost:8080/ 上托管一个网页服务器。打开浏览器并加载游戏网站。启动浏览器并输入地址 http://localhost:8080/index.html 以打开游戏的索引页面。别忘了在地址的末尾加上 index.html。

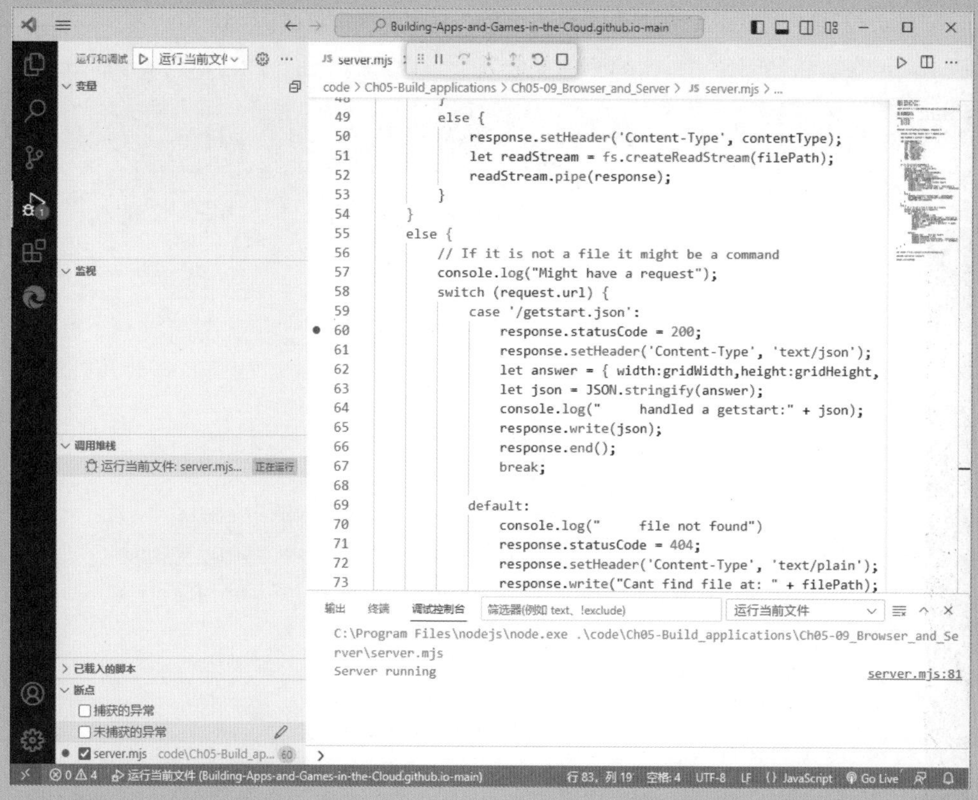

Building-Apps-and-Games-in-the-Cloud.github.io-main
运行和调试
运行当前文件
server.mjs
code > Ch05-Build_applications > Ch05-09_Browser_and_Server > server.mjs > ...
变量
监视
调用堆栈
运行当前文件: server.mjs...
正在运行
已载入的脚本
断点
捕获的异常
未捕获的异常
server.mjs code\Ch05-Build_ap...
49 else {
50 response.setHeader('Content-Type', contentType);
51 let readStream = fs.createReadStream(filePath);
52 readStream.pipe(response);
53 }
54 }
55 else {
56 // If it is not a file it might be a command
57 console.log("Might have a request");
58 switch (request.url) {
59 case '/getstart.json':
60 response.statusCode = 200;
61 response.setHeader('Content-Type', 'text/json');
62 let answer = { width:gridWidth,height:gridHeight,
63 let json = JSON.stringify(answer);
64 console.log(" handled a getstart:" + json);
65 response.write(json);
66 response.end();
67 break;
69 default:
70 console.log(" file not found")
71 response.statusCode = 404;
72 response.setHeader('Content-Type', 'text/plain');
73 response.write("Cant find file at: " + filePath);
输出
终端
调试控制台
运行当前文件
C:\Program Files\nodejs\node.exe .\code\Ch05-Build_applications\Ch05-09_Browser_and_Server\server.mjs
Server running
server.mjs:81
运行当前文件 (Building-Apps-and-Games-in-the-Cloud.github.io-main)
行 83，列 19　空格: 4　UTF-8　LF　{} JavaScript　Go Live

Browser and Server
localhost:8080/in...
Browser and Server
Demo application that starts the game.
Play to find the cheese, or to avoid it.

你会发现，浏览器中没有显示游戏面板。这是因为游戏向 getstart 端点发出了请求，但在服务器响应之前，断点就被触发了。让我们看看下图所示的 Visual Studio Code 窗口。

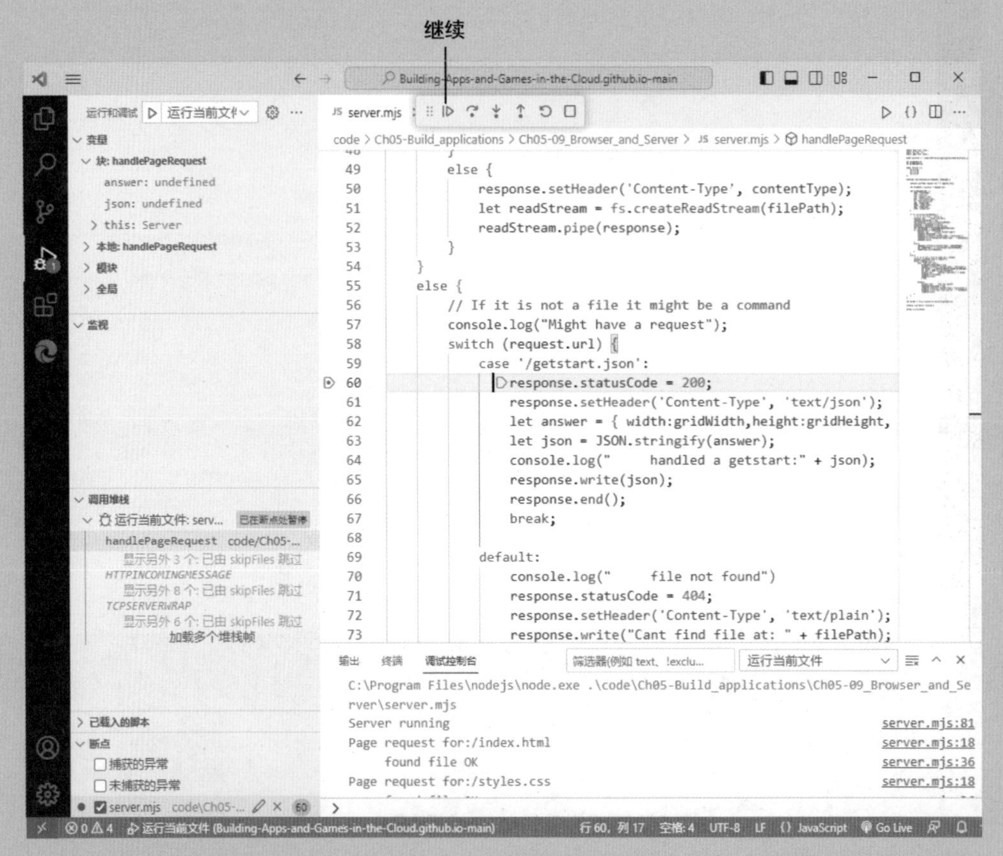

可以逐步执行断点之后的代码，但最好快点操作，以免在浏览器的获取请求超时。如果单击调试控制中的蓝色“继续”按钮（右箭头）或按 F5，服务器将继续运行，游戏面包应该会出现在浏览器中。你可以使用浏览器的调试器（在开发者工具中）来观察浏览器是如何接收服务器的消息，并使用它们构建页面的。这个版本的游戏不会响应网格中的按钮单击。我们将在下一节中处理这个问题。

5.2.5 玩游戏

我们已经了解到，getstart 端点负责将游戏信息传递给浏览器。现在，还需要创建一个 getstyle 端点。浏览器代码将用它来获取网格中被单击的按钮的样式。在游戏的先前版本中，这项任务是由浏览器内的代码执行的。现在，距离计算和样式选择都是在服务器上进行。好消息是，由于浏览器和服务器都运行 JavaScript，我们可以将解决方案的部分代码从浏览器代码中提取出来，并放入服务器代码中。坏消息是，浏览器需要将按钮的位置发送到服务器，以让服务器计算出要返回哪个样式字符串。

浏览器程序可以使用 HTTP 查询机制将 x 值和 y 值传递给服务器。让我们来看看执行此操作的代码：

```
function setButtonStyle(button) {
  let x = button.getAttribute("x");
  let y = button.getAttribute("y");                          获取按钮的 x 和 y 位置
  let checkUrl = getStyleUrl + "?x=" + x + "&y=" + y;        组装查询
  getFromServer(checkUrl, result => {                        从端点获取结果
    let checkDetails = JSON.parse(result);
    button.className = checkDetails.style;
    if (button.className == "cheese") {                      如果找到奶酪，检查游戏是否结束
      cheesesFound++;
      if (cheesesFound == noOfCheeses) {
        fillGrid(allButtons);                                如果游戏结束，填充网格
        showCounters();
      }
    }
  });
}
```

setButtonStyle 函数在浏览器中运行，当玩家在网格中单击按钮时被触发。在基于浏览器的游戏版本中，该函数负责计算按钮与奶酪之间的距离，并使用该距离设置按钮的样式。在基于服务器的版本中，浏览器创建一个查询并将查询发送到服务器的 checkUrl 端点。端点的查询部分以 ?（查询）字符开头，后面跟着由 & 字符分隔的名值对。下面是端点的地址，最后附加了查询信息。这一查询请求的是位置为（2,0）的按钮的样式名称：

```
http://localhost:8080/getstyle.json?x=2&y=0
```

上述地址字符串由浏览器在请求服务器时使用。当服务器接收到此地址时，它将提取 x 值和 y 的值并计算该位置的样式。我们可以自己编写代码来提取 x 值和 y 的值，但 JavaScript 提供了一个 url 库，可以为我们完成所有工作。下面的代码使用 url 库中的 parse 函数来创建一个称为 parsedUrl 的解析对象。解析调用有两个参数。第一个是要解析的 url 字符串。第二个参数指定是否应解析 url 中的查询元素。我们想要解析它们（这正是我们执行这一步的原因），所以需要将其设置为 true。现在，服务器上运行的代码就可以提取 URL 的本地路径和查询部分了。

```
let parsedUrl = url.parse(request.url, true);                根据请求创建 URL 对象
```

程序员观点

不要吝于使用辅助库

有些程序员喜欢自己解决问题，因为他们觉得这是一种益智挑战。将 URL 拆分为各个组件看似是简单，但实际上比想象中的复杂得多。尤其是在可能有恶意攻击者试图创建一个扰乱你的应用程序并使其出现故障的端点 URL 的情况下。因此，应该积极地寻求辅助库（最好是 JavaScript 的一部分）的帮助，而不是总想着自个儿解决问题。

下面的代码是服务器上的 switch 结构的一部分，用于处理对不同端点的请求。当浏览器向 getstyle.json 端点发出请求时，此代码将运行。它使用刚刚创建的 parsedUrl 值来提取要返回的样式字符串的 x 和 y 坐标。然后，它获取该位置的样式，构建一个包含样式的对象，并将其作为 JSON 编码的字符串返回。

```
case '/getstyle.json':
    let x = Number(parsedUrl.query.x);
    let y = Number(parsedUrl.query.y);              分别获取按钮的 x 和 y 的位置
    response.statusCode = 200;
    response.setHeader('Content-Type', 'text/json');
    console.log("Got: (" + x + "," + y + ")");
    let styleText = getStyle(x, y);                 获取此按钮的样式
    let styleObject = { style: styleText };         创建包含样式值的对象
    let styleJSON = JSON.stringify(styleObject);    将对象转换为 JSON 字符串
    response.write(styleJSON);                      将字符串发送到浏览器
    response.end();
    break;
```

代码分析 12

getstyle.json 处理器

这些代码在服务器上运行，用于处理 getstyle.json 端点。你可能对此有一些疑问。

1. 问题：这段代码什么时候开始运行？

解答：当玩家单击网格中的某个按钮时，浏览器需要知道按钮的样式。它获取按钮的 x 和 y 位置，组装一个网络请求，并将其发送到服务器。网络请求发送到地址

getstyle.json。服务器识别此地址，获取按钮的样式，并将其作为 JSON 编码的字符串发送回浏览器。

2. 问题：这段代码如何获取按钮位置的 x 值和 y 值？

解答：之前，我们创建了一个包含发送到服务器的网络请求的 parsedUrl 对象，它带有查询属性。查询属性指的是包含查询中所有元素属性的对象。下面是从此属性中提取 x 值的语句。y 属性也有类似的语句。

```
let x = Number(parsedUrl.query.x);
```

3. 问题：服务器如何确定网格位置的样式？

解答：网格位置的样式由其与奶酪的距离决定。getStyle 函数接收按钮的 x 和 y 位置，并调用 getDistanceToNearestCheese 函数来获取与奶酪之间的距离。然后，它在 colorStyles 数组中查找所需的样式。这与我们在游戏的浏览器版本中使用的代码相同。

```
function getStyle(x, y) {

    let distance = getDistToNearestCheese(x, y);

    if (distance == 0) {
        return "cheese";
    }

    if (distance >= colorStyles.length) {
        distance = colorStyles.length - 1;
    }
    return colorStyles[distance];
}
```

在浏览器版本的游戏中，奶酪位置是随机确定的。对于共享版本，所有玩家的奶酪位置都必须一致。目前，游戏包含一组可以用于测试的奶酪位置对象。未来的游戏版本将定期创建随机奶酪位置，比如每小时一次。

```
const cheeses = [
    { x: 0, y: 0 },
    { x: 1, y: 1 },
    { x: 2, y: 2 }
];
```

4. 问题：如果请求中没有包含 x 和 y 的查询值，会怎样？

解答：下面的端点就不包含 x 和 y 的查询值，只有一个名为 wally 的值。游戏服务器会尝试解码，但如果 JavaScript 程序试图访问一个不存在的对象属性，将得到 undefined 值。如果查询中省略了 x 和 y 的值，处理程序将把 undefined 值传递给 getStyle 调用。于是一个空的 JSON 对象将被发送回浏览器，从而导致按钮样式被设为 undefined。因为样式表中不存在 undefined 样式，所以按钮将没有正确的样式。

```
http://localhost:8080/getstyle.json?wally=99
```

虽然表面上来看，游戏并没有受到负面影响，但这更多是因为侥幸。更为稳健的服务器版本会检查查询值，然后返回一个 error 样式，表示无法确定网格位置。如果浏览器请求一个不存在的网格位置的样式（例如 x=99 和 y=100），也应做同样的处理。

动手实践 24

扫描二维码查看作者提供的视频合集或访问 https://www.youtube.com/watch?v=YD128hPjAxQ，观看本次动手实践的视频演示。

玩服务器版《找奶酪》

可以在 Ch05-10_Server_Cheese_Finder 示例文件夹中找到浏览器和服务器的代码。启动和调试代码的过程与之前的动手实践中完全相同。启动游戏并尽情玩耍吧。下图展示了已经通关的游戏。请注意，奶酪每次出现的位置都是一样的。可以编辑 server.mjs 中的代码，将它们移动到其他方格。在下一章中，我们将添加代码，使每次程序运行时奶酪都隐藏在不同的位置。

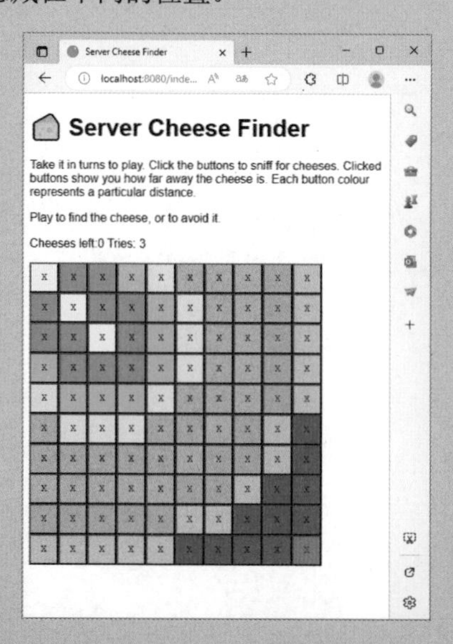

要点回顾与思考练习

本章的内容依旧十分丰富。我们探讨了许多主题。下面是要点回顾以及需要思考的要点。

1. 到目前为止，我们一直在使用数组来在索引位置存储数据。数组还可以用作查找表，我们可以通过索引来确定数组中特定位置的值。

2. JavaScript 中，数组的索引从 0 开始计数，而且无需声明数组的大小。你可以直接用一些常量数据创建数组，并随时向数组中添加新的元素，数组会自动调整其大小以适应新添加的元素。

3. 在向数组的某个特定索引位置写入值时，如果这个位置超出了现有数组的大小，数组会自动扩展到那个大小。例如，如果有一个包含 4 个值的数组，然后你试图在第 10 个位置存储一个值，JavaScript 会自动添加第 5 到第 10 个位置之间的空位，并把这些空位的值设为 undefined。

4. 可以在数组实例上使用 push 函数来将元素添加到数组的末尾。

5. 数组有 length 属性，用于提供数组中元素的数量。

6. JavaScript 中不能创建多维数组，但数组可以包含身为数组的元素。

7. 数组作为引用被传递到 JavaScript 函数中。

8. 一个完全在浏览器上运行的程序是不安全的，因为用户可以查看程序的代码和变量。甚至用开发者工具中的调试器来逐步执行代码并查看变量的内容。

9. 我们通过在服务器上运行应用程序的一部分来创建安全的应用程序。在浏览器中运行的代码会向服务器发送 Web 请求，然后服务器响应请求。浏览器无法访问服务器上的代码。它只能发送请求并得到回应。

10. 当设计一个在浏览器和服务器上运行的应用程序时，重要的是要仔细审查应用程序的行为，并确定浏览器所发出的请求及回复的内容。

11. 端点是一个 URL（统一资源定位符），程序可以用它来请求 URL 背后的服务器执行操作。

12. JavaScript 提供的 fetch 函数可以向 Web 服务器发送请求并将响应返回给程序。

13. JavaScript 的 fetch 函数使用 JavaScript 的 promise 来机制确保一个缓慢的获取操作不会暂停程序。可以让获取操作在获取完成时运行回调函数。

14. JavaScript 对象表示法（JSON）可以用来传输 JavaScript 对象中的数据。JSON 编码的对象是一串文本。JSON.stringify 函数对一个对象进行操作，将对象内容编码为字符串。一旦对象被编码，数字和文本值就会直接存储。如果被编码的对象包含对另一个对象的引用（例如，客户对象包含对该客户的地址对象的引用），则包含的对象将被添加到编码字符串中。JSON 编码的字符串可以包含数组。

15. `JSON.parse` 函数将解码一个对象描述字符串，并构建一个包含字符串中描述的值的对象。如果字符串不包含有效的 JSON，解析函数将抛出异常。

16. 我们可以通过使用服务器和浏览器中的调试工具来观察基于浏览器 / 服务器的应用程序是如何运行的。服务器将在本地主机地址上为应用程序提供服务。当服务器代码转移到云中时，服务器的 HTTP 地址将更改为云地址。

17. URL 可以包含由名值对组成的查询信息，服务器可以捕获并将其用来控制服务器上运行的代码的行为。

18. 如果服务器接收到无效的查询信息（比如查询中的值丢失或超出范围），则可能会导致服务器返回无效响应（或可能完全没有响应）。用于接收和处理命令的端点的实现需要能够正确处理无效查询。

为了加深对本章的理解，你可能需要思考以下进阶问题。

1. **问题**：如何确定数组中元素的类型？

解答：数组中的每个元素都有一个类型。不过，数组本身没有类型，它只是一组项目的集合。

2. **问题**：如何清空数组？

解答：数组是无法清空的。但是，在 JavaScript 中，你可以通过将对象的引用分配给另一个对象来删除它。下面的代码中的第一条语句创建了一个名为 x 的变量，它引用了一个包含四个元素的数组。然后，x 又被设置为引用包含三个元素的数组。此时，最初的数组就无法访问了（它没有被引用），因此可以认为这个数组已经被删除了。一个名为“垃圾回收”（garbage collector）的进程会伴随着应用程序运行，并回收这些无法访问的对象使用的内存空间。

```
let x = [1, 2, 3, 4]; // 创建一个数组
x = [0, 1, 2]; // 设置 x 引用另一个数组
```

3. **问题**：如何让服务器告诉浏览器发生了什么事情？

解答：HTTP 交互是从浏览器向服务器发送请求开始的。但是，如果我们想让服务器向浏览器发送消息，该怎么办？一种方法是使用 WebSocket。我们将在第 12 章中使用它来创建一个可以响应来自服务器的消息的网页。详情请见第 12 章的“使用 WebSocket 从服务器发送值”小节。

4. **问题**：端点和网页 URL 之间有什么区别？

解答：从功能的角度来看，两者之间没有什么不同，只不过端点请求可能具有 json 语言扩展名，而 URL 具有 html 扩展名。无论如何，都由服务器检查传入的地址，并决定响应内容。

5. 问题：能否使用 JSON 消息发送二进制信息？

解答：如果想发送二进制信息（例如图形或声音），则必须在发送之前将二进制信息编码为文本。

6. 问题：能否使用 JSON 消息发送引用？

解答：不能。在将对象字符串化时，JSON 会遍历对象内的所有引用，并插入描述该对象的 JSON 文本。注意，如果一个被字符串化的对象包含对同一对象的三个引用，JSON 字符串将包含该对象内容的三个副本。

7. 问题：能否使用 JSON 消息来发送包含在对象中的方法？

解答：不能。如果被字符串化的对象包含方法，后者会被忽略。

第 6 章

创建共享体验

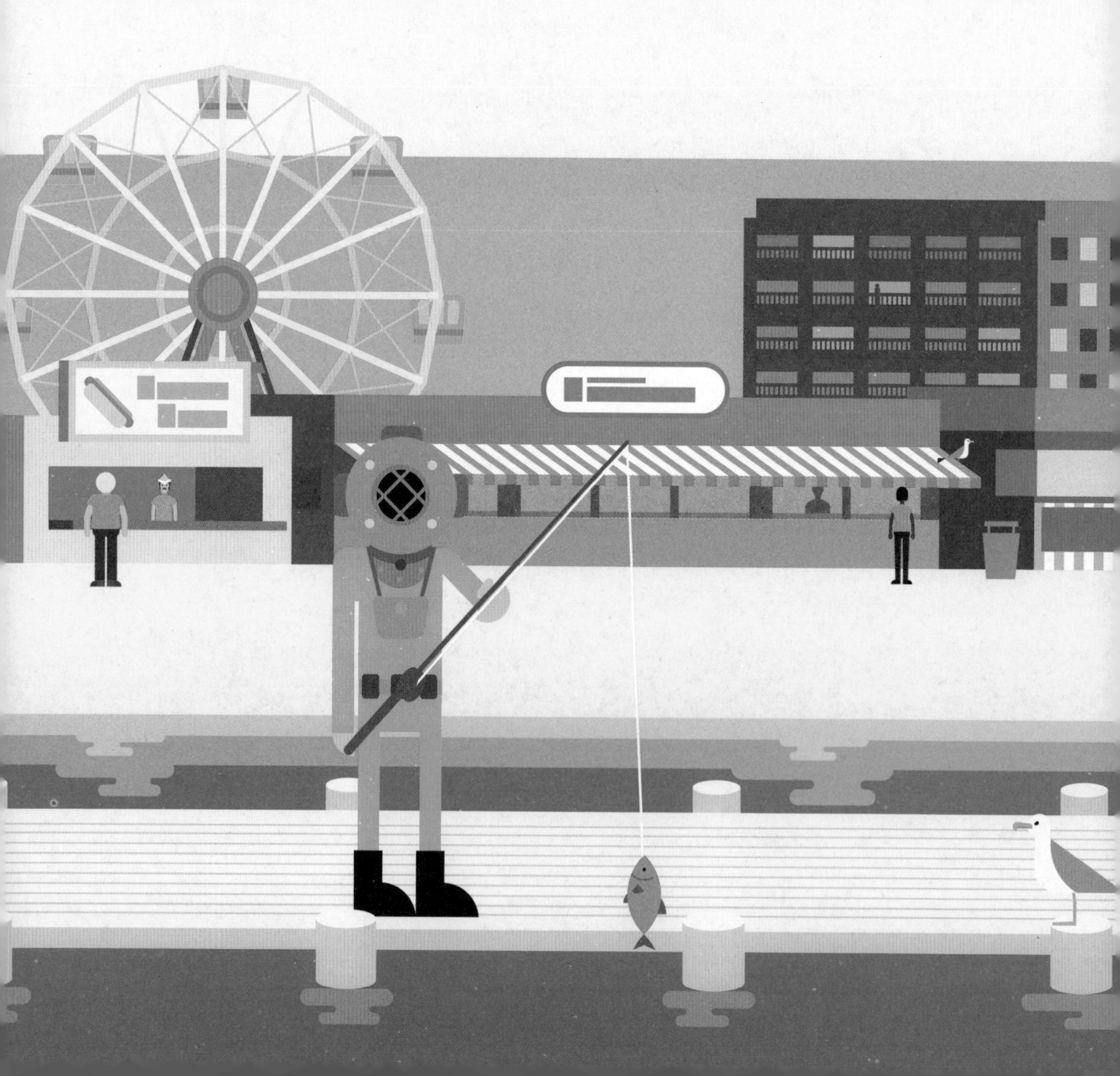

本章概要

人们喜欢共享的体验。和一群人一起看足球比赛，或一起观看同一个电视节目，都会给人一种很棒的感觉。[①] 互联网可以承载共享体验，无论是流式传输的多人游戏，还是大家一起线上解谜。在本章中，将创建一个共享体验的《找奶酪》游戏版本。所有游戏玩家都将在给定的时间内游玩相同的网格。为此，我们将探索如何同步服务器和浏览器、使用伪随机数生成“可重复”的随机行为，并花费一些时间优化云代码。最后，我们将把共享版本的《找奶酪》放在云端，供所有人游玩。

① 译注：康奈尔大学社会心理学家艾丽卡·布恩比等人的研究结果表明，如果在没有交流的情况之下，就能够和其他的人分享同一个时刻（也就是说大家都在同一个现场），个人的体验会被放大，不管是愉快还是不愉快，体验都更为强烈。比如，两个人一起吃巧克力，不说话，也会觉得比独自一人吃更甜，毕竟我们人类是社会性动物。比如读书或者运动，几个人，尤其是熟悉的好朋友，一起的话，似乎也更为专注，更容易进入心流状态，更容易坚持。嗜酒者互诫协会的手册也指出：“经验表明，通过与其他人一起自律，我们可以加强个人的自制力，通过分享，我们自己保持清醒的能力也得到了加强。”——《服务设计导论》

6.1 共享游戏

《找奶酪》的第一个版本是在玩家的电脑浏览器上运行的。每个玩家的体验都有所不同，因为游戏每次运行时，表示距离的颜色和奶酪位置都不一样。这些版本使用了 JavaScript 的 `Math.random()` 函数来获取用于定位奶酪和选择距离颜色的随机数。这为单人玩家提供了良好的游戏体验，但在服务器上运行游戏引擎之后，我们就能够创建供多人同时游玩同一款游戏的共享体验了。让我们看看这该如何实现。

图 6-1 显示了一个已经做好的小游戏《找奶酪》。可以通过运行本章 Ch06-01_Fixed_Cheese_Finder 示例文件夹中的代码来玩这个游戏。这个版本提供了多人共享的体验（每个人的代表距离的颜色和奶酪位置都一样），但由于每次玩游戏的体验都一样，所以它并不是很完美。

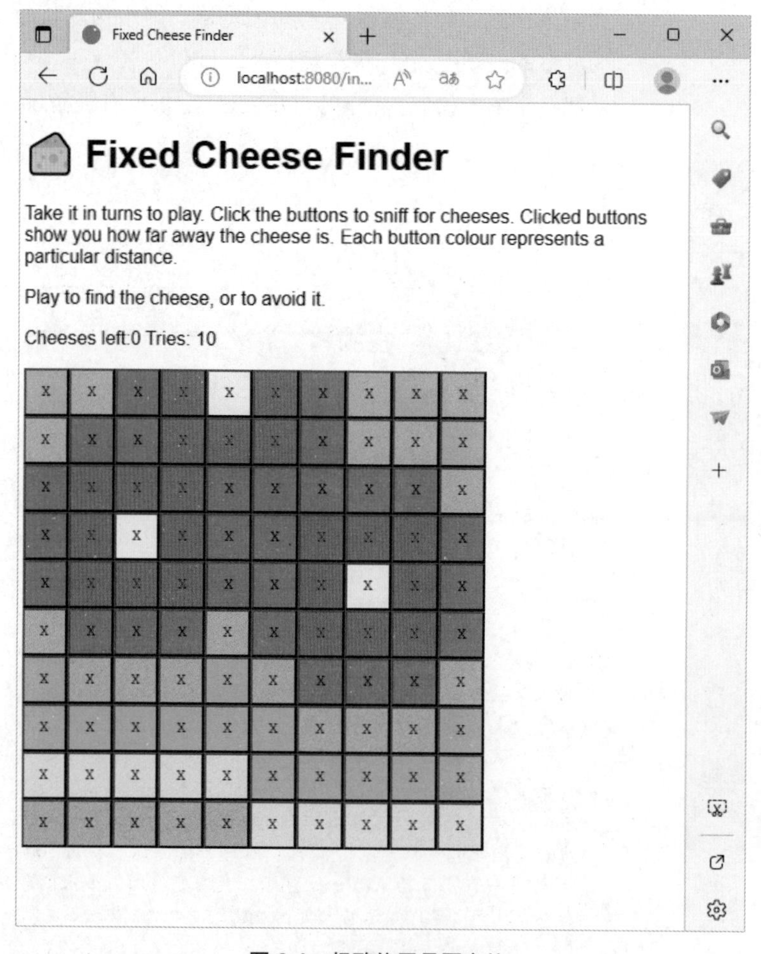

图 6-1　奶酪位置是固定的

以下代码说明了为什么这个游戏每次都是一样的。gameSetup 变量是一个包含定义游戏设置属性的对象字面量。我们使用对象字面量已经有一段时间了，首次看到它是在第 1 章中，当时学习了如何创建一个对象，该对象包含了一组值，这些值可以从函数调用中作为一个整体对象返回。在这段代码中，我们创建了一个包含随机数生成器的初始设置值的字面量对象：

```
const gameSetup = {

    colorStyles: ["white", "magenta", "red", "lightGreen", "orange", "yellow",
"yellowGreen", "cyan", "lightBlue", "blue", "purple", "darkGray"],

    cheeses: [
        { x: 4, y: 0 },
        { x: 2, y: 3 },
        { x: 7, y: 4 }
    ]
}
```

查看图 6-1，会发现代码中的位置与玩家在玩游戏时所得到的是对应的。请记住，网格的原点（0, 0）是网格左上角的方格。gameSetup 变量引用的对象包含两个属性。colorStyles 属性是一个包含特定样式名称序列的数组，cheeses 属性是一个保存三个特定奶酪位置的数组。当游戏运行时，这些属性用于放置奶酪并选择距离颜色。这意味着游戏每次重开都是一样的。第一次和朋友们一起玩的时候，你可能觉得比赛谁能最先找到奶酪很有意思。但第二次就没那么有挑战性了，因为奶酪的位置毫无变化。

我们想要定期改变这种共享体验，就像每天都提供不同单词的字谜游戏一样。每个人的奶酪位置和表示距离的颜色都一样，但它们会定期改变。

6.2 创建共享游戏

目前，更改颜色和奶酪位置的唯一方法是编辑 gameSetup.mjs 文件并更改 gameSetup 变量中的值。这么做非常繁琐，特别是在我们希望每个小时更新一次的情况下。我们可以创建一个对象数组，其中包含一天中每个小时的设置：

```
const gameSetups = [

    { // hour 0
        colorStyles: ['darkGray', 'purple', 'white', 'blue', 'lightGreen',
```

```
'red', 'lightBlue', 'yellowGreen', 'yellow', 'cyan', 'magenta', 'orange'],

        cheeses: [{ x: 4, y: 0 }, { x: 2, y: 3 }, { x: 7, y: 4 }]
    },
    { // hour 1
        colorStyles: ['lightGreen', 'blue', 'lightBlue', 'white', 'orange',
'yellow', 'purple', 'cyan', 'darkGray', 'yellowGreen', 'magenta', 'red'],

        cheeses: [{ x: 6, y: 3 }, { x: 6, y: 0 }]
    },

. . .

    { // hour 11
        colorStyles: ['orange', 'cyan', 'darkGray', 'lightBlue', 'blue',
'red', 'magenta', 'yellow', 'purple', 'yellowGreen', 'white', 'lightGreen'],

        cheeses: [{ x: 9, y: 5 }]
    }
];
```

server.mjs 中的 gameSetups 数组包含 12 个元素(尽管上述列表只显示了 3 个)，每个元素都包含一组颜色和一组奶酪位置。当游戏开始时，它会根据当前时间来决定使用哪些元素：

```
let date = new Date();                  获取当前日期
let hour = date.getHours() % 12;        提取小时值，并对其执行模 12 操作
gameSetup = gameSetups[hour];           获取该小时的游戏设置
```

这段代码在服务器上运行，位于处理来自浏览器的命令的代码的起始部分。它获取当前时间所对应的游戏设置。它使用了我们在第 1 章制作时钟时首次接触的 Date 对象。它从数据中提取小时数，然后使用取模运算符“%”将小时数限制在 0 到 11 的范围内（之所以这么做，是因为我不想再创建 12 个游戏设置了）。接着，它在 gameSetups 数组中查找对应小时的游戏设置并进行设置。这就意味着，在一天中，玩家每个小时都能获得不同的游戏设置，这个设置是每 12 个小时重复一次的。

Ch06-02_Hourly_Cheese_Finder 文件夹中有这个版本的游戏的实现。如果好奇的话，可以启动并游玩一下。请记住，由于这个游戏托管在服务器上，需要使用 Visual Studio Code 中的 Node 运行时调试器来启动服务器，然后在本地主机上打开 index.

html 文件。在浏览器中输入“http://localhost:8080/index.html”这个 URL。在第 5 章的“动手实践 23：浏览器和服务器”中，我们进行过这种操作。按照相同的步骤启动服务器并访问页面即可。你会发现，游戏会根据当前时间来呈现不同的设置。另外，你还可能会发现这个游戏的实现存在一个严重的 bug。

6.2.1 调试共享游戏

作为程序员，调试是一项必须掌握的技能。恰好，我们的小游戏现在有一个 bug。玩家反馈说，有时候奶酪会在他们玩游戏的时候移动。他们认为这影响了公平性，而我也同意这一观点。让我们调查一下，看看能否找出问题。

动手实践 25

扫描二维码查看作者提供的视频合集或访问 https://www.youtube.com/watch?v=Z5Dk Hyr5d4M，观看本次动手实践的视频演示。

调试定时更换设置的游戏

我们可以通过调试来研究这段代码的工作原理。按照第 5 章中“动手实践 23：浏览器和服务器”介绍的步骤，打开 Ch06-02_Hourly_Cheese_Finder 文件夹中的 server.mjs 文件并启动服务器。接着，打开浏览器并导航到 http://localhost:8080/index.html。浏览器将打开页面，并启动游戏。玩一局游戏，看看它运行得如何。它可能会正常运行，没有出现故障。用户所报告的 bug 似乎并不存在。

这个时候，我们可以告诉玩家我们找不到故障，游戏完全没问题。但我们没有选择这么做，而是向玩家进一步询问了更多细节。他们玩游戏时是否存在任何特殊情况？他们什么时候开始玩的？游戏是在什么情况下出错的？事实证明，游戏似乎会在小时更迭时出错。啊哈！也许在小时数改变时，游戏服务器会在游戏运行过程中切换到不同的网格，导致奶酪的位置发生变化。我们可以使用调试器来测试这个理论。

首先，完整玩一局《找奶酪》并留意奶酪的位置。在同一小时内再次玩游戏时，奶酪将位于同样的地方。重新加载游戏，单击几个奶酪的位置以验证网格是否相同。接着，中断程序并通过更改一个变量的内容进入下一个小时。

点击第155行左边的空白处，以添加断点

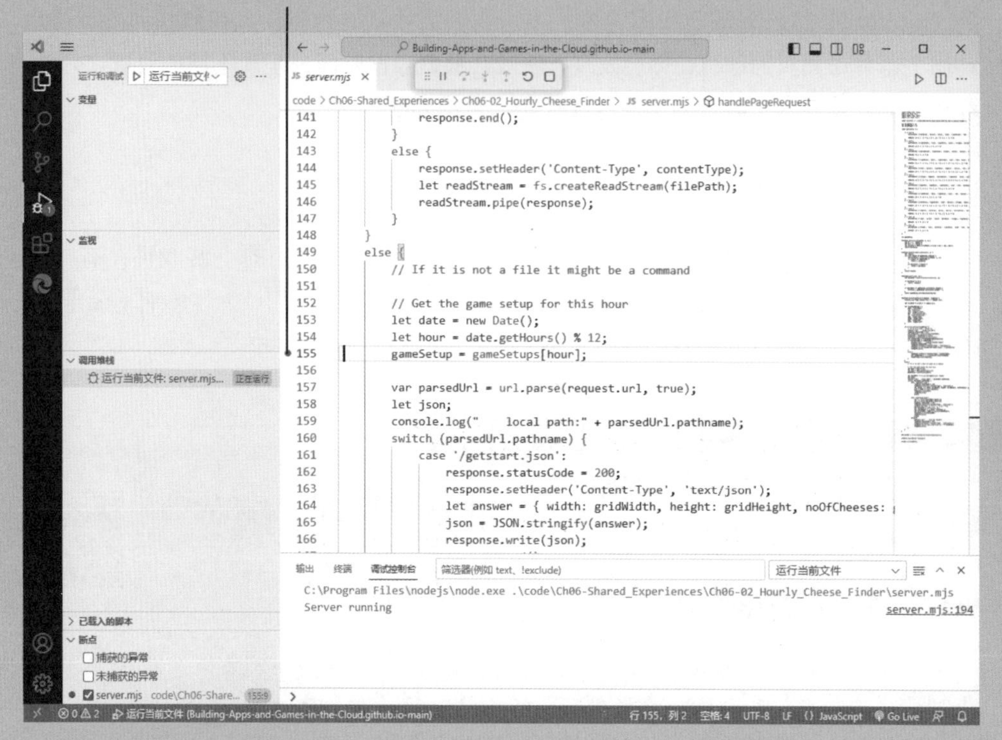

Visual Studio Code 调试器一个了不起的地方在于，我们可以在程序运行时为它添加断点。找到第 155 行并单击左边的空白处，以设置断点，如上图所示。现在，回到浏览器，单击一个你知道是什么颜色的方格。

服务器程序将触发我们刚刚设置的断点，因为浏览器程序向服务器请求了方格要使用样式，于是服务器在选择当前小时对应的 `gameSetup`。在窗口的左上方的**变量**部分中找到小时值（在 Block:handlepagerequest 部分，如下所示）。小时值是 `1`，这意味着我在 `1` 点到 `2` 点之间创建了这个截图。正如前面所解释的，小时值的范围是 `0` 到 `11`。当小时达到 `12` 时，它将回到 `0`。我在下午 1:30 时创建了这个示例。你所看到的小时值代表着你调试程序时所对应的小时数。

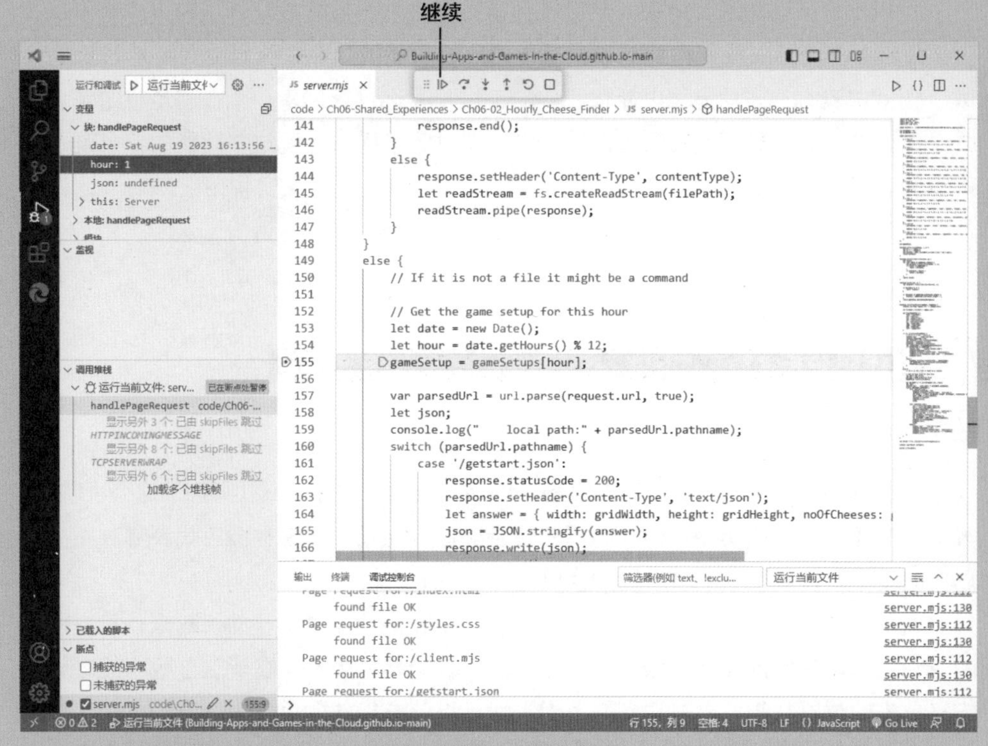

我们当然可以等到下一个小时再来测试关于故障的理论，但更快捷的做法是使用 Visual Studio Code 来更改变量内的值。双击小时值并为其加 1。在下图中，我正在将小时数改为 2。

更新值后按 Enter 键。单击调试控制栏中的“继续”按钮继续程序。不要单击前面的屏幕截图中那诱人的“开始调试”按钮；这样做会启动服务器的另一个实例，这不是我们想要的。

现在，回到浏览器，查看网格。你单击的网格位置现在会显示一个颜色，但它和之前不一样了，这是因为服务器正在使用不同的 `gameSetup`。奶酪的位置已经变了，因为小时数改变了，服务器现在正在为新位置发送样式设置。

我们本来可以先开始游戏，然后等到第二个小时再继续游戏以这种方式来测试我们的理论。然而，在代码内部更改变量中的值的功能使得测试代码变得特别省事。

调试中还有许多功能可以简化我们的工作。我们可以创建一个在满足特定条件时或在被单击一定次数后触发的断点。付出一定时间去深入了解这些功能的信息是非常值得的。保持 Visual Studio Code 运行，不要关闭浏览器。我们将用它来对 bug 修复进行测试。

代码分析 13

故障分析

我们知道，玩家通过单击浏览器显示的网格上的方格来玩《找奶酪》这个小游戏。方格会变成与最近的奶酪之间的距离的代表颜色。通过找出哪种颜色代表哪种距离，聪明的玩家可以用最少的单击次数找出包含奶酪的方格。

游戏的第一个版本完全在浏览器中运行，由在浏览器中运行的代码来计算方格的颜色。之后，我们创建了在服务器上运行的《找奶酪》版本。在玩这个版本的时候，方格单击的位置从浏览器发送到服务器，然后以该方格的颜色作为响应。接着，我们修改了服务器版本，通过每小时更换不同的网格为玩家提供不一样的体验。然而，玩家发现有时奶酪会在游戏过程中移动到不同的位置。经过排查，我们发现，如果小时数在游戏的过程中改变了，那么游戏的设置就会改变，而奶酪的位置也会随之改变。现在，我们必须修复这个错误。

在调试时，最大的挑战之一是，故障的结局通常是以一换二。修复一个故障有时会导致两个新的故障。第 5 章讨论了在设计程序时使用“粗制滥造”（kludges）的解决方案的危险。我们还需要小心，不要用可能引发其他问题的粗糙解决方案来修复我们的 bug。接下来，让我们来思考一些问题。

1. 问题：出现这个故障是谁的错？

解答：在出现故障时，我们往往会下意识地找到责任人。但在调试时，永远不应该这样做。我参与过许多项目，并发现每个人都写过有缺陷的代码。如果你对别人的过失大做文章，那么他们也将对你的过失大做文章。这并不是说你不应该讨论故障是如何发生的以及怎样可以确保类似的情况不再发生。但应该首先认识到，在编写代码的过程中，bug 是必然会产生的，就像我们生火的时候会冒烟一样。

在本例中，故障要归咎于设计游戏机制的人，因为他们没有考虑到小时数在游戏过程中更迭的情况。我们需要修复这个故障，并牢记，在未来的游戏里创建任何基于时间的行为时，我们必须考虑到时间在游戏过程中变换的情况。

2. 问题：在服务器上添加什么代码能够修复这个故障？

解答：什么代码都不行，因为这不是一个可以在服务器端修复的故障。服务器完全不知道浏览器请求特定方格的样式值的历史。正如我们之前看到的那样，万维网的一个基本原则是每个事务（浏览器请求网页，服务器发送响应）都是独立于其他任何事务的。我们的服务器程序并不知道特定浏览器上的游戏是否开始于上一个小时。在下一章中，我们将探讨如何在浏览器和服务器代码中添加额外的代码和行为，以让服务器知道谁在使用它，但因为目前没有进行这些修改，所以我们不能在服务器中修复这个故障。

3. 问题：如何在浏览器的代码中修复这个故障？

解答：在修复故障之前，必须先考虑在这种情况下我们希望发生什么。也许，如果一个游戏开始于当前小时，那么它的设置最好延续到下一个小时。当浏览器想知道该位置的颜色时，它会将网格位置的 x 坐标和 y 坐标发送到服务器。我们可以在请求中添加一个小时值，以让服务器针对指定的小时发送正确的颜色响应。这个解决方案的问题在于，它会破坏“共享体验”。人们可能会在同一时间看到不同小时版本的游戏。

我们需要更改服务器的响应，以便每次响应都包含小时值。浏览器将存储游戏开始时收到的小时值，并将其与服务器在每次响应中发送的小时值进行核对。如果收到的小时值不同，浏览器将显示警告并重新加载最新的游戏。

4. 问题：如果浏览器和服务器都能访问时间，为什么还要让服务器向浏览器发送小时值呢？

解答：这是个好问题。你可能会认为浏览器程序可以使用 Date 函数来获取小时值，并用它来决定何时终止游戏。然而，我并不认为这是个好主意。通常情况下，浏览器和服务器的时钟是一致的，两者的小时数会同时改变，但这并不是绝对的。如果它们各自获取日期，就不可避免地会偶尔出错。每小时出现一次的错误很难调试，每周出现一次的错误就更难了。从服务器发送小时值可以完全消除出现这种错误的可能性。

如果服务器向浏览器发送小时值，测试应用程序就容易多了。如果服务器发送了不同的小时值，浏览器就会终止游戏。我们可以在 Visual Studio Code 中为服务器代码设置断点，当浏览器请求特定位置的样式时，断点就会触发。然后，我们可以更改服务器发送到浏览器的小时值，并确保浏览器做出正确的反应，显示游戏已超时。

同步浏览器和服务器

接下来，添加使浏览器和服务器“保持同步”的代码。在小时数发生变化时，服务器将切换到新的小时所对应的设置。浏览器必须检测到这一点，并终止从上一个小时开始玩的游戏。服务器发送给浏览器的每条消息都必须包括小时值，以便浏览器用它来判断时间是否仍然是同步的。

在游戏过程中，服务器会向浏览器发送两条消息。一条在游戏开始时发送。它告诉浏览器网格的尺寸和网格中奶酪的数量。浏览器利用这些信息来绘制游戏网格。在响应浏览器获取 getstart.json URL 内容的请求时，向发送回浏览器的 answer 对象中添加小时值是非常容易的事情。

下面的代码展示了浏览器向 getstart.json URL 发送请求时，服务器创建的 answer 对象。这将以 JSON 字符串的形式编码并发送给浏览器。如果你不清楚这背后的原理，请参见第 5 章的“创建端点”小节：

```
let answer = { width: gridWidth,
               height: gridHeight,
               noOfCheeses: gameSetup.cheeses.length };
               hour: hour };                              在游戏开始时发送小时值
```

下面是浏览器中的一个函数，它接收服务器发送的 answer 对象。这个函数将对象中的 noOfCheeses 属性和 hour 属性存储在浏览器中。浏览器使用 noOfCheeses 值来检测玩家何时找到最后一块奶酪。gameHour 值则用于检测服务器是否与浏览器不同步：

```
function setupGame(gameDetailsJSON) {
  let gameDetails = JSON.parse(gameDetailsJSON);
  noOfCheeses = gameDetails.noOfCheeses;
  gameHour = gameDetails.hour;                            保存服务器发送的小时值
  // rest of setupGame here
}
```

服务器向浏览器发送样式值时，也会包含小时值：

```
let styleObject = { style: styleText };
```

以上语句显示了我们如何将样式信息添加到发送回浏览器的 styleObject 中。在程序的前一版本中，样式对象只包含样式文本，而现在它还包含着当前的小时值。接下来，让我们看看浏览器中的代码将如何利用这一信息来决定何时重启游戏：

```
let checkDetails = JSON.parse(result);
if(checkDetails.hour != gameHour){
  // we have reached the end of the hour
  // end the game
```

```
    alert("The game in this hour has ended.");
    location.reload();
  }
```

当浏览器收到服务器的响应时，就会执行以上语句。如果接收到的对象（名为 checkDetails）中的小时数与游戏开始时保存的小时数不同，浏览器就会向玩家显示提示，然后重新加载页面，从而重启游戏。用于重新加载页面的是 JavaScript 的 location.reload() 函数。在 Ch06-03_Synchronized_Cheese_Finder 示例文件夹中可以找到这个版本的游戏。

我们可以使用调试器来对其进行测试。

动手实践 26

扫描二维码查看作者提供的视频合集或访问 https://www.youtube.com/watch?v=qlU8RpaSZtQ，观看本次动手实践的视频演示。

对同步版本的游戏进行测试

我们可以采用本章前面的“动手实践 25：调试定时游戏”中使用的测试步骤来测试这个版本的游戏是否能正常工作。打开 Ch06-03_Synchronized_Cheese_Finder 文件夹中的 server.mjs 文件并启动服务器。接着，打开浏览器并导航至 http://localhost:8080/index.html。浏览器将打开页面，游戏将开始。单击几个方格，确保它们能正确显示。现在，我们将开启一段“时间旅行”。你可以使用调试器来更改从服务器发送回浏览器的小时值。这应该会导致浏览器终止游戏。在 server.mjs 的第 177 行设置一个断点，如下图所示。这条语句负责在浏览器请求特定方格的样式时创建发送给浏览器的响应。

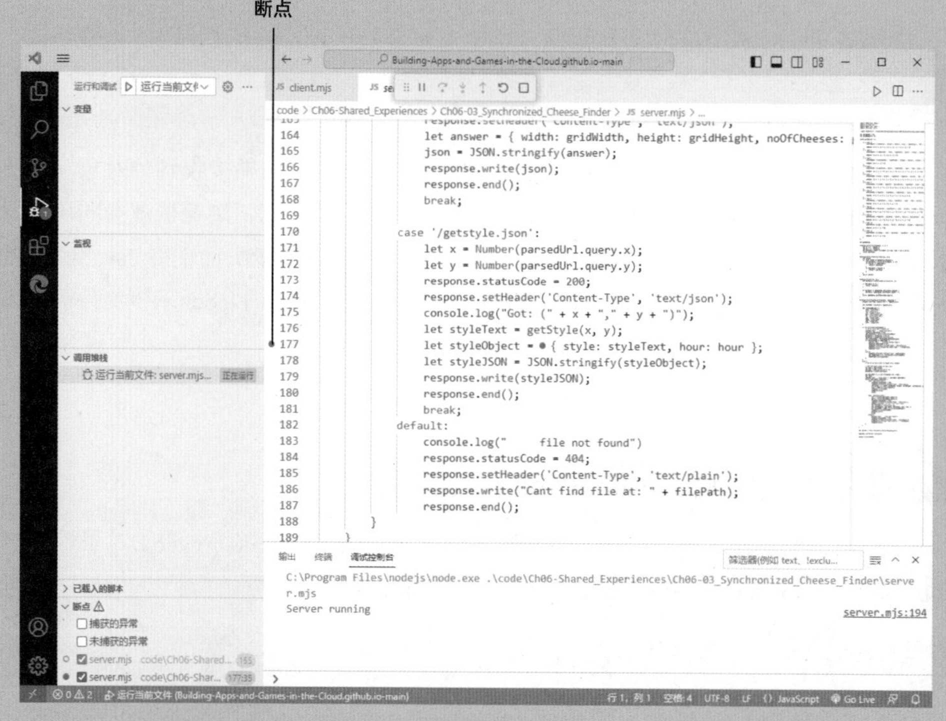

现在，在浏览器中单击一个网格位置。如下图所示，浏览器将向服务器请求该位置的样式，服务器中的代码将触发断点。

上图显示，程序在创建要发送回浏览器的对象的语句处触发了断点。为了测试，我们将更改小时值，使浏览器判定它与服务器不同步。在左上角的“**变量**”部分中打开“块 :handlePageRequest”这一栏。这就是描述 hour 变量的地方。双击 hour 值并加 1。和我们在本章前面寻找 bug 时所做的一样。现在，单击调试控件中的蓝色箭头以继续运行程序。服务器将继续运行。现在，看一下浏览器窗口。如下图所示，浏览器将弹出提示框，显示游戏已结束。如果单击“确定”，游戏将以新的奶酪位置重新加载。看来，我们的修复方法应该见效了。

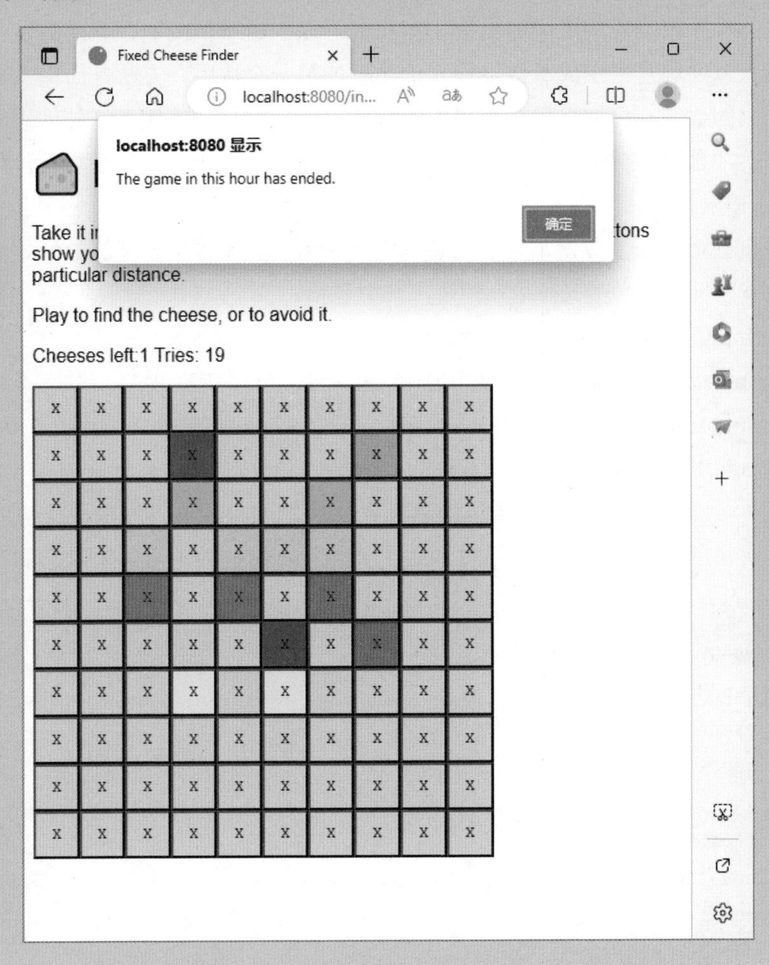

6.2.2 创建伪随机值

我们现在有了一个可以放到网上供所有人游玩的小游戏《找奶酪》。不过，我不喜欢每次都要手动更新网格、添加新的奶酪位置和样式颜色。我非常希望能有一种方法，让服务器每个小时都自动创建一个独特的游戏。事实证明，这是可以实现。我们将使用一种名为“伪随机数”（pseudo-random numbers）的技术，这种技术被广泛应用于互联网的各个领域，也是网络流量安全技术的基石。下面就来研究一下它的工作原理。

计算机在随机性方面的确存在一些问题。如果计算机真的产生了随机行为，人们会认为她坏了。但程序经常需要用到随机数，因此，我们需要一种方法来从机器中获取随机性。我看似无所不能，计算机能够生成随机数——这两件事的关联在于，我们都是装的。程序很难凭空生成随机数，但我们可以创建一个函数，该函数接受一个数字作为输入，并用它来生成看似与输入值无关的另一个数字。方法是用输入的数字乘以一个很大的数字，再加上另一个很大的数字，然后取结果的模。这种创建随机数的技术被称为“线性同余法”（Linear Congruential Generator），由汤姆森和罗滕伯格于 1958 年提出。[①]

为了创建随机数生成器，我们需要确定一组用于生成每个连续值的值。这些值称为随机数发生器的“种子（seed）”值，其中包括：

- randValue（记录当前的随机数）；
- randMult（它被用来乘以当前值，以得到下一个值）；
- randAdd（用于相加的值）；
- randModulus（模数）。

下面的 startRand 函数设定了伪随机数生成器的种子值。这些种子值存储在随机数函数所使用的变量中。由于这些函数需要能看到这些种子值，所以它们在函数外部被声明：

```
let randValue;
let randMult;
let randAdd;
let randModulus;

function startRand() {
  randValue = 1234;
  randMult = 8121;
  randAdd = 28413;
  randModulus = 134456789;
}
```

① 译注：目前，大家公认的最好的伪随机数生成算法是全球程序员应用最广的“梅森旋转算法”，后者得名于其周期长度取自梅森质数这个事实，是松本真教授和西村拓土教授在 1997 年研发的。——维基百科

下面的 pseudoRand() 函数生成了一个在 0（包括）到 1（不包括）之间的值，与 JavaScript 的 Math.random() 生成的数值范围相同。这意味着它可以替代程序中的 Math.random 函数。pseudoRand() 函数使用 randVal 的当前值计算一个新值。先前的随机数乘以一个大数字（randMult），然后加上另一个值（randValue）。接着，应用模数值（randModulus）来生成下一个随机值。如果将这个结果除以 randModulus，我们会得到一个介于 0 和 1 之间的值（但不包括 1，因为取模运算符确保 randValue 永远不会达到 randModulus）：

```
function pseudoRand() {
 randValue = ((randMult * randValue) + randAdd) % randModulus;
      return randValue / randModulus;
}
```

代码分析 14

生成随机数

对于这个函数的工作原理，你可能有一些疑问。

1. 问题：取模运算符 % 有什么作用？

解答：它是整个过程的核心。每次计算新的随机数时，我们都会用 randMult 乘以前一个数值。但我们需要避免 randValue 的值无限增大。取模运算符用一个数除以另一个数，并返回结果的余数。用 16 对 19 取模得到的模是 3。这是因为 19 除以 16 的商为 1，余数为 3。因此，在我们的程序中，使用模数可以确保 randValue 的值永远不会超过 134456789。

2. 问题：randMult、randAdd 和 randModulus 这些种子值有什么特殊之处吗？

解答：有些种子值组合可能使得连续的随机数值“卡”在某些特定的值上，或在几个值之间循环。我们所使用的种子值可以生成可用的随机数序列。若想进一步查看有关这种随机数技术的更多介绍，请参见 https://en.wikipedia.org/wiki/Linear_congruential_generator。

3. 问题：这些随机数会重复吗？

解答：在生成 33 614 190 个随机数值后，随机数生成器会回到最初的 randvalue，也即是 1234。换句话说，你必须计算超过 3300 万个随机数，随机数才会出现重复。你可能想知道 33 614 190 这个值是怎么计算出来的。我将在本节的后续部分进行说明。

4. 问题：在不同电脑上生成的随机数序列会有区别吗？

解答：这个问题问得好。JavaScript 语言规范描述了数值是如何存储和处理的，因此在所有运行标准 JavaScript 的计算机上，随机数的序列应该都是相同的。

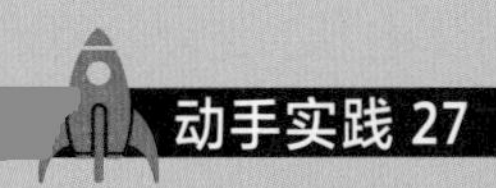

动手实践 27

扫描二维码查看作者提供的视频合集或访问 https://www.youtube.com/watch?v= KDTNcxQV4oQ，观看本次动手实践的视频演示。

随机骰子

Ch06-04_Pseudo_Random_Dice 文件夹中的网页实现了随机骰子功能。目前的版本使用我们刚刚学习的 `pseudoRand` 函数来模拟单个骰子的结果。让我们来看看这是如何实现的。请打开浏览器，并导航到 Ch06-04_Pseudo_Random_Dice 文件夹中的 index.html 文件。

单击 Roll Dice（掷骰子）按钮。骰子在启动时总是会显示 1。如下图所示，实际上，它生成的数值序列是固定的。如果在浏览器中刷新页面，你将会回到序列最开始的。

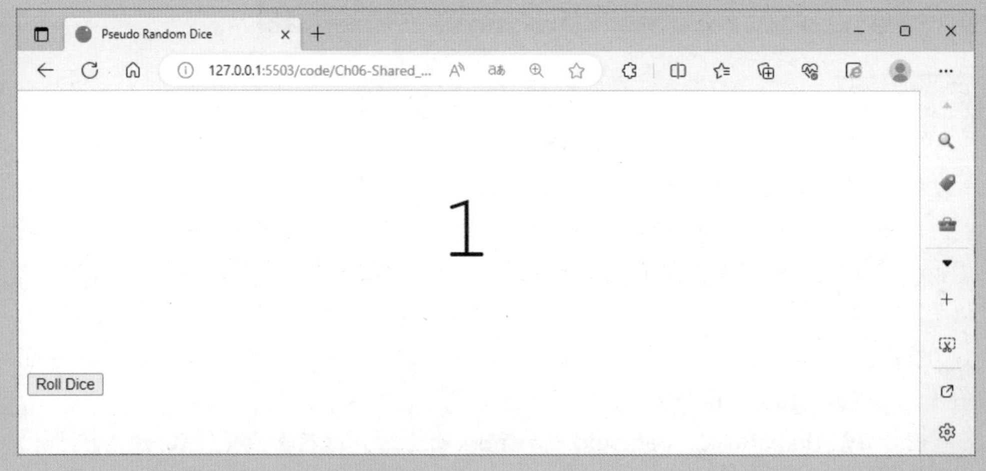

这个页面内置一些隐藏功能，也就是一些函数。我们可以利用这些函数来测试骰子的随机性。打开**开发者工具**并切换到“控制台”标签。现在，输入“`testDice(pseudoRand,1000000)`”命令并按 Enter 键：

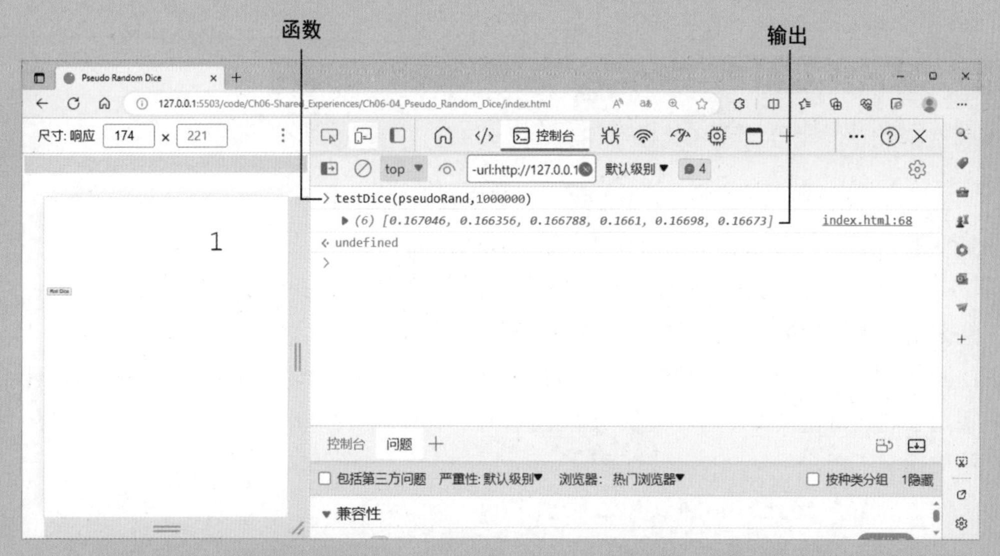

上图展示了这个函数的输出。控制台显示了一个数组，它包含了从 1 到 6 每个点数的投掷概率。在理想情况下，每个点数的概率都应该是六分之一（0.166666）。testDice 函数有两个参数：

- pseudoRand 是生成随机数的函数；
- 1000000 是要进行的测试次数（也就是说，我们测试了一百万次）。

通过上述调用，我们使用 pseudoRand 函数模拟投掷了一百万次的骰子。我们也可以用 Math.random 函数来进行检验。输入“testDice(Math.random,1000000)”并按 Enter 键表示确认。

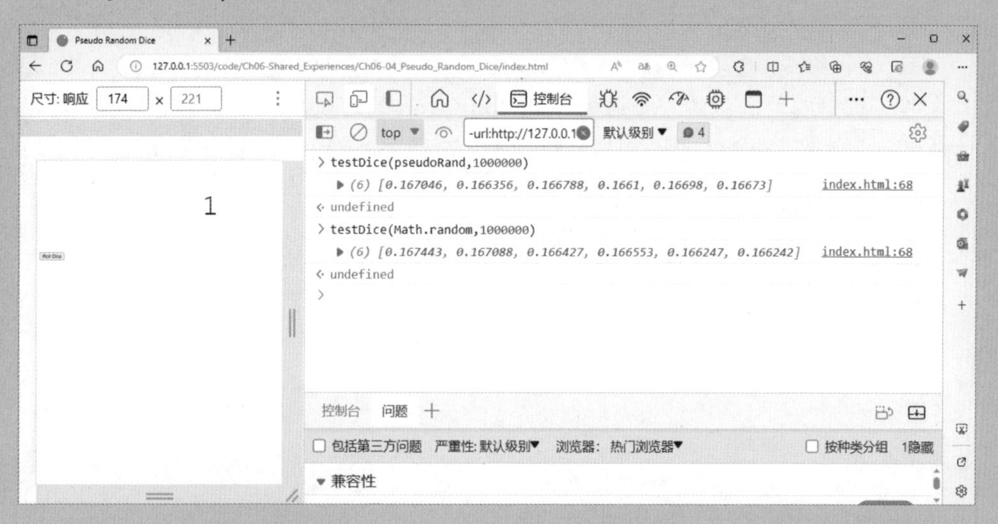

这次，testDice 函数使用 Math.random 函数进行了一百万次测试。由此可见，输出的数值与我们使用 pseudoRand 函数得到的数值非常接近。

代码分析 15

测试随机数

对于 testDice 函数的工作方式，你可能有一些疑问。

1. 问题：为什么我得到的测试结果与你的不同？

解答：在用 pseudoRand 函数进行测试时，程序会根据随机数序列中的当前位置来决定每次掷骰子的结果。如果在骰子页面加载完毕后立即进行测试，不单击 Roll Dice 按钮，那么你看到的结果应该与我的结果是一致的。Math.random 函数的设计决定了它在每次被调用时都提供一个完全随机的值，因此每次使用这个函数测试时，结果都会不同。

2. 问题：testDice 函数是如何运作的？

解答：好问题。请看下面的代码：

```
function testDice(testFunction, noOfTests) {
  randFunction = testFunction;                 设置随机数函数
  let totals = [0, 0, 0, 0, 0, 0];             创建总计数组
  for (let i = 0; i < noOfTests; i++) {        测试循环
    let roll = getRandom(1, 7);                获取骰子的值
    totals[roll - 1]++;                        更新计数
  }
  let fractions = totals.map((v) => v / noOfTests);   获取分数
  console.log(fractions);                      记录值
}
```

骰子掷出的页面包含一个名为 randFunction 的变量，该变量引用页面所使用的随机数生成器。最初，这个变量设置为 pseudoRand：

```
let randFunction = pseudoRand;
```

testDice 函数带有一个引用，该引用指向将生成随机数的函数。函数的第一件事是将 randFunction 的值设置为该引用：

```
randFunction = testFunction;
```

然后，函数创建一个数组来保存每个骰子得分的总和，从 1 到 6。所有得分的初始值都是 0：

```
let totals = [0, 0, 0, 0, 0, 0];
```

接下来，测试函数执行 1 000 000 次循环。每次循环中，函数都会获取一个随机值并存入名为 roll 的变量。然后使用 roll 值作为索引，从 totals 数组中找到对应

的元素，并使其增加 1。因为骰子的值范围是 1 到 6，而数组的索引范围是 0 到 5，所以需要从 roll 值中减去 1。例如，如果 roll 值是 4，那么 totals 数组中索引为 3 的元素将会增加 1（这就是 ++ 运算符的作用）。

```
for (let i = 0; i < noOfTests; i++) {
  let roll = getRandom(1, 7);
  totals[roll - 1]++;
}
```

循环结束后，程序就会使用 totals 数组提供的 map 函数创建一个新数组，并将其命名为 fractions。该数组中的每个元素都是 totals 数组中的对应元素与测试次数的比值。这样，我们就得到了每种骰子得分在所有投掷中的比例。这个值应该是六分之一（0.16666），因为骰子有六个面，每个面出现的几率是相等的。

```
let fractions = totals.map((v) => v / noOfTests);
```

我们可以将任意函数提供给 testDice 来生成随机值。

```
testDice(()=>0.9,10000)
```

以上代码为 testDice 提供了一个每次调用都返回 0.9 的函数字面值（function literal）。这将导致骰子总是掷出 6 点。testDice 函数会保留 randFunction 变量引用它时提供的函数，因此执行上述测试将导致骰子返回的值总是 6。我们可以通过重新加载页面来重置这种行为。

3. 问题：如何确定随机序列将从何时开始重复？

```
function getRepeatLoopSize() {
  startRand();                           // 重置随机数生成器
  let firstValue = randValue;            // 记住第一个随机值
  let counter = 1;                       // 开始计数
  while (true) {                         // 开始循环
    pseudoRand();                        // 获取下一个随机数
    if (randValue == firstValue) {       // 这个值和第一个值一样吗？
      break;                             // 如果相等，就中断
    }
    counter = counter + 1;               // 递增值计数
  }
  console.log("Loop size: " + String(counter));   // 显示值计数
}
```

解答：getRepeatLoopSize 函数启动随机数生成器并记录序列中的第一个值。然后，它会不断地获取随机数，直到再次看到这个值。它使用 counter 变量为每次循环计数并在最后显示结果。

上图展示了调用该函数的结果。这个结果需要几秒钟时间才会显示，因为程序要遍历所有随机值。

6.2.3 创建伪随机库

以下代码存储在一个名为 pseudo-random.mjs 的文件中，可以导入到任何想使用伪随机数序列的应用程序中。我们之前见过这段代码，但在这里，它被重新打包成了一个库。**setupRand** 函数接受一个 **settings** 对象，用于设置控制随机数生成的变量的初始值。

```
let randValue;
let randMult;
let randAdd;
let randModulus;

function setupRand(settings) {                    将设置复制到库中
    randValue = settings.startValue;
    randMult = settings.randMult;
    randAdd = settings.randAdd;
    randModulus = settings.randModulus
}

function pseudoRand() {                           获取下一个数字
    randValue = ((randMult * randValue) + randAdd) % randModulus;
    return randValue / randModulus;
}

function getRandom(min, max) {                    获取范围内的整数
    var range = max - min;
    var result = Math.floor(pseudoRand() * range) + min;
```

```
    return result;
}

function shuffle(items) {
    for (let i = 0; i < items.length; i++) {
        let swap = getRandom(0, items.length);
        [items[i], items[swap]] = [items[swap], items[i]];
    }
}

export {setupRand, pseudoRand, getRandom, shuffle};          导出函数
```

以下代码展示了我们是如何使用这个库的。首先，从库中导入了需要使用的两个函数。骰子程序只需要这两个函数。它使用 **setupRand** 来设置初始值，并使用 **getRandom** 来获取随机数。配置的值以对象字面量的形式提供。该对象中的属性是随机数生成器在原始骰子应用中所使用的值。在 Ch06-05_Dice_using_library 文件夹中可以找到使用了这个随机库的骰子版本：

```
import { setupRand, getRandom } from "./pseudorandom.mjs";

    let randSettings = {
        startValue: 1234,
        randMult: 8121,
        randAdd: 28413,
        randModulus: 134456789
    }

    setupRand(randSettings);
```

6.2.4 生成定时随机性

现在，我们知道了计算机是如何生成随机数的，但我们似乎还没有解决最开始的问题，也就是让小游戏《找奶酪》每小时自动生成不同的奶酪位置和样式颜色。不过，既然你已经知道了种子值对产生的随机数的影响，你可能已经想到如何实现这个功能了。请看以下函数：

```
function getAbsoluteHour(date){
    let result = (date.getFullYear() * 372 * 24) +
        (date.getMonth() * 31 * 24) +
```

```
        (date.getDate() * 24) +
        date.getHours();
    return result;
}
```

这个函数计算了到提供的日期大约还有多少小时。我们可以称这为“绝对小时”（absolute hour）值。这个值对于每个小时而言都是唯一的，但它并不完全准确；所有月份都被假定为31天，一年就有12×31（372）天。这个函数的运作方式是将年份值乘以一年的小时数，再加上月份数乘以一个月的小时数，以此类推。我们不介意它的准确性，因为我们只想确保每个小时的数字都不一样，因为这将导致每小时玩到的游戏都有一个不同（但可重复）的随机数序列。

以下代码负责启动游戏、获取日期并使用它来计算 absoluteHour。然后将 absoluteHour 值用作随机数生成器的 startValue。如此一来，我们就得到了一个特定于程序运行时的小时的随机数序列：

```
// get the date
let date = new Date();

// get the absolute hour for this date
let absoluteHour = getAbsoluteHour(date);

// Use the absolute hour to setup the random number generator
let randSetup = {
    startValue:absoluteHour,
    randMult:8121,
    randAdd:28413,
    randModulus:134456789
}
setupRand(randSetup);
```

以下代码中的 setupGame 函数在服务器上运行，并为游戏构建了 colorStyle 列表和 cheeseList 列表。接着，它打乱 colorStyles 和 cheeseList 中的顺序，并设置游戏中要使用的奶酪的数量。基于浏览器的《找奶酪》的原始设置代码修改后，得到以下代码：

```
let colorStyles;
let cheeseList;
let noOfCheeses;
```

```
function setupGame() {
    // set up the initial positions for the game elements
    colorStyles = ["white", "red", "orange", "yellow", "yellowGreen",
"lightGreen", "cyan", "lightBlue", "blue", "purple", "magenta", "darkGray"];
    shuffle(colorStyles);
    cheeseList = [];
    // build the grid
    for (let x = 0; x < gridWidth; x++) {
        for (let y = 0; y < gridHeight; y++) {
            let square = { x: x, y: y };
            cheeseList.push(square);
        }
    }
    shuffle(cheeseList);
    noOfCheeses = getRandom(2, 6);
}
```

在服务器处理来自另一个服务器的请求之前，它首先会获取当前日期和时间，并利用这些信息来配置随机数生成器，随后才会处理该请求。这意味着游戏的地图每小时都会更新一次。可以在 Ch06-06_Time_Synchronized_Cheese_Finder 的示例代码文件夹中找到这个版本。如果多玩玩这个游戏，你会发现游戏在每个小时都有不同的网格。

程序员观点

伪随机技术非常强大

我们可以在各种方面借势伪随机技术。与其花大量时间手动设计游戏世界，不如使用伪随机值来决定树、河流和山脉的位置。很多游戏都是这么做的。我们还可以发送只能通过正确的伪随机序列解码的秘密文件，在解码时提供密钥（种子值）即可。这种技术是互联网安全通信的基础。在访问一个安全的网站时，浏览器和服务器会交换“密钥”，这些密钥在基于伪随机的加密过程中被重复使用，以确保传输数据免受窃听者偷取。

但有一点需要注意：我的电脑只用了几秒钟就创建了 3 300 万个值，并发现我们的随机数序列在有规律地重复。这将是“破解”该序列并找出种子值的第一步。如果想在加密中使用随机数，务必确保自己使用的是由 JavaScript 提供的那些安全加密的版本。虽然这些版本运行得慢一些，但它们生成的序列更难被破解。

6.2.5 使用全球时间

现在，我们可以开始创建一个每小时更新一次奶酪位置的共享版《找奶酪》小游戏了。如果游戏在开始后的一个小时内没有结束，浏览器会使其“超时”，服务器使用基于当前小时的伪随机数来设置每个游戏的奶酪位置和代表距离的颜色。不过，我们还有一个问题要处理——全球时间的问题。

当前游戏版本利用本地时间来生成描述网格的伪随机值序列的初始值。这意味着，世界各地的多个服务器版本会根据玩家的当地日期和时间来进行设置。这意味着玩家无法和使用不同服务器的人共享同样的体验。我没办法和一个身在远方的朋友讨论这一局游戏有多难，因为如果他们的本地服务器的时间与我不同，他们的游戏设置也将和我不一样。

这种情况的成因是 JavaScript 的 `Date` 对象为程序提供了正确的日期信息。通常来讲，这正是我们想要的。但有时候，你写的代码需要使用一个不受地区影响的时间。UTC（Coordinated Universal Time，协调世界时）是 JavaScript 中所有其他时间的基准。我们机器上的 `Date` 对象会对 UTC 时间进行一个偏移，偏移量是由运行该程序的计算机所处的地区决定的。

```
fcdate){
    let result = (date.getUTCFullYear() * 372 * 24) +
        (date.getUTCMonth() * 31 * 24) +
        (date.getUTCDate() * 24) +
        date.getUTCHours();
    return result;
}
```

这个版本的 `getAbsoluteHour` 函数使用了各种基于 UTC 的方法从 `Date` 对象获取时间值。可以在 Ch06-07_World_Synchronized_Cheese_Finder 文件夹中找到它。

6.3 准备部署到云端

我们马上就要准备好把小游戏《找奶酪》发布到云端供所有人玩了。但在此之前，最好先回顾一下我们都做了什么，看看是否还有其他措施可以帮助应用程序更好地适应云环境。

6.3.1 优化性能

在将解决方案部署到服务器之前，我们需要探索一下优化其性能的方法。大多数程序在编写时不必过多考虑性能。现代计算机足够强大，所以我们在编写软件时并不是必须要找到最快的解决方案。但是，我们构建的应用程序需要易于理解和维护。只有两种情况会让我特别关心性能：

- 当我（或用户）注意到某些操作似乎运行得有点慢的时候；
- 当我需要为计算机的使用时间付费的时候。

云服务提供商会提供一定额度的免费托管，如果超出这个额度，你可能就需要为计算机的使用时间付费了。任何免费提供的服务都有使用限制，所以最好检查一下，看看我们是否可以提高代码的效率。

在第 5 章中，我们讨论了“粗制滥造的解决方案”（kludge），在问题发生变化时，简单粗暴地直接修改现有解决方案可能不是个好主意。我们计划给《找奶酪》小游戏添加更多奶酪时看到了这个问题，但似乎我们在这里也遇到了类似的情况。《找奶酪》的第一个版本是为了在浏览器上运行而编写的。玩家通过单击按钮选择一个方格，而这一操作会触发一段代码，利用方格的 x 坐标位置和 y 坐标位置来计算与最近的奶酪之间的距离，然后根据这个距离来选择一个颜色样式，并将样式应用到按钮上。

这种方式很适合单人玩家，因为玩家只会单击每个方格一次。但服务器版本的《找奶酪》的使用情况与之不同。它会收到大量针对同一方格的请求。如果每次接收到针对这个方格的请求时都需要重新计算距离，就是在浪费资源。程序应该创建一个方法，能够快速查找距离并返回给浏览器，而无需进行任何计算。

创建一个缓存

缓存是为加速程序执行而生成的数据副本。在计算机中，硬件缓存用于加速对内存和大容量存储设备的访问。它们是小而快速的内存片段，存放着计算机正在处理的数据。软件缓存也有类似的功能：它存储一个值，以避免每次需要这个值时都重新计算。举例来说，当服务器启动一个新游戏时，它可以设置奶酪的位置，并为每一个 x 坐标和 y 坐标的组合设置对应的样式值。网格将缓存样式值。我们把 x 值和 y 值输入到网格中，就能得到对应的样式。

在 JavaScript 中构建一个二维数组

我们已经了解了如何将数组用作查找表，并使用查找表将距离转换成了样式名称。这种样式查找是“一维的”，因为我们想将单一的值转换为对应于距离的样式名称。然而，为了将 x 坐标和 y 坐标对转换为对应方格的样式值，我们需要使用多维数组。虽然有些编程语言支持多维数组，但 JavaScript 并不支持。不过，我们可以通过创建“由数组构成的数组”来实现多维数组。

以下代码通过使用嵌套的两个 `for` 循环来构建网格。外部循环遍历网格中的所有 x 值，并为每个 x 值创建一个列数组。然后，一个内部循环遍历所有的 y 值，用它们填充该列的所有格子。随后，这些列被添加到总的网格数组中。每个方格包含三个属性：方格的 x 位置、方格的 y 位置和该方格的样式字符串。

```
// build the grid and cheese list
grid = []
cheeseList = [];
for (let x = 0; x < req.width; x++) {
    let column = [];
    for (let y = 0; y < req.height; y++) {
        let square = { x: x, y: y, style: "empty" };
        // put the square into the cheese list
        cheeseList.push(square);
        // put the square into the column
        column.push(square);
    }
    // put the column into the grid
    grid.push(column);
}
```

每个方格也被添加到一个名为 cheeseList 的一维数组中，它是由方格组成的线性数组。我们需要这样的一维数组来打乱顺序并创建奶酪位置的列表。有了这些代码，我们就可以通过两个索引值来访问网格中的方格了。

```
grid[9][0].style = "cheese";
```

以上语句将右上角的方格的样式设置为 "cheese"。位于原点（坐标为 0,0 的点）的方格在网格的左上角。创建好网格后，下一步是向其添加样式值。

```
shuffle(cheeseList);
noOfCheeses = getRandom(req.minCheeses, req.maxCheeses);
// set the styles for these cheese positions
for (let x = 0; x < req.width; x++) {
    for (let y = 0; y < req.height; y++) {
        grid[x][y].style = getStyle(x, y);
    }
}
```

以下代码负责创建样式字符串的“缓存”。首先，奶酪列表的顺序会被打乱，然后程序确定奶酪的数量。接着，一个新的嵌套 for 循环将遍历所有的网格位置，并为每一个位置设定一个样式字符串。现在，程序无需再调用 getStyle 函数来获取方格的样式，而是可以直接从网格中查找该样式：

```
let styleText = game.grid[x][y].style
```

代码分析 16

创建缓存

对于如何创建缓存，你可能有一些疑问。

1. 问题： 同一个 square 对象为何能同时出现在两个不同的列表中？

```
let square = { x: x, y: y, style: "empty" };
// put the square into the cheese list
cheeseList.push(square);
// put the square into the column
column.push(square);
```

解答： 以上代码创建了一个 square 对象，并将该对象添加到两个列表中，这是完全可行的，因为列表中保存的是对象的引用，而不是对象的本身。square 对象并不真正“存在于”任何一个列表中。列表中只包含了指向对象的引用。举个例子，如果你有一系列书籍对象，并希望以不同的方式（如按顺序、作者姓名或书名）对它们进行排序，那么你可以使用同样的技巧。可以创建两个引用列表，一个按作者排序，另一个按书名排序。每个书籍对象都是独一无二的，但它们会在两个列表中都出现。

2. 问题： 当创建新网格时，旧网格会怎么样？

解答： 上述代码在建立缓存时会创建方格和网格对象。这段代码每个小时执行一次，这意味着每小时都会创建一个新的网格。那旧的网格会怎么样？它是否会一直占用内存空间？事实证明，我们不必过于担心这个问题。当新网格被创建时，旧的网格就无法被程序访问了，因为 grid 变量现在指向新的网格，而不是旧的。JavaScript 包含一个名为“垃圾回收”的过程，它会自动搜索程序代码中未被引用的对象，并将它们从内存中清除。

3. 问题： 数组可以超过两个维度吗？

解答： 是的，可以编写代码来创建多维数组，但我在开发应用时很少这样做。如果觉得这里需要一个四维数组，那么应该仔细思考一下自己是如何组织数据的。

6.3.2 避免重复计算

原始的服务器版本会为每个请求设置游戏。但实际上，它每小时只需设置一次即可。一旦游戏设置完毕，就无需再次进行设置了。上一节的代码可以大大减少服务器的负载。现在，游戏只会每个小时设置一次，而不是每次收到请求时都重新设置。它的工作原理与浏览器中的代码相同，浏览器会检查是否进入了新的小时，如果是，则重新加载页面：

```
// get the absolute hour for this date
let newabsoluteHour = getAbsoluteHour(date);

if (newabsoluteHour != absoluteHour) {

    // Set up the new game

    // update the absoluteHour value
    absoluteHour = newabsoluteHour;
}
```

代码分析 17

对于避免重复计算，你可能有一些疑问。

1. 问题：服务器程序第一次运行时，会怎样？

解答：在首次收到请求时，我们必须使服务器立即进行游戏设置。为此，我们可以将 absoluteHour 的初始值设置为一个特定的值以触发更新。

```
let absoluteHour = 0;
```

absoluteHour 的值永远不会为 0，所以在首次收到请求时，一定会触发游戏设置。

2. 问题：当服务器更新游戏设置时，如果收到了 Web 请求会怎么样？

解答：这种情况是不会发生的。因为 Node.js 是单线程的，所以网络请求会排队并被逐一处理。

3. 问题：为什么我们在浏览器端不怎么追求性能？

解答：只要应用程序为用户提供了良好的体验，就没有必要花时间研究如何使其运行得更快。但是，我们应该在性能较低的设备上对应用程序进行测试，以确保它在这些设备上也可以正常运行。我会用便宜的笔记本电脑和树莓派电脑来测试我的应用程序的性能。如果它能在这些设备上顺畅地运行，那么它应该能够满足大多数人的需求。

4. 问题：可以进一步提高效率吗？

解答：可以。目前的版本每小时会创建一个新的网格。我们可以调整 `getGame` 函数，使其重用现有的网格，而不是每次都生成一个新的。我们还可以使用其他办法来使 `getGame` 运行得更快。但考虑到这个函数每小时仅被调用一次，这么做可能并不划算。当考虑代码效率时，我们必须认识到，相较于程序员的工作时间，计算机时间通常成本更低。如果一个解决方案极为高效，但是过于复杂难懂和难以维护，那它可能并不是一个好的选择。

6.3.3 改进结构

改进结构并不会为性能带来实际的提升，但它会使程序更易于管理和维护。在编写程序时，必须考虑到其他人可能也会参与其中，所以应确保代码易于理解，同时降低代码被无意中修改的风险。为此，我们可以微调代码结构。

6.3.3.1 将游戏引擎放入库文件

目前，负责游戏操作的函数和变量都位于 server.mjs 文件中。我们考虑将这些组件从游戏中分离出来，单独放到一个库中。例如，我们可以创建一个名为 game.mjs 的库，其中包含游戏所需的功能和变量。这种做法很有价值，因为如此一来，查阅代码的人就能知道在何处查找与游戏管理相关的代码，同时也应用的灵活性也得到了提升。

```
export {setupGame, grid, noOfCheeses};
```

以上语句展示了从引擎导出的项目。`setupGame` 函数用于初始化游戏，而 `grid` 变量和 `noOfCheeses` 变量分别定义了方格的样式和游戏中的奶酪数量。

将游戏引擎放入一个独立的库中的显著优势是，它能被整合到其他应用中。利用 game.mjs，我们能够制作一个基于浏览器的《找奶酪》小游戏。Ch06-08_Optimized_Cheese_Finder 示例文件夹提供了基于服务器的版本和基于浏览器的版本。你可以在浏览器中打开 local.html 文件来体验这个版本。利用 game.mjs 文件来制作游戏的本地版本的 JavaScript 代码可以在 local.mjs 文件中找到。

6.3.3.2 在函数调用中使用对象字面量

在第 1 章中，当我们讨论函数时，我们了解到 JavaScript 函数调用的参数（即函数被调用时提供的内容）是按位置与函数中的参数（即函数运行时操作的内容）匹配的。如果在调用函数时参数的顺序错了，那么函数就可能会出问题。前文中提到，消除关于函数参数的任何歧义的一种方法是使用对象字面量。

```
  let gameRequest = {
    width: gridWidth,
    height: gridHeight,
    colorStyles: ["white", "red", "orange", "yellow", "yellowGreen",
"lightGreen", "cyan",
      "lightBlue", "blue", "purple", "magenta", "darkGray"],
    minCheeses: 1,
    maxCheeses: 6,
    startValue: absoluteHour,
    randMult: 8121,
    randAdd: 28413,
    randModulus: 134456789
  }
```

前面可以看到一个对象字面量的定义，其中包含创建新游戏所需的所有信息。它被作为参数传递给 **getGame** 函数，该函数构建并返回一个新的游戏描述。

```
setupGame(gameRequest);
```

以上语句调用 `setupGame` 函数来设置游戏。`gameRequest` 对象包含 `setupGame` 函数需要知道的所有内容，这些内容都是以命名的项目（或属性）的形式存在的。

6.3.4 购买域名

域名是在访问网上的某个站点时输入的地址的第一个部分。像 microsoft.com、apple.com 和 robmiles.com 这样的知名域名，大家都不会觉得陌生。当你创建一个托管在云端的网络应用程序时，域名将包含托管服务提供商的名称。如果把《找奶酪》托管在 Azure 上，那么这个游戏的网址可能是 cheesefinder.azurewebsites.net。这么做没问题，但要是网页地址能更有特色的话，就更好了。比如，cheesefinder.com 这个网址就相当不错。可惜，这个网址相当昂贵。幸好，还有一些非常便宜的域名可以选择。namecheap.com 等服务允许你搜索并注册自己的域名。你需要为域名的注册和托管支付年费，但这通常不会很贵。我已经注册了 cheesefinder.xyz 这个域名，并打算将其用作游戏的网址。

署名

```
// 《找奶酪》服务器，作者：罗伯·迈尔斯，2022 年 10 月
// 版本 1.0
// 如果要将服务器迁移到其他位置，你需要更新基础路径字符串以与新位置对应


// 罗伯·迈尔斯，www.robmiles.com
```

在创造了一个让自己引以为傲的作品之后，你应该为它署名。伟大的艺术家总是会在自己的画作上签下大名，所以你也应该在代码中这么做。至少，你应该为用户提供一种联系方式，比如为作品创建一个专用的电子邮箱（甚至是一个网页）。

6.4 部署应用程序

到目前为止，我们一直在使用计算机来模拟服务器，并且服务器和浏览器程序都在一台机器上运行。但现在，我们打算把游戏的服务器部分以及它需要的所有其他文件迁移到一个云端主机上。为此，我们必须修改这些文件，以确保它们能在新的环境中正常运行。我们还需要创建一个描述该应用程序的文件。

6.4.1 package.json

你可能认为编程只和编写代码以及解决问题有关。虽然确实需要做很多这方面的工作，但此外还需要做大量的组织和管理工作。这是因为任何复杂的解决方案都包含需要管理的组件。JavaScript 的强大功能很大程度上归功于 Node 包管理器（Node Package Manager，NPM）系统，我们将在下一章中详细探讨它。它简化了根据现有元素制作应用程序的过程。包管理器还可以确保你的系统使用最新（或特定）版本的组件，并管理不同的应用程序配置，如开发、测试和部署配置。

包管理过程的一个关键部分是一个文件，它包含着任何给定应用程序的包设置。这个文件名为package.json，应该与构成了应用程序的文件放在同一文件夹中。在下一章，我们将探索自动创建这个文件的工具。但现在，我们可以手动为《找奶酪》创建一个。package.json 文件并不包含项目中所有文件的列表。它默认项目文件夹中的所有文件都其组成部分。换句话说，我们不必提及像 pseudo-random.mjs 和 index.html 这样的文件。

下面是描述《找奶酪》的 package.json。其中最重要的部分是指定启动应用程序的文件的名称。我们希望在 server.mjs 文件中运行服务器应用。如果我们使用了 JavaScript 的某个特定版本的功能，或想确保“更新后”的版本不会影响我们的应用，我们可以在 "engines" 属性中指定要使用的版本。如果将此文件放入包含应用程序的文件夹中，Node.js（和其他程序）就会在需要时自动获取它。

```
{
    "name": "cheesefinder",                        应用程序的名称
    "version": "1.0.0",                            版本号
    "description": "A cheese finding game",        说明
    "main": "server.mjs",                          包含应用程序主体的文件
    "scripts": {
```

```
    "test": "echo \"Error: no test specified\" && exit 1",     没有测试
    "start": "node server.mjs"                                  启动服务器的命令
  },
  "engines": {                                                  要使用的 node 和 npm 的版本
    "node": ">=7.6.0",
    "npm": ">=4.1.2"
  },
  "author": "RobMiles",
  "license": "ISC",
  "dependencies": {                                             不存在正常运行所依赖的包
  },
  "devDependencies": {},                                        不存在开发环境下依赖的包
  "repository": {                                               告诉人们可以在哪里找到源代码
    "type": "git",
    "url": "https://github.com/Building-Apps-and-Games-in-the-Cloud/
Building-Apps-and-Games-in-the-Cloud.github.io"
  },
  "homepage": "https://begintocodecloud.com/"                   提供一个主页链接
}
```

6.4.2 设置服务器端口

互联网使用端口号来识别与外部客户端的程序连接。程序可以在某一特定端口后面监听。在本地机器上运行服务器时，我们可以自行选择端口号。例如，我们在第 2 章中为 Visual Studio Code 安装的 Live Server 扩展创建了一个网页服务器，它在 5050 端口后进行监听（请参见“安装 Live Server 扩展”小节）。在第 4 章中，当我们在创建网页服务器时，选择了 8080 端口。访问本地托管的文件时，我们会在 URL 中加上端口号。

在图 6-2 中，我们使用浏览器访问了一个在本地机器上由监听 8080 端口的服务器程序托管的网站。

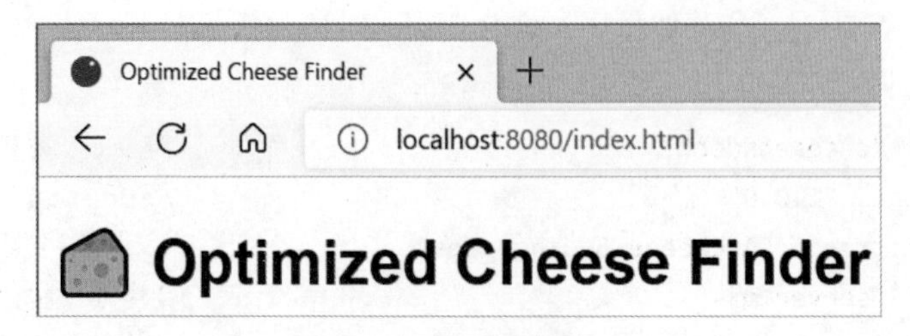

图 6-2 本地地址和端口

我为小游戏《找奶酪》使用的 Azure 托管地址是 cheesefinder.azurewebsites.net，这是我创建应用时设置的。图 6-3 展示了访问这个站点的地址。浏览器使用 80 端口访问这个服务器，因为这是 HTML 请求的默认端口。我们部署到云端的服务器必须在 80 端口上监听。

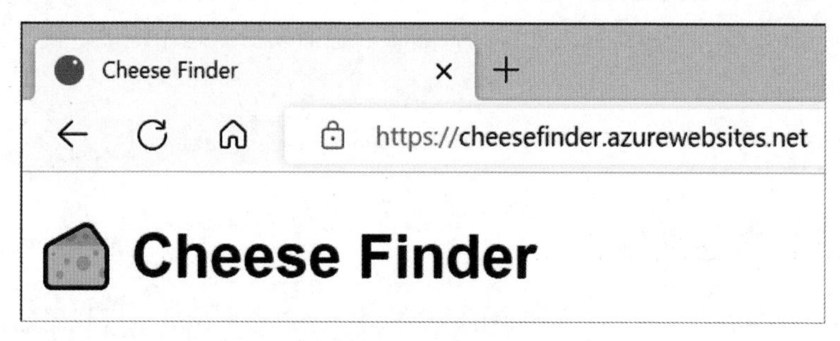

图 6-3　网页地址和端口

理想情况下，我们希望服务器在云端运行时监听 80 端口，在本地主机上运行时监听 8080 端口。以下两条语句可以实现这个功能：

```
const port = process.env.PORT || 8080

server.listen(port);
```

第一行代码定义一个名为 `port` 的常量，其值为 `process` 环境变量中的 `PORT` 属性值（这将由云服务设置）或如果该 `PORT` 属性未被设置，则其值为 **`8080`**。在这个上下文中，操作符“`||`”表示，如果给定的值是 `undefined`、`NaN` 或 `null`，则使用默认值。

因此，如果没有 `PORT` 属性或 `process` 对象，`port` 的值将被设定为 **`8080`**。Azure 基础设施在运行服务器程序前会设置适当的环境变量。我们需要在服务器开始监听的地方添加这段代码。环境变量非常有用，稍后我们会进一步了解它们。

6.4.3　设置服务器路径

客户端程序（在浏览器中运行并向玩家展示《找奶酪》小游戏的程序）向服务器发送请求以获取游戏设置信息，包括：

- 网格尺寸和奶酪数量；
- 方格样式（给定 `x` 位置和 `y` 位置的方格的颜色样式字符串）。

下面的 `hostAddress` 变量在 client.mjs 文件中被声明，该变量提供了任何请求地址的开头部分。目前，它被设置为 `localhost`，因为在测试期间，客户端和服务器都是在我们本地机器上运行的，所以服务器的地址是运行客户端程序的本地主机：

```
let hostAddress = "http://localhost:8080/";
```

在将应用迁移到云端时，我们需要更改这个地址，使其指向应用在云端托管的位置。当浏览器连接到该位置时，它将启动实现服务器功能的 Node.js 应用程序。下面的语句是更新后的主机地址，必须将它放入 client.mjs 文件中，以确保网络请求被发送到云端的服务器。当你将应用迁移到云端时，也需要更新这个地址，使其指向应用的托管位置：

```
let hostAddress = "https://cheesefinder.azurewebsites.net/";
```

6.4.4 设置本地文件路径

我们一直在运行从第 1 章的 GitHub 中复制下来的不同版本的《找奶酪》服务器示例。每个文件夹都包含一组文件，供特定的示例使用。每个服务器版本都有一个设置好的文件路径，指向它需要的文件。这个路径保存在 server.mjs 文件的 basePath 变量中。当使用 Visual Studio Code 的本地调试功能运行程序时，它的文件定位机制要求有一个特定的路径来正确地访问那些文件。因此，这个路径是必需的。

```
const basePath = "./code/Ch06-Shared_Experiences/Ch06-08_Optimized_Cheese_Finder/";
```

前面是其中一个示例应用程序的 basePath 值。basePath 中的字符串会被添加到被请求的文件路径中，从而确保加载了正确的文件。当程序在云端运行时，我们必须更改此路径，使其指向本地文件夹。

```
const basePath = "./";
```

以上代码将使服务器在本地文件夹中查找文件，这正是我们想要的。在构建包含大量资源的大型应用程序时，我们会将它们放在单独的文件夹中，以便管理。

动手实践 28

扫描二维码查看作者提供的视频合集或访问 https://www.youtube.com/watch?v= jDMJd5Eqlkc，观看本次动手实践的视频演示。

创建 Azure 应用服务

这一步非常激动人心。现在，我们即将把某个东西部署到云端供他人查找和使用。应该把要部署到云端的代码存放在机器上的 GitHub 存储库中。你可以使用我们之前用过的本地设置来测试应用程序，然后根据前面的描述进行调整，使其为部署做好充分的准备。

如果没有要部署的应用程序，而只是想练习部署过程，则可以在 Ch06-09_Azure_Deployment 文件夹中找到一个可以部署的《找奶酪》版本。

在 https://azure.microsoft.com/ 注册一个 Azure 账号。需要一个 Microsoft 账户来完成这一操作。

打开 Visual Studio Code 并安装 Azure App Service 扩展。按照我们在第 2 章中安装 Live Server 的流程，只不过这次要搜索“Azure App Service”。当扩展启动时，按照要求登录 Azure 账户。请完成登录。

应用程序应该存放在一个 GitHub 存储库中，在开始部署之前，打开这个存储库。如果想使用示例项目，那么只需创建一个空的存储库，并将示例文件夹中的所有源文件复制到该存储库中。

接着，如下图所示，打开 Azure 扩展，单击 Resources 项旁边的箭头，然后打开下拉列表。右键单击 App Service 选项，并从弹出的菜单中选择 Create New Web App。

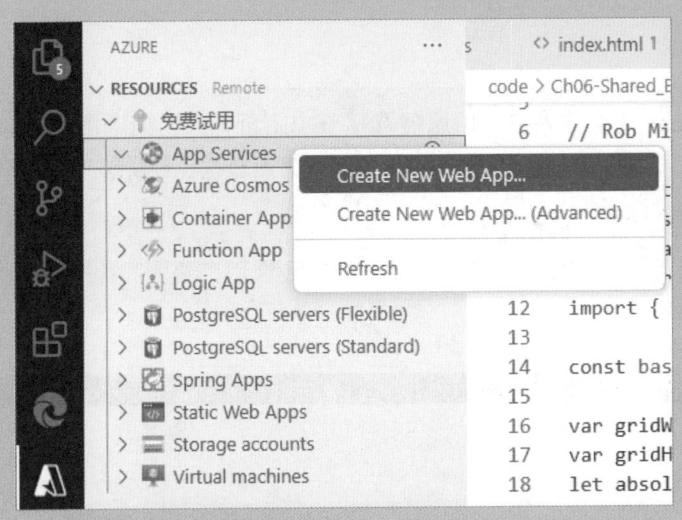

系统接下来会询问要创建的应用程序的名称。这个名称将在网上的 URL 中用来识别你的应用。作为示例，我将我的应用命名为“cheesefinder”，如下图所示。

Create new web app (1/3)

cheesefinder

Enter a globally unique name for the new web app. (按 "Enter" 以确认或按 "Esc" 以取消)

接下来，需要选择应用的运行时栈（runtime stack）。我们使用的是 Node.js，所以选择它的最新版本（Node 16 LTS）。

o Run Terminal Help server.mjs - Building-Apps-and-Games-in-the-Cloud.github.io - Visual Studi

Create new web app (2/3)

Select a runtime stack.

Node 16 LTS (recently used)	Node
Node 14 LTS	
.NET 7 (Preview)	.NET
.NET 6 (LTS)	
.NET Core 3.1 (LTS)	
ASP.NET V4.8	
ASP.NET V3.5	
Python 3.9	Python
Python 3.8	
Python 3.7	
PHP 8.0	PHP
PHP 7.4	
Ruby 2.7	Ruby
Java 17	Java
Java 11	
Java 8	

现在 Azure 需要你为自己的服务选择一个定价方案。如下图所示，请选择 Free（F1）。虽然你获得的服务是有限的，但就目前而言这已经足够了。在构建应用时，Azure 扩展将继续运行。

o Run Terminal Help server.mjs - Building-Apps-and-Games-in-the-Cloud.github.io - Visual Studi

Create new web app (3/3)

Select a pricing tier

Free (F1) Try out Azure at no cost

Basic (B1) Develop and test

Premium (P1v2) Use in production

Show pricing information...

设置完定价后，你将获得部署到应用的选项，如下图所示。

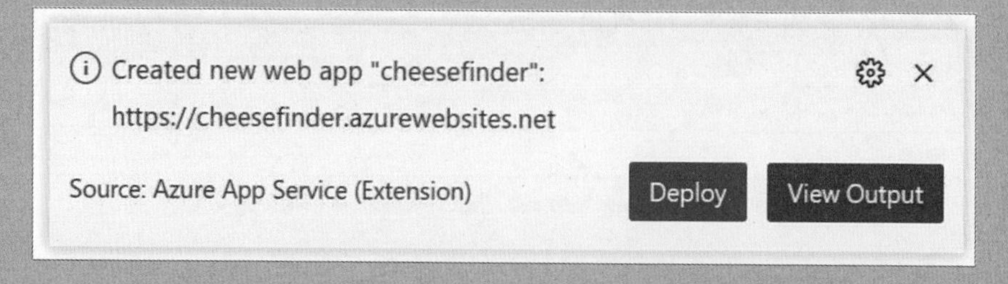

注意，上图中的对话框显示了你要创建的应用的 URL。按下 Deploy（部署）按钮，将网站部署到云端。部署完成后，应该就能在浏览器中查看应用了。

在应用部署完成后，可以使用浏览器连接到它。如下图所示，如果访问 portal.azure.com，可以打开新应用的仪表板，并看到各种请求的流入。

注意：这个练习比较麻烦，完成它所需要的具体步骤可能会随时间改变。请查看本书的官网以获取最新指导。如果书中的步骤已经不再适用，请随时联系我们。

要点回顾与思考练习

本章内容相当丰富。我们学到了很多，进行了编程、调试、优化以及部署操作。并且，我们还深入了解了随机数是如何影响网络的。以下是对本章内容的要点回顾及一些值得思考的要点。

1. 我们能够创建为所有访客提供共享体验的应用。站点可以在不同的日期和时间为访客提供不同的体验。

2. 如果站点提供的内容会随时间变化，那么应用程序必须能识别浏览器中显示的内容是否已经过时。这可以通过随内容发送的时间戳来实现。浏览器可以将当前时间与时间戳进行对比，并在内容过时的时候采取相应行动。

3. 在调试程序时，可以在程序运行时设置一个断点。这可以在 Visual Studio Code 调试器和浏览器的开发者工具中内置的调试器中实现。

4. 在调试代码时，为了验证代码问题出在哪里，通过更改程序中的变量内容来进行测试是非常有用的。

5. 在为新的场景调整原先的程序设计时，可能会出现问题。新的场景可能会产生原始程序设计时未考虑到的因素或故障条件。

6. 计算机无法生成真正的随机值，但它可以利用乘法、加法和取模运算的组合，从现有的数字创建一个“新”的随机数。对“新”数字重复此过程可以生成一系列的“伪随机”数值。使用不同的初始值（或种子值）会产生不同的数值序列，而同样的种子会产生重复的序列。

7. 伪随机数序列可用于游戏中，生成拟真的图像和行为。而伪随机数序列的可重复性也意味着它们可用于加密和解密。JavaScript 库中有一些函数可以用来创建“加密级别”的伪随机数序列，这种序列中的数值很难被分析和预测。

8. 伪随机数可以与时间输入结合，创建特定时间独有的随机序列。

9. 通常情况下，没必要优化程序的性能。但是，如果代码将被频繁调用（比如在响应客户端请求的网页服务器中），并且需要为运行程序的计算时间付费（比如在云服务提供商的服务器中），那么最好考虑做一些优化。

10. 优化服务器的一种方法是创建一个预先计算的值缓存，用于响应请求。

11. JavaScript 不支持二维数组，但我们可以创建“由数组构成的数组”。

12. 将应用程序的组件放入库文件中可以使代码更加整洁，并增加了代码的复用性。

13. 为 Node.js 构建的应用可以配备一个 package.json 文件，该文件描述了应用的细节、如何运行各种配置以及应用对运行时系统和其所使用的软件库的依赖。

14. Visual Studio Code 提供了一个 Azure App Service 插件，允许用户将由 package.json 文件描述的 Node.js 应用部署到云端。

为了巩固对本章的理解，你或许需要思考下面的进阶问题。

1. 问题：“共享体验”是什么意思？

解答：在计算机和互联网出现之前，足球比赛或热门的电视节目都会提供共享体验。而如今，大家可以一起访问某个内容不断更新的网站并与之交互，以实现这种共享的体验。

2. 问题：如何设计一个客户端，使其自动识别展示的内容是否已经过时？

解答：在当前版本的《找奶酪》中，当玩家单击某个方格时，浏览器会检查游戏是否过时（服务器是否进入新的小时）。浏览器能从服务器返回的响应中获取一个表示小时的数值来进行这一判断。

浏览器可以通过定期向服务器查询“内容是否还是最新的”来检测内容是否过时。在编写时钟应用程序时，我们利用了在浏览器中的 JavaScript 程序定时触发事件的能力。我们使用这些事件来更新时钟显示，但它们可以也用于触发向服务器检查小时值的请求。利用这一技术，我们可以为《找奶酪》小游戏增加一个功能，使浏览器能自动识别游戏是否已经超时，而不必等到玩家单击方格才触发服务器操作。

第 12 章要介绍 WebSockets，服务器可以用它向运行在浏览器中的 JavaScript 程序发送消息。浏览器可以与《找奶酪》服务器建立 WebSocket 连接，这样一来，一旦游戏到达时限，服务器就可以通知所有浏览器客户端。但这意味着服务器需要维护一个所有活跃 WebSocket 客户端的列表，并在小时数变更时给每一个客户端发送消息，这会增加服务器的复杂性和运行成本。

3. 问题：计算机能通过观察玩家的行为来推算人们是如何玩《找奶酪》的吗？

解答：这是一个非常有趣的问题。为了回答它，我们需要考虑服务器收到了哪些信息。当用户在游戏网格上单击按钮时，服务器会接收请求。浏览器会发送特定方格的 x 坐标和 y 坐标，而服务器则回应该方格的颜色样式。服务器并不知道哪个请求是哪个玩家发出的，因此它无法确定特定玩家的行为。但它可以判断哪些方格最常被玩家单击。结合方格的被单击的频繁程度和真实的奶酪位置，服务器或许可以大致了解玩家的策略，但也仅此而已。然而，如果改变游戏设计，使浏览器在每次请求时都发送用户 ID，情况就大有不同了。这样一来，服务器就能单独观察每个玩家并了解他们的行为了。

4. 问题：如何使用伪随机数来编码数据？

解答：关键在于逻辑异或（exclusive-or）运算符。你可能听说过逻辑与（and）运算符（如果两个输入都为真，则输出为真）和逻辑或（or）运算符（如果至少一个输入为真，则输出为真）。而异或运算符会在其中一个输入为真时输出为真，但如果两个输入都为真时，输出则为假。也就是说，异或运算符在输入不同时输出为真

一个关于异或的有趣之处是，如果应用这个运算符两次，那么就会回到最开始的值。这是什么意思呢？让我们来看一看 JavaScript。执行异或的 JavaScript 运算符是“^”。如果在两个值之间应用这个运算符，那么运算符将对两个值中的所有二进制位的进行异或操作，并返回一个结果。

```
99^45
78
```

如果对值 99 和值 45 进行异或操作，我们会得到值 78。异或操作将用于存储值 99 和 45 的二进制位组合了起来，从而生成 78 这个结果。

```
78^45
99
```

有趣的是，如果再次对值 78 和 45 进行异或，那么结果又会回到 99。现在，假设 99 是一个我想保密的数字，而 45 是我的加密密钥。我完全可以公布 78 这个值，

因为只有拥有密钥的人才能将其转换回正确的值。我希望有一个可重复的数字序列来加密数据块中的连续值，而这正是伪随机数提供的功能。加密数据块可以用公开频道发送，而用于解密的伪随机流的种子值则需要通过高度安全的连接发送。

5. 问题：如何使伪随机数更难以“破解”？

解答：我们已经看到，我们可以使用乘法、加法和取模运算来基于前一个值创建新的伪随机值。但是，拥有强大计算能力的人可以观察到这些随机值序列的规律，并通过尝试各种组合来找出种子值。

为了应对这一问题，我们可以生成两个绪列，然后以某种方式组合连续的值来产生输出。这将需要更多计算工作和更复杂的种子值，但它会使增大破解的难度。JavaScript 提供了一个生成“通用目的”随机数的 random 函数，并提供了一个加密版，这个版本生成的序列更难以破解。

6. 问题：伪随机数与加密货币有什么关系？

解答：加密货币为解决基于伪随机序列的数学问题赋予了价值。例如，我可以给你一个由一万个数字组成的序列，并要求你找出用于生成它的随机数种子值。找到这些种子后，就可以获得加密货币，并继续解决下一个问题以赚取更多的货币。加密货币所设置的“难题”比简单的伪随机序列要复杂得多，但基本原则是相同的。

7. 问题：如何获得“真正”的随机数？

解答：我们现在知道，大多数由计算机生成的随机数都是从伪随机值序列中产生的。但 JavaScript 提供的 Math.random 函数似乎在每次都是随机的。这是怎么做到的呢？ Math.random 函数使用一个足够随机的初始值，它可能是以微秒为单位的时间（这个值在每次程序运行时都不同）。为了达到专业级的随机性，你需要使用额外的硬件，例如能产生有噪声的电子信号的组件，这可以得到真正的随机值。

8. 问题：应该在什么情况下使用缓存？

解答：缓存的目的是减少程序程序在运行中多次计算同一值时所需的时间。在决定是否加入缓存时，你需要考虑这个值的重新计算频率、缓存的存储大小，以及从缓存获取值的时间。同时，还要权衡为实现缓存而编写额外代码所需的时间是否值得。

9. 问题：默认（default）运算符有什么作用？

解答：默认运算符 || 允许我们在给定值无效时提供一个备选值。我们用它来为服务器选择端口号。

```
const port = process.env.PORT || 8080
```

Node.js 包含一个 process 对象，它为我们的应用提供了关于当前运行进程的信息。process 对象里有一个 env 属性，它是用于将设置信息传递给程序的环境变量列表。外部环境可以通过设置环境变量来向程序传递信息。举例来说，外部环境可能想告诉服务器要在哪个网络端口上运行。它可以通过设置 PORT 环境变量来实现这一点。但如果外部环境没有设置 PORT 值，所以作为替代，服务器需要有一个默认值。

操作符 || 简化了默认值的创建过程。你还可以在函数中使用它，为缺失或无效的函数参数设置默认值。虽然默认值很实用，但你必须确保为每种无效输入所设置的默认值都是合适的。

第7章 设计应用

本章概要

现在，我们知道了如何创建使用浏览器和服务器为用户提供体验的应用程序。浏览器从服务器下载 HTML 页面，并在这些页面上运行与服务器服务交互的 JavaScript 程序。《找奶酪》小游戏的第一个版本完全在浏览器中运行。这使其非常容易受到攻击，因为任何人都可以使用开发者工具在浏览器上查看 JavaScript 程序的执行。为了增强游戏的安全性，我们将部分功能转移到了服务器，并创建了一个允许浏览器中的代码向玩家显示游戏的请求和响应协议。我们看到，这种应用程序的一部分工作包括设计服务器和浏览器之间的交互，并决定应在哪里执行哪些任务。

在本章中，将从零开始设计一个应用程序。我们将从一个想法开始，确保这个想法在道德上是正确的，然后设计运行该应用时要遵循的工作流程。接下来，将创建应用程序运行时所需的基础数据结构。这将为下一章中的构建应用程序奠定基础。在此过程中，还将探索另一个 JavaScript 英雄——类。

随着对本书的不断深入，你可能不再那么需要词汇表了，但请记住，始终可以在以下网址找到它：https://begintocodecloud.com/glossary.html。

7.1 TinySurvey应用程序

接下来，将创建一个名为“TinySurvey”的投票应用程序。当一群人决定一起干点啥的时候，首先解决的问题是究竟要做什么。这些选择可能涉及比萨的类型、要看的电影，甚至是要和谁结婚。我们可以通过创建一个应用程序来帮助进行选择。我们将使用这个应用程序从多个可能的选项中选择最好的选项。任何人都可以在我们的网页应用程序上为特定的主题创建一个 TinySurvey，然后人们可以给自己喜欢的选项投票。有人投票后，他们就可以看到当前的投票情况，在最后一个人完成投票后，你就可以根据投票结果做出决定。或者也可以再针对其他事情进行投票。

伦理、隐私和安全性

现在我们已经确定了 TinySurvey 应用程序要做哪些事，接下来就要考虑是否应该付诸实施，以及构建它的潜在影响。这不仅仅是编程上的考量，但我认为进行这样的思考是有必要的。仅仅因为某个东西可以被创建，并不一定意味着创建它是个好主意。我们需要考虑以下几个方面：

- 伦理方面（这个应用程序会不会令人感到不愉快？）
- 隐私方面（这个应用程序可以被用来侵犯其用户的隐私吗？）
- 安全性（这个应用程序可以被安全地提供给用户吗？）

让我们依次思考这些问题。

伦理

伦理主要关注的是“对”或“错”。你可能会觉得在编程书里讨论伦理上的对与错有些奇怪，但我认为这是一项有价值的练习。企业在决策时会有一个伦理立场，并站在这个角度来审查他们的产品和业务流程。

TinySurvey 应用程序似乎不会引起任何伦理问题。它只是一种方法，让一群人就首选项达成共识。它并不鼓励恶意行为，也不会对用户进行特定的引导。虽然这个应用可能会被一群人用来选择怎么侮辱某个足球队是最恶劣的，但他们同样可以用纸或电子邮件来做这件事。

不过，我们可能考虑增加一个“选项推荐”功能，该功能会根据在创建调查问卷时输入的前三个选项来提供调查选项。这个功能会检查所有已提交的调查问卷，并找到相似的选项。这意味着，如果我在 robspizza 调查中输入了前三种比萨类型，程序可能会给出“蔬菜至尊”作为建议选项，因为其他包含比萨名称的问卷有这个选项。如果我忘记在选项列表中添加“蔬菜至尊”的话，这个推荐可能会很有帮助，但这样做合乎伦理吗？

这是一个值得思考的问题。虽然这个功能可能很有用，但它可能会带来危险，尤其是如果它按照选项的流行程度进行排名，并推荐最受欢迎的选项的话。现在，这些选项似乎拥有了自己的生命。恶意用户可能会通过创建包含他们希望其他人看到的选项列表来“操纵”应用程序。在这种情况下，我们的应用程序可能就不符合伦理了。

我可能有些想得太多了——毕竟我是一个程序员——但我认为对即将构建的应用进行“伦理检查”总是好的。而且，就像项目中其他应该监控的风险一样，我们应该定期审查开发过程中的项目，检查是否有新的伦理问题出现。

隐私

这里，我不是在考虑到人们从我们的应用中窃取数据的危险，那是之后的安全性部分要考虑的。相反，我是在考虑提供应用的人是否存在损害用户的隐私的可能。这是什么意思呢？举个例子，在使用过几次后，TinySurvey 可能会记住我最喜欢的 5 种比萨和 5 部电影。应用程序可以追踪用户，了解是谁创建了调查问卷，以及是否有特定用户填写了问卷。这种追踪需要使用浏览器的本地存储，这意味着 TinySurvey 只会知道“我的浏览器”喜欢意式辣肠披萨和《独领风骚》这部电影，而不是“罗伯·迈尔斯”有这些喜好。如果我清空浏览器的本地存储或使用多个浏览器，就不会被追踪了。然而，以这种方式收集信息可能非常有用。下次我使用 TinySurvey 时，它可能会弹出一个其他与我有相同喜好的人所喜欢的电影或比萨饼，作为推荐。或者，它可能会找到一部电影并告诉我关于那部电影的信息。“许多喜欢意式辣肠披萨的人也喜欢看《独领风骚》”也可能是个有价值的信息。一旦收集了数据，就能够以多种方式使用它。

使用 TinySurvey 的用户无法确认他们输入的信息是否在被这样使用；他们只能相信应用程序会尊重他们的隐私。数据保护行为规范要求，如果除了原始输入目的意外，数据还将用于其他任何目的，那么应用程序必须获取用户的明确同意。在本例中，TinySurvey 不会将这些信息用于他处，所以无需征求用户同意。但是，在你爱用的社交媒体平台上填写问卷调查时，你最好考虑一下这些问题。这些平台已经获取了你的同意，可以对问卷及其答案进行任意处理。欧盟制定了《通用数据保护条例》（GDPR），明确了数据保护和隐私的法律规定。我们需要确保自己的应用程序符合这些规定。关于 GDPR 的更多信息，可以在此查阅：https://en.wikipedia.org/wiki/General_Data_Protection_Regulation。

安全

TinySurvey 应用程序没有采取任何措施来保护调查问卷的私密性。只要有人知道一个调查问卷的名字，他们就可以访问它，选择自己喜欢的选项，并查看当前的结果。如果有人用这个应用程序来选择怎样的密码最好，这会成为一个隐患，但如果真的有人如此疏于防范，或许他们就应该为此承担后果。

另外，当考虑安全性时，还必须注意系统对攻击的防御力。应用程序会公开用于输入响应列表、投票选项和读取结果的端点，并且在浏览器中运行时会使用这些端点。但是，如果有人创建了一个直接与这些端点通信的程序怎么办？这个程序可以利用端点创建调查问卷，通过反复请求不同的调查问卷名称来搜索问卷，然后在里面随机投票。它甚至可能创建含有数据偏见的虚假调查，试图通过给菠萝火腿披萨投数千张票来说服人们它是最好的比萨。

这些问题可以通过要求用户登录来解决。然而，这将使应用更不易使用，并引发一系列关于用户管理的新问题。在下一章中，我们将探索如何在应用程序中实现登录功能。

皆大欢喜的结局

我一直认为编程是“一门能带来皆大欢喜的结局的科学”。如果做得尽善尽美，那么用户所使用的程序就能满足他们的需求并保证他们的安全，而你则可以得到一个满意的用户。在构建任何应用程序之前都要先考虑伦理、隐私和安全，这有助于迎来皆大欢喜的结局。现在，我们可以继续思考应用程序的工作方式了。

不要重造轮子

值得一提的最后一点是，在开始构建某个产品之前，应该先检查是否已经有相似的产品。我们将 TinySurvey 用作一个学习实践，但如果有人要求我构建这样的一个应用程序，我首先会搜索是否存在现成的应用程序。尽管我热爱编程，但也会避免重复做已经有的东西。

7.2 应用程序的工作流

我们还远远不能开始编写 JavaScript 代码。在写任何代码之前，必须决定应用程序的使用方式。我们已经有了一个关于 TinySurvey 将要做什么的文本描述，但我们需要更多的细节。我们需要创建一个工作流，明确创建调查问卷时要执行的步骤。

我们一直在使用工作流。按照菜谱烤蛋糕时，我们就是在执行工作流。工作流有特定的顺序（我们需要先预热烤箱才能把蛋糕放进去）和条件元素（我们在开始之前需要准备所有的材料）。设计 TinySurvey 应用程序的工作流的一个好方法是制作一个原型版本。这将包含完成版本中的所有页面，但这些页面不具备功能。它们只会展示用户在使用应用程序时将看到的内容。我们可以按照使用时的顺序，从索引页面开始，逐页处理。

图 7-1 展示了 TinySurvey 应用程序的索引页面原型。用户可以输入现有的调查问卷主题（以选择自己喜欢的选项）或新调查问卷的名称（创建新的调查问卷）。

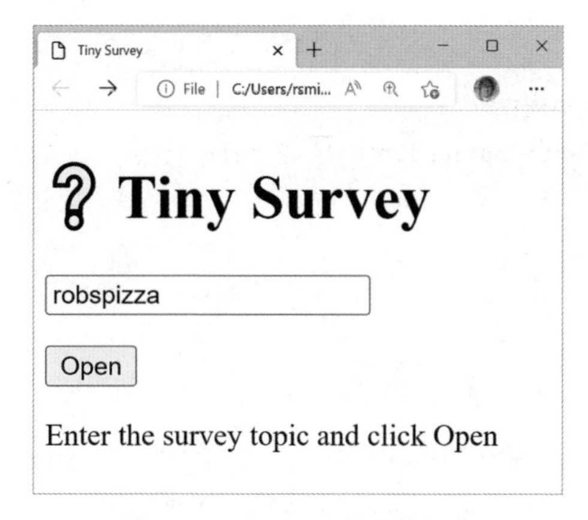

图 7-1 TinySurvey 的开始页面

7.2.1 索引页面

让我们按照工作流创建一个新的调查问卷。我要给每个人买披萨，所以想知道人们喜欢哪种配料。我要创建一个名为“robspizza”的调查主题。

单击 Open 按钮后，会切换到新的页面，我们可以在其中输入想让人们选择的披萨配料。

下面是索引页面的 HTML 代码。内容很简单，并且我们使用了问号 emoji 作为应用程序的标志。

```
<!DOCTYPE html>
<html>

<head>
  <title>TinySurvey</title>
</head>

<body>
  <h1>&#10068; TinySurvey</h1>          标题中的问号表情
  <p>
    <input type="text" spellcheck="false" value="robspizza">
  </p>
  <p>
    <button onclick="doEnterOptions();">Open</button>
  </p>
  <p>Enter the survey topic and click Open</p>
```

```
  <script>
    function doEnterOptions() {                    打开按钮事件处理器
      window.open("enteroptions.html", "_self");
    }
  </script>
</body>

</html>
```

底部有一个 `doEnterOptions` 函数，它会在用户单击 Open 按钮时被调用。它利用 `window.open` 函数打开名为 `enteroptions.html` 的页面。接着，让我们来看看这个页面。

7.2.2 输入选项

`enteroptions.html` 页面显示了 5 个输入框，用于设置调查问卷的选项。这个示例调查问卷主要是关于披萨配料的。如图 7-2 所示，我输入了想让大家从中选择的配料的名称。当我单击 Open 按钮时，调查问卷将启动并允许我投票。

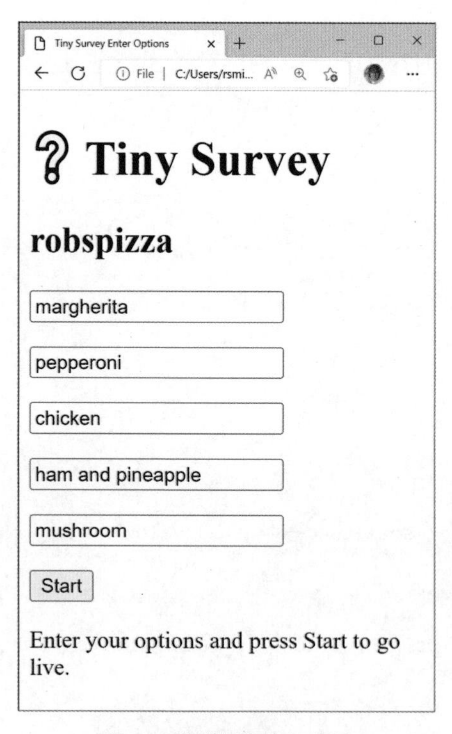

图 7-2 微型调查输入选项

下面是 enteroptions.html 页面的代码，它包含 5 个 HTML 输入元素，它们预设了示例披萨配料名称。在确定应用程序的工作流程后，我们就将添加 HTML 元素，从用户处读取选项。

```
<!DOCTYPE html>
<html>

<head>
  <title>TinySurvey Enter Options</title>          输入选项名称
</head>

<body>

  <h1>&#10068; TinySurvey</h1>
  <h2>robspizza</h2>                                调查问卷主题
  <p><input value="margherita"></p>                 预设输入
  <p><input value="pepperoni"></p>
  <p><input value="chicken"></p>
  <p><input value="ham and pineapple"></p>
  <p><input value="mushroom"></p>
  <p>
    <button onclick="doStartSurvey();">Start</button>
  </p>
  <p>
    Enter your options and press Start to go live.
  </p>

  <script>
    function doStartSurvey() {                      开始按钮的事件处理器
      window.open("selectoption.html", "_self");
    }
  </script>
</body>

</html>
```

单击 Start 按钮后，会显示一个名为 selectoption.html 的页面。下面就来看看那个页面。

7.2.3 选择选项

图 7-3 显示了选择选项的页面。selectoption.html 页面包含 5 个单选按钮输入。

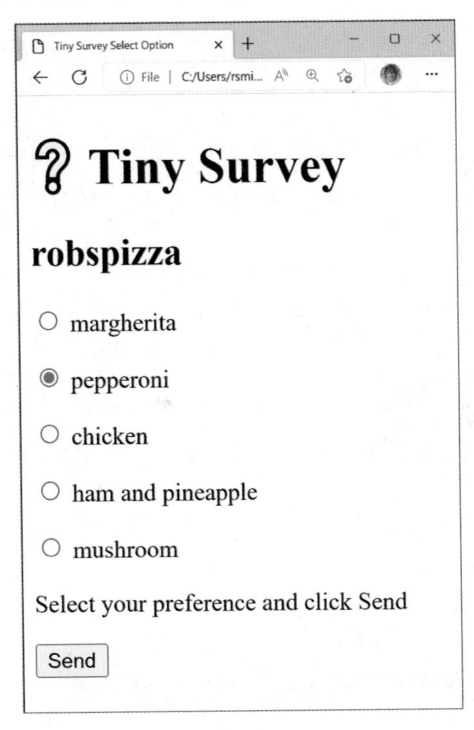

图 7-3 选择页面

选择按钮是分开的，确保一次只能选择一个。用户可以通过单击按钮来选择他们想要的选项。我非常喜欢 pepperoni（意大利辣肠）。一旦我单击 Send 按钮，我的选择就会被保存，并更新该选项的计数。下面展示 selectoption.html 页面的代码，它使用与单选按钮关联的 HTML 标签来获取选项选择。那些具有相同 name 属性的单选按钮归为一组，并且一次只能按下一个按钮。

```
<!DOCTYPE html>
<html>

<head>
  <title>TinySurvey Select Option</title>          选择选项标题
</head>
</head>

<body>
```

```
  <h1>&#10068; TinySurvey</h1>
  <h2>robspizza</h2>
  <p>
    <input type="radio" name="selections" id="option1">      单选按钮
    <label for="option1">margherita</label>      包含选项的按钮的标签
  </p>
  <p>
    <input type="radio" name="selections" id="option2">
    <label for="option2">pepperoni</label>
  </p>
  <p>
    <input type="radio" name="selections" id="option3">
    <label for="option3">chicken</label>
  </p>
  <p>
    <input type="radio" name="selections" id="option4">
    <label for="option4">ham and pineapple</label>
  </p>
  <p>
    <input type="radio" name="selections" id="option5">
    <label for="option5">mushroom</label>
  </p>
  <p>
    Select your preference and click Send
  </p>
  <p>
    <button onclick="doSendSelection()">Send</button>
  </p>
  <script>
    function doSendSelection() {      发送按钮的事件处理器
      window.open("displayresults.html", "_self");
    }

  </script>
</body>

</html>
```

用户将选择一个选项，然后单击 Send 按钮。这将执行 doSendSelection 函数，以加载 displayresults.html 页面。

7.2.4 显示结果

图 7-4 显示了结果页面。目前，我最爱的披萨似乎得到了最高的票数，非常好。用户可以单击 Reload 按钮来查看新的计数值。这个版本的调查不会自动更新显示。

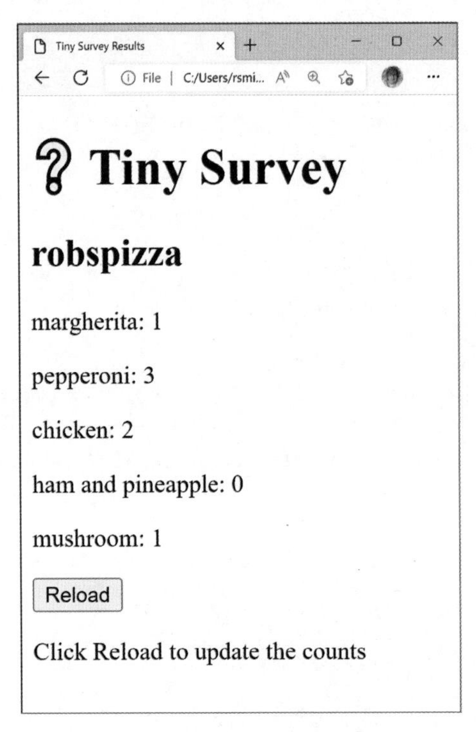

图 7-4 结果页面

以下是展示结果的 HTML 内容。所有的结果值都是固定的文本，显示了使用 TinySurvey 时页面的外观。再按下 Reload 按钮时，它不会做出任何响应。

```
<!DOCTYPE html>
<html>

<head>
  <title>TinySurvey Results</title>
</head>

<body>
    <h1>&#10068; TinySurvey</h1>
    <h2>robspizza</h2>
    <p>margherita: 1</p>
    <p>pepperoni: 3</p>
```

```
    <p>chicken: 2 </p>
    <p>ham and pineapple: 0</p>
    <p>mushroom: 1</p>
    <p>
      <button>Reload</button>
    </p>
    <p>
      Click Reload to update the counts
    </p>
  </div>
</body>

</html>
```

7.2.5 额外工作流

我们刚刚详细了解了创建调查问卷、输入选项、选择选项，然后显示结果的流程。如果用户输入一个已经存在的调查问卷名称，那么工作流会有所不同。在这种情况下，他们会直接进入选择选项的页面，紧接着是显示结果的页面。

动手实践 29

扫描二维码查看作者提供的视频合集或访问 https://www.youtube.com/watch?v=-2-i4ZJsqls，观看本次动手实践的视频演示。

探索 TinySurvey 页面

有了原型后，我们就可以通过它来理解我们想要构建的内容，并确保没有任何模糊或未考虑到的事项。启动浏览器并打开 Ch07-01_Tiny_Survey_Prototype 文件夹中的 index.html 文件。你可以浏览这些页面，以了解应用程序的使用方式。

代码分析 18

TinySurvey

严格来说，这不能被称为代码分析，因为我们还没有创建任何实际的代码。不过，这个原型确实看起来有些复杂，你可能对它有一些疑问。

1. 问题：原型需要模拟打开现有的调查问卷吗？

解答：当前原型展示了创建一个名为“robspizza”的新调查问卷的工作流程，它主要是关于比萨种类的。它没有显示用户输入其他人已创建的调查问卷名称并选择一个选项的情况。你可以通过创建两个 index.html 文件来实现这一点——一个命名为 indexNew.html，另一个命名为 indexSel.html，让两个文件展示两种不同的工作流程。软件设计师会讨论用户故事，在其中，他们会描述用户带着特定需求访问系统的工作流情景。

2. 问题：一个人可以多次投票吗？

解答：可以。为了简化工作流程，我们目前并没有加以限制。在后面的章节中，我们将探索一个在服务器上运行的应用程序如何使用 cookies（由浏览器存储的少量数据）来追踪用户的行为并防止用户投票多次投票。

3. 问题：可以在不选择任何选项的情况下，可以查看计数值吗？

解答：如果用户打开一个现有的调查问卷，他们将跳转到该调查问卷的选项选择页面，而不是结果页面，所以他们必须投票才能看到计数值。TinySurvey 只是为了快速进行“我们应该看哪部电影”调查而设计的，房间里的每个人都选一个想看的电影，然后调查结束。

如果我们是为一个客户做 TinySurvey 应用程序，而他们希望应用程序允许用户在不选择选项的情况下查看计数值，那么我们可以允许用户在选择选项页面中单击“发送”而无需选择任何选项。或者，我们可以在选项页面里添加一个 No Selection（无选择）单选按钮。如果应用程序使用 cookies（参见上文），那么它可以在浏览器中记录用户已经投票的调查问卷，用户如果选择了已经投过票的问卷，那么它可以直接让用户跳转到结果页面。

程序员观点

充分利用示例页面

这些临时页面是设计工作流的绝佳方法。如果你为客户工作，则可以通过这种方法向他们直观地展示应用程序的工作方式。我们使用的这种简单 HTML 文件制作起来非常快捷，做好了之后，在设计新的应用程序时，我们就可以复制并重用这些文件。尽量不要在示例页面中放入任何实际的工作代码，用样本数据填充它们即可。不过，我认为花几分钟为每个页面选择一个标志是很值得的。表情符号是个很好的资源，提供了简单的“占位”图像，可以之后再换成更精致的图像。

> 如果不想使用 HTML 设计工作流，则可以在便利贴上绘制不同的页面，把它们贴在白板上，然后在它们之间绘制线条，以展示工作流。要是选择这种方式，记得给最终的设计拍张照。另外还有一些像 Adobe XD 这样的原型工具，在创建工作流程时也能很好地发挥作用。

7.3 应用程序数据存储

到目前为止，我们已经对 TinySurvey 应用程序中的数据元素进行了大致的讨论。我们对应用程序的工作流有了一定的了解，可以确定哪些数据需要存储以及如何组织这些数据。现在，是时候引入一个新的 JavaScript 英雄来帮助我们了。

7.3.1 JavaScript 英雄：类

我们知道，TinySurvey 应用程序中需要一些数据项，比如 `option`（选项）、`survey`（调查）和 `count`（计数），但我们还没有正式考虑过如何结构化它们。现在，我们要认识一个 JavaScript 英雄——类，它能使这一切变得更加简单。许多其他编程语言都使用“类”来组织它们的解决方案。尽管到目前为止，我们已经成功地创建了很多有用的应用程序，而没有使用任何类，但 JavaScript 有提供类，而且还支持许多基于类的有用功能，比如继承（inheritance）。我们不是必须得使用它们，只不过，TinySurvey 应用程序可以从中受益，所以让我们看看它们是如何工作的。

类与对象

我们首先需要弄清楚类和对象之间的区别。目前，我们应用程序中的数据都是由单独的值组成的。我们之前没有太大的需求去将这些数据“聚集”起来。当我们偶尔要将数据聚集在一起时，我们使用的是对象字面量。第 1 章的“程序员观点：善用对象字面量”是对象字面量的实际应用案例。

对象字面量的一个问题在于，它们在创建时没有进行任何验证。考虑以下两个对象字面量。这段代码的意图是创建两个包含 `name` 属性和 `address` 属性的对象。但是，`invalidPerson` 变量并未包含正确的属性，而是把属性被命名为 `Name` 和 `newname`：

```
let validPerson = { name:"Rob", address:"House of Rob"};
let invalidPerson = { Name:"Jim", newname:"House of Jim"};
```

`invalidPerson` 变量在一个预期接收含有 `name` 属性和 `address` 属性的对象的函数中将无法得到正确使用。下面的 `displayPersonDetails` 函数用于显示一个人的信息。这个函数能够很好地处理 `validPerson`，但对于 `invalidPerson`，它显示的姓名和地址将是 undefined。

```
function displayPersonDetails(person){
    console.log("Name: "+ person.name);
    console.log("Address: "+ person.address);
}
```

我们可以为 displayPersonDetails 函数添加测试，以确保传入的对象拥有正确的属性。下面的代码展示了我们将如何实现这一点。如果缺少某些属性，它们的值会被设置为 undefined，所以，如果 person 对象不包含 name 属性，代码就会显示错误信息。

```
if(person.name == undefined){
    console.log("Name property missing from input");
    }
    else{
    console.log("Name: "+ person.name);
}
```

然而，如果要向所有处理人员信息的代码添加这些测试，将会非常耗时。我们希望能够创建某个东西来为 PersonDetails 对象定义属性，以便使用它的人可以确保它具有所有必需的属性。我们可以通过类来达到这个目的。

以下代码定义了 PersonDetails 类。需要注意的是，这段代码并不会创建一个可以存放 PersonDetails 信息的数据存储器，而是告诉 JavaScript 如何创建一个 PersonDetails 类的实例对象。每一个类都有一个构造方法，当新的类实例被创建时。这个函数就会执行。构造方法创建了作为类的一部分的属性，在本例中是 name 和 address。

```
class PersonDetails {
    constructor(name,address){
    this.name = name;
    this.address = address;
    }
}
```

以下语句创建了一个新的 PersonDetails 对象，并通过 rob 变量来引用它。这个对象被称为 PersonDetails 类的一个“实例”（instance）。该对象具有由构造方法设置的 name 属性和 address 属性。new 关键字告诉 JavaScript 创建这个类的一个新实例。调用的参数被传递到这个类的构造方法中。

```
let rob = new PersonDetails("Rob","Rob's house")
```

动手实践 30

扫描二维码查看作者提供的视频合集或访问 https://www.youtube.com/watch?v=m4XRLdq3jjM，观看本次动手实践的视频演示。

探索类

现在，让我们来看看如何创建类的实例并与之交互。启动浏览器并打开 Ch07-02_Classes_Investigation 示例文件夹中的 index.html 文件。打开浏览器的**开发者工具**并选择“控制台”标签。

该示例文件中的 JavaScript 代码包含一个名为 `PersonDetails` 的类的定义。它与我们之前看到的定义完全相同，只不过在构造方法中有一条额外的语句，每次创建 `PersonDetails` 实例时，这条语句都会在控制台上显示一条消息。

```
class PersonDetails {

  constructor(newName, newAddress) {
    this.name = newName;
    this.address = newAddress;
    console.log("I just made a PersonDetails object:" + this.name +
      " :" + this.address);
  }

}
```

键入以下语句并按 Enter 键：

```
let rob = new PersonDetails("Rob","Rob's house")
```

当程序创建一个新的类实例时，`PersonDetails` 类的构造方法将被调用并显示一条消息。属性的值会被分配给这个新对象，并使用 `this` 关键字来引用。让我们花一些时间来思考这意味着什么。

在 JavaScript 中，关键字是具有特殊含义的词。我们已经见过了几个，比如 `if` 和 `function`。这些词在语言中有特定含义。`this` 也是一个关键字。人们在日常生活中也经常使用它。它是一个简写，指的是“我们正在谈论的事物”。比如，我妻子偶尔会拎起我刚从衣柜里拿出的一件 T 恤说：“你不会真的要穿这个吧”（You’re not going to wear this?）在这个上下文中，this 意味着“你坚决要穿的这件难看的 T 恤”。在 JavaScript 中，`this` 关键字是“当前执行代码的对象的引用”的简写。在类的构造方法中，`this` 引用指向正在被创建的对象。

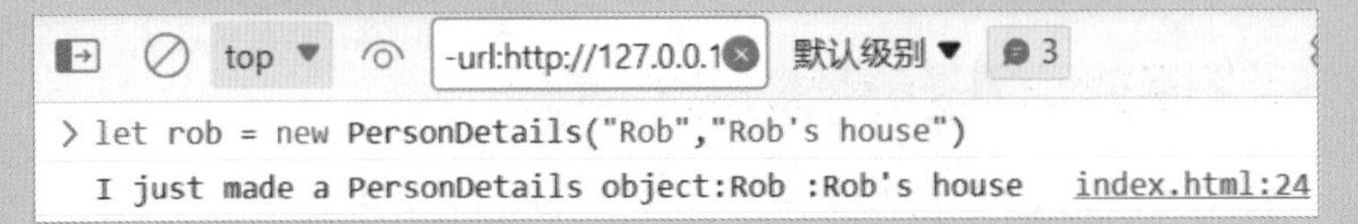
top
-url:http://127.0.0.1
默认级别
3
> let rob = new PersonDetails("Rob","Rob's house")
I just made a PersonDetails object:Rob :Rob's house
index.html:24

以下构造方法中的语句将 address 属性添加到 this 所引用的对象中（由构造方法设置的对象）。newAddress 变量是构造方法的一个参数，它包含要放入 PersonDetails 对象中的地址值。

```
this.address = newAddress;
```

在 JavaScript 中，this 会根据使用的上下文引用不同的事物，这比较令人困惑。我们将在讨论这些上下文时讨论这些引用，你也可以在网上的词汇表中完整阅读有关 this 的知识。

当构造方法执行完毕后，它会创建该类的一个实例，其中包含构造方法设置的 name 属性和 address 属性。

你现在可能会好奇，如果构造方法没有提供 name 值和 address 值，会发生什么事件。键入以下语句并按 Enter 键：

```
let badPerson = new PersonDetails()
```

由于构造方法没有得到 name 值或 address 值，它将创建一个 badPerson 对象类（其 name 值和 address 值为 undefined），如下所示：

```
I just made a PersonDetails object:undefined :undefined
```

你可能认为这意味着类并不比对象字面量好多少，因为我们貌似还是会创建无效的 PersonDetails 对象。但实际上，类有一个关键的优势：在创建一个新的 PersonDetails 值时，我们可以运行特定的代码，以确保新创建的 Person 对象的内容是有效的。请保持控制台窗口的打开状态，我们将在下一节中继续使用它。

代码分析 19

类的构造

对于类的构造过程，你可能有一些疑问。

1. 问题：new 关键字有什么作用？

解答： new 关键字启动新类实例的创建。new 关键字后面紧跟着类名。当运行的 JavaScript 程序遇到 new 关键字时，它会查找指定的类，并将类名后面的参数复制到构造方法调用中。

在下面的 new 关键字示例中，JavaScript 将要查找 PersonDetails 类的定义，创建一个空对象，然后调用 PersonDetails 构造方法，将“Rob”作为第一个参数，“Rob’s house”作为第二个参数。构造方法随后会填充该对象的属性，并返回该对象：在前面的语句中，rob 变量将被设置为指向新创建的对象。如果程序尝试创建一个未定义的类的新实例，程序会出错并停止运行。

```
let rob = new PersonDetails("Rob","Rob's house")
```

2. 问题：我们是否会主动调用类中的构造方法？

解答：我们永远不会主动调用构造方法。在执行 new 操作时，它会被自动调用。

3. 问题：this 关键字的意义是什么来着？

解答：与其思考 this 的意义，不如先思考它是用来解决什么问题的。PersonDetails 构造方法创建了一个新的类实例，并为其赋予 name 属性和 address 属性。为了使 PersonDetails 构造方法正常工作，它需要一个指向正在创建的新对象的引用。这个引用是通过 this 关键字提供的。

4. 问题：函数和方法之间有什么区别？

解答：函数是存在于所有对象之外的有名字的代码块。我们在学习 JavaScript 的过程中已经创建了很多函数。方法则是在对象内部声明的有名字的代码块，它让对象能够执行某些行为。到目前为止，我们只创建了一个方法，而它一个特殊的名称——构造方法（constructor），它在对象实例新建时执行。我们可以为一个类添加更多方法，本章的后续部分会对此进行介绍。

5. 问题：类和对象之间有什么区别？

解答：类就像是食谱，而对象则是根据食谱做出的蛋糕。换言之，类为 JavaScript 提供了如何创建对象的说明，而对象则是根据类的说明做出来的。

类的优势

你可能好奇为什么要使用类。毕竟，每当我们需要使用对象时，都可以直接在代码中使用对象字面量。使用类意味着我们必须首先用“class”定义一个类，然后还得编写构造方法。其中一个原因是，使用类可以使程序更加稳定。构造方法里的代码可以校验传入的属性，只有当这些属性都正确时，它才会创建一个新实例。

动手实践 31

扫描二维码查看作者提供的视频合集或访问 https://www.youtube.com/watch?v=56VDk-YKa6U，观看本次动手实践的视频演示。

有效的对象

你应该已经打开了位于 Ch07-02_Classes_Investigation 示例文件夹中的 index.html 文件。如果没有，请找到该文件，用浏览器打开它，然后在**开发者工具**中打开“**控制台**”标签。现在输入以下内容：

```
let x = new PersonDetails(1/"fred")
```

以上 JavaScript 代码完全合法，并且会成功运行，但这样做非常不好。一个数字除以一个字符串的结果在 JavaScript 中是 NaN 值。如果函数调用省略了某个参数（前面的 PersonDetails 构造方法就没有 address 值），那么当函数执行时，该参数的值会被设为 undefined。因此，我们正在要求 PersonDetails 构造方法创建一个名称为 NaN、地址为 undefined 的 PersonDetails 实例。按 Enter 键运行该语句。

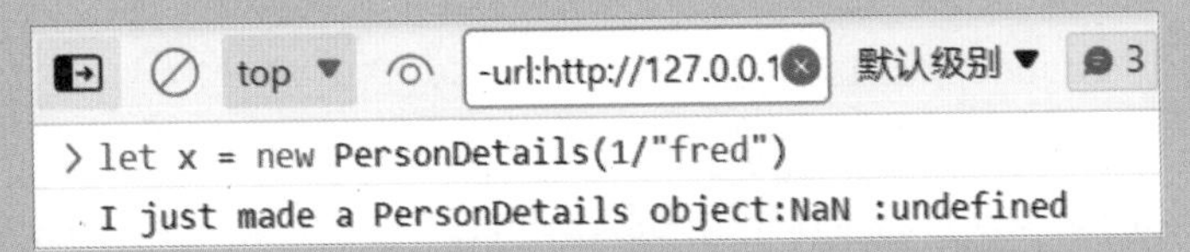

构造方法创建了一个名称为 NaN、地址为 undefined 的 PersonDetails 对象。如果程序后续使用了这个对象，它将会产生错误的结果。要是你曾经在网页上看到过 NaN 或 undefined 这样的信息，你现在应该能够理解它们为什么会出现了。

我们需要确保每次创建的 PersonDetails 对象都拥有有效的内容，于是我创建了一个具有自我防御能力的类。它不会让我们创建拥有无效信息的人。我把这个类命名为 ValidPersonDetails。看看你是否能破解它。输入以下内容进行测试：

```
let y = new ValidPersonDetails(1/"fred")
```

以上代码试图使用之前的无效参数来创建一个新的 ValidPersonDetails 实例：姓名是一个数字除以一个字符串（导致结果将是 NaN），地址是 undefined。按 Enter 键，看看这次会怎样。

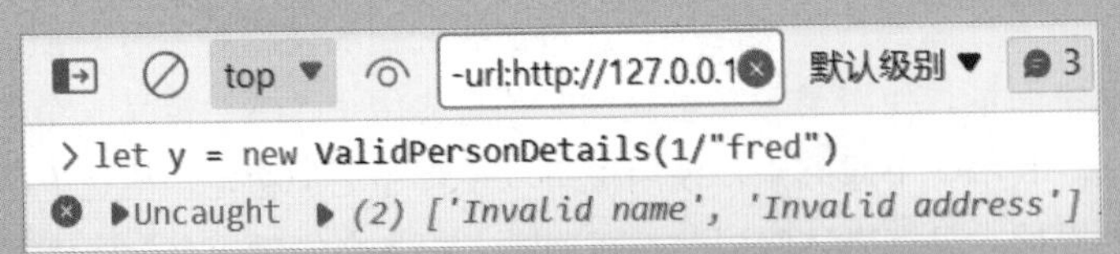

这次，程序显示了一个错误。ValidPersonDetails 类的构造方法抛出了一个异常。我们将在第 9 章中更深入地学习关于异常的内容。异常是一个对象，描述了刚刚发生的坏事。程序可以在代码的任何位置抛出异常。在发生异常时，JavaScript 会将程序的执行切换到专门为捕获和处理异常而设计的代码块中。在本例中，异常信息是一个包含“Invalid name（无效姓名）”和“Invalid address（无效地址）”消息的数组，描述了出现的问题。如果没有代码来捕获并处理异常，程序就会停止运行。如果代码尝试创建一个无效的 PersonDetails 实例，程序也会停止运行。

你可能想尝试创建更多的 ValidPersonDetails 对象。你会发现，除了为名字和地址分别提供字符串之外，没有其他方式能够创建 ValidPersonDetails 对象。

```
> let z = new ValidPersonDetails("Rob", "Rob's House")
  I just made a ValidPersonDetails object:Rob :Rob's House
```

如上所示，只要提供正确种类的参数，就能成功创建 ValidPersonDetails 的实例。现在，让我们看看这是如何运作的。

创建有效的对象

我们已经看到，创建字面量对象（直接在代码中创建对象）和创建类的新实例（使用 new 关键字）之间有一个关键的区别：在构造过程中，我们的代码是有控制权的。对象的构造方法中的代码可以强制执行一些规则，确保对象中的内容是有效的。现在，让我们看看这具体是如何实现的。

```
class ValidPersonDetails {

  constructor(name, address) {
    let error = [];                                    创建一个空的 error 字符串
    if (typeof (name) == 'string') {                   确保名称是一个字符串
      this.name = name;                                如果是，就创建该属性
    }
    else {                                             如果名称不是字符串
      error.push("Invalid name");                      就添加一个 error 消息
    }
    if (typeof (address) == 'string') {                确保地址是一个字符串
      this.address = address;                          如果地址有效，就设置地址属性
    }
    else {                                             如果地址无效，就添加到 error 字符串中
      error.push("Invalid address");
    }
    if (error.length != 0) {                           如果 error 字符串不为空，就意味着出现了错误
      throw error;                                     停止函数并抛出异常
    }
    console.log("I just made a ValidPersonDetails object:" + name + " :" + address);
  }
}
```

代码分析 20

验证构造方法

我们刚刚浏览了一个确保只创建包含有效内容的对象的构造方法。对于它的工作原理，你可能有一些疑问。

1. 问题：typeof 是做什么的？

解答：typeof 操作符作用于 JavaScript 变量，它返回该变量的类型所对应的字符串。我们知道，所有的变量都有一个特定的类型，在变量被创建时，这个类型就会被推断出来。

下面的两条语句会在控制台上显示消息“number”，因为变量的类型是 number（数字）。如果给一个变量赋值 99（或任何计算结果为数字的表达式），JavaScript 就会将变量类型设为 number：

```
let age = 99;
console.log(typeof age);
```

以下语句会输出“string”这条消息，因为 JavaScript 判断 name 包含一个字符串。ValidPersonDetails 的构造方法利用 typeof 来确保 name 参数和 address 参数都是字符串：

```
let name = "Rob";
console.log(typeof name);
```

接下来的代码会输出“PersonDetails”这个消息，因为 rob 引用被赋予了该类型的对象。这意味着我们可以设计一个只对特定参数类型起效的函数。它可以检查传入对象的类型，并只接受某些特定的类型：

```
let rob = new PersonDetails("Rob","Rob's house");
console.log(typeof name);
```

2. 问题：在我们的构造方法中，throw 操作抛出了什么？

解答：当构造方法运行时，它会在 error 变量中创建一个关于构造过程的简短“错误报告”。error 变量起初是一个空数组。如果构造方法检测到名字不是一个有效的字符串，它会将“Invalid name”添加到 error 数组中。如果地址无效，它会添加另一条消息。如果一切正常，在构造过程结束时，构造方法的 error 变量将包含一个空数组。如果 error 包含其他内容，那么构造方法就会判断构造过程失败了，并将 error 数组作为异常描述抛出。

3. 问题：构造方法能执行其他规则吗？

解答：可以。目前，`ValidPersonDetails` 还是会创建一个名字或地址为空字符串的对象。你可能想让它为这些项拒绝空字符串。它甚至可以进行测试，以确保名称仅由字母组成或长度达到了要求，以及地址包含有效的邮政编码。所有这些测试都会在创建对象时发生，使得我们更难创建无效的人物信息。

4. 问题：有没有什么机制可以阻止程序为已经存在的 `ValidPersonDetails` 对象的属性赋予无效的值？

解答：没有。在对象被创建时，构造方法可以控制并避免不良情况发生。但一旦对象被创建，就没有什么可以阻止程序更改对象的属性了。

下面两条语句将导致 `ValidPersonDetails` 对象的 `name` 属性的值变为 `NaN`：

```
let rob = new ValidPersonDetails("Rob","Rob's house");
rob.name = 1/"fred";
```

如果想创建具有获取和设置行为的对象的受管理属性，可以使用 `object` 的 `defineProperty` 方法，该方法在 https://developer.mozilla.org/en-US/docs/web/javascript/reference/global_objects/object/defineproperty 中有描述。

5. 问题：我们可以使用对象字面量为构造方法提供值吗？

解答：这是一个很好的想法。我们已经看到我们如何可以使用对象字面量来减少调用函数时出错的机会。对构造方法也应该这样做。以下语句创建了 `PerfectPersonDetails` 类的一个实例。

如果你想要创建拥有 `get` 行为和 `set` 行为的对象的管理属性，可以使用 `defineProperty` 方法。该方法的详细说明可在以下链接中查看：

https://developer.mozilla.org/en-US/docs/web/javascript/reference/global_objects/object/defineproperty

6. 问题：可以使用对象字面量为构造方法提供值吗？

解答：这是一个非常好的想法。我们已经看到，使用对象字面量可以在调用函数时减少出错的可能。对构造方法而言，这种方式也是合理的。以下语句创建了 `PerfectPersonDetails` 类的一个实例：

```
let rob = new PerfectPersonDetails({address:"House of Rob", name:"Rob Miles"});
```

该类的构造方法如下所示：

```
class PerfectPersonDetails {

  constructor(newValue) {
    let error = [];
```

```
        if (typeof (newValue.name) == 'string') {
          this.name = newValue.name;
        }
        else {
          error.push("Invalid name");
        }
        if (typeof (newValue.address) == 'string') {
          this.address = newValue.address;
        }
        else {
          error.push("Invalid address");
        }
        if (error.length != 0) {
          throw error;
        }
        console.log("I just made a PerfectPersonDetails object:" + newValue.
name + " : " + newValue.address);
      }
    }
```

构造方法有一个名为 newValue 的参数，该参数是包含创建新 PerfectPerson 所需的所有设置信息的对象。Ch07-02_Classes_Investigation 文件夹内的示例文件中提供了这个类，所以如果你愿意，可以自己创建一个实例。

程序员观点

使用 TypeScript 以防患于未然

你可能觉得这个“程序员观点”的标题有点令人困惑。怎么才能防患于未然呢？难道是用时空穿梭机？实际上，错误处理方式有两种。我们正在向 ValidPersonDetails 构造方法中添加的代码是在程序执行期间对发生的错误进行响应。但是，更好的策略可能是使用一种编程语言来指定程序中元素的类型，然后在程序开始运行之前就拒绝错误地使用了元素的代码。TypeScript 是对 JavaScript 语言的扩展，它能让我们实现这一点，因此非常值得我们做进一步的研究。

如果想再次查看对象字面量的概念，请参考第 1 章中的“程序员观点：善用对象字面量”。

7.3.2 为 TinySurvey 创建类

知道如何使用类之后，我们就可以开始为 TinySurvey 应用中的数据项创建一些类了。需要三个类，分别是 Survey、Option 和 Surveys。通过检查我们创建的工作流，可以确定它们应持有哪些属性。

7.3.3 Option 类

我们可以从创建 option 对象的类开始。以下代码声明了 Option 类，并展示了该类的构造方法：

```
    class Option {
      constructor(newValue) {
        this.text = newValue.text;
        this.count = newValue.count;
      }
}
```

构造方法接受一个包含 Option 的初始值的对象，例如 Option 的文本（比如“pepperoni”）和计数值，后者通常为 0。

以下语句创建了一个名为 option1 的变量，该变量引用了一个新的 Option 实例，其中 option 的文本为 "pepperoni"，count 值为 0。

```
let option1 = new Option({ text: "pepperoni", count:0 });
```

Option 方法

到目前为止，我们创建的所有类都只包含构造方法。但是，我们还可以向类中添加自己的方法，让类为我们执行一些操作。将方法放入类中可以稍微提高代码的安全性。举例来说，请考虑以下代码的效果：

```
option1.Count = option1.count + 1
```

这段代码的目的是为一个选项的 Count 值加 1。不幸的是，这行代码不会起作用。你可能需要仔细看看错误出在哪里。可以发现，“Count”标识符的拼写是错误的。其中一个被写成了“Count”，C 为大写。这不会导致程序中断，JavaScript 只会为 option1 引用的对象添加一个名为 Count 的新属性，并继续运行下去。但这无法让我们满意，因为 count 属性的值并没有像预期那样增加。更好的解决方案是在 Option 类中创建一个方法来增加 count 属性的值。还可以添加一个返回 count 属性值的方法。

```
class Option {
  constructor(newValue) {
    this.text = newValue.text;
    this.count = newValue.count;
  }

  incrementCount() {
    this.count = this.count + 1;
  }

  getCount() {
    return this.count;
  }

  getText(){
    return this.text;
  }
}
```

现在，程序可以调用 incrementCount 方法来使某一选项的 count 值增加 1，还可以通过 getCount 函数来确认 count 的值。我还添加了一个名为 getText 的方法，用于返回选项的文本。

你可能认为我在前面的方法声明前省略“function”一词是个错误。但事实并非如此（当然了！）。在一个类中创建方法时，直接从方法名开始写起；方法名之前不需任何其他内容。

程序员观点

使用方法提高韧性

在 Option 类中使用像 incrementCount 和 getCount 这样的方法能使类的操作更加安全。如果有人尝试调用 incrementcount 来增加 count 值，程序就会出错，因为方法名拼写错了。至少，我们不必再花许多时间去研究计数器为什么没有在应该更新的时候更新了。

提供 incrementCount 方法，而不是寄希望于人们会直接在 Option 对象内部增加 count 属性，也略微提高了安全性。如果应用程序的唯一目的是增加 count 的值，那么它不应该有其他操作权限。一些编程语言可以将类的成员设为私有，这意味着它们只能在类的内部方法中使用。如果我们可以将Option类中的count属性设为私有并禁止外部访问，那就再好不过了。可惜的是，JavaScript不支持这种功能，所以Option对象外部的任何代码都可以访问和修改类的任何成员，包括count。这也意味着，像incrementCount这样的方法还是不具备足够的安全性，但因为它们能使代码更加清晰，所以还是值得使用的。让类的使用者来直接更改类的属性不是个好主意，所以我们创建了getText方法来获取选项文本。

7.3.4 Survey类

每个调查问卷都有一个主题（调查问卷的内容）和一系列选项。在创建调查问卷时，它的构造方法会接收问卷的主题和选项列表。

```
constructor(newValue) {
  this.topic = newValue.topic;                          设置主题名称
  this.options = [];                                    创建一个选项数组
  newValue.options.forEach(optionValues => {            处理提供的选项文本
    let newOption = new Option(optionValues);           创建一个新的选项
    this.options.push(newOption);                       将选项添加到列表中
  });
}
```

前面的构造方法根据传递给它的值创建了一个新的Survey实例。newValue参数指向一个包含新Survey值的对象。

```
let newSurveyValues = {
  topic: "robspizza",
  options: [
    { text: "margherita", count: 0 },
    { text: "pepperoni", count: 0 },
    { text: "chicken", count: 0 },
    { text: "ham and pineapple", count: 0 },
    { text: "mushroom", count: 0 },
  ]
};

let result = new Survey(newSurveyValues);
```

前面的代码首先创建一个名为 pizzaSurvey 的字面量对象，该对象包含 Survey 对象的所有初始设置。接着，这个对象被用来初始化一个新的 Survey 类实例，并由 pizzaSurvey 变量引用。newSurveyValues 对象拥有 Survey 的所有属性，并且，这些属性会被构造方法复制到新的 Survey 实例中。

代码分析 21

研究构造方法

对于这个构造方法的作用，你可能有一些疑问。

1. 问题：forEach 方法有什么作用？

解答：JavaScript 数组对象提供了一个 forEach 方法，可以遍历数组中的所有元素。在使用 Survey 构造方法时，forEach 会使用一个函数作为参数，而该函数会被调用来处理数组中的每个元素。程序需要处理所有提供的选项值，并为每一个值创建相应的选项。

```
newValue.options.forEach(optionDetails => {
    let newOption = new Option(optionDetails);
    this.options.push(newOption);
});
```

在 forEach 调用的函数中，第一个参数是当前正在处理的数组元素。在前面的代码中，这个参数被命名为 optionDetails，它包含创建新选项所需要的详细信息。这些信息会被传入 Option 构造方法中，创建一个新的 Option 实例，并随后将这个实例加入到构造方法正在构建的选项列表中。

2. 问题：为什么我们允许 Option 构造方法为新的 Option 实例设置 Count 值？

解答：由于所有选项的初始 Count 都应为 0（该选项被选中 0 次），所以你可能会好奇为什么 Option 构造方法还要接受 Count 值，而不是直接设为 0。这是因为我们可能想从发送过来的 JSON 字符串创建一个 Option。在这种情况下，我们想要根据接收到的对象中的值来设置 Count，而不是直接将 Count 设置为 0。

调查方法

面向对象编程（听起来很高大上，对吧？）的一个基本原则是，即使不了解对象的内部工作机制也能使用它。当 TinySurvey 应用程序使用 Survey 对象时，它不会知道（或在意）Survey 对象的工作机制，或者其中包含什么。Survey 对象应该提供可以被调用的方法，以满足应用程序的确切需求，但它的职责也仅限于此。创建了

Survey 对象后，应用程序只需要做三件事：为特定选项增加计数值、获取选项的文本及其名称以在选择选项时显示，还有获取选项的文本及其 Count 值以展示结果。下面，让我们依次看看这些方法。

```
incrementCount(text){
    let option = this.options.find(            查找选项
        item=>item.text == text);              匹配选项名称
    if(option != undefined){                   该选项是否已定义？
        option.incrementCount();               如果是，就增加计数值
    }
}
```

incrementCount 方法负责增加选项的计数值。我们给它一个选项文本（例如“pepperoni”），它就会找到具有该文本的选项。如果该选项已被定义，那么它将调用该选项上的 incrementCount 以使计数增加 1。不知道它的工作原理也没关系，我们将在下一节更详细地介绍 find 方法。

getOptions 方法返回一个对象，该对象包含调查的主题和包含选项文本的对象列表。例如，对于一个非常简单的调查问卷，这个列表可能是 {topic:"robspizza", options: [{text:"pepperoni"}, {text:"chicken"}]}。这个列表将用于构建单选按钮的显示，用户将从中做出选择。

```
getOptions(){
    let options = [];                                       创建一个空的选项数组
    this.options.forEach(option=>{                          遍历所有选项
        let optionInfo = { text: option.text };             创建一个包含选项文本的对象
        options.push(optionInfo);                           将选项添加到列表中
    });
    let result = {topic:this.topic, options:options};       创建一个结果对象
    return result;                                          返回结果
}
```

getCounts 方法返回一个对象，该对象包含调查问卷的主题和包含每个选项的选项文本和 Count 值的对象列表（例如，{topic:"robspizza",options: [{text: "pepperoni",count:1},{text:"chicken",count:0}]}）。

它使用 ForEach 循环来遍历调查问卷中的所有选项，并为每个选项构建一个包含选项文本和 Count 值的对象。然后，它创建一个包含调查问卷的主题名称和选项列表的 result 对象。这个列表将用于构建显示每个项目的计数值的页面。

```
getCounts(){
    let options = [];                                          创建一个空的选项数组
    this.options.forEach(option=>{                             遍历调查中的选项
        let countInfo = { text: option.text,                   创建一个包含计数值和
             count: option.getCount() };                       选项文本的对象
        options.push(countInfo);                               将对象添加到选项中
    });
    let result = {topic:this.topic, options:options};          创建一个结果对象
    return result;                                             返回结果
}
```

动手实践 32

扫描二维码查看作者提供的视频合集或访问 https://www.youtube.com/watch?v=v0lIiQS-L4I，观看本次动手实践的视频演示。

TinySurvey 类

打开 Ch07-03-Tiny_Survey_Classes 示例文件夹中的 index.html 文件。使用浏览器打开**开发者工具**中的“**控制台**”标签。这个页面包含 TinySurvey 程序的类和一个用于创建示例调查问卷的一个 makeSampleSurvey 函数。

```
function makeSampleSurvey() {

  let newSurveyValues = {
    topic: "robspizza",
    options: [
      { text: "margherita", count: 0 },
      { text: "pepperoni", count: 0 },
      { text: "chicken", count: 0 },
      { text: "ham and pineapple", count: 0 },
      { text: "mushroom", count: 0 },
    ]
  };

  let result = new Survey(newSurveyValues);
  return result;
}
```

该函数创建了一个包含各种选项的数组和一个主题名称值，用于生成 Survey 实例。为了使用它创建一个样本调查，请键入以下内容：

```
let pizzaSurvey = makeSampleSurvey()
```

现在，pizzaSurvey 变量指向 Survey 类的一个实例。我们可以使用控制台查看调查问卷的内容。在命令提示符中键入 pizzaSurvey 并按 Enter 键。对象的内容将被显示出来。展开对象中的项目以查看详细信息。

下图展示了类的内容。

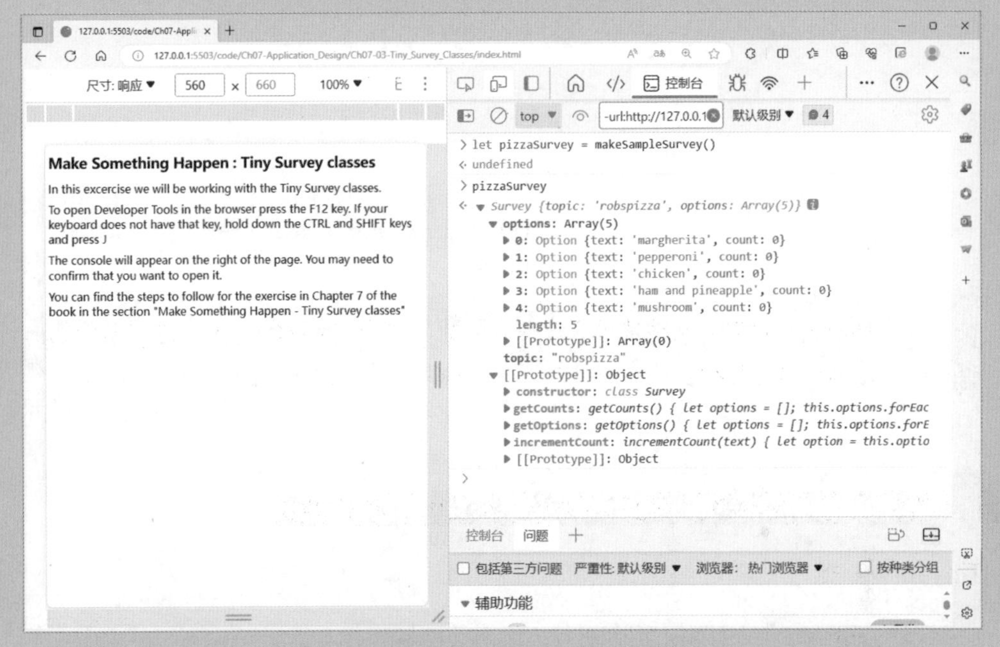

现在，让我们为 pepperoni 加一票试试。键入以下命令并按 Enter 键。这将增加名为 item2 的选项的 Count 值：

```
pizzaSurvey.incrementCount('pepperoni')
```

可以通过要求 survey 对象提供一个包含调查结果的对象来检查这行命令是否有效。键入以下命令并按 Enter 键。

```
let counts = pizzaSurvey.getCounts()
```

counts 变量现在指向一个包含问卷结果信息的对象。我们可以查看 counts 对象的内容。键入 counts，按 Enter 键，然后展开对象以查看全部内容。

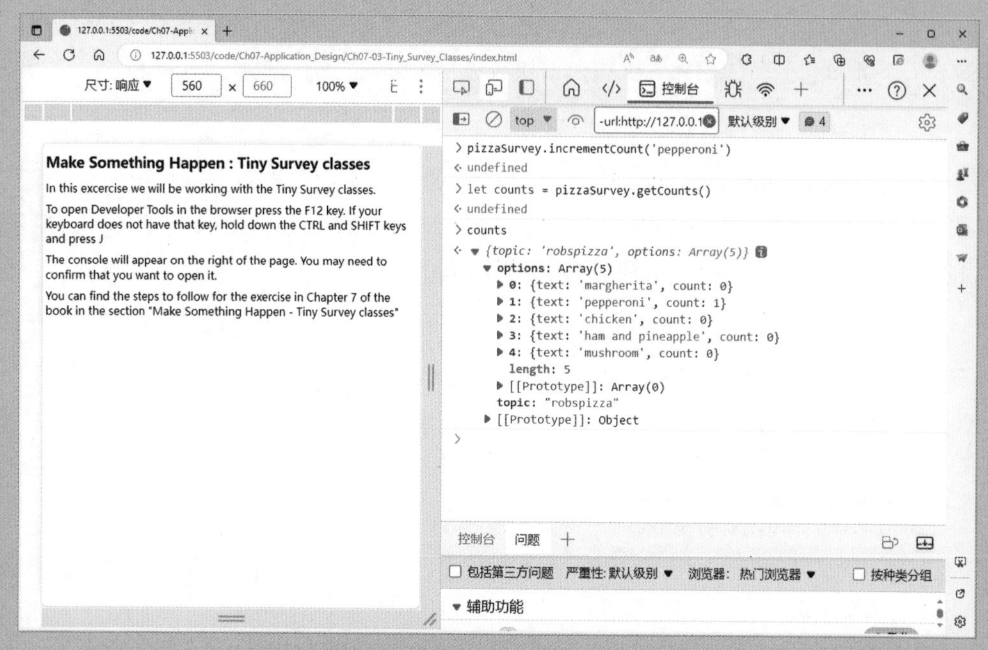

如上图所示，可以为其他选项添加更多票数，并查看 getOptions 方法返回的内容。请保持浏览器打开状态。我们将在下一次动手实践中继续使用这个示例页面。

代码分析 22

TinySurvey 类

TinySurvey 类很好用，但你可能对它有一些疑问。

1. 问题：Option 类的实例与一个仅包含 text 属性和 Count 属性的 JavaScript 对象之间有什么区别？

解答：这是一个很好的问题。从数据属性的角度来看，它们之间没有任何差异。JavaScript 不会区分 Option 实例和任何其他具有相同属性的对象。JavaScript 采用了所谓的“鸭子类型”（duck typing），意思是：当看到一只鸟走起来像鸭子、游起泳来像鸭子、叫起来也像鸭子，那么这只鸟就可以被称为鸭子。因此，应用程序中任何可以处理 Option 实例中数据的部分，也可以处理包含 Count 属性和 text 属性的对象。但是，只有 Option 类的实例才包含 getCount 方法和 getText 方法。

2. 问题：如果把一个类的实例转化为 JSON 字符串，其方法是否也会被编码到字符串中？

解答：这是个好问题。答案是不会。JSON 字符串只包含对象中的数据属性，而不包含方法。但是，我们可以将这个 JSON 字符串输入到 Option 构造方法中，以生成一个具有所有方法的“标准”Option 对象。我们可以用这种方法将选项从一个地方发送到另一个地方。要是想发送 pizzaSurvey，可以像下面这样做：

```
let pizzaSurveyJSONString = JSON.stringify(pizzaSurvey);
```

这会创建一个 pizzaSurveyJSONString 字符串，其中包含调查内容的 JSON 描述。我们可以将该字符串发送给其他人，他们可以使用 JSON.parse 从中解析出一个对象：

```
let receivedObject = JSON.parse(pizzaSurveyJSONString);
```

接下来，只需将 receivedObject 传递给 Survey 构造方法，即可将其转换为一个 Survey 对象：

```
let receivedSurvey = new Survey(receivedObject);
```

这个 receivedObject 将包含原始 Survey 对象的所有数据属性，因而 receivedSurvey 也会有由构造方法设置的那些属性。

7.3.5 Surveys 类

应用程序需要存储正在进行的调查问卷。为此，我们可以创建一个名为 Surveys 的类。虽然有很多方法可以存储调查结果，但作为起点，我们将使用一个简单的数组。我们通过将调查问卷添加到数组中来保存它。我们可以通过在数组中搜索具有问卷主题来找到匹配的调查问卷。

```
class Surveys {
  constructor() {
    this.surveys = [];
  }

  saveSurvey(survey) {
    this.surveys.push(survey);
  }

  getSurveyByTopic(topic) {
    return this.surveys.find(element => element.topic == topic);
  }
}
```

完整的 Surveys 类如以上代码所示。调查问卷的构造方法创建了一个用于存放问卷的数组。saveSurvey 方法将传入的值加入到调查问卷列表中。getSurveyByTopic 方法会返回与给定主题名相匹配的调查问卷。

动手实践 33

扫描二维码查看作者提供的视频合集或访问 https://www.youtube.com/watch?v=cqqQ1Pj73fg，观看本次动手实践的视频演示。

Surveys 类

Ch07-03-Tiny_Survey_Classes 示例文件夹中的 index.html 文件还包含了我们可以查看的 Surveys 类。让我们先来创建一个新的披萨调查问卷。

```
let pizzaSurvey = makeSampleSurvey()
```

键入以上语句后按 Enter 键。现在，pizzaSurvey 变量指向了 Survey 类的一个实例。接下来，我们需要创建一个用于存储调查问卷的变量。

```
let store = new Surveys()
```

键入以上语句后按 Enter 键。现在，store 变量指向 Survey 类的一个实例。现在，我们可以将 pizzaSurvey 存储到 store 中。

```
store.saveSurvey(pizzaSurvey)
```

键入以上语句后按 Enter 键。现在，store 中存储了一个调查问卷。我们可以查看 store 的内容。

```
store
```

键入以上代码以让控制台展示 store 对象的内容（如下图所示）。

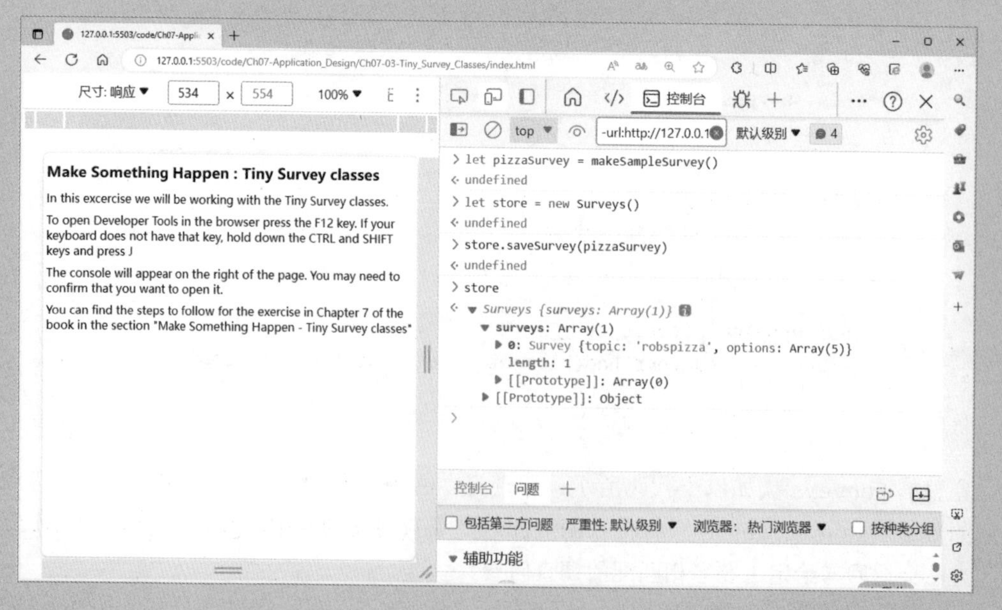

现在，我们可以使用 getSurveyByTopic 函数从 store 中提取调查问卷了。目前只有一个问卷，它的主题是 robspizza。键入以下语句，让 loadedSurvey 变量指向主题为 robspizza 的调查问卷：

```
let loadedSurvey = store.getSurveyByTopic("robspizza")
```

现在，我们可以查看 loadedSurvey 的内容了。键入变量的名称并按 Enter 键查看它的内容。

```
loadedSurvey
```

如下图所示，在这里，可以看到 loadedSurvey 包含的数据与 saveSurvey 是相同的。这意味着我们正确找到了调查问卷。

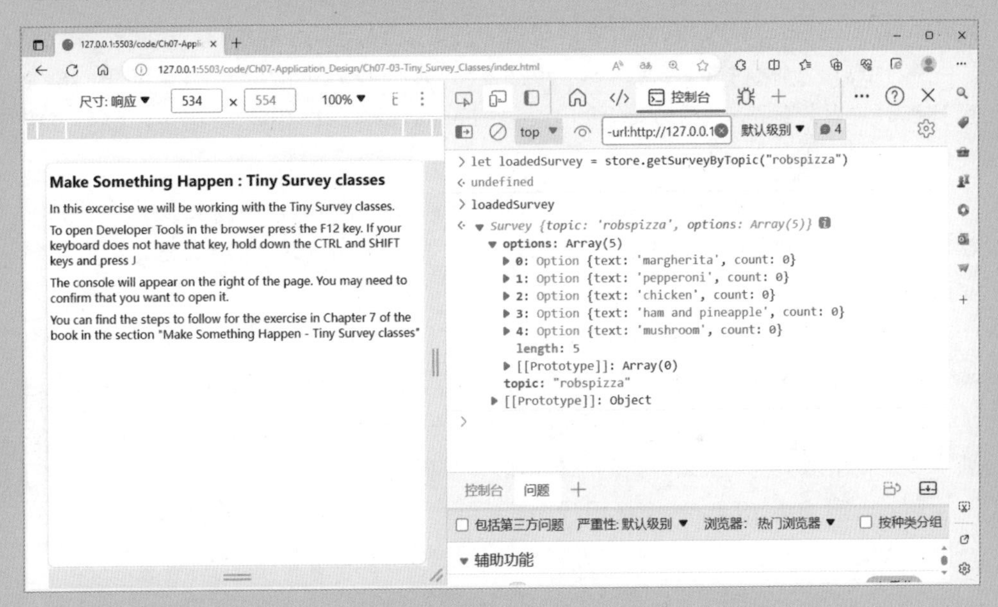

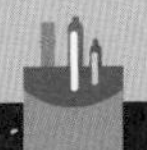

代码分析 23

Surveys 类

Surveys 类并不复杂，但你可能对它还有一些疑问。

1. 问题：findSurvey 方法是如何运作的？

解答：findSurvey 方法会根据给定的调查问卷主题（例如 robspizza）来找到对应的问卷。

它使用由 surveys 数组提供的 find 方法。所有数组都有一个 find 方法。你可以为 find 方法提供一个函数，该函数接受一个参数（即数组中的元素）并在找到所需元素时返回 true。对于 findSurvey，验证函数会测试元素是否具有与提供的参数匹配的主题，如果是，就算作找到了。

2. 问题：findSurveysByTopic 方法返回什么？

解答：该方法返回一个引用，这个引用指向与给定主题匹配的调查问卷。对这个调查问卷的更改也将反映在存储的调查问卷上，因为它们实际上是同一个 survey 对象。

3. 问题：如果没有匹配的主题名称，会怎样？

解答：如果我们要求 findSurveyByTopic 查找的调查问卷不存在，它将返回 undefined。使用 findSurveyByTopic 的任何程序都必须检查返回值是否为 undefined，以确定是否找到了调查问卷。

4. 问题：为什么我们要创建 Surveys 类？Surveys 类非常小，并且其中的每个函数都只包含一条语句。把这些语句放到 TinySurvey 应用程序的代码中，然后直接使用它们，不是更简单吗？

解答：创建 Surveys 类的目的是将调查存储与应用程序分开。这使我们可以轻松地从数组切换到数据库。我们只需要改动类中的 find 方法和 save 方法，而不需要更改整个应用程序。

5. 问题：如何删除旧的调查问卷？

解答：目前还没办法删除。随着调查问卷的增加，surveys 数组只会变得越来越大。但是，我们可以修改 saveSurvey 方法，为 surveys 数组设置一个上限，并在新增的调查超出了这一限制时，删除最旧的一个调查。

现在，我们为 TinySurvey 应用程序建立了一个工作流和数据存储方法。在下一章中，我们将创建能够运转的网页并编写使 TinySurvey 正常工作的代码。

要点回顾与思考练习

本章的内容仍然相当丰富。我们探讨了许多主题。下面是一些要点回顾以及需要思考的要点。

1. 创建应用程序的公司和监管机构都有伦理标准，在发布新应用程序之前，他们将会根据这些标准进行评判。在设计新应用程序的过程中，一定要考虑到伦理、隐私和安全的问题。

2. 在为新的应用程序编写代码或构建网页之前，需要咸味其构建“工作流”。工作流描述了用户将看到的内容、它们呈现的顺序以及用户如何从一个项目跳转到另一个。最开始时，可以在纸上设计工作流。用只包含固定文本的网页来制作原型应用程序是一个不错的选择。这在记录工作流的各个步骤时非常有用。

3. 应用程序的工作流程设计完毕后，就可以考虑应用需要的数据存储方式了。最开始时，我们可以用比较笼统的术语（例如，调查问卷）来讨论存储内容，但这些需要进一步明确，考虑每个项目中具体要保存什么内容。

4. JavaScript 类定义了一个拥有构造方法的对象，它可以根据传递给构造方法的参数来创建具有特定属性值的对象。最好以一个包含属性和值的字面量对象的形式把参数传给构造方法，这样就可以把这些值转移到新对象中。

5. 在 JavaScript 中，构造方法里用到的 `this` 关键字表示“当前正在被创建的对象的引用”。

6. 类的构造方法可以验证作为参数提供的初始值，但构造方法只能通过抛出一个异常来表示参数值无效。

7. 使用 `new` 关键字可以创建一个类的实例。这将调用该类的构造方法。构造方法接受包含用于初始化实例的值的参数。

8. JavaScript的类可以包含方法以及属性。方法等同于函数，但是它存在于类内部。在方法的代码中，`this` 关键字表示“正在执行此方法的实例的引用”。

9. 外部代码不应该直接操纵类实例的内容以改变其中的数据，而是应该由实例提供可调用的方法，以执行特定的操作。例如，在 TinySurvey 中的 `Option` 类提供了一个方法来增加 `count` 值。外部代码不应直接访问内部的 `count` 属性。

10. 数组提供了一个 `forEach` 函数，可以用来在每个数组元素上执行给定的函数。

11. JavaScript 并不根据对象的类型来区分对象。任何带有特定属性集的对象都可以与带有相同属性集的其他对象互换。

12. 将类的实例转换为JSON字符串时，结果中不会包含该实例的类型或方法属性信息。

为了加深对本章的理解，你可能需要思考以下进阶问题。

1. **问题**：在开发应用程序时，应该在伦理、隐私和安全问题上投入多少精力？

解答：在开发初期考虑这些问题总是好的。通常，对应用程序的行为进行简单的调整可以使其更符合伦理要求。反之亦然。试图从应用程序中获利可能会导致它不再符合伦理要求。在整个项目中，都需要持续关注修改应用程序所带来的影响，以及用户的使用情况，不断地思考伦理问题。

2. **问题**：除了伦理，在构建应用程序时还需要考虑哪些问题？

解答：其他值得考虑的问题如下：

- 市场上是否已经存在拥有相同功能的应用了？
- 要采用什么商业模式？你将如何通过应用来获利？谁拥有哪些权益？

- 你是在和团队一起构建应用吗？
- 利润将如何分配？
- 应用程序各部分的所有权归属是否明确？

3. 问题：如果只创建一个单页应用，还需要绘制工作流程图吗？

解答：TinySurvey 应用程序分布在几个页面上。然而，你也可以创建单页应用程序。在这种情况下，你应该记录用户使用应用时，页面的不同状态之间的工作流，而不是记录页面之间的导航。

4. 问题：类和对象之间有什么区别？

解答：类定义了对象应该有哪些行为，并提供了一个机制（构造方法）来在对象中设置初始值。你可以把类看作是菜谱（教人如何做蛋糕），而类的实例就是按照菜谱做所得到的结果（蛋糕）。

5. 问题：一个类可以有多个构造方法吗？

解答：类中的构造方法用于设置类中的初始值。为了根据 JSON 编码的字符串或其他方式创建实例，多个构造方法可能是有必要的。但 JavaScript 不允许这样做。一个类中只能有一个构造方法。但是，你可以创建一个能够检查传入参数类型的构造方法，并让它做出适当的反应。

6. 问题：程序如何检测特定对象的类？

解答：`typeOf` 函数会返回一个对象的类型，但它对类不起作用。类的实例的类型总是 Object（对象）。但是，`instanceOf` 操作符可以确定一个对象引用是否指向特定类型的对象。

举例来说，以下语句展示了如何使用 `instanceof`。如果 `pizzaSurvey` 引用了一个 `Survey` 对象，那么就会记录这条消息：

```
if (pizzaSurvey instanceof Survey) console.log("A Survey")
```

7. 问题：可以从库中导出类吗？

解答：可以。当我们在下一章创建 TinySurvey 应用程序时，将使用一个名为 SurveyStore.mjs 的库文件，它导出了 `Survey`、`Option` 和 `Surveys` 这三个类供应用使用。

第 8 章

构建应用

本章概要

在第 7 章中，我们设计了 TinySurvey 应用程序。我们制定了工作流，模拟了用户所互动的页面以及应用程序的使用流程。接着，我们设计了支持应用程序的数据存储，并实现了一套为应用程序提供存储行为的类。

在本章中，将开始构建应用程序。将学习如何为页面添加样式，以及Express框架可以如何简化Web应用程序的创建过程。还将创建第一个使用 Node 包管理器的项目，并探索如何创建和配置使用多个库的应用程序。在这个过程中，还将学习一些使用 Git 的新技巧，帮助我们管理代码的更改。最后，将得到一个可以部署到云端并且可以使用的调查问卷应用程序。

我一般会在这里提醒你查阅词汇表，为了不让你失望，请让我提醒一句：别忘了，网上的词汇表随时可以查看。

8.1 使用 Bootstrap 增加样式

在开始创建 TinySurvey 的页面之前，应该先考虑一下它们的样式。目前为止，我们创建的原型页面都使用的是标准的 HTML 元素样式。虽然这样是可行的，但它无法提供舒适的用户体验。在之前的应用中，我们曾添加过样式表，以设置页面元素的样式。我们第一次接触样式表是在第 2 章，当时，我们用它设置了 JavaScript 时钟显示的文本大小。请查看“代码分析：文档对象和 JavaScript”部分以回顾我们所做的事情。自那以来，我们每次创建网页时，都会创建一个与之配套的样式表文件。这个样式表文件定义了应用于 HTML 文件中的元素的样式。而文档的标题则包含了对名为 style.css 的本地文件的引用。

```
<link rel="stylesheet" href="styles.css">
```

style.css 文件包含为页面上的元素提供显示设置的类的定义。创建能良好地在多种设备上显示的样式表是一项艰巨的工作，好在，许多精于此道的人已经为我们铺好了路。Bootstrap 的开发团队就是其中之一（https://getbootstrap.com/）。他们制作了可以在我们的应用程序中使用的样式表。这些样式表功能强大，并且可以动态地根据不同尺寸的显示屏来调整页面的显示。尽管我们的 TinySurvey 应用程序不会用到所有这些功能，但它们都很值得研究。

在我们链接 Bootstrap 样式表之前，需要向 HTML 添加一条语句，告诉 Bootstrap 如何在不同的设备上调整页面大小。下面的语句创建了一个元数据项，它表示“使用设备的全宽，并以 1 作为初始缩放值”。这个有 `viewport` 标识符的元数据在 Bootstrap 启动时被读取。

```
<meta name="viewport" content="width=device-width, initial-scale=1.0">
```

我们可以通过将 Bootstrap 样式表设置为文档的样式表来使用它：

```
<link rel="stylesheet"
href="https://cdn.jsdelivr.net/npm/bootstrap@4.3.1/dist/css/bootstrap.min.css"
integrity="sha384-
ggOyR0iXCbMQv3Xipma34MD+dH/1fQ784/j6cY/iJTQUOhcWr7x9JvoRxT2MZw1T"
crossorigin="anonymous">
```

这与前面链接所做的事情相同；它为文档设置了一个样式表。但现在，这个样式表是从互联网上下载的。`integrity` 属性包含样式表内容的哈希值（`hash`），用于验证内容的完整性。

我们可以使用这个样式表来格式化 TinySurvey 应用程序的主页。下面的图 8-1 展示了 TinySurvey 的主页。用户将输入调查问卷的主题。我们的问卷是为了选择最好的披萨种类而创建的，因此它的主题命名为“robspizza”。这个页面使用 Bootstrap 样式表进行了样式设置。

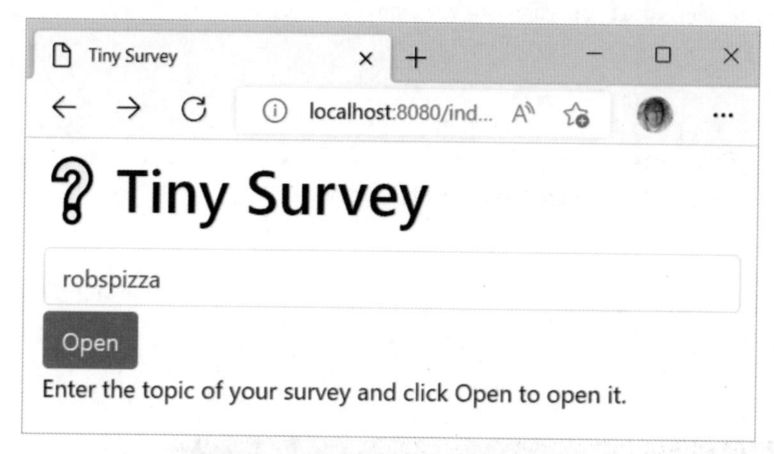

图 8-1　TinySurvey 的 Bootstrap 样式

让我们看一下该页面的 HTML 源代码文件：

```
<!DOCTYPE html>
<html>

<head>
  <title>TinySurvey</title>
  <meta name="viewport" content="width=device-width, initial-scale=1.0">
  <link rel="stylesheet"
href="https://cdn.jsdelivr.net/npm/bootstrap@4.3.1/dist/css/bootstrap.min.css"
    integrity="sha384-
ggOyR0iXCbMQv3Xipma34MD+dH/1fQ784/j6cY/iJTQUOhcWr7x9JvoRxT2MZw1T"
crossorigin="anonymous">
</head>

<body>
  <div class="container">
    <h1 class="mb-3 mt-2">&#10068; TinySurvey</h1>
    <p>
      <input type="text" class="form-control" id="topic" spellcheck="false">
    </p>
    <p>
      <button class="btn btn-primary mt-1"
onclick="doEnterOptions();">Open</button>
```

```
    </p>
    <p>
      Enter the topic of your survey and click Open to open it.
    </p>
  </div>
  <script>
    function doEnterOptions() {
      window.open("enteroptions.html", "_self");
    }
  </script>
</body>
</html>
```

代码分析 24

为 TinySurvey 设置样式

可以在 Ch08_01_Bootstrap_Tiny_Survey 文件夹中找到 TinySurvey 的 Bootstrap 版本。现在，应用程序的所有页面都用 Bootstrap 进行了样式设计。你可能对索引文件有一些疑问。

1. 问题：以 `<meta` 开头的行起到了什么作用？

解答：它描述了 Bootstrap 的视口（viewport），以便为不同的设备适当地调整页面大小。

2. 问题：`div` 有什么作用？

解答：有时，你可能想把页面上的某些内容放在一起，以统一应用某些样式。`div` 包裹了我们想要用 `container` 类指定样式的页面上的所有内容。Bootstrap 提供的 `container` 类允许我们在页面上将相关的项目分组到一起。

3. 问题：`❔` 是什么意思？

解答：可以在页面的标题中找到它。这是一个 `emoji` 的代码，表示一个白色问号。这是为应用程序获得一个简单图标的低成本方法。

4. 问题：`class=" mb-3 mt-2"` 是什么意思？

解答：这是包含 Bootstrap 布局指令的类名。`mb-3` 用于设置底部边距，而 `mt-2` 则用于设置顶部边距。你可以用它们来在页面上垂直定位元素。

5. 问题：`spellcheck="false"` 是什么意思？

```
<input id="topic" spellcheck="false">
```

解答：用户输入的主题名称可能与字典中的单词不匹配。比如，我就给问卷命名为“robspizza”。如果输入内容无需拼写正确，你就可以添加这个属性，告诉浏览器即使输入的单词不在字典中，也不要标错。

6. 问题：window.open 有什么作用？

解答：当用户按下 Open 按钮时，我们希望应用程序跳转到另一个窗口。在应用程序原型中，它将跳转到输入问卷选项的页面。执行这一操作的页面名为 enteroptions.html。

```
window.open("selectoption.html", "_self");
```

`window.open` 函数命令浏览器打开指定的 URL。它的第二个参数 `"_self"` 告诉浏览器在当前窗口中打开 URL。

8.2 开始使用 Express

我们通过编写两个 JavaScript 程序创建了小游戏《找奶酪》。一个客户端程序在浏览器中运行，并与运行在云端的服务器程序通讯。客户端的 JavaScript 构建了玩家看到的 HTML 页面。服务器端的 JavaScript 则负责游戏的运行。服务器还向浏览器提供了用来构建页面的网页。我们可以使用同样的办法来构建 TinySurvey。一个在浏览器中运行的 JavaScript 程序可以根据用户在与应用程序的哪一部分交互来构建四个页面。不过，有一个框架能使我们更轻松地构建多页面应用程序，它就是 Express，可以在 http://expressjs.com/ 上找到。在开始使用 Express 之前，我们需要先了解如何将库整合到 Node.js 应用程序中。

8.2.1 Express 和 Node 包管理器

在第 6 章中，我们使用了 package.json 文件来描述想要部署到云端的《找奶酪》小游戏中的元素。《找奶酪》运行时不依赖任何其他代码，它只使用了 JavaScript、Node.js 框架或我们为应用程序创建的库文件（例如 pseudorandom.mjs）。但是，TinySurvey 应用将依赖于许多外部库。我们需要把这些库中的代码添加到应用程序中，还需要有机制确保它们都保持最新。Node 包管理器将帮助我们完成这些工作。

npm（node package manager，node 包管理器）程序是安装 Node.js 时自带的，它与一个由 npm 公司（https://www.npmjs.com/）管理的服务器通讯。这些服务器托管库文件，npm 程序会读取 package.json 文件，来找出项目需要哪些库文件。从创建一个新应用程序开始，npm 程序就管理着 package.json 的内容。下面来看看如何使用它。

动手实践 34

扫描二维码查看作者提供的视频合集或访问 https://www.youtube.com/watch?v=Un7tL7v4rR4，观看本次动手实践的视频演示。

创建 TinySurvey 项目

本次动手实践有些特别。这次，我们不会使用预先构建的代码作为起点，而是将从一个完全空白的文件夹开始，在其中创建一个应用程序。之后，我们会添加一些预先构建的组件。我们将使用 Visual Studio Code 的内置终端来完成这些操作。在第 1 章里，我们在计算机上安装了 git 程序。我们还没有在终端中使用过它，但在这个实践中，我们将使用 Git 在计算机上创建一个新的存储库，然后添加需要的文件。

首先，我们要做的是启动 Visual Studio Code。然后，关闭 Visual Studio 中已经打开的任何文件夹，并从**文件**菜单里选择“**打开文件夹**”选项，如上图所示。这将打开文件夹浏览器。

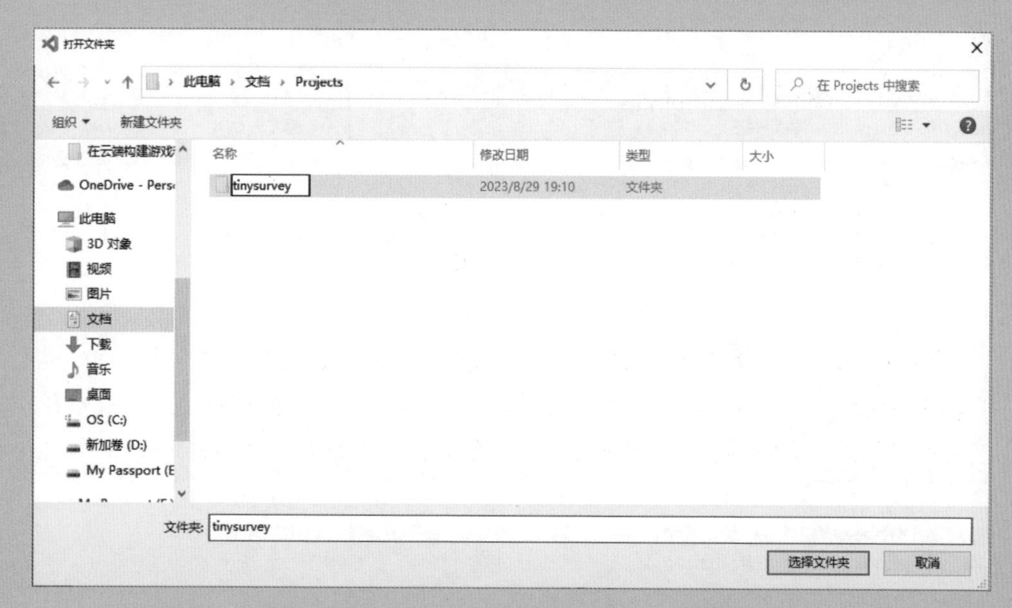

如上图所示，在打开的文件夹窗口中单击右键，并从弹出的菜单里选择“**新建文件夹**”来创建一个新文件夹。你可以将文件夹放在电脑的任意位置。我有一个名为“Projects”的文件夹，专门用来保存我正在处理的项目。创建一个名为 tinysurvey 的文件夹，单击“选择文件夹”，并在 Visual Studio 中选择它。

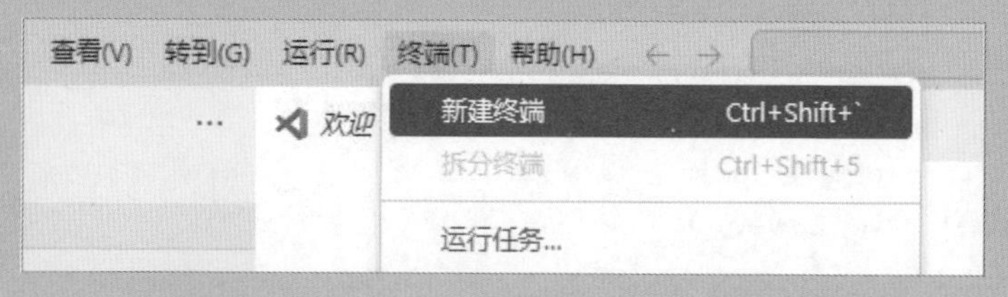

如上图所示，有了一个文件夹之后，我们可以使用 Visual Studio Code 中的终端设置它了。在“终端”菜单中选择“新建终端”。随后，终端窗口将在 Visual Studio Code 窗口的底部打开。

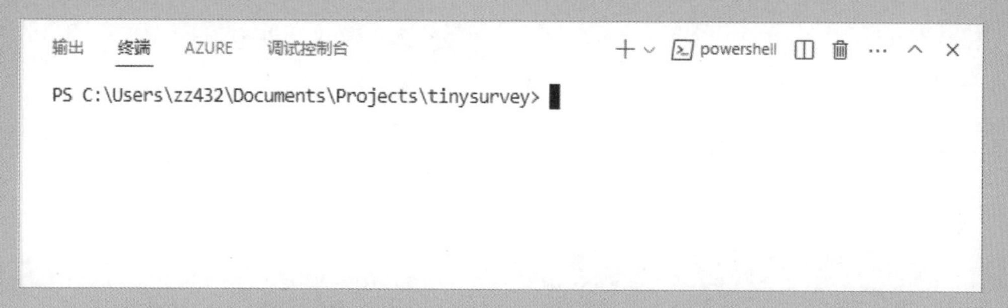

如上图所示，我们首先要做的是为这个文件夹创建一个 Git 存储库，以便追踪文件中的更改。我们将使用 Git 程序来完成这个任务。

```
git init
```

键入以上命令并按 Enter 键。

```
输出    终端    AZURE    调试控制台
PS C:\Users\zz432\Documents\Projects\tinysurvey> git init
Initialized empty Git repository in C:/Users/zz432/Documents/Projects/tinysurvey/.git/
PS C:\Users\zz432\Documents\Projects\tinysurvey>
```

命令会再执行完毕后进行确认。现在，我们有了一个 Git 存储库，可以开始为应用程序添加文件了。Node 包管理器（npm）程序将为我们完成这个任务。在这个过程中，它会询问我们一系列问题，而这些问题的答案会用于为项目构建一个 package.json 文件。

```
npm init
```

键入以上命令并按 Enter 键。

```
PS C:\Users\rsmil\projects\tinysurvey> npm init
This utility will walk you through creating a package.json file.
It only covers the most common items, and tries to guess sensible defaults.
See 'npm help init' for definitive documentation on these fields
and exactly what they do.

Use 'npm install <pkg>' afterwards to install a package and
save it as a dependency in the package.json file.
Press ^C at any time to quit.
package name: (tinysurvey)
version: (1.0.0)
description: TinySurvey application
entry point: (index.js) tinysurvey.mjs
test command:
git repository:
keywords:
author: Rob Miles
license: (ISC)
About to write to C:\Users\rsmil\projects\tinysurvey\package.json:

{
"name": "tinysurvey",
"version": "1.0.0",
"description": "TinySurvey application",
"main": "tinysurvey.mjs",
```

```
"scripts": {
"test": "echo \"Error: no test specified\" && exit 1"
},
"author": "Rob Miles",
"license": "ISC"
}


Is this OK? (yes)
PS C:\Users\rsmil\projects\tinysurvey>
```

对于大多数问题，只需按Enter键即可。我用下划线标记了需要你自己回答的部分。你只需要提供入口点（entry point，即启动项目时要运行的文件的名称）和作者（author）即可。现在我们的应用程序有了一个 package.json 文件。我们可以像前面那样查看它，但我们通常会让 npm 管理文件的内容。下一步是将 Express 库添加到我们的项目里。只需要输入 `npm install` 命令和要安装的包的名称即可。

```
npm install express
```

输入上述命令并按 Enter 键。npm 程序将在服务器上查找 Express，并发现它使用了另外 57 个包。这些内容都会被复制到名为 `node_modules` 的文件夹中，并与另外两个包文件一同添加到应用中。

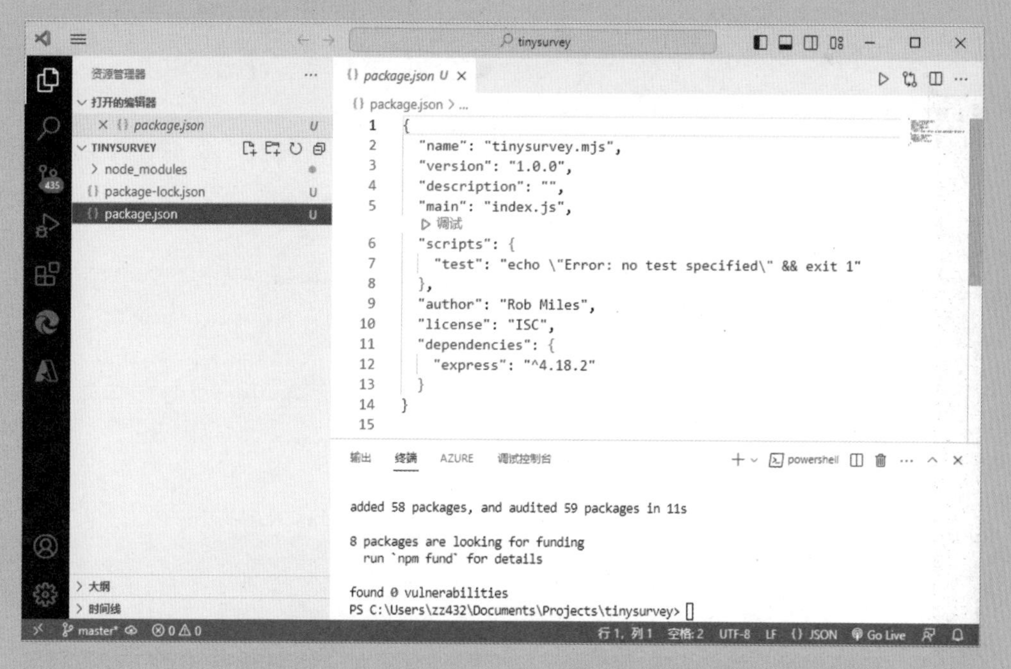

在 Visual Studio 编辑器中打开 `package.json` 文件以查看更改。可以看到，dependencies 部分的一个条目显示此应用程序使用了 Express，并且版本需要高于 4.18.2。我们目前唯一缺少的就是 tinysurvey.mjs 文件，它包含了驱动应用程序运行的 JavaScript 代码。

如下图所示，单击资源管理器中 TINYSURVEY 项目右侧的**“新建文件”**图标，并将新文件命名为 tinysurvey.mjs。

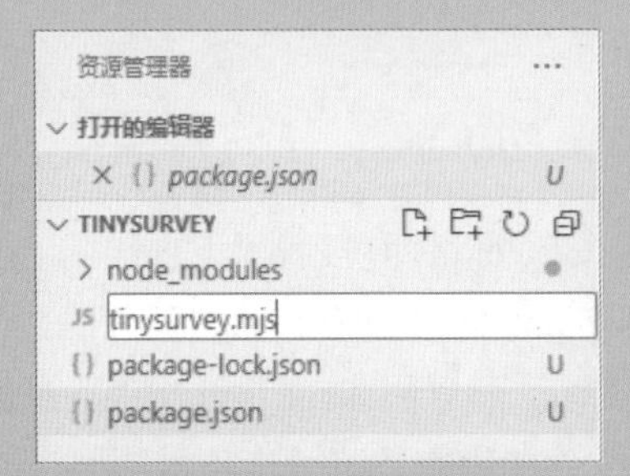

这样便新建了一个空的文件。可以在本章的 Ch08-02_Express_Hello_World 示例文件夹中找到我们将使用的 tinysurvey.mjs 文件的内容。在电脑上找到这个文件，并把它的内容复制 tinysurvey.mjs 文件中，然后保存 tinysurvey.mjs 文件。现在，我们可以就使用 Node 来运行它了。

```
node tinysurvey.mjs
```

打开终端窗口，输入以上命令，然后按 Enter 键启动程序（如下图所示）。

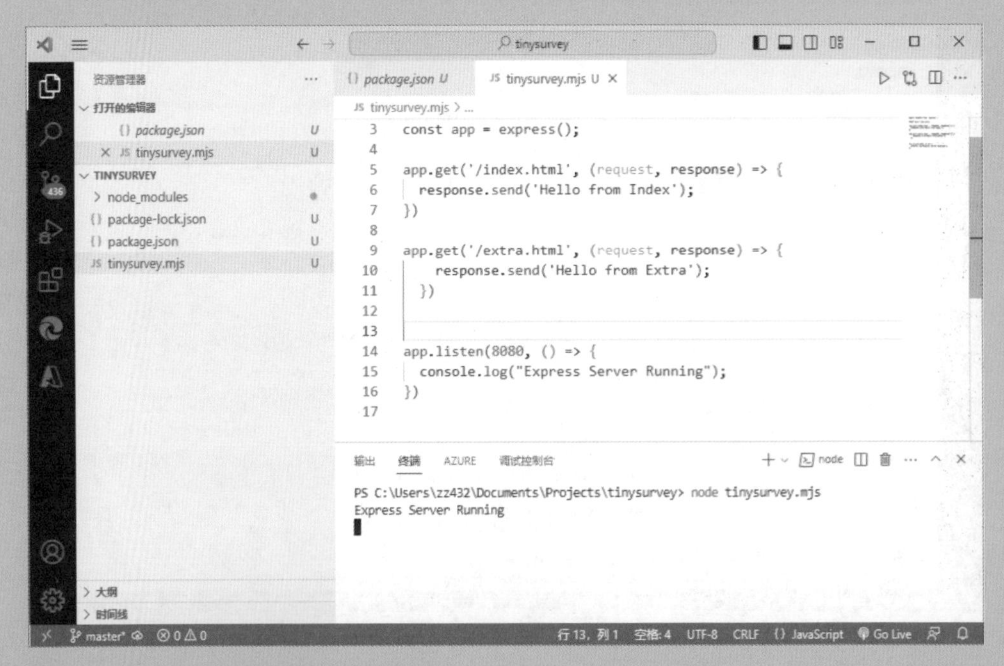

Express 框架正在托管一个运行在 8080 端口上的网页服务器。让我们用浏览器看看它所提供的内容（尽管可能已经从前面的列表中看出来了）。打开浏览器并访问这个地址：localhost:8080/index.html。

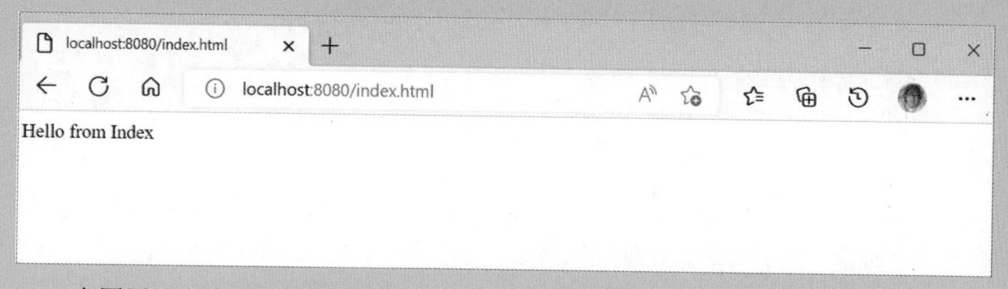

上图展示了来自索引页面的响应。你可能想知道访问 localhost:8080/extra.html 时会怎样。

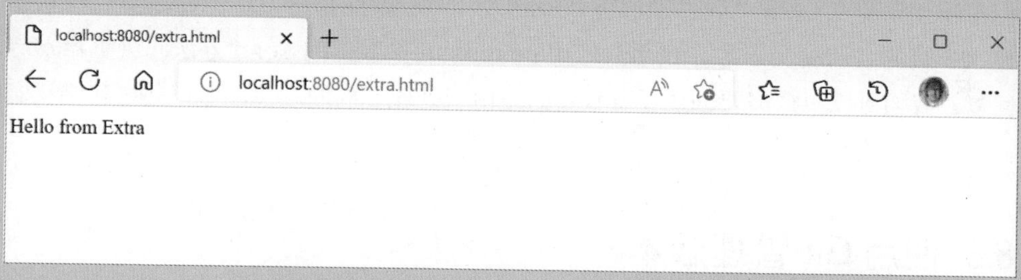

你可能会好奇，如果浏览器试图访问一个不存在的页面会怎样。尝试访问这个地址：localhost:8080/fred.html。

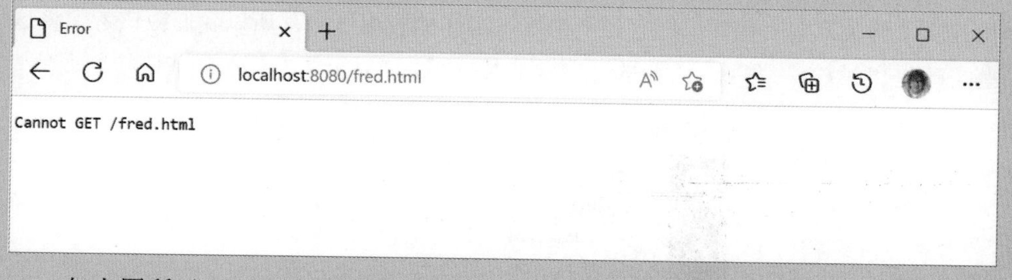

如上图所示，Express 服务器会给出合适的响应。fred.html 的路由并不存在。我们可以向 Express 项目添加任意数量的端点。每个端点后面的代码都会发出简单的响应，但我们也可以通过运行代码来生成页面内容。这将在稍后详细讨论。

我们可以通过使用调试器来启动 tinysurvey.mjs 程序，以调试应用程序，和之前调试《找奶酪》小游戏的代码一样。但在此之前，我们需要先在终端窗口中按快捷键 CTRL+C 来停止 Node.js 应用程序。现在，停止应用程序，但不要关闭 Visual Studio Code，我们将在下一个动手实践中继续使用它。

8.2.2 Express 路由

以下代码处理了对 index.html 页面的 get 请求。当浏览器想从服务器获取某些内容时，它会发出一个 get 请求。Express 中的 get 方法定义了一个路由。

```
app.get('/index.html', (request, response) => {
  response.send('Hello from Index');
})
```

路由是一个端点与处理它的 JavaScript 函数之间的映射。get 方法的第一个参数是一个字符串，指明路由正在处理的端点。在本例中，它是 index.html 页面。get 的第二个参数是一个函数，它接受两个参数：request（请求）和 response（响应）。为了处理这个路由，我们本可以声明一个名为 handlePageRequest 的函数（就像我们在第 4 章的 4.2.1 节“软件即服务（SaaS）”中所做的那样），但在这里，我们创建了一个匿名的箭头函数，该函数使用 response 参数上的 send 方法向浏览器发送回复。我们可以根据需要创建任意数量的路由来处理不同的端点。但在此之前，我们需要先保存这个示例。

8.3 使用 Git 管理版本

赛车手和程序员有一个共同点，两种人都不喜欢走回头路。在编写代码时，你可能会担心对应用程序造成破坏，并且无法将其还原到先前的状态。Git 程序为这个问题提供了解决方案。我们已经有了一个可以工作的应用程序，所以我们应该考虑将这些更改提交到 Git，为下一阶段的开发做准备。图 8-2 显示了左侧的源代码控制项。

图 8-2 Git 更改

控件上的数字 436 意味着自从存储库中的文件被创建以来，已经进行了 436 次更改。Visual Studio Code 使用我们创建的 Git 存储库来跟踪应用程序文件夹中的文件的更改，另外，安装 Express 及其依赖项会创建很多新的文件。

使用 gitignore

我们可以像图 8-2 展示的那样将所有更改提交给 Git。这将为我们的应用程序存储库添加 436 个文件。然而，大多数文件都不是我们创建的，而是 npm 在安装 Express 时创建的。package.json 文件包含一个依赖项列表，列出了这个项目所需的库。因为任何想要参与构建我们的应用程序的人都可以查看 package.json 文件，找到依赖项，并获取所有必要的文件，所以我们无需把所有 Express 文件保留到存储库中。我们希望有一种方法能告诉 Git：“不需要把这些来自库的文件放进存储库里。”

实际上，确实有这样的方法。它的名字是 gitignore。你可以将 gitignore 文件添加到存储库中。这个文件包含一个模式列表，对应着不应该放入存储库的文件和文件夹。本书将不会讲解 gitignore 文件的创建过程，你也不需要从头开始创建它，因为 GitHub 有一个可以用于任何项目的 gitignore 文件列表，它的地址是 https://github.com/github/gitignore。我们将要使用针对 Node 项目的 gitignore 文件。让我们看看它是如何工作的。

动手实践 35

扫描二维码查看作者提供的视频合集或访问 https://www.youtube.com/watch?v=pOdsCSJ EhVM，观看本次动手实践的视频演示。

检入代码

在使用 `git init` 命令创建存储库时，我们看到 Git 回应了“Initialized empty git repository（空的 git 存储库已初始化）”消息。存储库实际上是一个由 Git 管理的文件夹，用于保存你所有文件的各个版本。在提交（commit）时，Git 会捕获已更改的应用文件的快照，并将其存储在存储库中。如果单击左侧的“源代码管理”图标，你可以看到所有已更改的文件。输入本次提交的摘要（我输入了“First Express test”）。可以利用这个评论来识别版本，所以最好写一些有用的细节。

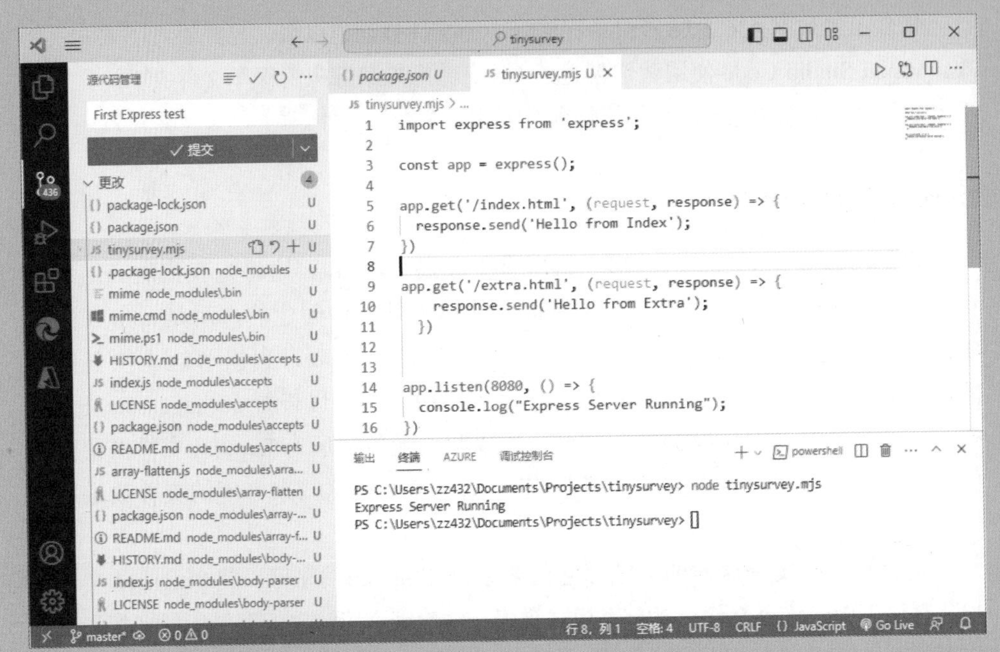

如上图所示，如果单击“提交”按钮，新的文件将被复制到存储库中。但现在先不要按它，因为我们想先通过添加一个 gitignore 文件来将 436 次更改降低到一个更容易管理的数字。可以在 Ch08_03_Node_gitignore 文件夹中找到这个文件。将其复制到你的应用程序文件夹。现在，返回并查看“源代码管理”视图。

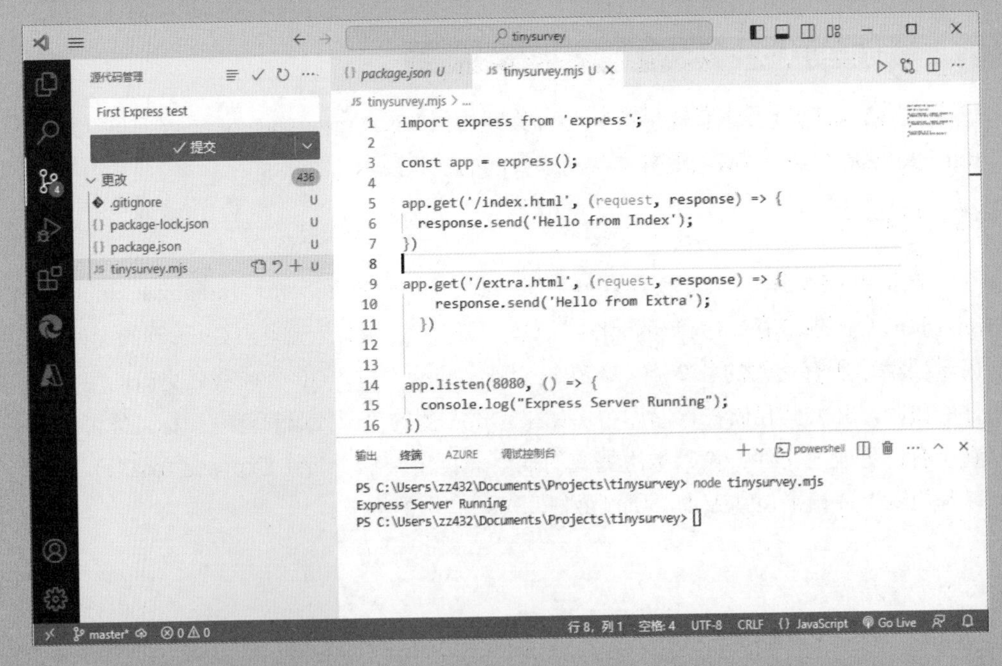

这样一来，就只有我们创建的文件以及 `gitignore` 文件会被添加到存储库中了。按下“提交”按钮进行检入。完成后，你会看到如下图所示的屏幕。因为自上次提交以来的更改次数为 0，所以图标旁将不会显示任何数字。

在提交更改后，图标旁就不会显示任何数字

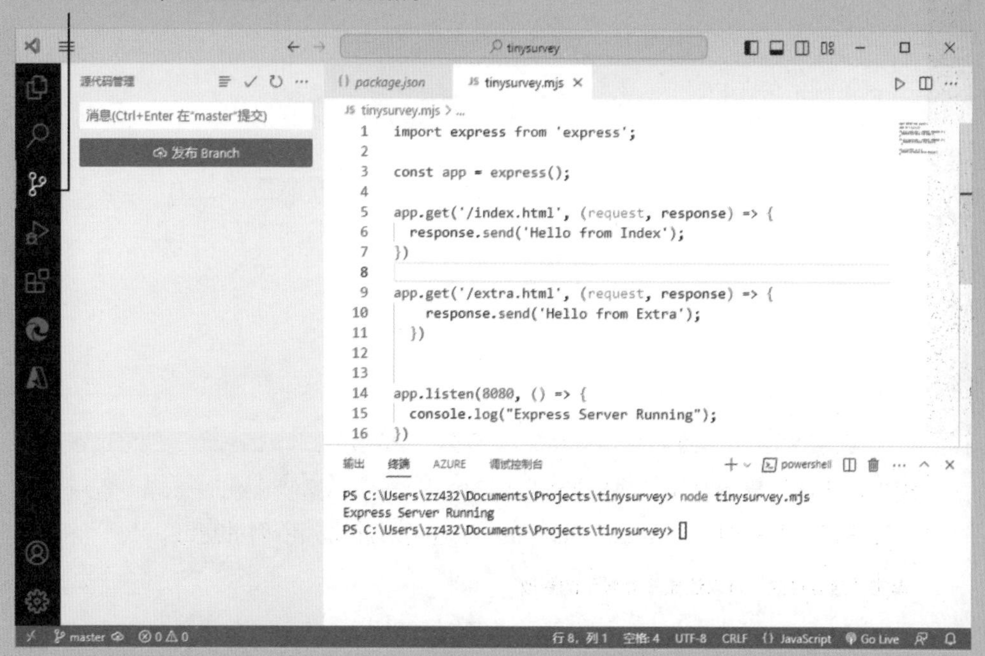

“发布 Branch”按钮允许你在 GitHub 上发布这个存储库。单击它之后，你将按要求登录自己的 GitHub 账号，以开始发布过程。不过，如果只是想使用文件跟踪功能，我们不需要使用 GitHub；我们可以只使用本地存储库。我们可以通过更改其中一个文件来查看跟踪功能。返回“资源管理器”视图，然后更改 tinysurvey.mjs 文件（我添加了一个额外的 extra1.html 端点）。接着，保存文件。

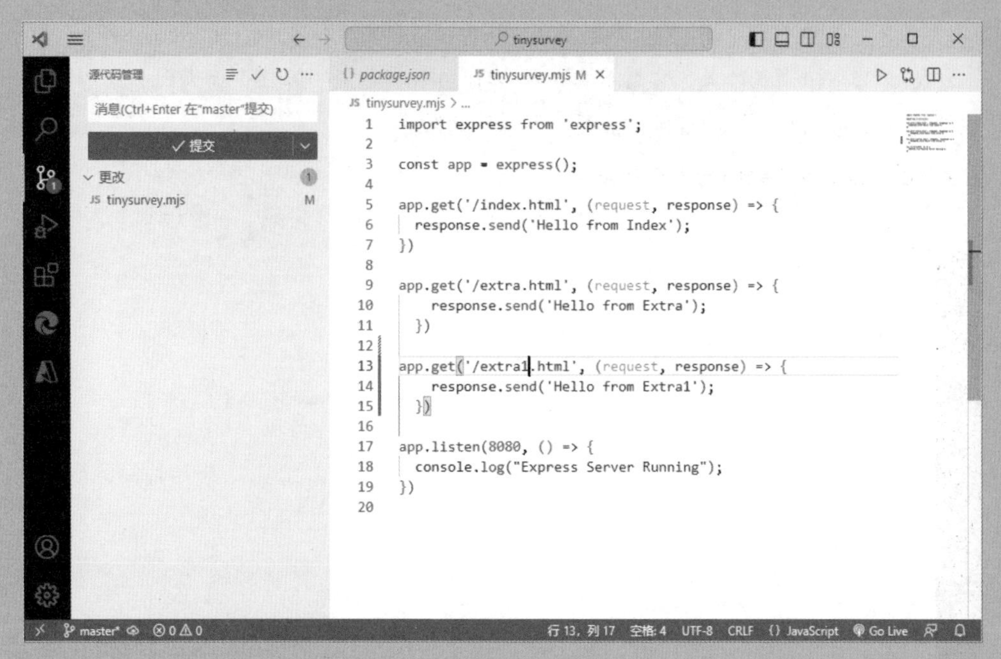

现在，更改计数器显示已提交存储库有 1 次更改。单击“源代码管理”按钮以打开“源代码管理”视图，单击 tinyserver.mjs 以查看对此文件所做的更改。

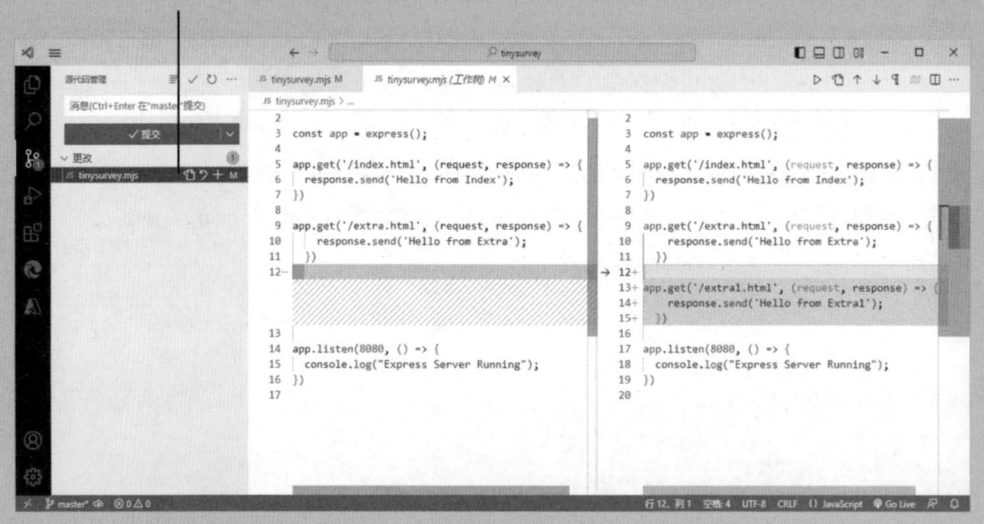

Visual Studio Code 展示了两个文件的视图——原始文件和更改后的版本，以便我们查看所做的更改。如果单击文件名旁边的“放弃更改”箭头图标，就可以将文件恢复到原始版本。

程序员观点

在编写代码时请善用 Git

我在编写程序时，发现 Git 非常有用，而这不仅仅体现弥补错误上。我们可以使用“源代码管理”视图来查看对文件的更改，这样能够更方便地回顾自己的操作步骤，并了解自己做了什么。尝试在开始开发应用程序前，养成提交更改的习惯。

8.4 使用 EJS 制作页面模板

在第 7 章的开头部分，我们创建了一组展示如何使用 TinySurvey 应用程序的网页。如果我们可以在这些页面的基础上开始制作应用程序，那就太好了。事实证明，我们确实可以。EJS（https://ejs.co/）是一个可以与 Express 框架配合使用的“应用级中间件”（application-level middleware）。哇，这听起来真的好高级。今晚，你可以告诉你的家人（或猫）你今天安装了“应用级中间件”，相信他们一定会惊叹不已。

这实际上意味着你已经告诉 Express 应用程序使用 ejs 引擎生成要发送给浏览器的页面。中间件是一种能与应用程序协同工作并实现某些实用功能的软件。中间件有几种不同类型，“应用级”中间件在应用程序中用于执行特定任务。在本例中，它的任务是渲染 HTML 源页面，以便提供发送到浏览器的文本。我们稍后将了解其他类型的中间件。现在，我们必须先安装 ejs 引擎，然后才能通过在终端中执行 Node 包管理器（npm）命令来使用它：

```
npm install ejs
```

在终端中键入以上命令。为了支持 `ejs`，大约有 200 个文件会被添加到我们的项目中。现在，我们可以通过在 `tinyserver.mjs` 中添加以下语句来让 Express 应用程序使用这个引擎：

```
app.set('view-engine', 'ejs');
```

`app.set` 函数的调用接受两个参数。第一个参数是是指定中间件用途的字符串（在本例中，它被用作视图引擎），第二个参数是提供该功能的库的名称（在本例中，它是我们刚刚安装的 `ejs` 库）。

现在，应用程序可以在我们从路由接收的 `response` 对象上调用 `render` 函数，并要求它渲染所需的 EJS 文件：

```
app.get('/index.html', (request, response) => {
  response.send('Hello from Index');
})
```

Render 操作已经添加到 index.html 的路由中。这意味着当一个浏览器客户端请求 index.htm 页面时，它现在会接收到 index.ejs 的内容。通常，EJS 文件被存放在一个名为 Views 的文件夹中。我们可以根据应用程序的需要，在 Views 文件夹中存放任意数量的 EJS 页面文件。

动手实践 36

扫描二维码查看作者提供的视频合集或访问 https://www.youtube.com/watch?v= 2ep9Zoi5-e8，观看本次动手实践的视频演示。

使用 EJS 模板文件

我们将创建一个 Express 应用程序，展示之前创建的原型网页。首先，需要安装 ejs 库。

```
npm install ejs
```

在 Visual Studio Code 的终端窗口中输入以上命令，然后按 Enter 键。观察 ejs 是如何被安装到我们的项目中的。现在，我们需要向项目中添加一些额外文件。请在本章的 Ch08-04_Express_EJS_Prototype 示例文件夹中找到这些额外的文件。

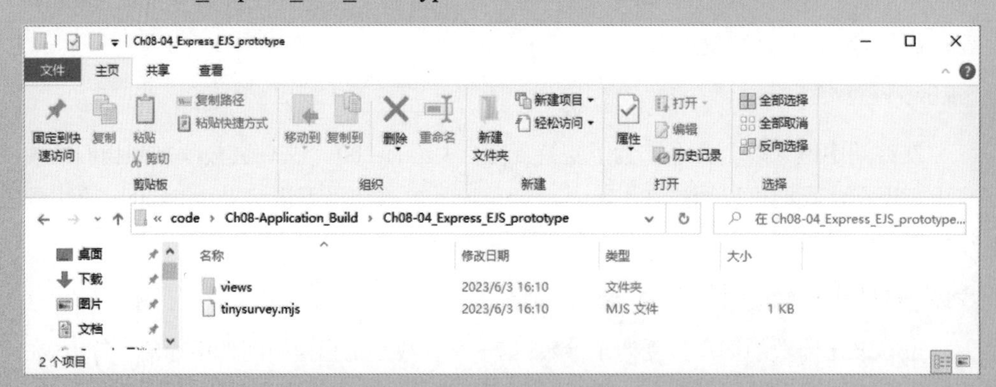

我们需要更新过的 tinysurvey.mjs 文件和 views 文件夹的内容。EJS 中间件会在 Views 文件夹中查找应用程序中使用的任何模板。把文件复制到正确位置后，使用 Visual Studio Code 打开应用程序，并打开 tinysurvey.mjs 文件。

```
import express from 'express';

const app = express();

const port = 8080;

app.set('view-engine', 'ejs');

app.get('/index.html', (request, response) => {
  response.render('index.ejs');
})

app.get('/enteroptions.html', (request, response) => {
  response.render('enteroptions.ejs');
})

app.get('/selectoption.html', (request, response) => {
  response.render('selectoption.ejs');
})

app.get('/displayresults.html', (request, response) =>
  response.render('displayresults.ejs');
})

app.listen(port, () => {
  console.log("Server running");
})
```

现在的 Visual Studio Code 窗口应该与上图一致。在左上角的“资源管理器”窗口中，可以看到 views 文件夹包含应用程序所使用的四个模板文件：build.ejs、entry.ejs、index.ejs 和 results.ejs。如果查看这些文件，你会发现包含的文本与原始 HTML 文件完全相同。单击 index.ejs 文件，查看它的内容。

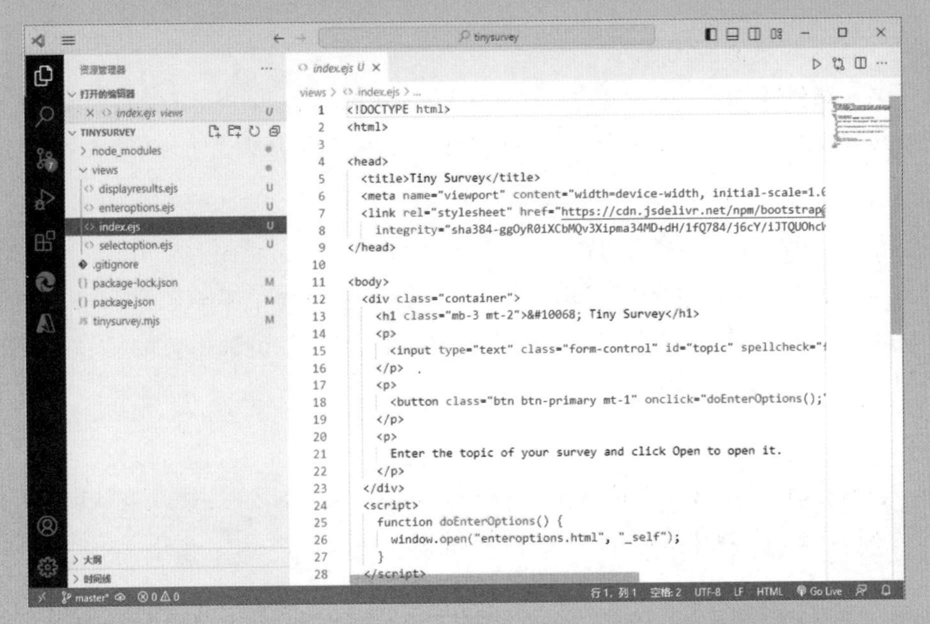

现在我们有了由 Express 支持的应用程序版本，可以启动它了。打开终端，输入以下命令以启动应用程序。

```
node tinysurvey.mjs
```

如果打开浏览器并访问 http://localhost:8080/index.html，你将看到与之前相同的示例页面，只不过它们现在由 Express 托管。我们可以使用这些 EJS 模板页面作为完整版应用程序的基础。

8.5 获取示例应用程序

我们现在有了一套页面模板文件和一个 Express 应用程序，可以用来在各个页面之间跳转。现在，我们将通过查看 TinySurvey 的完整实现版本来探索每个页面的工作方式。这个应用程序存储在 GitHub 中，链接为 https://github.com/Building-Apps-and-Games-in-the-Cloud/TinySurvey。我们可以使用终端中的 Git 工具来将其克隆到自己的电脑上。

动手实践 37

扫描二维码查看作者提供的视频合集或访问 https://www.youtube.com/watch?v= 64ojgggvH5I，观看本次动手实践的视频演示。

使用 Git 获取示例应用程序

我们将使用 git 命令行来克隆示例应用程序。可以在 Visual Studio Code 中使用终端来完成这个任务。现在，启动终端并导航到你想要存放克隆版调查问卷应用的文件夹。

```
git clone https://github.com/Building-Apps-and-Games-in-the-Cloud/TinySurvey
```

输入上述命令以克隆样本应用程序。这将在计算机上新建一个文件夹，命名为“TinySurvey”，其中包含应用程序的所有文件。但请注意，它不会复制所有库文件，我们需要自己安装这些文件。因此，导航到由 Git 创建的 TinySurvey 文件夹，然后键入以下命令：

```
npm install
```

执行此命令后，npm 会访问 package.json 文件并加载应用程序的所有依赖项。加载完毕后，我们可以使用 node 命令运行程序了：

```
node tinysurvey.mjs
```

输入上述命令并按 Enter 键。然后，打开浏览器并访问 localhost:8080/index.html，你将会看到一个在正常运行的 TinySurvey 应用程序。若想停止服务器的运行，请按快捷键 CTRL+C。

我们还可以通过 Visual Studio Code 中的“打开文件夹”选项来打开 TinySurvey 应用程序。需要注意的是，我们在本机上对应用程序所做的所有更改都不会影响存储在 GitHub 上的原始版本。

8.6 主页

我们现在有一个应用程序，它包含了每个页面的可工作版本以及在它们之间进行导航的 JavaScript 程序。现在，我们将深入了解每个页面的工作原理。我们将按照设计应用程序时使用的顺序进行研究。首先从被用作“主页”的 index 文件开始。该页面从用户处接收调查问卷主题，并根据是否已经存在相同的主题来进行操作：如果没有相同主题，则创建一个新的调查问卷；如果存在相同主题，则允许用户选择调查问卷中的选项。

图 8-3 展示了应用程序的主页。

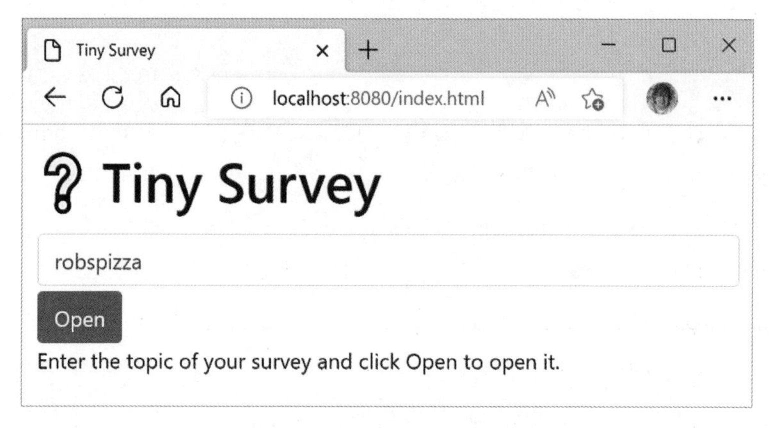

图 8-3 TinySurvey 主页

这个页面的 HTML 内容位于 views 文件夹中的 index.ejs 模板文件中。

```
<!DOCTYPE html>
<html>

<head>
  <title>TinySurvey</title>
  <meta name="viewport" content="width=device-width, initial-scale=1.0">
```

```
  <link rel="stylesheet"
href="https://cdn.jsdelivr.net/npm/bootstrap@4.3.1/dist/css/bootstrap.min.css"
    integrity="sha384-
ggOyR0iXCbMQv3Xipma34MD+dH/1fQ784/j6cY/iJTQUOhcWr7x9JvoRxT2MZw1T"
crossorigin="anonymous">
</head>

<body>
  <div class="container">
    <h1 class="mb-3 mt-2">&#10068; TinySurvey</h1>
    <form action="/gottopic" method="POST">            输入表单
      <input type="text" name="topic" required class="form-control"
spellcheck="false">
      <button type="submit" class="btn btn-primary mt-1">Open</button>
    </form>
    <p>
      Enter the topic of your survey and click Open to open it.
    </p>
  </div>
</body>

</html>
```

前面，你可以看到 index 文件的 HTML 代码。当浏览器请求 index.html 端点时，Express 服务器会将此文件发送回浏览器。

```
app.get('/index.html', (request, response) => {
  response.render('index.ejs');
});
```

前面是处理 index.html 页面请求的 Express 路由。作为响应，index.ejs 的内容将被呈现。现在，让我们看看 index.ejs 具体是怎么工作的。用户输入一个调查问卷主题（比如 robspizza），在单击 Open 按钮后，这个主题将被发送到服务器。我们之前已经看到过页面如何向数据网页服务器发送数据了。在《找奶酪》小游戏中，我们使用了 HTTP 查询机制，当玩家单击方格时，HTTP 查询机制就会将方格的 X 坐标和 Y 坐标发送到游戏引擎。若想查看详情，请回顾第 5 章提到的“玩游戏”。尽管我们可以使用相同的查询机制来发送主题信息，但当从用户处接收输入时，使用 HTTP post 方法是最佳选择。

8.6.1 从表单发布数据

浏览器可以通过 post 命令将内容发送到服务器。我们通过创建一个网页表单来指定 post 动作。一个表单可以包含多个输入元素，因此我们可以在一个表单中提交用户的姓名、地址和年龄。就 TinySurvey 的主页而言，我们只需要一个输入——调查问卷的主题。

```
<form action="/gottopic" method="POST">
  <input type="text" id="topic" name="topic" required
        spellcheck="false">
  <button type="submit">Open</button>
</form>
```

以上代码是 index.ejs 中的 HTML 内容，它定义了一个包含文本输入框和一个 Open 按钮的表单，单击这个按钮可以提交表单。这个表单的 action 属性指定了表单提交时将使用的服务器端点。这个表单将结果发送到 gottopic 端点。由于我们使用的传输数据的方式是 POST，所以 method 属性也被设置为 POST。

我们在第 3 章的 3.1.1 节“HTML 输入元素”中首次认识了 input 元素，当时我们需要为时间旅行时钟读取偏移值。在那个应用程序中，输入是由在浏览器内部运行的 JavaScript 程序读取的。但对于 TinySurvey 应用程序，这个输入会通过 post 发送到服务器。输入元素有 id 属性和 name 属性，两者都被设置为“topic”字符串。HTML 文档用 id 属性来引用这个元素，而 name 属性定义了当它发送到服务器时的名称。所以，把这两个属性设置为同一字符串是合理的。

我们在之前的 HTML 页面中使用过按钮。这个按钮有一个设置为 submit 的 type 属性，当单击这个按钮时，浏览器会提交这个表单。执行这个操作时，浏览器会创建一个消息，其中包含了以 JSON 字符串形式编码的输入字段的内容，并通过 post 命令将其发送到服务器。接下来，让我们看看服务器程序中的代码是如何接收并处理这个输入的。

8.6.2 从 post 中接收输入

现在，我们知道如何创建能向服务器提交表单数据的 HTML 页面了。接下来，我们需要了解如何编写服务器代码，以响应 POST 并接收其数据。为此，我们将使用 Express 框架的另一个中间件。我们不需要安装任何新内容，只需启用它即可。这个中间件负责接受传入的 POST 请求，解码其中的 JSON 数据，并将其转换为可以由处理 POST 消息的代码使用的对象。

```
app.use(express.urlencoded({ extended: false }));
```

我们之前见过 app.use，并用它指示了 Express 使用 EJS 框架渲染要发送到浏览器的页面。以上语句启用并配置了一个名为 urlencoded 的 Express 组件。这各组件接收 POST 消息并将其转换为对象。它使用包含设置值的对象字面量进行配置。我们只设置了“extended:false”。urlencoded 中间件可以执行许多高级操作，例如解码 POST 中的压缩数据，但我们现在不需要这些功能，所以选择了关闭扩展选项。将这个中间件添加到 Express 应用程序中之后，神奇的事情就发生了。现在，路由中的 request 对象将具有一个 body 属性，包含提交的表单的内容。

```
// Got the survey topic
app.post('/gottopic', (request, response) => {        路由至 gottopic 的 post 请求
  let surveyTopic = request.body.topic;               从 post 中获取调查主题

  let survey = surveys.getSurveyByTopic(surveyTopic);  查找该主题的调查问卷
  if (survey == undefined) {                   如果不存在同名调查文件，则创建新问卷
    // need to make a new survey
    response.render('enteroptions.ejs',               选择用于输入选项的页面
      { topic: surveyTopic, numberOfOptions: 5 });
  }
  else {                                    如果存在同名调查问卷，则跳转至选项选择页面
    // enter scores on an existing survey
    let surveyOptions = survey.getOptions();          从此调查中获取用于显示的选项
    response.render('selectoption.ejs', surveyOptions);  选择用于进行选择的页面
  }
});
```

如果回顾一下设置表单元素的 HTML 页面，你会看到这个表单的动作被指定为“/gottopic”。上述代码是服务器代码中响应这一动作的 POST 路由。这是工作流中的一个环节，服务器在此处决定用户是要创建一个新调查问卷，还是要在现有的问卷中选择一个选项。这段代码使用了我们在第 7 章中创建的调查存储类。Surveys 类提供了一个名为 getSurveyByTopic 的方法，该方法接受一个调查问卷主题（在本例中是 robspizza），如果主题已经存在于调查问卷的存储中，就返回对该调查的引用。如果不存在，那么 getSurveyByTopic 方法就会返回 undefined。在找到调查问卷之后，应用程序将导航至 selectoption.html 页面，并让用户选择一个选项。而如果未找到调查问卷，应用程序将导航至 enteroptions.html 页面，并让用户创建新的调查问卷。

动手实践 38

扫描二维码查看作者提供的视频合集或访问 https://www.youtube.com/watch?v= 7reMQoHYfS8，观看本次动手实践的视频演示。

处理 post

你可能觉得前面的解释还是不够明确。不过，实际操作并查看系统如何运行之后，就会清晰很多了。接下来的几个“动手实践”中，我们将使用完成版应用程序。请在 Visual Studio Code 中打开它，并打开 tinysurvey.mjs 文件。

在第20行和第25行添加断点

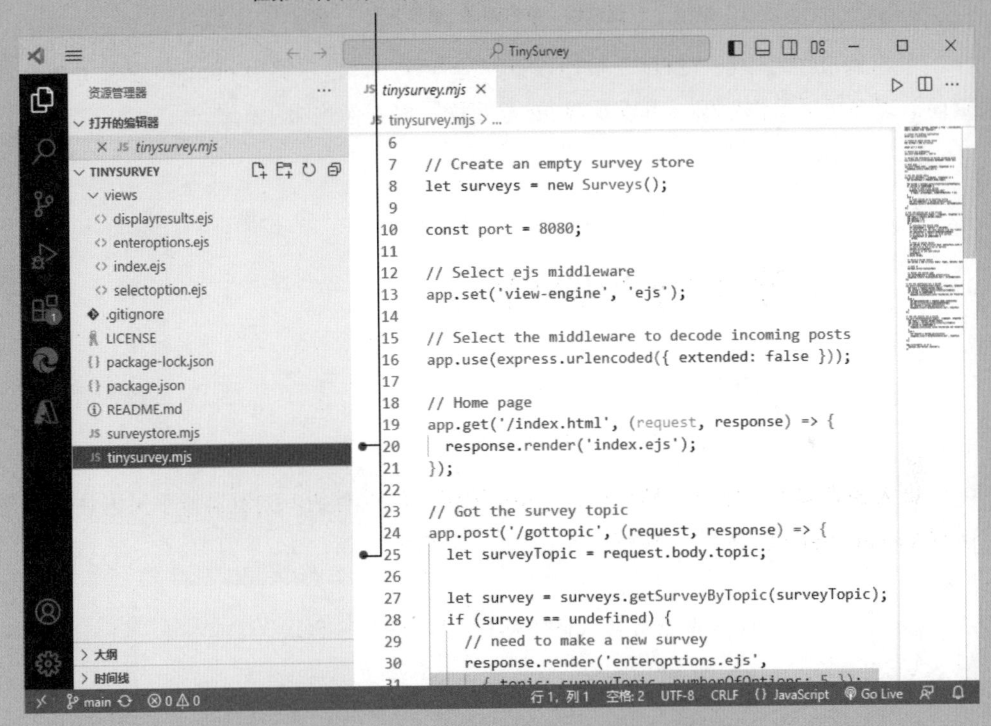

tinysurvey.mjs 文件控制着应用程序。请分别在第 20 行和第 25 行添加断点，如上图所示。其中端点一个将在浏览器请求 index.html 时被触发。另一个则将在用户提交调查问卷主题时被触发。从调试菜单中选择“运行和调试”选项并启动应用程序。打开浏览器并导航至如下地址：localhost:8080/index.html。可以发现，页面并没有加载。让我们返回 Visual Studio 并找出原因。

```
18    // Home page
19    app.get('/index.html', (request, response) => {
20      response.render('index.ejs');
21    });
```

程序在 tinysurvey.mjs 的一个断点处暂停了。这是因为浏览器请求了 index.html 文件，而服务器正在处理该端点的 Express 路由。断点所在的语句负责打开 index.ejs 文件并将其返回给浏览器。

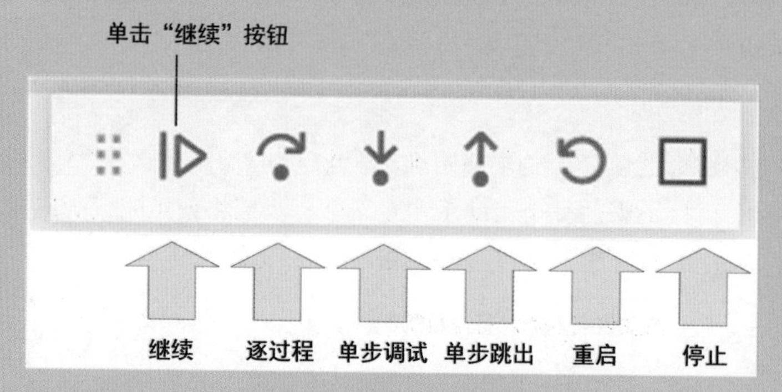

单击调试控件中的“继续”按钮以继续运行程序，这将调用 `render` 函数并展示页面。现在再看看浏览器，可以发现 index 页面已经显示出来了。

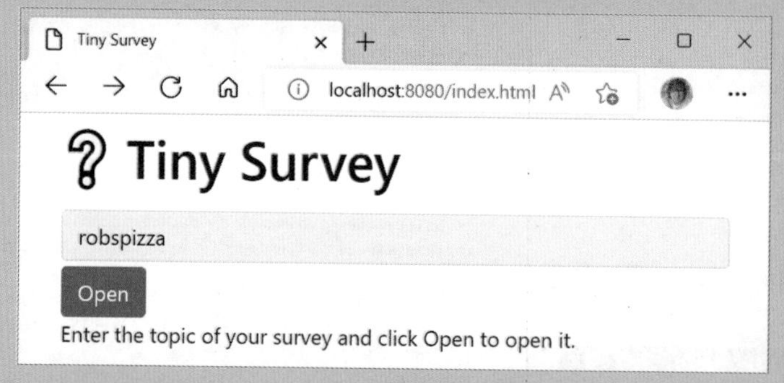

输入调查问卷的主题，然后单击 Open 按钮。可以看到，浏览器似乎又卡住了。回到 Visual Studio Code 进行检查。

```
24  app.post('/gottopic', (request, response) => {
25    let surveyTopic = request.body.topic;
26
27    let survey = surveys.getSurveyByTopic(surveyTopic);
28    if (survey == undefined) {
29      // need to make a new survey
30      response.render('enteroptions.ejs',
31        { topic: surveyTopic, numberOfOptions: 5 });
32    }
33    else {
34      // enter scores on an existing survey
35      let surveyOptions = survey.getOptions();
36      response.render('selectoption.ejs', surveyOptions);
37    }
38  });
39
```

输出　终端　AZURE　调试控制台　筛选器(例如 text、!exclu...

应用程序在处理 `gottopic` 路由的函数中的一个断点处暂停了。这个函数首先从请求的内容中获取调查主题。浏览器将这些信息发送为 post 消息。单击“**单步调试**”执行这条语句。如果将鼠标悬停在 `surveyTopic` 变量上，你会看到它包含了你在 index 页面上输入的主题。应用程序中的代码就是通过这种方法从网页表单中获取数据的。

单击调试控件中的“单步执行”按钮以逐步执行代码。调查问卷存储中的 `getSurveyByTopic` 方法被调用，以获取指定主题的调查问卷。由于这个主题的调查问卷不存在（毕竟程序刚刚启动），所以 `getSurveyByTopic` 函数会返回 `undefined`。这会使应用程序创建一个新的调查问卷。

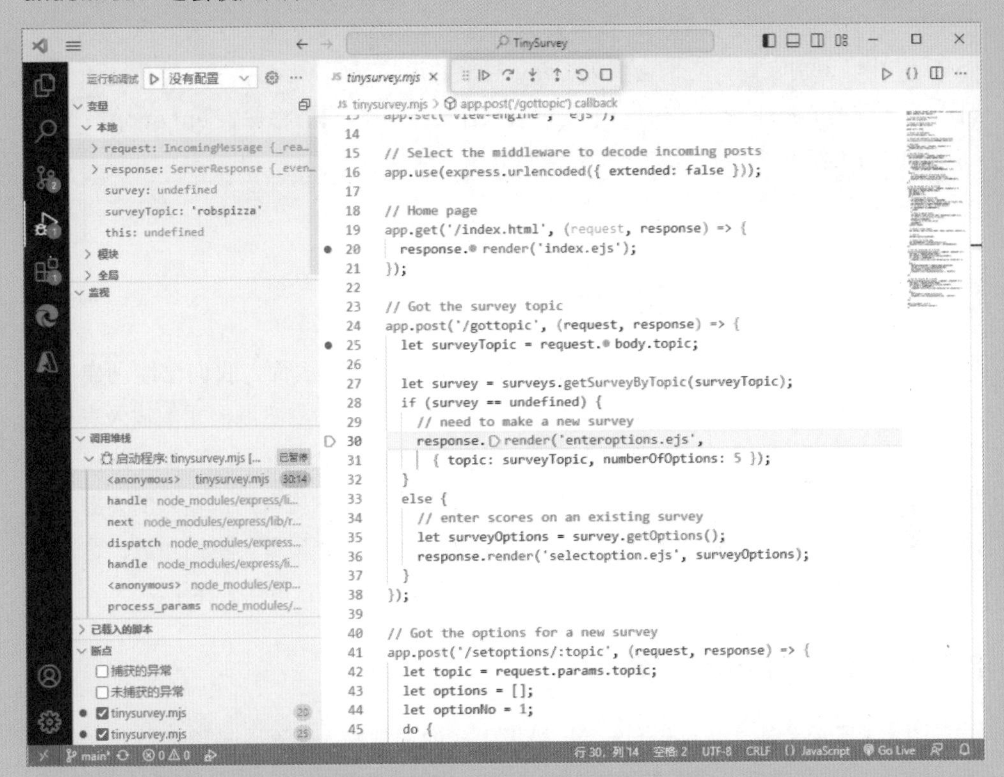

如上图所示，程序已经执行到了第 30 行。查看左上角的“变量”部分，可以看到 `surveyTopic` 变量保存了 `"robspizza"` 这个值，这是我们之前在表单中输入的。服务器正准备渲染 enteroptions.ejs 页面，为了从用户处获取 5 个问卷选项，它将构建一个表单。单击调试控件中的“继续”按钮以继续运行服务器。然后，在开始下一个“动手实践”之前，保持其他地方不变。

我们之所以按照这个路径执行程序，是因为当前不存在以 `"robspizza"` 为主题的调查问卷。如果已经有同名调查了，程序将会展示 selectoption.ejs 页面。

如果在本次实践中遇到了问题，请注意下面两件事情。

- 首先，如果在命令行中使用 `node tinysurvey.mjs` 命令启动程序，那么程序将不会在调试器内运行，也就不会触发任何断点；
- 其次，在使用 Visual Studio Code 编辑器的“运行和调试”功能之前，你必须确保已经选择了 tinysurvey.mjs 文件，如果选择了另一个文件，将无法获得正确的运行选项。

我们完成了构建 TinySurvey 应用程序的一个重要步骤。实际上，对于任何基于网络的应用程序的制作过程来说，这一步都十分重要。现在，我们可以创建一个表单，采集我们想让用户输入的任何信息，然后在基于服务器的应用程序中处理这些数据。如果想从用户处获得更多信息，我们只需要在表单中添加更多输入元素，并为其添加 `name` 属性以识别它们。它们会作为 `body` 对象的属性显示，`body` 对象是传递给处理路由的函数的 `request` 对象的一个属性。在下一节中，我们将探索 `enteroptions.ejs` 页面的工作机制。

8.7 输入调查问卷的选项

现在，我们正在逐步实现 TinySurvey 应用程序背后的页面。我们已经创建了一个用于接收调查问卷主题的主页。主页包含一个用于设置问卷主题的文本输入表单。当用户单击 Open 按钮时，表单的内容会被提交到一个名为 settopic 的 post 路由上。我们已经理解了这个过程，并探索了如何从浏览器的 post 中提取用户输入的主题。下面，我们需要为用户创建一个页面，以输入作为选项的 5 个项目。我们知道，这是由一个名为 enteroptions.ejs 的页面完成的。现在，让我们看看它是什么样子。

8.7.1 enteroptions 页面

图 8-4 展示了基于 enteroptions.ejs 模板生成的选项输入页面。当用户输入 5 个选项并单击 Start 按钮后，调查问卷将实时启动，让用户选择自己喜欢的选项。

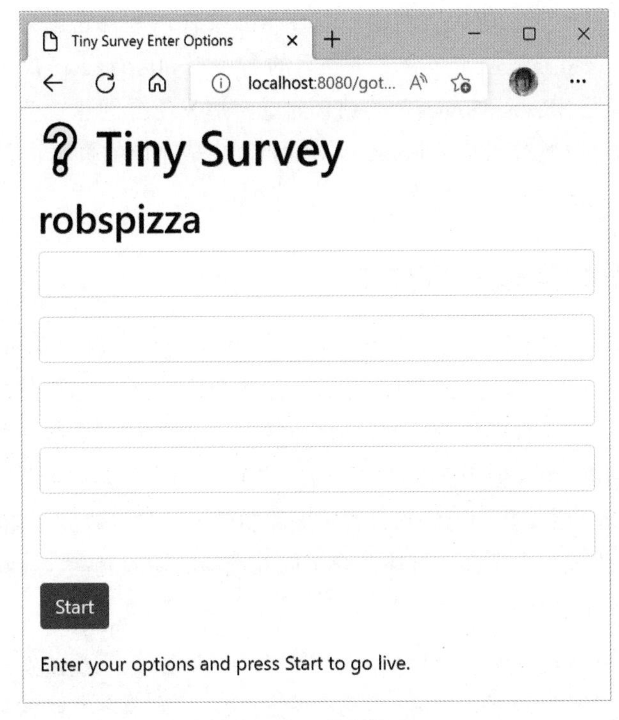

图 8-4 输入选项的页面

下面的 HTML 是图 8-4 所示下面的 HTML 的简化版。HTML 定义了 `"robspizza"` 作为标题，并包含一个接受 5 个问卷选项的表单：

```
<h1>&#10068; TinySurvey</h1>                                          页面标题
<h2>robspizza</h2>                                                    主题名称
<form action="setoptions/robspizza" method="POST">                    项目表单
  <input type="text" value="" name="option1">                         项目的输入框
  <input type="text" value="" name="option2">
  <input type="text" value="" name="option3">
  <input type="text" value="" name="option4">
  <input type="text" value="" name="option5">
  <button type="submit">Start</button>                                开始按钮
</form>
<p>Enter your five options and press Start to go live.</p>
```

尽管我们可以使用上述代码创建一个 HTML 文件，并且它也会正常工作，但如果这么做的话，它将只适用于包含 5 个项目的名为 "robspizza" 的调查问卷。如果我想创建一个名为“Robs Movies”的调查问卷，那我还得创建一个不同的页面。理想情况下，我们可以通过 enteroptions.ejs 页面自动生成不同的页面。

好消息是，这正是我们将要实现的。

8.7.2 使用 EJS 模板生成页面

接下来的部分可能会让人有些头疼。至少我在初次接触这部分内容时是这么觉得的。不过，一旦你理解如何操作之后，你就会认识到它是多么好用了。在查看 enteroptions.ejs 文件的内容之前，请先回想一下我们在试图解决什么问题。我们想为应用程序制作一个类似于图 8-4 的页面。这个页面必须包含问卷主题（robspizza）和 5 个选项的输入元素。我们已经从设置主题路由的 post 中接收到了调查问卷的主题。现在，我们需要生成一个页面，其中包含了问卷选项的输入元素。让我们看一下执行此操作的 JavaScript 代码：

```
response.render('enteroptions.ejs',          渲染 enteroptions.ejs
  { topic: surveyTopic,                      发送至 enteroptions.ejs 的值
    numberOfOptions: 5 });
```

我最喜欢的解决问题的方式是让别人代劳。这段代码就起到了这样的作用。render 函数现在有两个参数。第一个参数是模板文件的名称（在本例中是 enteroptions.ejs）。第二个参数是一个对象，其中包含以下两个属性：

- 调查问卷的主题，也就是 topic（从用户处接收的 post 中加载）；
- 选项的数量（在本例中是 5）。

enteroptions.ejs 模板使用这些值来生成一个 HTML 页面。下面来看一下它是如何实现这一点的。

```
<!DOCTYPE html>
<html>

<head>
  <title>TinySurvey Enter Options</title>
  <meta name="viewport" content="width=device-width, initial-scale=1.0">
  <link rel="stylesheet"
href="https://cdn.jsdelivr.net/npm/bootstrap@4.3.1/dist/css/bootstrap.min.css"
    integrity="sha384-ggOyR0iXCbMQv3Xipma34MD+dH/1fQ784/j6cY/iJTQUOhcWr7x9JvoRxT2MZw1T"
crossorigin="anonymous">
```

```
</head>

<body>
  <div class="container">
    <h1 class="mb-3 mt-2">&#10068; TinySurvey</h1>
    <h2>
      <%= topic %>                                    在标题中显示调查问卷的主题
    </h2>
    <form action="/setoptions/<%=topic%>" method="POST">
      <% for(let i=1;i<=numberOfOptions;i++) { %>     循环创建选项
        <p>
          <input type="text" required class="form-control"
          spellcheck="false" value="" name="option<%=i %>">
        </p>                                          选项名称中的计数器
        <% } %>                                       循环结束
          <p>
            <button type="submit" class="btn btn-primary mt-1">Start</button>
          </p>
    </form>
    <p>
      Enter your options and press Start to go live.
    </p>
  </div>
</body>

</html>
```

这就是 enteroptions.ejs 页面。乍一看，它和普通的 HTML 没什么两样，但如果仔细观察，你会发现一些有趣的事：其中竟然还有 JavaScript 代码片段。这段代码在 HTML 生成时运行，它首先会在页面中显示调查问卷的主题。

```
    <h2>
      <%= topic %>
    </h2>
```

前面的 HTML 负责将 `topic` 的值放入页面文本中。在调用渲染方法时，这个值被传递给了页面。显示的值被“<%=”和“%>”定界符所包裹，这意味着“将此表达式的值插入到当前位置的页面内容中”。我们就是通过这种方式将 robspizza 文本放入页面标题中的。

```
<% for(let i=1;i<=numberOfOptions;i++) { %>          循环计数选项
  <p>
    <input type="text" required class="form-control" spellcheck="false"
     value="" name="option<%=i %>">                  使用 i 创建选项名称
  </p>
  <% } %>                                            循环结束
```

在渲染页面时，这个循环就会执行。它会根据调查问卷的需求创建相应数量的输入框，每个输入框的命名方式都是“option”后面跟一个数字。JavaScript 语句被“<%=”和“%>”定界符所包裹。在调用 render 方法时，和接收 topic 值一样，页面会接收到 numberOfOptions 的值。

动手实践 39

扫描二维码查看作者提供的视频合集或访问 https://www.youtube.com/watch?v= svhrZpM2nTo，观看本次“动手实践”的视频演示。

渲染 enteroptions

在生成页面时，运行 JavaScript 代码是非常有帮助的，但你可能要适应一段时间，才能习惯于紧密结合的 HTML 和 JavaScript。接下来，让我们观察一下页面的渲染过程。我们可以继续使用示例应用程序。回到 Visual Studio Code，清除 tinysurvey.mjs 中的断点，并打开 Views 文件夹中的 enteroptions.ejs 文件。

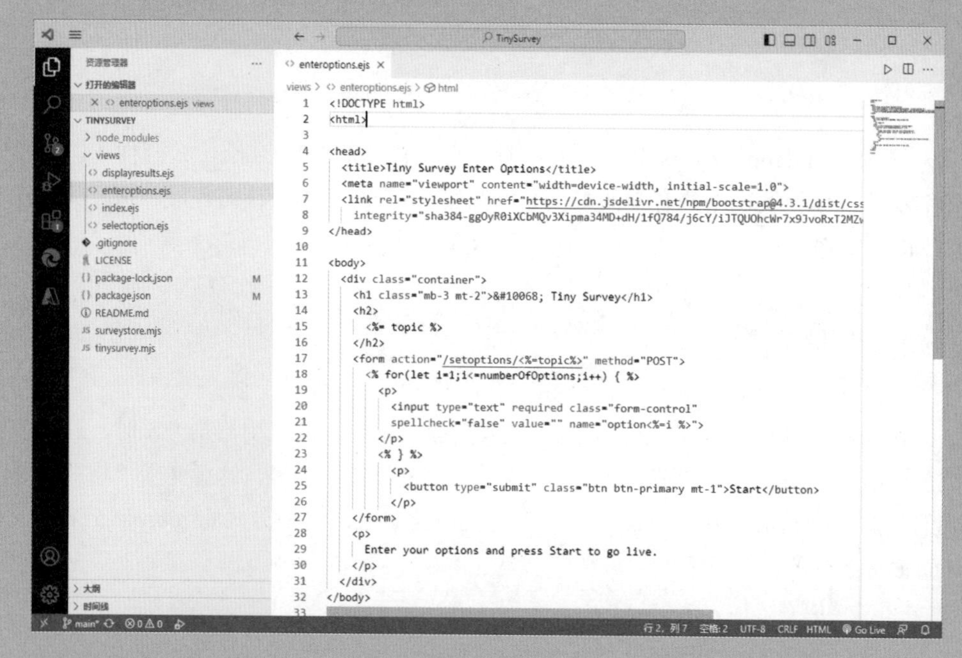

这个页面用于生成输入选项。我们可以通过更改页面并观察影响来探索其工作方式。这个页面使用 JavaScript 的 `for` 循环来生成页面上的输入元素。`for` 循环位于模板的第 18 行。

```
<% for(let i=1;i<=numberOfOptions;i++) { %>
```

这个循环由 `numberOfOptions` 值控制。我们可以通过更改这个值来更改选项的数量。请修改代码，使循环不再使用 `numberOfOptions` 值，而是使用数值 `3`：

```
<% for(let i=1;i<=3;i++) { %>
```

保存修改后的 `enterOptions.ejs` 并再次运行应用程序。为调查问卷输入一个主题后，你将发现选项输入页面里只能输入三个选项，如下图所示。

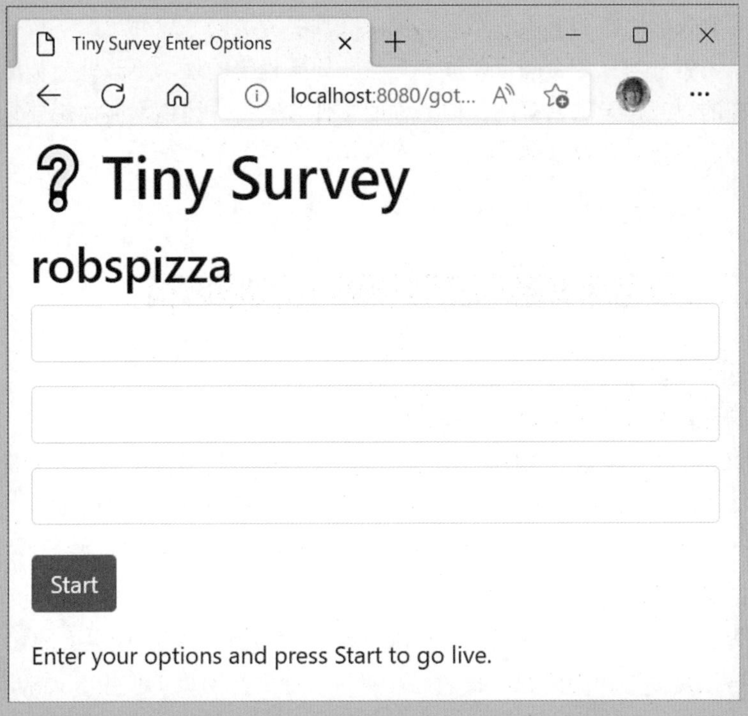

我们对循环限制的更改影响了 HTML 的数量。我们不想只有三个选项，所以我们应该把 `enterOptions.ejs` 恢复为原始文件。我们可以使用 Visual Studio Code 中的“源代码管理”来做到这一点。单击左侧按钮栏中的“源代码管理”按钮。

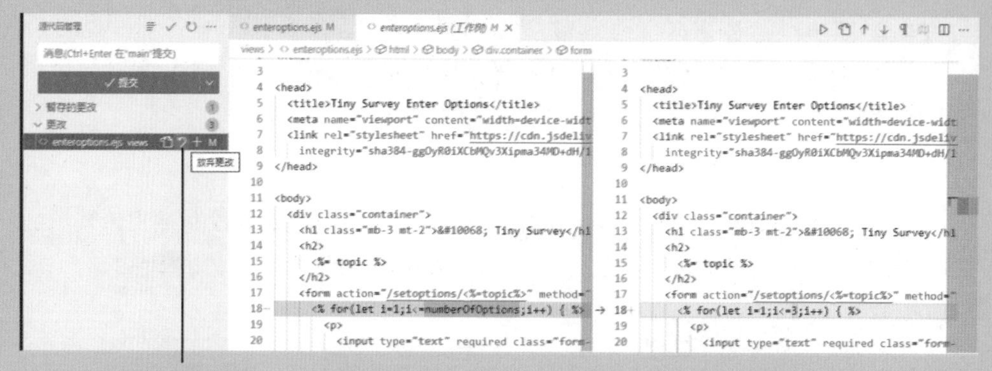

单击以放弃更改

源代码管理面板会显示有一个文件，也就是 enteroptions.ejs，发生了更改。单击文件名以查看我们所做的更改。然后，单击文件名旁边的“放弃更改”按钮以选择放弃更改。系统将询问你是否确定要放弃更改。如果确定的话，更改就会被删除。以这种方式放弃的更改是无法恢复的，但当你的文件被改得一团糟，而你想要让它恢复原状时，这个命令就非常有用了。

代码分析 25

Express 中的渲染

对于前面的内容，你可能有一些疑问。

1. 问题： 如果 `enteroptions.ejs` 中的 JavaScript 代码有错误，会怎样？

解答： 如果 JavaScript 程序中存在错误，那么它会在运行时报错。模板中的 JavaScript 也是如此。我们可以在浏览器输出和 Visual Studio Code 中看到错误报告，它会指出是哪一条语句出错了。

2. 问题： 我们可以使用这样的 JavaScript 代码来验证用户在网页上的输入值吗？

解答： 这是个有趣的问题。我们已经看过了如何在网页上使用 JavaScript 来响应用户输入。但是，在这里可以这么做吗？答案是不能。要理解原因，你需要了解这些模板的真正功能。请回想一下，EJS 文件中的 JavaScript 代码只在生成 HTML 文本时运行。如果查看由构建页面生成的 HTML，你是看不到任何 JavaScript 代码的。模板中的代码在创建页面时已经完成了它的任务，它的内容永远不会在输出中显示。不过，我们可以将 JavaScript 代码放入生成的 EJS 页面中，以验证输入。

3. 问题： 如果 TinySurvey 的用户在主题名称中输入 HTML 命令，会破坏应用程序吗？

解答：这也是一个好问题。有一种名为跨站脚本攻击（Cross-Site Scripting，也称 XSS）的网站黑客技术，通过输入 HTML（或其他）命令来破坏应用程序。想象一下这种情况：调查问卷的用户想要搞一些小动作。他们注意到 `enteroptions.ejs` 文件会直接将主题文本嵌入到它生成的 HTML 中，于是他们想在尝试页面上显示另一个按钮。好消息是，这对我们的应用程序不起作用。

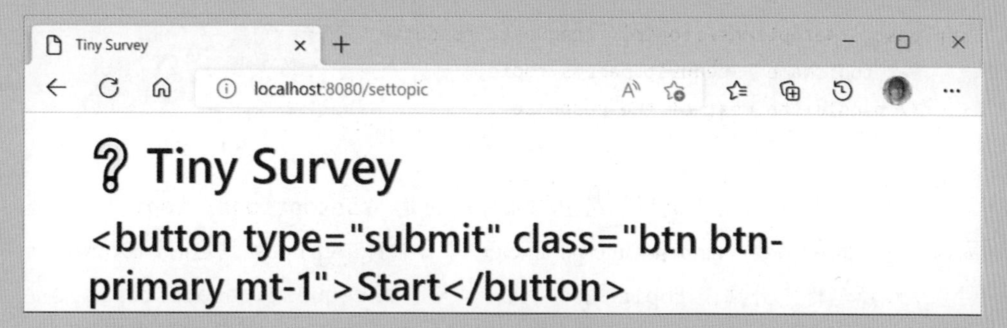

虽然调查问卷的标题看起来有些奇怪，但我们的页面上不会出现新按钮，因为 EJS 中的 `<%=` 操作会在显示之前对任何文本进行“HTML 转义”。换句话说，可能会被浏览器解读为命令的字符将被转换为其转义版本：

```
&lt;button type=&#34;submit&#34; class=&#34;btn btn-primary mt-
1&#34;&gt;Start&lt;/
button&gt;
```

前面是放置在网页中的文本。可以看到，通常用于开始 HTML 元素定义的“<”字符已经被被转换成“`<`”，所有其他有潜在风险的字符也都经过了转换。在本例中，尽管 EJS 框架防御了这种形式的攻击，但你应该将每个用户输入都视为潜在的威胁，并确保为它“消毒”。

8.7.3 使用命名路由参数

我们现在已经做好了绝大部分的应用程序。用户可以输入一个主题和五个选项，这些数据会被发送回服务器以创建一个调查问卷。不过，我们还有一个问题亟需解决。通过 POST 发送的信息并不包括调查问卷的主题，那我们该如何将问卷主题发送回服务器呢？答案其实很简单。我们可以在提交选项时，将主题信息添加到将接收 POST 的 URL 中。

```
<form action="setoptions/<%=topic%>" method="POST">
```

以上代码是包含问卷选项的表单定义。它包含一个 action 属性，后者指定了表单将被提交的端点。前面的代码将主题名称添加到这个入口点（entry point）的末尾。它从提供给模板的主题值中获取主题名称。表单将被发送到 "setoptions/robspizza" 端点。现在，我们可以在服务器代码中修改这个端点的路由，这样程序就可以获取并使用主题名称了。

```
app.post('/setoptions/:topic', (request, response) => {
    let topicName = request.params.topic;
    // handle the rest of the response
})
```

以上代码展示了工作机制。路由的名称现在是 '/setoptions/:topic'。它被称为“命名路由参数（named route parameter）”。当传入的 post 到达时，Express 框架会从端点名称中分离出 topic 元素，并将其复制到 request.params.topic 变量中。处理传入的 post 的 JavaScript 现在可以使用这个值来构建一个将存储在服务器上的 survey 对象。

8.7.4 构建一个调查问卷数据对象

我们逐步研究 TinySurvey 的工作流程。目前，用户已经在 enteroptions.ejs 页面上输入了调查问卷的选项，并单击了 Start 按钮，将表单提交回服务器。服务器已经收到了这个表单，以及一个提供调查问卷主题的命名路由参数。现在，我们需要一个能够保存问卷的对象，这个对象将根据问卷主题和 5 个选项名称构建。

```
app.post('/setoptions/:topic', (request, response) => {
  let topic = request.params.topic;            获取调查问卷的主题
  let options = [];                            创建一个选项数组
  let optionNo = 1;                            从 1 开始为选项计数
  do {                                         选项循环开始
    // construct the option name
    let optionName = "option" + optionNo;      将选项编号添加到“option”一词之后
    // fetch the text for this option from the request body
    let optionText = request.body[optionName]; 从函数体处获取选项属性
    // If there is no text - no more options
    if (optionText == undefined) {             如果不存在具有这一名称的选项，则退出循环
      break;
    }
    // Make an option object
```

```
    let option = new Option({ text: optionText,count:0 });
    // Store it in the array of options
    options.push(option);
    // Move on to the next option
    optionNo++;
  } while (true);

  // Build a survey object
  let survey = new Survey({ topic: topic, options: options });

  // save it
  surveys.saveSurvey(survey);

  // Render the survey page
  let surveyOptions = survey.getOptions();
  response.render('selectoption.ejs', surveyOptions);
});
```

这是应用程序中最复杂的一部分代码。代码的输入为主题（从命名路由中获得）以及一个包含问卷选项的 request.body 对象，问卷选项分别命名为 option1、option2、option3、option4 和 option5。前述代码中有一个 do-while 循环，它从名为 option1 的属性开始遍历 request.body 中的属性，试图找到 option6 属性（我们只有 5 个选项），在尝试访问 option6 属性并发现它未定义后，循环就会终止。我之所以这样编写代码，是因为我不想在程序中将选项数量固定为 5 个。之前在小游戏《找奶酪》中，玩家在不断地改变他们想要的奶酪数量，这让我意识到使程序的某些部分保有灵活性是很有帮助的。每次循环都会通过以下语句创建一个新的 option 对象：

```
let option = new Option({ text: optionText,count:0 });
```

option 对象在初始化时包含了选项的文本（在本例中是 Margherita、pepperoni 等）和该选项的响应计数（从 0 开始计数）。每个对象都被添加到选项列表中：

```
options.push(option);
```

在第 7 章中，我们创建了 Option 类来保存调查问卷中的文本和选项计数。我们在 tinysurvey.mjs 文件的开头处导入了这个类，同时还导入了 Survey 和 Surveys。这些选项列表用于创建一个含有主题名称的调查对象，这个过程在循环结束后执行。

```
let survey = new Survey({ topic: topic, options: options });
```

创建了调查问卷之后，我们就可以存储它了。

```
surveys.saveSurvey(survey);
```

动手实践 40

扫描二维码查看作者提供的视频合集或访问 https://www.youtube.com/watch?v= tC3sH57kHNE，观看本次动手实践的视频演示。

构建调查数据对象

现在，让我们看一看构建数据对象的过程。在 tinysurvey.mjs 文件的第 42 行设置一个断点，然后启动程序并输入一个新的调查问卷主题和问卷选项。在 enteroptions 页面中单击 Start 按钮时，程序将触发断点。

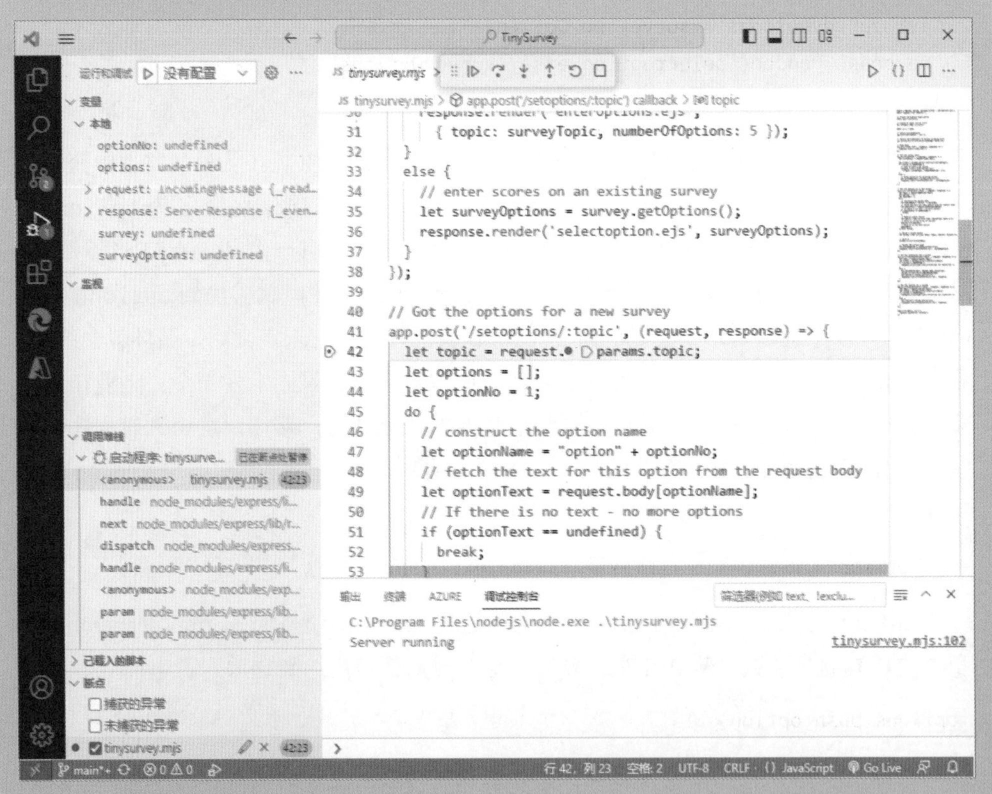

断点将在我们输入了问卷选项并单击 Start 按钮后被触发。左上角的“变量”部分显示了创建选项所使用的数值。你可以逐步执行代码，并观察程序如何从表单数据中获取值，以及如何用它来构建一个 Survey 对象，并将其存储在 surveys 中。观察完毕后，请移除断点并单击调试控件中的“继续”按钮，以继续运行程序。

8.8 构建选项选择页面

我们已经创建了调查问卷，并了解了如何创建网络应用程序，以及如何让它接受用户信息并将数据存储到在云端运行的应用程序中。接下来，我们需要制作一个选项选择页面，让用户通过单击选项按钮来进行选择。

图 8-5 展示了这个页面的界面。在创建完调查问卷或用户选择了已存在的问卷主题时，都会显示这个页面。

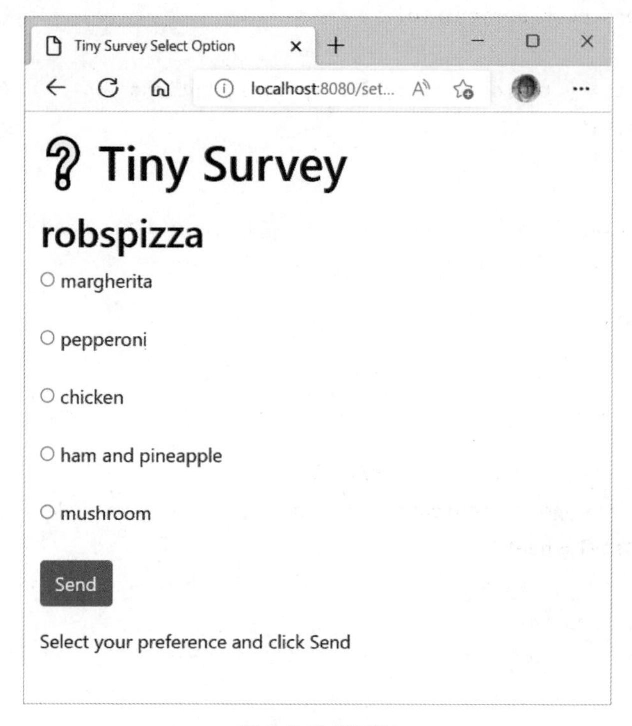

图 8-5　选择页面

页面将基于另一个模板进行创建：

```
let surveyOptions = survey.getOptions();
response.render('selectoption.ejs', surveyOptions);
```

以上语句调用 `render` 函数，根据 `selectoption.ejs` 模板文件渲染页面。这个 `render` 函数接收一个名为 `surveyOptions` 的对象，该对象包含了构建页面所需的数据。`surveyOptions` 对象包含两个内容：

- 调查问卷的主题；
- 要显示的选项文本的列表。

```
let surveyOptions = survey.getOptions();
```

tinysurvey 应用可以通过从 Survey 类调用 getOptions 方法来请求一个调查问卷的所有选项。这个方法的代码如下所示。它创建了一个仅包含选项信息的对象，供 selectoption 页面使用。

```
getOptions() {
    let options = [];                                    创建一个空的选项数组
    this.options.forEach(option => {                     浏览所有选项
        let optionInfo = { text: option.text };          创建包含选项文本的对象
        options.push(optionInfo);                        将对象添加到数组
    });
    let result = { topic: this.topic, options: options };    创建 result 对象
    return result;                                           返回 result 对象
}
```

由 getOptions 方法创建的对象随后被 selectoption.ejs 模板中运行的代码使用，以创建一个发送到浏览器的选项页面。

```
<!DOCTYPE html>
<html>

<head>
  <title>TinySurvey Select Option</title>
  <meta name="viewport" content="width=device-width, initial-scale=1.0">
  <link rel="stylesheet"
href="https://cdn.jsdelivr.net/npm/bootstrap@4.3.1/dist/css/bootstrap.min.css"
    integrity="sha384-
ggOyR0iXCbMQv3Xipma34MD+dH/1fQ784/j6cY/iJTQUOhcWr7x9JvoRxT2MZw1T"
crossorigin="anonymous">
</head>

<body>
  <div class="container">
    <h1 class="mb-3 mt-3">&#10068; TinySurvey</h1>
    <h2>
      <%=topic%>                                         显示调查问卷的主题
    </h2>
    <form action="/recordselection/<%=topic%>" method="POST">
      <% options.forEach(option=> { %>                  遍历选项
        <p>
          <input type="radio" required name="selections" id="<%=option.text%>"
```

```
          value="<%=option.text%>">                    单选按钮
        <label for="<%=option.text%>">
          <%=option.text%>                             将选项文本添加到单选按钮上
        </label>
      </p>
      <% }) %>
        <p>
          <button type="submit" class="btn btn-primary mt-1">Send</button>
        </p>
    </form>
    <p>
      Select your preference and click Send
    </p>
  </div>
</body>

</html>
```

selectoption.ejs 模板与我们用来输入调查问卷选项的 enteroptions.ejs 模板相似，只不过它不会创建一个输入框列表以供用户输入选项，而是会创建单选按钮以供用户投票。如果将它与 selectoption.ejs 模板进行比较，可以发现一些不同之处。selectoption 模板使用 for 循环计算选项编号，并为每一个选项创建一个名称。而 selectoption.js 模板的代码则使用 for-each 循环遍历调查问卷的选项列表。在单击 Send 按钮时，表单会指向服务器中的 recordselection 端点。因为问卷的 topic 已经追加到了端点上，所以服务器的 post 处理程序可以使用命名路由来获取结果所对应的问卷名称。前面的代码展示了为披萨调查问卷创建的表单。由于所有的单选按钮都有相同的 name 属性，浏览器会将它们组合在一起。在其中一个按钮被选择后，其他所有按钮都会被取消选择。

```
<form action="/recordselection/robspizza" method="POST">   使用问卷主题的命名路由
    <p>
        <input type="radio" name="selections" id="margherita" value="margherita">
        <label for="margherita">
            margherita
        </label>
    </p>
    <p>
        <input type="radio" name="selections" id="pepperoni" value="pepperoni">
```

```
        <label for="pepperoni">
            pepperoni
        </label>
    </p>
    <p>
        <input type="radio" name="selections" id="chicken" value="chicken">
        <label for="chicken">
            chicken
        </label>
    </p>
    <p>
        <button type="submit" class="btn btn-primary mt-1">Send</button>
    </p>                                              "Send" 按钮
</form>
```

在单击 Send 按钮后，浏览器会发送用户所选择的按钮的值。如果用户选择了 Chicken（鸡肉）选项后单击 Send，表单将会向应用提交 chicken 这个值。这些数据将被发送到 /recordselection/robspizza 端点。

代码分析 26

渲染选项

对于上述内容，你可能有一些疑问。

1. 问题：我们刚才究竟是在做什么？

解答：你可能觉得这些内容比较难以理解。请回过头思考一下我们写这段代码的目的是什么。应用程序需要创建一个网页，其中包含问卷选项及对应的单选按钮。selectoption.ejs 模板包含一个单选按钮的 HTML 定义和一个为每个选项产生一个单选按钮的 JavaScript 循环。为此，selectoption.ejs 模板需要知道调查问卷的主题（它将显示该主题并将其用作响应的命名端点）和每个选项的文本。这些信息以包含主题和选项属性的对象的形式提供给模板。

这个对象是通过在 Survey 实例上调用 getOptions 方法生成的。getOptions 方法创建一个对象，其中包含传递给 selectoptions.ejs 页面的信息。随着我们对应用程序的各个页面的理解越发深入，我们会发现一个模式，即应用程序会创建指导信息并将其传递给页面，以确保页面按照预期方式运行。之后在查看结果页面时，我们会再次看到这个模式。

2. 问题：为什么不直接把 survey 对象传给 enteroptions 页面？

解答：survey 对象的实例包含了构建 selectoption.ejs 模板所需的全部数据，但代码还是选择将 getOptions 方法的调用结果传递给 selectoption.ejs 页面。为什么不传递 survey 对象呢？这是因为如果我提供了对 survey 对象的引用，那么它们将可以随意地修改 survey 对象，比如更改选项的编号甚至是问卷的主题名称。但如果只传递所需数据的副本，就可以避免这种情况发生。这种策略被称为“防御性编程”（Defensive programming）。[①]

3. 问题：可否在 HTML 中将用户输入的文本用作属性名？

解答：观察一下前文中的代码，你会发现 chicken 单选按钮的 name 属性和 id 属性也是 chicken。在 HTML 中，它们只是文本字符串，不需要满足编程中的任何变量命名规则。

4. 问题：如果两个选项的文本相同，会怎样？

解答：假设用户为两个选项都设置了“pepperoni”这个名称，会发生什么呢？你可以试试看。程序仍然能正常工作，但第二个选项收到的票数会被算作第一个选项的。在后续版本的应用程序中，我们或许应该检查是否有重复的选项文本，并在发生重复时给出错误提示。

当用户在 selectoption 页面单击 Send 按钮时，表单会将选中的值提交到应用的 recordselection 端点。这个端点的任务是增加被选中选项的计数，并展示结果页面。

8.9 记录调查问卷的反馈

```
// Got the selections for a survey
app.post('/recordselection/:topic', (request, response) => {
  let topic = request.params.topic;                        从请求中获取问卷主题
  let survey = surveys.getSurveyByTopic(topic);            查找与主题相匹配的调查问卷
  if (survey == undefined) {                               检查是否存在同名调查问卷
    response.status(404).send('<h1>Survey not found</h1>');
  }                                                        如果未找到同名问卷，则显示错误
  else {
    let optionSelected = request.body.selections;          获取选择
    survey.incrementCount(optionSelected);                 为选择的选项递增计数值
    let results = survey.getCounts();                      获取调查问卷的选项计数
    response.render('displayresults.ejs', results);        显示计数
  }
});
```

① 译注：《代码大全 2》（纪念版）中提到，防御性编程的目的是防范意想不到的错误。作者在第 8 章提供了防御性编程相关原则及检查清单，扫码可查看。

以上代码是服务器中的 post 路由，它负责记录选中的选项。该路由首先查找相关的调查问卷，然后获取被选中的问卷选项，为该选项的计数加 1，最后渲染结果页面。如果没有找到与给定主题名称匹配的调查，代码会返回 404（未找到页面）错误响应。若找到了相应的调查，它会更新计数并利用 results.ejs 模板展示结果。我们可以逐步执行这段代码来观察它是如何工作的。

动手实践 41

扫描二维码查看作者提供的视频合集或访问 https://www.youtube.com/watch?v= 0npejC0H2dM，观看本次动手实践的视频演示。

记录问卷回答

现在，让我们看一下记录响应的过程。在 tinysurvey.mjs 文件的第 75 行设置一个断点，启动程序，并输入新的调查问卷主题和选项。接着，为你最喜欢的比萨配料投票。在 selectoption 页面上单击 **Send** 按钮时，程序将在该路由的 Express 处理程序中触发断点。

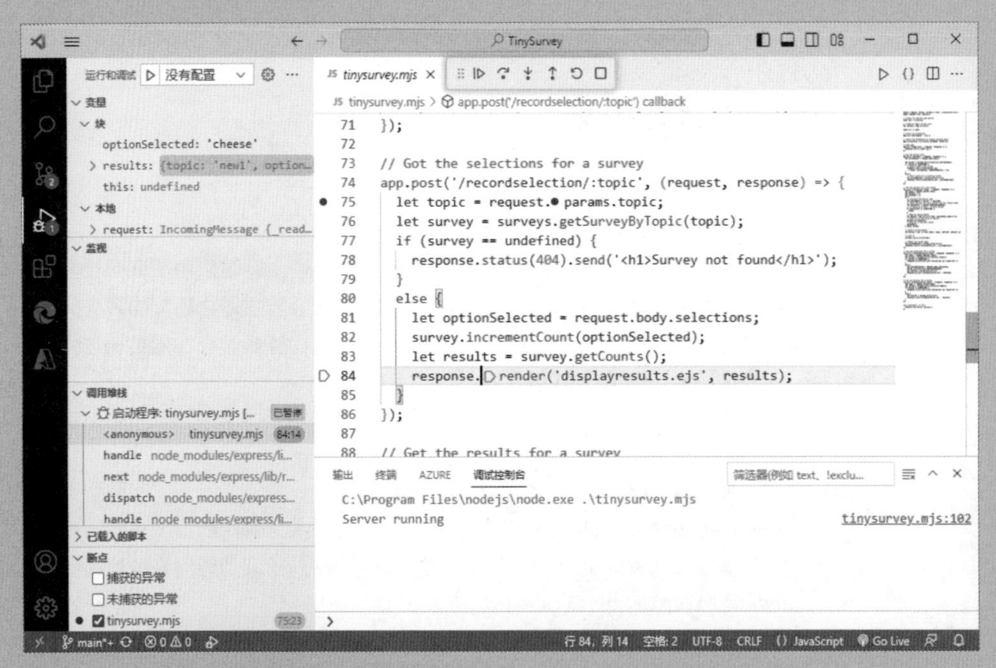

可以反复单击**调试控件**中的“**单步调试**”按钮，以观察代码如何获取问卷主题、找到对应的问卷、从响应中获取被选中的选项，然后为该响应递增计数器。上图所示的程序已经逐步执行到了第 84 行，并显示了要发送到 displayresults 页面的 `results` 对象的内容。

8.10 渲染问卷结果

我们需要的最后一个页面是用于渲染每个选项的计数值的页面。这一功能将由 displayresults.ejs 模板实现。图 8-6 展示了我们想要的输出。

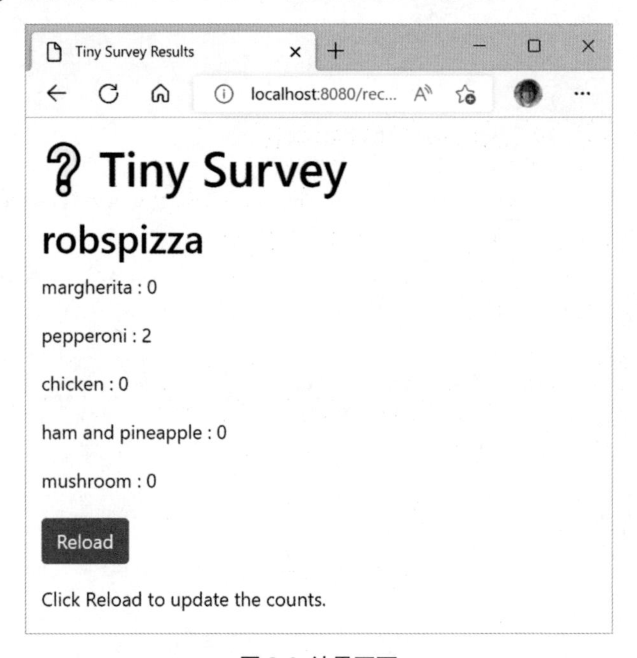

图 8-6　结果页面

使用了该模板的 render 函数接收一个名为 results 的对象作为参数，并从中获取每个选项的计数。

```
response.render('displayresults.ejs', results);
```

你应该已经注意到，所有处理调查内容的页面在结构上都非常相似。它们都包含一个循环，用于遍历选项并输出带有元素属性的 HTML 元素。这里所使用的属性是调查问卷的主题，以及每个选项的文本和计数属性。

```
<!DOCTYPE html>
<html>

<head>
  <title>TinySurvey Results</title>
  <meta name="viewport" content="width=device-width, initial-scale=1.0">
  <link rel="stylesheet"
href="https://cdn.jsdelivr.net/npm/bootstrap@4.3.1/dist/css/bootstrap.min.css"
```

```
    integrity="sha384-
ggOyR0iXCbMQv3Xipma34MD+dH/1fQ784/j6cY/iJTQUOhcWr7x9JvoRxT2MZw1T"
crossorigin="anonymous">
</head>
</head>

<body>
  <div class="container">
    <h1 class="mb-3 mt-3">&#10068; TinySurvey</h1>
  <h2 class="mb-10 mt-2">                                    调查问卷的主题
    <%=topic%>
  </h2>                                                      循环遍历每个选项
  <% options.forEach(option=> { %>
    <p>                                                      选项文本和计数值
      <%= option.text%> : <%= option.count %>
    </p>
    <% }) %>
      <p>
        <button class="btn btn-primary mt-1"
onclick="window.location.href='/displayresults/<%=topic%>'"> Reload
        </button>
      </p>
      </form>
      <p>
        Click Reload to update the counts.
      </p>
  </div>
</body>

</html>
```

该页面还包含一个用于请求刷新显示的计数值的按钮。按下这个按钮后，它将打开一个端点，重新渲染结果页面。

```
<button onclick="window.location.href='/displayresults/<%=topic%>'">
Reload </button>
```

前面的 Reload（重新加载）按钮在被单击后会打开 displayresults 端点。这个位置后面附带了主题名称作为参数，以便服务器使用命名路由来确定要显示的结果。

```
// Get the results for a survey
```

```
app.get('/displayresults/:topic', (request, response) => {
  let topic = request.params.topic;                          获取问卷主题
  let survey = surveys.getSurveyByTopic(topic);              查找调查问卷
  if (survey == undefined) {
    response.status(404).send('<h1>Survey not found</h1>');
  }
  else {
    let results = survey.getCounts();                        获取计数值
    response.render('displayresults.ejs', results);          显示计数值
  }
});
```

以上代码负责处理 `displayresults` 端点。它与处理 `recordselection` 端点的代码类似，但它不会更新任何计数值。

要点回顾与思考练习

在本章中，我们创建了一个基于服务器的功能完备的应用程序。现在，我们明白了数据是如何在浏览器和服务器之间传输的，以及如何使用 Express 生成由代码自定义的网页。现在，当你使用网页时，就能够看出它们的工作原理了。Express 框架只是用于创建网络应用程序的众多框架之一，而你现在已经理解了其工作方式背后的基本原理。和之前一样，我们接下来将回顾要点和一些值得思考的要点。

1. 我们可以使用 Bootstrap 样式表来改善网页的外观。使用 Bootstrap 的页面只包含对样式表文件的引用，这个文件不是本地文件，而是由 Bootstrap 提供的。

2. Node.js 安装时附带了 Node 包管理器（npm）程序。npm 所在的公司维护着一个资源库，这些资源可以集成到 Node 应用程序中。

3. package.json 文件的 dependencies（依赖项）部分中列出了应用程序所使用的资源。npm 程序可以通过终端进行控制。`npm init` 命令可以创建一个空的 package.json 文件，而 `npm install` 则用于安装资源。如果 npm 安装的某个资源需要其他资源才能正常工作，那么这些资源也将被自动安装。

4. 只要计算机上安装了 Git，就可以使用 `git init` 终端命令创建一个 Git 存储库。Git 已经集成到 Visual Studio Code 中，我们可以在“源代码管理”窗口中查看文件并提交更改。我们可以为项目添加一个 gitignore 文件，以提供模式来识别不应提交到存储库的文件。这些文件是库的一部分，而不是专门为应用程序创建的。

5. Express 框架可以创建一个在 Node.js 下运行的应用服务器。服务器代码为 Express 的“路由”分配函数，这些路由对应于浏览器要访问的端点。当 express 路由

接收一个 request 对象（描述发自服务器的请求）时，它会返回一个 response 对象，其中包含要发送回浏览器的内容。

6. 像 Express 这样的框架可以托管中间件元素，为应用程序增添功能。EJS（嵌入式 JavaScript 模板）是一个类似的框架，它允许 Express 渲染带有活动 JavaScript 组件的 HTML 文件，这些组件可以将 HTML 元素集成到生成的页面中。

7. HTML 页面中的 FORM 元素包含着 INPUT 元素，供用户输入数据值。FORM 还可以包含一个按钮，用于触发表单的提交动作。如果提交方法设置为 POST，浏览器将通过 HTTP POST 向服务器发送用户在表单中输入的值。服务器可以使用 urlencoded 中间件解码 post 中的信息，并将其添加到 request 对象中，由相应的路由处理器进行处理。

8. 我们可以使用 Visual Studio Code 中的调试器来观察应用程序的运行过程并查看变量的内容。

9. 在 EJS 模板文件中，定界符“<%”和“%>”标记了 JavaScript 代码部分的开始和结束。如果模板包含一个 JavaScript 循环，那么每次循环时，循环内的 HTML 元素都会被输出到页面中。定界符“<%”和“%>”包裹了 JavaScript 表达式。在渲染页面时，表达式的值会被放置在相应的位置。

10. 调用 EJS 来渲染模板时，可以包括一个引用对象，该对象包含模板页面内部运行的 JavaScript 所使用的值。

11. 来自网页的 post 请求可以在请求的末尾添加一个命名路由参数，这让浏览器能够将信息发送到服务器。随后，在服务器中运行的路由可以提取这个名称。我们在 TinySurvey 中使用了这个功能，目的是把调查问卷的主题添加到路由中。

为了加深对本章的理解，你可能需要思考以下几个进阶问题。

1. 问题：从 Bootstrap 加载的大型样式表文件是否会导致网页流量增加并减慢网站速度？

解答：Bootstrap 样式表改善了网页的外观，并让网页能够根据不同的设备进行调整。虽然这些样式表文件相当大，但浏览器会自动在主机计算机上缓存它们（保留本地副本），因此使用它们几乎不会对页面性能和流量产生影响。

2. 问题：Node.js 和 Node 包管理器（npm）之间的区别是什么？

解答：Node.js 是在计算机上运行 JavaScript 代码的框架。而 Node 包管理器是一个独立的程序，用于管理应用程序中的包。它使用应用程序的 package.json 文件来跟踪该应用程序使用的资源。

3. 问题：Express 中间件是如何工作的？

解答：当应用程序启动时，它会调用 app.use 函数以将中间件绑定到指定的位置，并指定要导入的中间件代码。

4. **问题**：路由和端点之间的区别是什么？

解答：端点是由 URL 指定的。它定义了服务器的地址和服务器提供的资源的路径。举例来说，“http://localhost:8080/index.html”是本地机器上 8080 端口的服务器，路径是 index.html，而路由是 Express 中路径（比如 index.html）到 JavaScript 函数的映射，这个函数负责处理请求并生成响应。

5. **问题**：GET 和 POST 之间的区别是什么？

解答：超文本传输协议（HyperText Transfer Protocol，简称 HTTP）描述了可以从浏览器发送到服务器的命令。GET 命令的意思是“请为我发送这个页面”，而 POST 命令的意思是“这是一个数据块”。当用户访问网页时，会发送 GET 命令。当用户提交表单时，则会发送 POST 命令。

6. **问题**：《找奶酪》小游戏通过向文档对象模型添加元素来生成网页，而 TinySurvey 使用 EJS 模板来生成网页。哪种方法更好？

解答：在创建《找奶酪》小游戏时，我们需要制作 100 个按钮（每个方格一个）。我们没有从服务器下载按钮，而是在浏览器中运行 JavaScript 来创建 HTML 按钮元素，并将它们添加了用于管理页面内容的 DOM 中。相对地，TinySurvey 应用则是在服务器端通过 EJS 模板运行 JavaScript 来生成 HTML 页面，然后再将页面传递给浏览器。关键的区别在于，《找奶酪》的页面是由浏览器生成的，而 TinySurvey 则是由服务器生成的。那么，哪种方法更好呢？像《找奶酪》那样使用浏览器可能会减轻服务器的负担，但像 TinySurvey 那样使用服务器可以确保即便浏览器不支持 JavaScript 也能正常显示页面（虽然大部分浏览器现在都支持 JavaScript）。归根结底，选择哪种方式仍然取决于应用程序的开发者。另外，还有许多其他框架和技术会采用不同的方式来在浏览器和服务器之间平衡和分配工作。

第 9 章 走向专业化

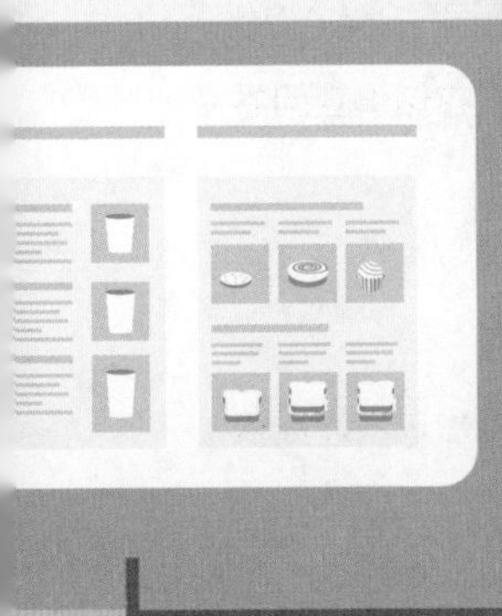

本章概要

你可能会好奇学生项目或业余程序与“专业”程序之间有什么区别。“专业”代码的唯一一个与众不同之处在于，有人为它付了钱。这改变了用户和程序开发者之间的关系。用户成为了客户，并有权期待他们购买的产品达到一定的质量标准。但问题是，程序的质量高低很难从外部判断。只有当软件出故障、运行缓慢或被证明难以修改时，才能真正看出程序的低劣质量。

在本章中，你将学习如何使你的应用程序更值得付费购买——或者至少达到能公开发布的水准。你将了解如何将应用程序分解成经过文档化、测试，并具有错误处理和日志记录功能的单独模块。在这个过程中，我们将认识一个新的 JavaScript 英雄——异常，并学习如何使用 cookies 来在浏览器中保存应用的状态。这会很有意思的。

我一般会在这里提醒你查阅词汇表，为了不让你失望，请让我提醒一句：别忘了，访问 https://begintocodecloud.com/glossary.html，网上词汇表随时可以查看。

9.1 模块化代码

我们可以通过将解决方案分解成独立的模块来简化创建代码的过程。背后的理念是让模块可以单独被测试和替换，而不影响其他部分。TinySurvey 应用在某种程度上就是模块化的，因为管理调查问卷存储的代码和主程序是分开存放的。不过，我们还可以进一步优化它，通过创建一个辅助函数来在应用和其数据存储需求之间实现一个明确定义的接口。

下面的 SurveyManager 类为 TinySurvey 应用提供了所有的调查存储功能，它使用 SurveyStore 类存储数据。

```
import { Survey, Surveys } from './surveystore.mjs';

class SurveyManager {
    constructor() {                                         控制器的构造方法
        this.surveys = new Surveys();
    }

    storeSurvey(newValue) {                                 存储调查问卷
        let survey = new Survey(newValue);
        this.surveys.saveSurvey(survey);
    }

    incrementCount(incDetails) {                            增加选项计数值
        let topic = incDetails.topic;
        let option = incDetails.option;
        let survey = this.surveys.getSurveyByTopic(topic);
        survey.incrementCount(option);
    }

    surveyExists(topic) {                                   检查某一调查问卷是否存在
        return this.surveys.getSurveyByTopic(topic) != undefined;
    }

    getCounts(topic) {                                      获取问卷选项的计数值
        let survey = this.surveys.getSurveyByTopic(topic);
        return survey.getCounts();
    }

    getOptions(topic) {                                     获取调查问卷的选项
```

```
        let survey = this.surveys.getSurveyByTopic(topic);
        return survey.getOptions();
    }
}

export { SurveyManager };
```

SurveyManager 类还增加了一些新功能，比如用于检查特定主题的调查问卷是否存在的 surveyExists 方法。TinySurvey 应用导入这个类，创建了它的一个实例，然后用它来满足所有调查问卷存储需求。下面的代码来自 tinysurvey.mjs 文件：

```
import { SurveyManager } from './surveymanager.mjs';
// Create a survey manager
let surveyManager = new SurveyManager();
```

动手实践 42

扫描二维码查看作者提供的视频合集或访问 https://www.youtube.com/watch?v=bmai1j XC0Z0，观看本次动手实践的视频演示。

使用 SurveyManager 类

为了开展本次动手实践，请从 GitHub 下载 TinySurvey 的如下版本：

https://github.com/Building-Apps-and-Games-in-the-Cloud/TinySurveyManager

将这个存储库克隆到自己的电脑上，然后用 Visual Studio Code 打开它。如果不清楚如何获取示例应用的话，请查看第 8 章的 8.5 节“获取示例应用程序”，并按照步骤进行操作，只不过要更改一下克隆的存储库的地址。在 Visual Studio Code 中打开应用程序后，再打开 tinysurvey.mjs 源文件。

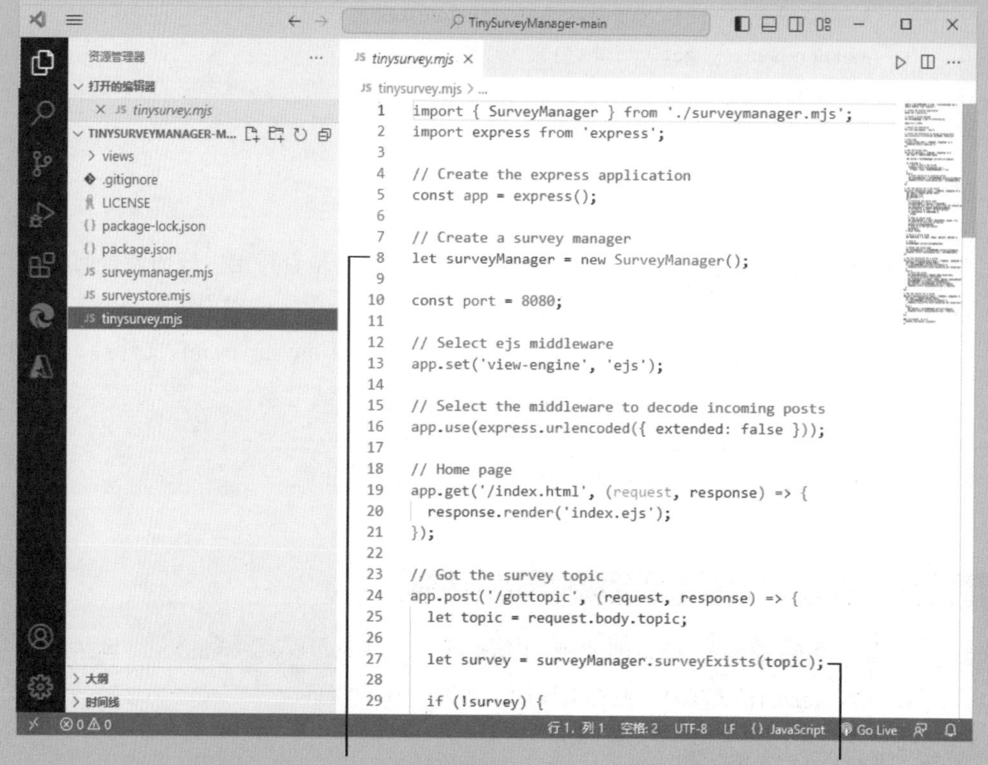

创建并初始化SurveyManager实例　　**检查是否存在具有特定主题的调查问卷**

源文件中第 8 行语句用于创建和初始化 `SurveyManager` 实例。第 27 行语句负责检查是否存在具有特定主题的调查问卷。运行这个应用，并使用浏览器访问 localhost:8080/index.html，然后输入一个调查问卷名称，你会发现应用程序的工作方式和以前一样。你可以添加断点来观察不同方法的调用情况。请不要关闭应用程序，我们将在下一节中用它来研究注释。

代码分析 27

使用 Manager 类

你可能对 `Manager` 类在 TinySurvey 应用中的用法有一些疑问。

1. 问题：使用 `Manager` 类和只使用存储类之间有什么区别？

解答：在上一个版本中，TinySurvey 使用了一组类（`Option`、`Survey` 和 `Surveys`）来存储调查问卷信息。这是可行的，那么，我们为什么还要另外创建一个复制了其功能的类呢？原因在于，我们想将 TinySurvey 应用程序的代码与用于存储数据的代码分开。这将使得我们能够在不改变 TinySurvey 的任何部分的情况下，更改底层数据的存储方式。

2. 问题：为什么 Manager 类有一个 surveyExists 方法？

解答：调查问卷的存储中的 Surveys 类提供了一个名为 getSurveyByTopic 的方法，用于查找具有特定主题的调查问卷。然而，使用 SurveyManager 类的应用程序无法直接访问 Surveys 存储类。TinySurvey 应用需要知道特定主题的调查问卷是否存在，而现在，它可以使用这个 surveyExists 方法来进行判断。

3. 问题：使用 Manager 类会不会减慢应用程序的运行速度？

解答：TinySurvey 的前一个版本直接调用了存储方法，而新版本会先调用 Manager 类中的一个方法，然后该方法再调用存储方法。这的确会带来一个不易察觉的延迟，但不会对性能造成显著的影响。Manager 类所带来的好处远远大于性能上的这点儿损失。

9.1.1 注释 / 文档

合适的代码文档能极大地增强代码的可读性并降低理解难度。你可能一直在想，为什么书里到现在都没有讲过注释。[①] 这是因为到目前为止，我们都不太需要它。只要使用了有意义的变量名，并保持代码结构简单明了，就不需要太多的注释。不然的话，你可能会写下这样的语句：

```
totalPrice = salesPrice + handlingPrice + tax; // 计算总价
```

我认为前面的注释是不必要的。不过，当我们创建一个 Manager 类的时候，必须添加注释和文档。尤其是在多人协同编写代码的情况下。使用这个类的人需要了解每个方法的功能和使用方法。你可以在 JavaScript 程序中添加两种注释：

```
// 单行注释
/* 多行注释
   可以扩展到
   多行
*/
```

尽管我们可以直接把这些注释添加到 SurveyManager 类中，但是实际上，我们可以通过一种更好的方法来添加更有价值的注释。

① 译注：关于注释，史蒂夫在《代码大全 2》（纪念版）中特别写了一个剧本，让苏格拉底穿越时空，引导主持了一场关于注释的探讨，扫码可查看（或收听）。

动手实践 43

扫描二维码查看作者提供的视频合集或访问 https://www.youtube.com/watch?v=Vo_oifbnuOw，观看本次动手实践的视频演示。

编写注释

为了开展本次动手实践，请从 GitHub 下载 TinySurvey 的如下版本：

https://github.com/Building-Apps-and-Games-in-the-Cloud/TinySurveyManager

在上一次动手实践里，你应该已经下载过了。打开 surveymanager.mjs 文件并定位到第 32 行。

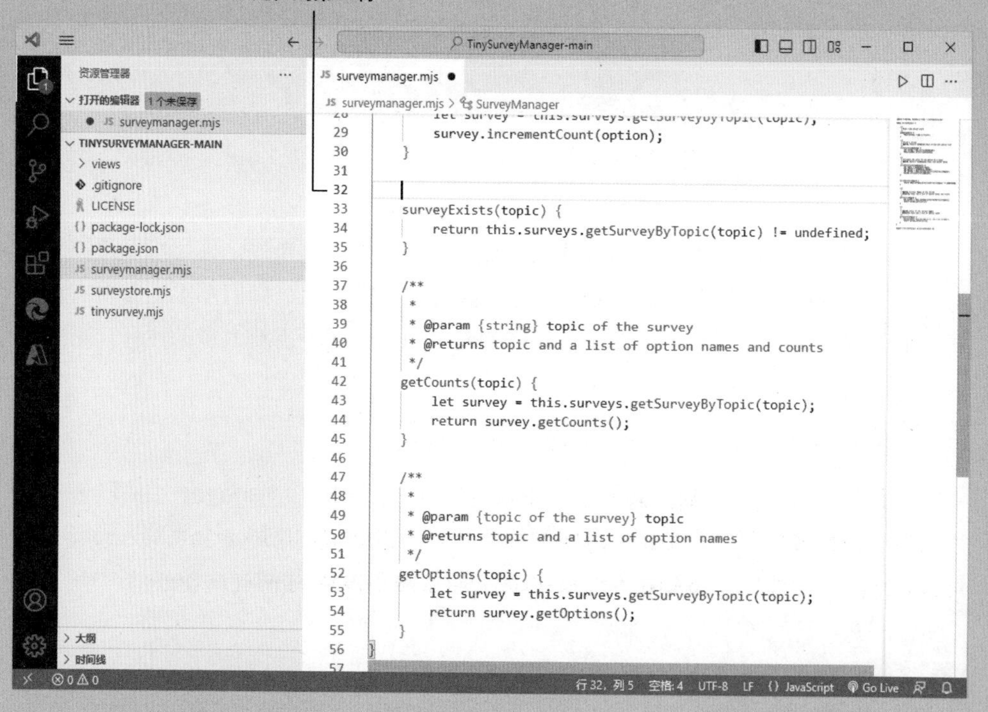

`getCounts` 方法和 `getOptions` 方法上已经有了格式化注释。我们将为 `surveyExists` 方法添加类似的注释。Visual Studio Code 将为我们完成大部分工作。请将光标移动到第 32 行，`surveyExists` 声明的正上方，然后输入“/**”（一个斜杠后跟两个星号）。

```
31
32      /** */
33      sur abc /** */                                  JSDoc 注释
34          return this.surveys.getSurveyByTopic(topic) != undefined;
35      }
36
```

此时会弹出一个对话框，提示你输入 JSDoc 注释（JSDoc 注释提供交互式的文档说明）。按 Enter 键。

```
31
32      /**
33       *
34       * @param {*} topic
35       * @returns
36       */
37      surveyExists(topic){
38          return this.surveys.getSurveyByTopic(topic) != undefined;
39      }
```

现在，我们就可以输入注释文本了。光标当前所处的大括号之间的位置是我们输入参数类型的地方。我们还可以为该方法、`topic` 参数和返回值添加描述。

```
31
32      /**
33       * Checks if a survey exists
34       * @param {string} topic topic of the survey
35       * @returns true if the survey exists in the storage
36       */
37      surveyExists(topic){
38          return this.surveys.getSurveyByTopic(topic) != undefined;
39      }
```

上图展示了已完成的注释文本。通过这种方式添加注释的好处在于，Visual Studio Code 可以使用它们提供交互式帮助。为了查看这个功能的效果，请在编辑器中打开 tinysurvey.mjs 文件并定位到第 27 行。现在，将鼠标悬停在 `surveyExists` 标识符上。

```
20      response.rende   (method) SurveyManager.surveyExists(topic: string):
21    });                boolean
22
23    // Got the surve     Checks if a survey exists
24    app.post('/gotto   @param topic — topic of the survey
25      let topic = re
26                       @returns — true if the survey exists in the storage
27      let survey = surveyManager.surveyExists(topic);
28
29      if (!survey) {
行 1, 列   空格: 2   UTF-8   LF   {} JavaScript   Go Live
```

将鼠标悬停在surveyExists(topic)上

Visual Studio 会弹出一个窗口，其中显示了我们刚刚输入的注释信息。在编辑代码时，我们会得到类似的提示。这是制作“自带文档”（self-documenting）的程序的一个绝佳方法。JSDoc注释格式可以与JSDoc3（可以创建网站的文档生成器）协同使用。若想了解更多信息，请参见 https://jsdoc.app/。

程序员观点

“专业”也意味着提供文档和支持

本章的开头曾提到过，只要有人为你的软件付费了，那么他们就成为了你的客户。客户可能期望看到讲解如何使用软件的文档，并且在遇到问题时能够支持。如果你提供的软件对客户来说很重要，那么你应该与客户商讨如何提供持续支持，甚至可能需要考虑为自己购买保险，尽到一个“专业”的软件提供商的职责，以防软件出现问题。

9.1.2 错误检查

SurveyManager 类的目前完全没有错误检查功能。代码中缺少错误处理措施。虽然方法现在能够正常工作，但这是因为它们接收到的信息是正确的。如果只是想自娱自乐地写一个小程序的话，这么做也没关系，但如果我想将代码整合到我准备出售或供他人使用的程序中，那么代码应包含一些错误检查机制。

```
/**
* 存储一个调查问卷
* @param {Object} newValue 主题字符串和选项列表
*/
storeSurvey(newValue){
    let survey = new Survey(newValue);
    this.surveys.saveSurvey(survey);
}
```

为了进一步说明缺少错误处理措施的后果，让我们以前面的方法为例。这个方法存储了一个新的调查数据。传递给 storeSurvey 的 newValue 参数是一个描述调查问卷的对象。下面的 goodSurveyValues 变量是一个包含制作调查问卷所需的所有信息的对象，它可以被传递给 storeSurvey。但是，storeSurvey 方法并不会检查它接收到的数据是否有效。

```
let goodSurveyValues = {
    topic: "robspizza",
    options: [
    { text: "margherita", count: 0 },
    { text: "pepperoni", count: 0 },
    { text: "chicken", count: 0 },
    { text: "ham and pineapple", count: 0 },
    { text: "mushroom", count: 0 }
  ]
};
```

下面的 badSurveyValues 变量描述的是一个调查问卷，其中存在几处错误。topic 属性被错误地输入为“Topic”，其中一个选项的 count 值是一个字符串，另一个选项则根本没有 count 值。然而，SurveyManager 类中的 storeSurvey 方法仍然接受这样的数据，并尝试将其作为调查问卷存储。销售这样的应用程序是不负责任的。

```
let badSurveyValues = {
    Topic:"bad survey",
    options: [
    { text: "margherita", count: "hello" },
    { text: 99, count: 0 },
    { text: "chicken"}
  ]
};
```

下面的代码使用 JavaScript 的 in 操作符来测试一个新值是否包含 topic 属性和 options 属性。如果这些属性丢失，错误描述就会被添加到 errors 字符串。这个字符串将在 storeSurvey 方法的末尾处被检查。如果它为空，调查问卷就会被存储。否则，errors 字符串会描述传入的调查问卷出现了什么错误。

```
let errors = "";
if (!("topic" in newValue)) {
    errors = errors + "Missing topic property in storeSurvey\n";
}
if (!("options" in newValue)) {
    errors = errors + "Missing options in storeSurvey\n";
}
```

9.1.2.1 错误处理

检测错误是一回事，但如何处理错误又是另一回事。在应用程序运行期间，可能会发生两种错误：一种是可以预期的错误，比如用户可能输入了无效的用户名或密码；另一种是不应该发生的错误，比如程序可能会尝试存储一个无效的调查问卷。

对于第一种错误，其处理方法应该被纳入应用程序的工作流中。如果用户在登录界面中输入了无效的用户名或密码，应用程序应就应该显示相应的提醒并请用户重试。这个工作流程可能会进一步扩展，比如只允许用户尝试5次，如果密码依旧输入错误，那么账号将被锁定。这取决于应用程序的重要性和客户愿意为安全措施支付的费用。在创建应用程序工作流时，我们必须逐步进行审查并考虑用户可能会犯的错误，然后添加额外的步骤来应对这些情况。这种错误是可以预见的常规错误。

第二种错误是由软件故障或外部服务失败导致的。工作流应确保用户输入有效的调查问卷。这些错误跳出了应用程序的正常工作流程，最好通过抛出异常来处理。顾名思义，异常是一种特殊的事件。下面就让我们来看看在JavaScript中应该怎样处理异常。

9.1.2.2 JavaScript 英雄：异常

优秀的超级英雄总是会制定合适的逃脱计划。应用程序也是如此。如果应用程序遇到了无法继续运行的情况，它应该抛出一个异常对象来表明这一点。在尝试存储含有无效内容的调查问卷时，中止这一操作是非常重要的。JavaScript可以通过抛出异常来放弃某个操作。以下代码位于`storeSurvey`方法的末尾。它检查`errors`变量是否包含任何消息。如果是，则将`errors`变量作为异常抛出。

```
if (errors != "") {
    throw errors;
}
```

异常会中断当前的执行流程，将其转移到专门负责处理异常的代码部分。我们很快就会看到这是如何工作的。代码创建了一个新的`surveyManager`实例，并使用它来存储在`goodSurveyValues`变量中定义的调查问卷。执行这一操作的代码位于`try`关键字后的代码块中。当这段代码运行时，就意味着调查问卷会以正确得到保存。

```
let mgr = new SurveyManager();
try {
    mgr.storeSurvey(goodSurveyValues);
}
catch(error){
    console.log("Survey store failed:" + error);
}
```

在使用 badSurveyValues 变量替换 goodSurveyValues 变量时，系统会尝试存储一个无效的调查问卷。这时，storeSurvey 方法将抛出一个异常，程序的执行将转入 catch 代码块，并在控制台上记录错误。传递给 catch 代码块的参数是被抛出的对象，在本例中，它是一个包含错误报告的字符串。

动手实践 44

扫描二维码查看作者提供的视频合集或访问 https://www.youtube.com/watch?v=gflc Ft7auC4，观看本次动手实践的视频演示。

探索异常

让我们来了解一下异常是如何工作的。启动浏览器并打开 Ch09-01-Exploring_Exceptions 示例文件夹中的 index.html 文件。打开浏览器的**开发者工具**并选择**“控制台”**标签。该页面的 JavaScript 代码包含了调查问卷的管理类。我们可以在控制台中与它们交互。首先，让我们创建一个 SurveyManager 实例。输入以下命令并按 Enter 键：

```
let mgr = new SurveyManager()
```

我们创建了一个新的 SurveyManager，并且让 mgr 变量引用了它。

有了 SurveyManager 之后，我们就可以用它来存储调查问卷了。网页代码包含 goodSurveyValues 和 badSurveyValues 这两个变量的定义。我们可以尝试在调查问卷中存储它们。输入以下代码并按 Enter 键：

```
mgr.storeSurvey(goodSurveyValues)
```

我们成功存储了包含有效内容的调查问卷。

```
> mgr.storeSurvey(goodSurveyValues)
< undefined
>
```

现在，让我们看看存储包含无效内容的调查问卷会发生什么。输入以下内容并按 Enter 键：

```
mgr.storeSurvey(badSurveyValues)
```

这次，storeSurvey 方法抛出了一个异常。

```
> mgr.storeSurvey(badSurveyValues)
⊗ ▶Uncaught Missing topic property in storeSurvey
  Count not a number in option margherita in storeSurvey
  Missing count in option chicken in storeSurvey
>
```

storeSurvey 调用是在 try 代码块之外进行的，所以 JavaScript 引擎显示了一个错误，以及未捕获的异常值。如果我们将语句放入 try 代码块中，就可以在异常被抛出时获得它的控制权。输入以下内容并按 Enter 键：

```
try { mgr.storeSurvey(badSurveyValues); } catch(error) {console.log("Ooops:"+error)}
```

这个语句包含了 try 和 catch 代码块。如果 try 块内的代码抛出一个异常，就会执行 catch 块内的代码。

```
> try { mgr.storeSurvey(badSurveyValues); } catch(error)
  {console.log("Ooops:"+error)}
  Ooops:Missing topic property in storeSurvey
  Count not a number in option margherita in storeSurvey
  Missing count in option chicken in storeSurvey
< undefined
>
```

这次就没有显示错误了，因为异常已被捕获。你可以通过尝试将不同的自定义对象存储为调查问卷，对 SurveyManager 类中的错误处理措施进行实验。你还可以查看网站的源代码，以探索我们为错误测试添加了多少代码。

9.1.2.3 异常和 finally

关于异常，还有最后一个重要的部分需要了解，那就是名副其实的 finally 块。我们可以在异常处理结构中添加一个 finally 块，无论 try 和 catch 代码块中发生了什么，finally 块中的代码都一定会被执行。下面的代码尝试存储一个调查问卷。如果问卷存储抛出一个异常，程序就会执行 catch 代码块，以处理异常。

不论 catch 块中的代码做了什么，程序都会执行 finally 块中的代码。即使 try-catch 位于一个函数或方法内部，并且 catch 块中有一个返回语句，finally 块中的代码仍然会运行。即使 catch 块中的代码抛出了另一个异常，finally 块中的代码也依旧会运行。我们可以在 finally 块中添加代码来释放 try 块中获取的资源。

```
try {
    mgr.storeSurvey(surveyValues);
}
catch(error){
    console.log("Survey store failed:" + error);
}
finally{
    console.log("This message is always displayed");
}
```

代码分析 28

使用异常处理

你可能对异常处理有一些疑问。

1. 问题：可以 try 块中放入多少代码？

解答：多少代码都行，没有限制。

2. 问题：异常处理器可以嵌套吗？

解答：可以。我们可以在 try-catch 结构的代码中放入另一个 try-catch 结构。在抛出一个异常时，JavaScript 会寻找并使用最“近”的 catch 块。

3. 问题：异常处理器知道异常是在哪里被抛出的吗？

解答：不，它不知道。不过，我们可以在抛出的数据中添加信息，以表明 catch 块中的哪里出现了异常。

4. 问题：处理完异常后，可以回到抛出异常的代码那里吗？

解答：不可以。异常被抛出后，程序的执行会移至 catch 代码块（如果有的话），并且不会返回原处。

5. 问题：如果 catch 块中的代码抛出了异常，会发生什么？

解答：如果发生了这种情况，那么 JavaScript 会执行这个异常，并寻找最“近”的 catch 块来进行处理（如果有的话）。

6. 问题：每个 try-catch 结构都必须有一个 finally 代码块吗？

解答：不。只有当 try 块的代码调用了某些资源（例如，它连接到了数据库或打开了一个文件），并且你想在代码执行完毕后释放这些资源时，才需要 finally 块。它能够避免资源被那些永远不会释放它们的进程“占用”。

7. 问题：如何在 TinySurvey 这样的应用中使用 try-catch 结构？

解答：好问题。我们可以把处理每个路由的代码都放入 try-catch 结构中，如果代码抛出异常，就在 catch 块中渲染一个错误提示页面。下面的代码展示了具体工作机制。

```
app.get('/index.html', (request, response) => {
    try {
      response.render('index.ejs');
    }
    catch(error) {
      console.log(error);
```

```
        response.render('error.ejs');
    }
});
```

渲染主页时极少会出现异常，但现在如果真的发生这种情况，程序会记录错误并显示一个错误提示页面。不过，我们不应该使用 `try-catch` 来处理未知的错误。如果代码会时不时地抛出异常，就应该找出异常的成因并修复它，而不是用 `try-catch` 来掩盖这个问题。

9.1.3 测试

在把代码分享给别人之前，应该先对其进行测试。这里所说的测试并不是简单地运行几次程序，看看会发生什么——这不算测试，可能只算是“随便玩玩”。真正的测试是项目中的一规范化的过程。为了确保测试的有效性，它们必须是可以重复且尽可能自动化的。举个例子，如果要测试 TinySurvey 应用程序，我们可以编写创建调查问卷的一系列步骤，然后一步一步地完成它们。

许多软件公司都有专职的测试人员来完成这项任务，他们还会利用自动化工具来模拟输入并跟踪输出。这属于应用程序级别的测试，但同时，模块级别的测试也非常重要。我们刚刚在 `SurveyManager` 类中添加了许多的错误处理功能，如果能够对这些功能进行自动化测试，那将会很有帮助。市面上有许多可供选择的测试工具，这里会使用“Jest。若想进一步了解 Jest，请访问 https://jestjs.io/。

9.1.3.1 安装 Jest

和之前一样，我们可以使用 Node 包管理器（npm）来将 Jest 添加到我们的应用程序中：

```
npm jest
```

安装了 Jest 之后，我们需要配置应用程序，以用它进行测试。也就是说，我们需要修改 package.json 文件并为应用程序添加一个 jest.config.mjs 文件。这听起来很复杂，但因为 Jest 的标准版本不支持我们应用中使用的 .mjs 文件格式，所以我们必须这么做。但不用担心，本章的示例应用程序已经预先把这些东西设置好了。若想进一步了解 .mjs 文件，请查看前面的 4.1.3 节。

9.1.3.2 编写测试

安装了 Jest 框架后，我们就可以开始为代码编写测试了。Jest 框架提供了可以用来执行各个测试的函数，在执行了这些测试后，它会报告结果。首先，让我们为测试创建一个简单的辅助函数：

```
function surveyTest(newValue){
    let manager = new SurveyManager();
    manager.storeSurvey(newValue);
}
```

surveyTest 函数接受一个名为 newValue 的对象参数，该参数定义了一个调查问卷。surveyTest 函数会创建一个新的 SurveyManager 并使用它来存储调查问卷。如果 newValue 包含无效的问卷描述，storeSurvey 方法就会抛出一个异常。测试必须确保抛出了正确的异常，并且异常包含恰当的消息。如下所示的调查问卷描述并不包含选项，所以它应该会被 storeSurvey 拒绝：

```
let missingOptions = {
    topic: "robspizza"
};
```

我们可以使用 Jest 的 test 函数为这种行为创建一个测试，如下所示。调用的第一个参数是描述测试的字符串。第二个参数是运行测试的函数。下面的测试使用了 expect 方法，它接受一个要测试的函数作为参数，在本例中，它接受的是带有 missingOptions 参数的 surveyTest。expect 调用之后的是一个要匹配的条件，在本例中，这个条件是 toThrow 元素，它接收异常文本，并且只有在测试成功时才会抛出这段文本：

```
test('Missing options', () => {
  expect(() =>
    surveyTest(missingOptions)).toThrow("Missing options in storeSurvey\n");
});
```

Jest 框架的一个优点在于，它对测试提供了非常清晰的描述。举例来说，前面的代码清晰地表示：“当 surveyTest 函数接收到缺少选项的参数时，我期望它会抛出一个表示 storeSurvey 中缺少选项的异常。”

有些测试则会使用特定的方法来执行。为了测试 incrementCount 的功能，测试首先需要创建一个调查问卷，为某个选项的计数加 1，然后再验证该选项的计数值是否为 1。下面的 incrementTest 函数就是为此创建的，如果测试成功，它会返回一个空字符串；如果测试失败，则会返回错误消息：

```
function incrementTest() {
  let manager = new SurveyManager();
  let error = "";
  manager.storeSurvey(newSurveyValues);
  manager.incrementCount({ topic:"robspizza", option:"pepperoni"});
  let surveyOptions = manager.getCounts("robspizza");

  newSurveyValues.options.forEach(option => {
    let testOption = surveyOptions.options.find(item => item.text == option.text);
    if (testOption == undefined) {
      error = error + "option missing\n";
    }
    else {
      if (testOption.text == "pepperoni") {
        if (testOption.count != 1) {
          error = error + "count increment failed";
        }
      }
      else {
        if (testOption.count != 0) {
          error = error + "incremented wrong count";
        }
      }
    }
  });
  return error;
}
```

通过在调用测试方法后的结果上使用不同的匹配函数，我们可以利用 `incrementTest` 函数进行测试，如以下代码所示：

```
test('Increment a count', () => {
  expect(incrementTest()).toBe("");
});
```

`toBe` 这个匹配函数使测试能够检查特定的结果值，而不是异常。Jest 框架包含许多不同的匹配函数。测试程序存储在名称包含“test”一词的文件中。这些测试可以通过在终端使用 `npm test` 命令来执行。在运行这个命令时，npm 程序会打开 package.json 文件，找到测试命令，然后执行它（在本例中，执行测试命令是为了运行 Jest 框架）。

动手实践 45

扫描二维码查看作者提供的视频合集或访问 https://www.youtube.com/watch?v= wIm4g9YeQdo，观看本次动手实践的视频演示。

运行测试

为了开展本次动手实践，请从 GitHub 下载新版本的 TinySurvey，网址如下：

https://github.com/Building-Apps-and-Games-in-the-Cloud/TinySurveyTest

这个存储库包含了带有错误处理和一系列测试的 TinySurvey 应用程序。把它克隆到自己的计算机上，然后用 Visual Studio Code 打开它。如果不清楚如何获取示例应用，请参考第 8 章的 8.5 节“获取示例应用程序”，并按照步骤操作，只不过要更改一下克隆的存储库的地址。在 Visual Studio Code 中打开应用程序文件夹，然后打开 surveymanager.test.mjs 源文件。

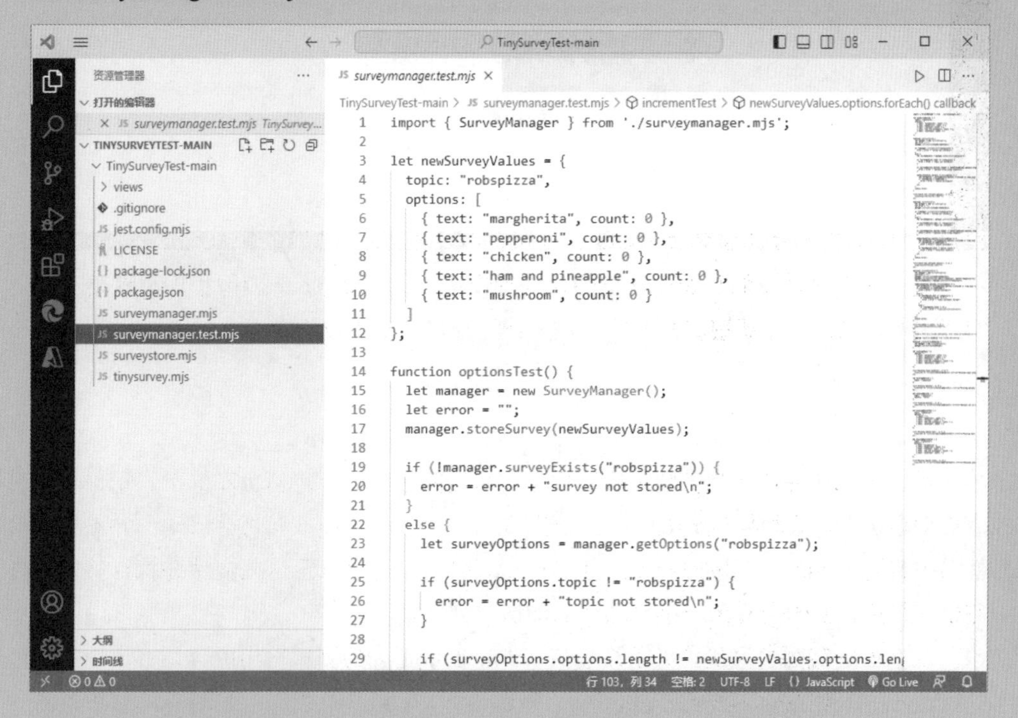

测试文件包含了 SurveyManager 类的多个测试。我们想既在终端运行这些测试，又在调试器中运行它们。所以，请单击左侧菜单栏中的“**运行和调试**”图标（带有一个小瓢虫的三角形图表），然后单击“**JavaScript 调试终端**”按钮。

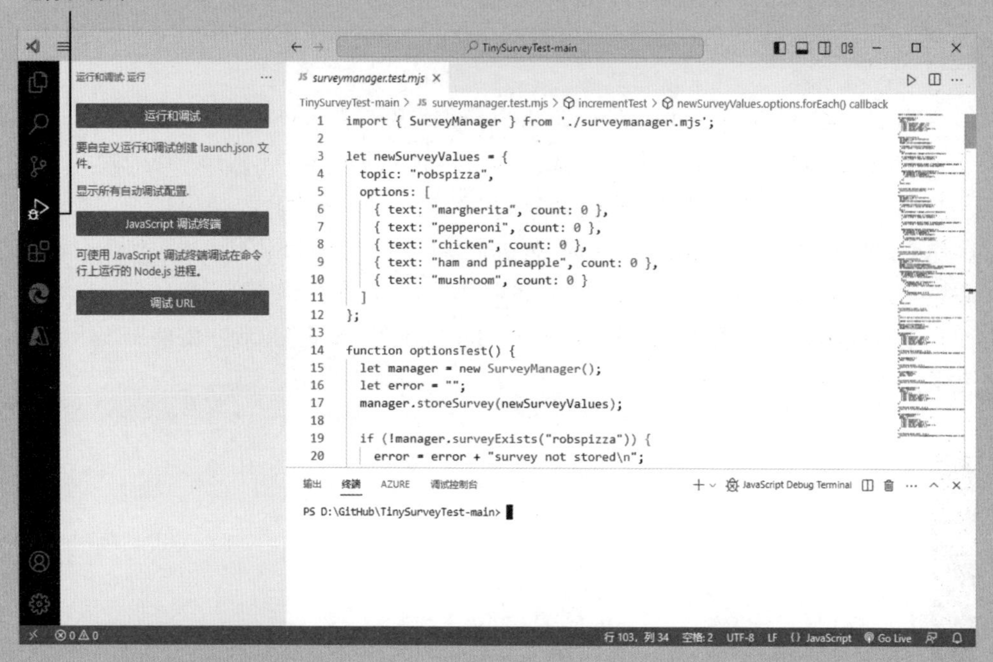

这个终端允许我们在调试器里的命令行中运行 npm 和 node 应用程序。这便于我们逐步执行测试，并观察测试情况。进入终端窗口，输入以下命令并按 Enter 键：

```
npm install
npm test
```

第一行命令的作用是安装运行应用程序所需的所有库，包括 Jest 框架。第二个命令启动调试器，它将加载 npm 并执行测试命令。然后，Jest 框架将会启动，并寻找文件名中带有“test”一词的 JavaScript 文件。找到后，它会打开这些文件并执行其中的测试。最后，我们会看到一个已通过的测试的列表。

在前面的截图中，我拉大了终端窗口，以展示更多的测试输出内容。目前一共有 8 个测试。如果想实时观察它们的执行情况，可以在测试中添加一些断点，然后重新运行它们，如下图所示。

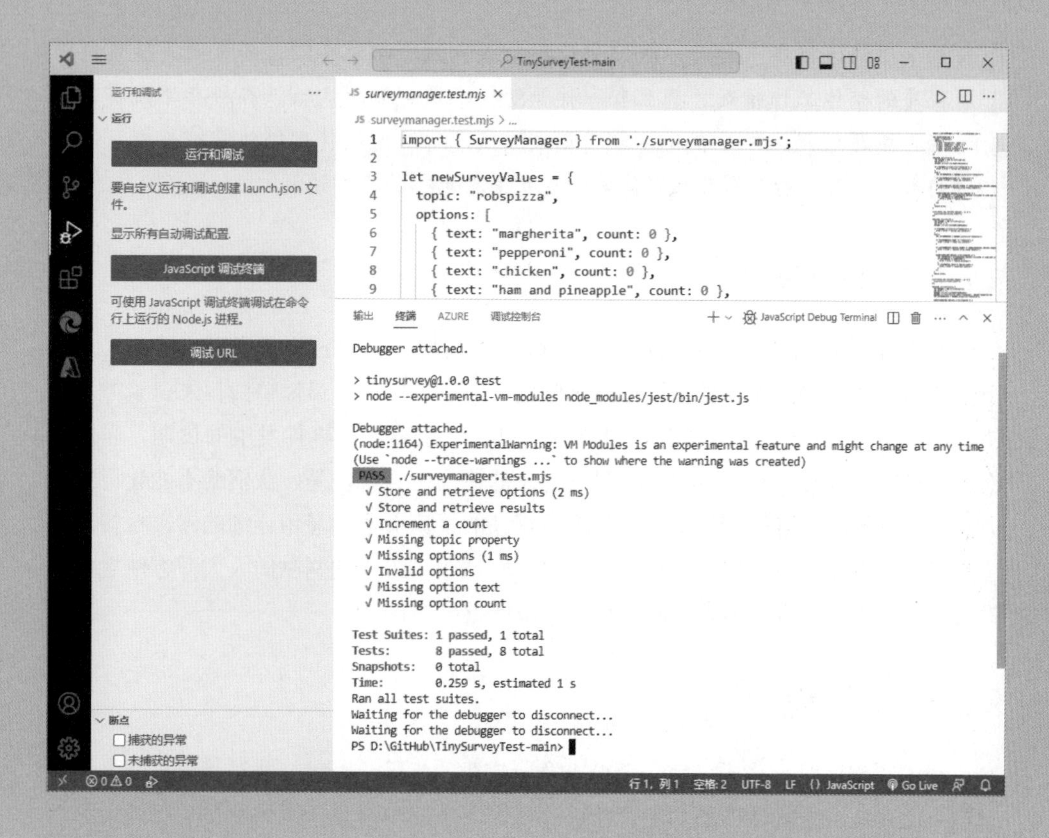

程序员观点

测试很麻烦但有用

SurveyManager 类的测试文件大约有 200 行代码。虽然编写测试花了一定的时间，但这是完全值得的。即使我对存储方式做了任何修改（或者像下一章那样实现了一个由数据库驱动的存储系统），我仍然可以运行同样的测试。我不想再通过输入披萨配料来测试 TinySurvey 应用程序了，如果你也有同感的话，你会很欣赏自动化测试所带来的便捷性的。测试和 Jest 框架都是庞大且复杂的主题，这里只介绍了它们的冰山一角，你值得花更多时间去深入了解它们的功能。

我个人很喜欢写测试。测试不会经常运行，所以我们不必太担心效率问题。在写新测试时，有大量代码可以复用（前面的大部分测试代码都是通过这种方式编写的）。而且很好玩的是，我们还可以思考如何创建刁钻的测试来攻击系统，使系统出错。测试也是验证你创建的功能是否符合预期的绝佳方法。应用程序的开发过程可能包括多个层次的测试：单元测试是在单独的系统组件上执行的，当多个组件连接在一起时，我们会使用集成测试，而最终测试的目的是检验应用程序的整体工作情况。甚至有一种开发技术是先编写测试，在所有测试都通过后再填写代码。许多程序员都不喜欢测试，所以他们特别很欣赏擅长编写测试的人。这意味着编写测试可能是个建立个人声誉的好方法。

9.1.4 日志记录

在专业开发的背景下，最后一个值得一提的特性是“日志记录”（logging）。一旦应用程序出现问题，就应该记录这些信息，以备后用。最简单的日志记录方式是使用 `console.log` 来写入一条消息。我们可能还想要添加事件发生的日期。当应用程序托管在云端时，我们可以查看日志消息的输出内容。但是，我们绝不能让日志输出对用户可见。你可能会觉得应该在应用程序的报错页面上显示详细的错误报告，以让用户了解更多信息。但是，这么做会给那些试图攻击你的网站的人大开方便之门。我们应该为错误报告的内容设限，只展示最低限度的信息。

9.2 专业编程

在编写程序时，你不必完全遵循本章所描述的步骤。有时，我写代码只是为了看一看其他人是否喜欢这样的功能。在这种情况下，采用前文中讲述的技巧可能会显得有些小题大做。不过，如果大家都喜欢我的应用程序，并愿意为它付费的话，我就会开发一个更专业的版本。这种策略在软件行业中很常见：先制作一个“快速但简陋”的原型，然后再开发第二个版本，在初版的基础上进行全方面的完善。

9.3 使用 cookies 存储应用状态

在第 8 章中，我们构建了 TinySurvey 应用程序。尽管已经可以顺畅地运行了，但它还有一些改进的空间。一个比较明显的问题是，用户可以多次回答同一个调查问卷。比如，我们可以使用 TinySurvey 应用程序选择披萨配料，但是如果有人是菠萝火腿披萨的狂热爱好者，那他可以不断地刷新页面，反复为菠萝火腿披萨投票，而我们只能在旁边干瞪眼。为了避免这种情况发生，TinySurvey 应该只允许每个用户提交一次答案。

实现这一目标的方法之一是使用浏览器的本地存储。在第 3 章的 3.2 节“在本地机器上存储数据”中，我们首次接触了本地存储，当时我们使用了本地存储来保存时间旅行时钟的设置值。我们可以在本地存储中记录用户投过票的调查问卷列表。用户每次投完票之后，都将问卷主题添加到列表中。在网页中运行的 JavaScript 可以利用这一列表来阻止用户重复为同一调查问卷投票。这种方法是可行的，但代码必须在浏览器中运行。而在 TinySurvey 的当前版本中，它的所有代码都在 Node.js 服务器中运行的，为了省事，我们最好保持这种方式不变。好消息是，Nodc.js 服务器应用程序里有一种方法可以在浏览器中存储数据，那就是 cookie。

cookie 这一名称的起源众说纷纭。在 cookie 被发明的那段时期，软件工程师们正在研究一个名叫“magic cookies”的东西，用于把数据从一处发送到另一处。cookie 这个名字可能来源于此。另一种说法是 cookie 传递信息的特性与内藏纸条的幸运饼干相似。你可以将 cookie 理解成一个数据块，当浏览器向服务器发送网页请求时，服务器可以将它作为响应的一部分提供给浏览器。当浏览器再次从该服务器请求页面时，它就会将 cookie 返回给服务器。

9.3.1 TinySurvey 中的 cookie

我们可以使用 cookie 来记录用户回答过的调查问卷。当用户回答某个问卷时，服务器返回的响应会带有一个调查列表 cookie，这个 cookie 随后会被浏览器保存。当用户再次访问 TinySurvey 的网址时，浏览器会将调查列表 cookie 作为 get 请求的一部分发送回服务器。

图 9-1 中的 TinySurvey 使用 cookie 跟踪问卷填写情况，图中展示了 cookie 存储。你可以打开浏览器中的**开发者工具**，并转到“应用程序”标签来可以查看这一信息。你可以看到一个名为 completedSurveys 的 cookie，它里面包含一个 JSON 格式的数组，列出了两个调查的主题：robspizza 和 robsmovies。这表示用户回答过这两个调查问卷了。服务器中的代码会利用这些信息来判断用户可以参与哪些调查问卷。

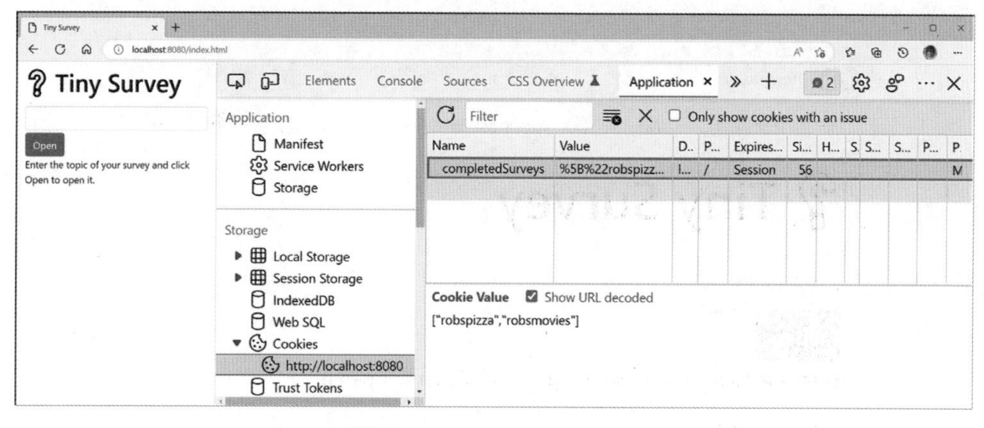

图 9-1 Tiny_Survey_cookies

每个网页地址都有自己的 cookie 存储区域。图 9-1 中的调查问卷托管在本地计算机上，地址为“http://localhost:8080”。若想回顾更多关于本地存储的信息，请查看第 3 章的“动手实践 13：调查设置”。

9.3.2 cookie 中间件

当一个应用程序使用 cookie 时，服务器会把 cookie 数据添加到发送回浏览器的响应中，并对从浏览器收到的 `get` 和 `post` 消息中的 cookie 值进行响应。实现这个功能的代码位于 cookieparser 中间件内，而这个中间件需要通过 node 包管理器（npm）来安装：

```
npm install cookie-parser
```

安装 `cookie-parser` 库后，就可以把它导入到应用程序并添加到应用程序使用的中间件中：

```
import cookieParser from 'cookie-parser';
app.use(cookieParser());
```

`cookie-parser` 中间件在网页请求对象中添加了一个 `cookies` 属性，并在回复对象中添加了一个 `cookie` 属性。

9.3.3 在 TinySurvey 中使用 cookie

知道了什么是 cookie 之后，我们就可以在 TinySurvey 中使用它了。我们的目标是禁止用户多次为同一问卷投票。当用户打开一个调查问卷时，我们需要检查用户是否已经投过票了，如果是的话，就直接跳转到问卷的结果页面。图 9-2 显示了调查问卷工作流的第一页。用户输入他们想要参与的问卷的主题（在本例中是 robspizza）并单击 Open 按钮。

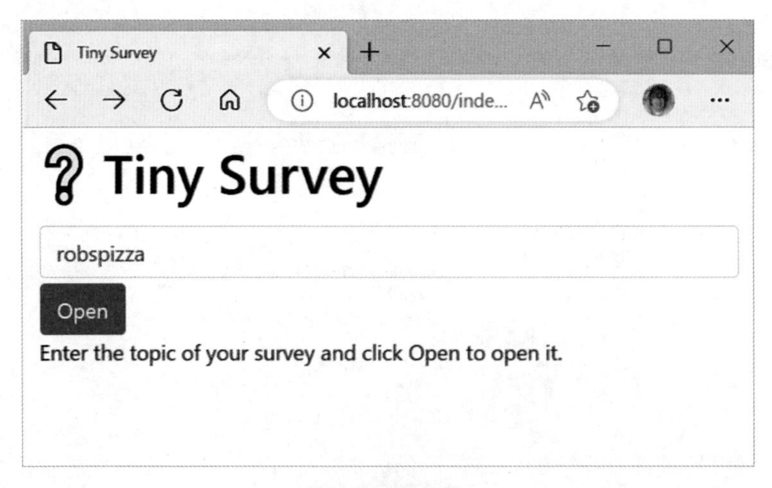

图 9-2　调查开始

单击 Open 按钮后，页面会向 gottopic 路由发送一个 post 请求。我们很快会看到处理这个 post 请求的函数的第一部分。代码会检查问卷存储中是否已经包含了这个主题的调查问卷。如果是，代码会接着检查 completedSurveys 列表中是否包含这个主题名。如果包含，则说明用户已经回答过这个调查问卷了，在这种情况下，代码会让用户跳转至结果页面。如果不包含，则会让用户跳转至 enterOptions 页面进行选择：

```
app.post('/gottopic', (request, response) => {
let topic = request.body.topic;
if (surveyManager.surveyExists(topic)) {
    // 需要检查用户是否已过填写该调查问卷
    if (request.cookies.completedSurveys) {
        // 获得了一个已完成的调查问卷的 cookie
        // 将其解析为已完成的调查问卷的列表
        let completedSurveys = JSON.parse(request.cookies.completedSurveys);
        // 在列表中查找当前主题
        if (completedSurveys.includes(topic)) {
            // 用户已经使用该浏览器填写过该调查问卷
            // 只显示结果
            let results = surveyManager.getCounts(topic);
            response.render('displayresults.ejs', results);
        }
    } else {
        // 填写现有的调查问卷
        let surveyOptions = surveyManager.getOptions(topic);
        response.render('selectoption.ejs', surveyOptions);
    }
}
});
```

同名调查问卷的情况已经处理好了，接下来，我们将处理用户输入不存在的调查问卷主题的情况。在这种情况下，程序应该跳转至创建选项的页面，以创建新调查问卷。我原本以为这段代码会很简单，但它实际上比我预想的要复杂许多。原因在于，一个不存在于问卷存储的问卷可能会在 completedSurveys 的 cookie 中有记录。如果用户创建并填写了一个调查问卷，然后重启了 TinySurvey 应用，问卷存储就会被清空，而 completedSurveys 则不然。当用户重新创建相同主题的调查问卷时，由于 completedSurveys 中的条目，他们将无法为新调查问卷投票。当无法在存储中找到问卷主题时，以下代码会将问卷主题从 cookie 中删除：

```
app.post('/gottopic', (request, response) => {
    let topic = request.body.topic;
    if (surveyManager.surveyExists(topic)) {
        // 存在同名调查问卷时运行的代码
    } else {
        // 不存在同名调查问卷——需要创建新问卷
        // 可能需要从已完成的调查问卷中删除该主题
        if (request.cookies.completedSurveys) {
            // 获取 cookie 值并解析它
            let completedSurveys =
JSON.parse(request.cookies.completedSurveys);
            // 检查已完成的调查问卷中是否有该主题
            if (completedSurveys.includes(topic)) {
                // 从 completedSurveys 数组中删除该主题
                let topicIndex = completedSurveys.indexOf(topic);
                completedSurveys.splice(topicIndex, 1);
                // 更新存储的 cookie
                let completedSurveysJSON = JSON.stringify(completedSurveys);
                response.cookie("completedSurveys", completedSurveysJSON);
            }
        }
        // 需要创建新调查问卷
        response.render('enteroptions.ejs', { topic: topic, numberOfOptions: 5 });
    }
});
```

图 9-3 展示了用于进行投票的调查问卷页面。单击 Send 按钮后，所选内容就会提交到 `recordselection` 路由。此路由中的代码会更新计数值，并将当前调查问卷的主题添加到已完成问卷的列表中，这个列表存储在 `completedSurveys` cookie 里。传入的 cookie 包含一个描述问卷主题列表的 JSON 字符串。代码会将这个 JSON 字符串转换为 JavaScript 对象（也就是已完成的问卷的主题列表），然后检查当前问卷主题是否在该列表中。如果是，就跳转到 `displayresults` 页面。这样做是为了防止用户通过刷新选择页面来重复投票。如果 `completedSurveys` 列表中没有当前问卷主题，代码就会记录本次投票，并把问卷主题添加到已完成的问卷的列表中，然后设置响应的 cookie，把更新后的问卷列表添加进去。

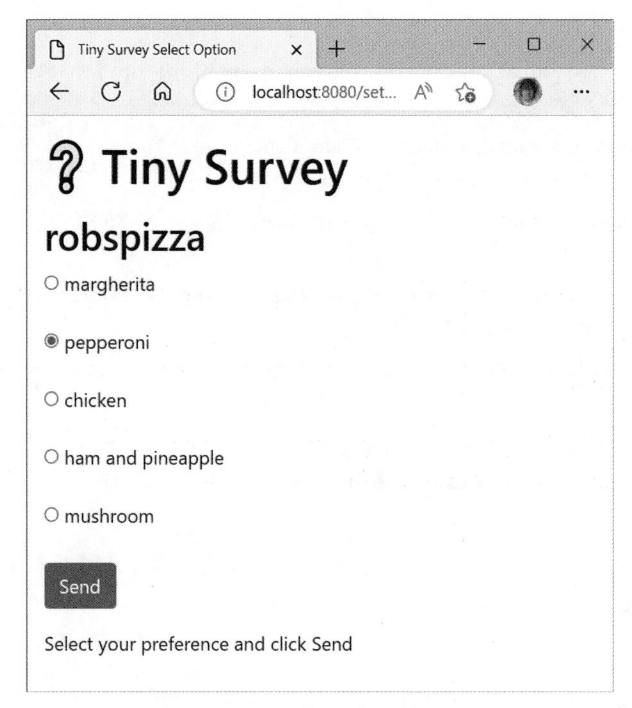

图 9-3　调查选择选项

以下代码实现了这一功能。我添加了详细的注释，仔细阅读的话，总会有收获的。

```
// 获取问卷选择
app.post('/recordselection/:topic', (request, response) => {
    let topic = request.params.topic;
    if (!surveyManager.surveyExists(topic)) {
        // 这是一个错误——显示未找到调查问卷
        response.status(404).send('<h1>Survey not found</h1>');
    } else {
        // 从一个已完成问卷的空列表开始
        let completedSurveys = [];
        if (request.cookies.completedSurveys) {
            // 获得一个已完成问卷的 cookie
            completedSurveys = JSON.parse(request.cookies.completedSurveys);
        }
        // 在 completedSurveys 中查找当前主题
        if (completedSurveys.includes(topic) == false) {
            // 未在此浏览器上填写过该调查问卷
            // 获取所选选项的文本
            let optionSelected = request.body.selections;
```

```
            // 构建一个递增描述
            let incDetails = { topic: topic, option: optionSelected };
            // 增加计数值
            surveyManager.incrementCount(incDetails);
            // 将主题添加到已完成的调查问卷中
            completedSurveys.push(topic);
            // 为存储制作一个 JSON 字符串
            let completedSurveysJSON = JSON.stringify(completedSurveys);
            // 存储 cookie
            response.cookie("completedSurveys", completedSurveysJSON);
        }
        let results = surveyManager.getCounts(topic);
        response.render('displayresults.ejs', results);
    }
});
```

程序员观点

有时，你只能编写繁复的代码

前面这些负责处理问卷存储和 cookie 状态的不同组合的代码可能看起来很乱。真希望我们能有一个简洁的方法，只用几行 JavaScript 就能实现这个逻辑。但遗憾的是，并没有这样的方法。有时，特别是在创建用户界面时，你只能按照特定的顺序编写代码，以确保每种情况都会得到妥善的处理。在这种情况下，尽可能多地添加注释无疑是很有帮助的。

动手实践 46

扫描二维码查看作者提供的视频合集或访问 https://www.youtube.com/watch?v= dlF0ojkSHXI，观看本次动手实践的视频演示。

探索 TinySurvey 中的 cookies

为了开展本次动手实践，请从 GitHub 下载新版本的 TinySurvey，地址如下：
https://github.com/Building-Apps-and-Games-in-the-Cloud/TinySurveyCookies
把这个存储库克隆到自己的计算机上，然后用 Visual Studio Code 打开它。如果不清楚如何获取示例应用，请参考第 8 章的 8.5 节“获取示例应用程序”，并按照步骤操作，只不过要更改一下克隆的存储库的地址。

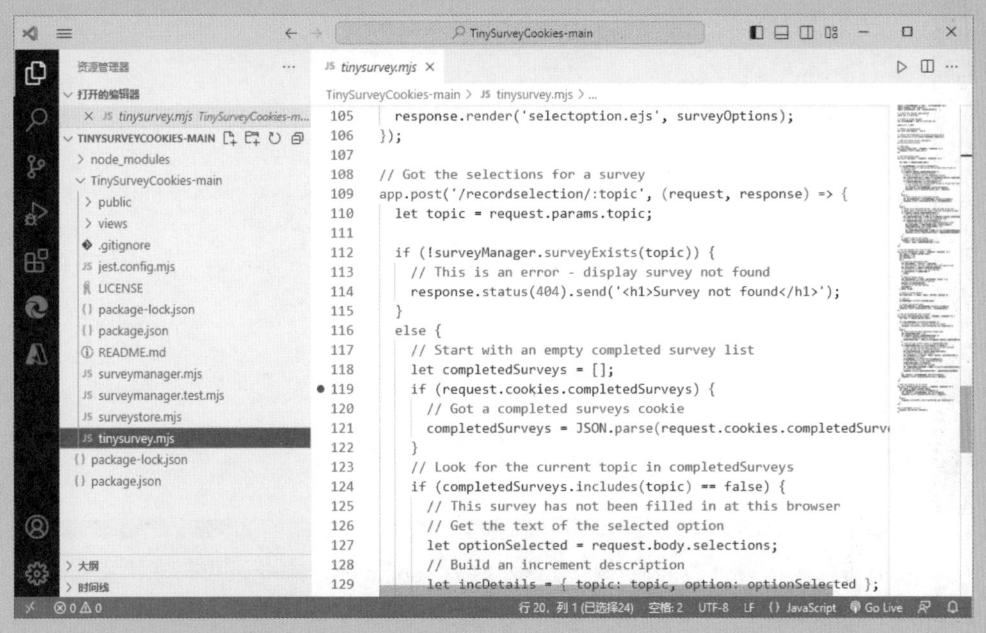

如上图所示，在第 119 行代码设置一个断点。现在，打开浏览器并导航到 localhost:8080/index.html，你会找到一个工作中的 TinySurvey 应用程序。输入一个新的调查，添加调查选项，然后像下图显示的那样投票。

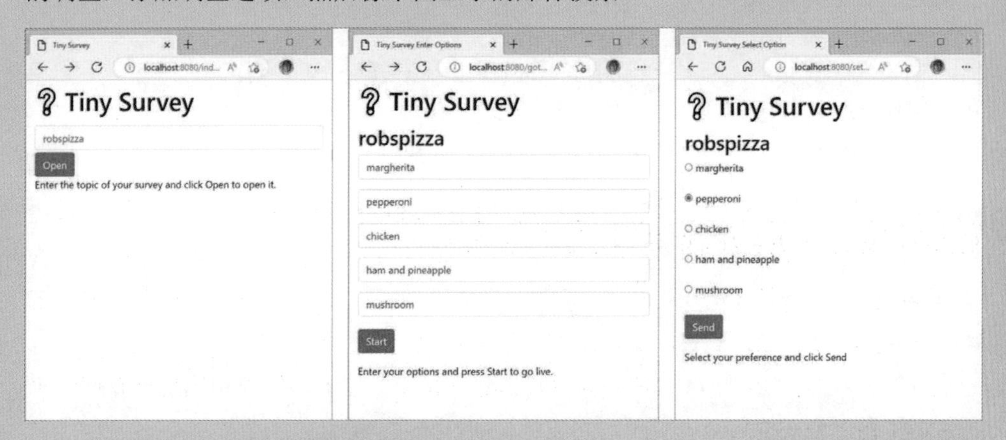

单击 Send 按钮后，浏览器会因为触发了第 119 行的断点而暂停。此时，服务器正在执行 `recordselection` 路由的函数。单击调试控件中的“单步调试”，逐步查看代码的执行。

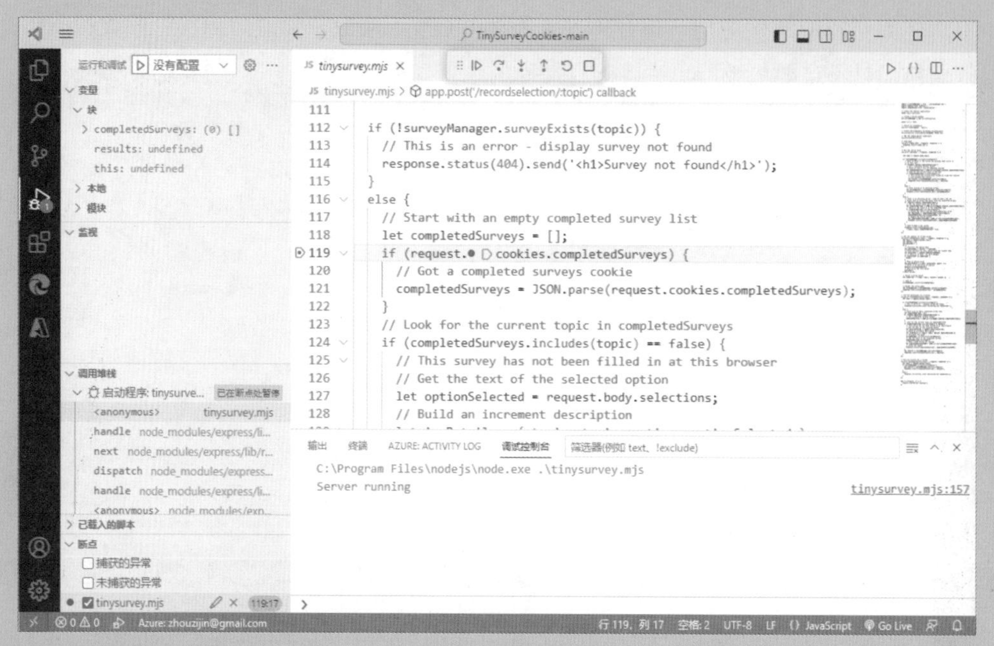

浏览器首次访问调查问卷页面时是不会有 cookie 的，因此，代码开始执行时，completedSurveys 列表是空的。逐步执行后续代码后，可以看到计数值更新了，并且以下三条语句得到了执行：

```
// 将主题添加到已完成的调查列表中
completedSurveys.push(topic);
// 将列表转化为 JSON 字符串以进行存储
let completedSurveysJSON = JSON.stringify(completedSurveys);
// 存储 cookie
response.cookie("completedSurveys", completedSurveysJSON);
```

第一条语句将调查问卷的主题添加到 completedSurveys 列表中。第二条语句创建了描述该列表的 JSON 字符串。第三个语句则将此 JSON 字符串存储为名为“completedSurveys”的 cookie。单步执行这些语句，以观察它们是如何工作的。观察完毕之后，在单击调试控件中的“继续”按钮重启服务器。现在，返回浏览器，打开一个新标签页，并导航到 localhost:8080/index.html。接着，输入相同的调查问卷主题（在本例中是 robspizza）并单击相应的按钮打开它。这次，你将直接跳转到问卷结果页面。

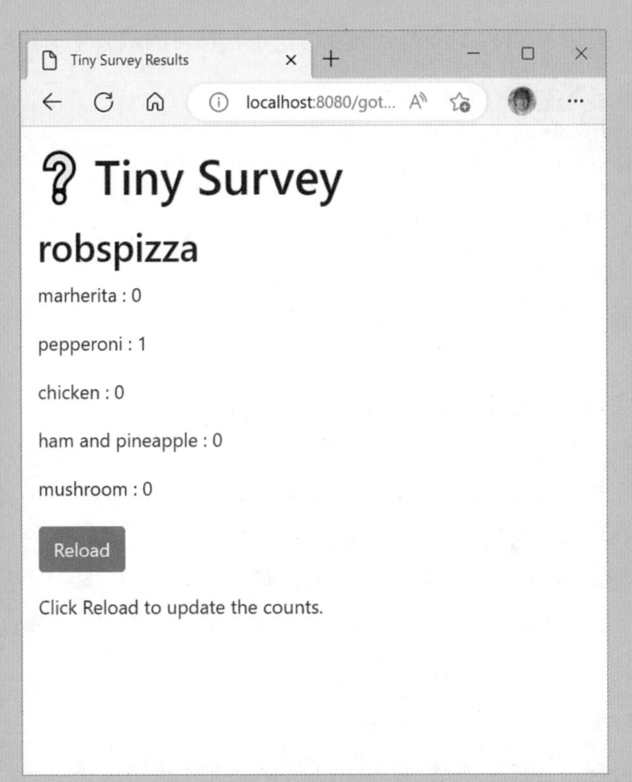

如果想开展进一步的调查，可以在服务器上的第 30 行设置一个断点，重新加载调查问卷主页，输入问卷主题，然后观察服务器是如何获取 cookie 并检查问卷主题的。还可以用浏览器的**开发者工具**来查看图 9-1 中的 cookie。

代码分析 29

使用 cookie

对于 cookie，你可能仍然有一些疑问。

1. 问题：cookie 的生命周期是多久？

解答：通常，当浏览器程序关闭时，cookie 就会被清除。但如果想让 cookie 存在更久一些，可以在创建它们时为其指定最大生命周期（`maxAge`）或到期时间（`expire`）。

```
response.cookie("completedSurveys", // cookie 名称
completedSurveysJSON, // cookie 字符串
{maxAge:1000*60}); // 60 秒的生命周期
```

上述cookie只保存60秒。maxAge选项指定了cookie的最大生命周期，单位是毫秒。

```
response.cookie("completedSurveys", // cookie 名称
completedSurveysJSON, // cookie 字符串
{ expire: 24*60*60*1000 + Date.now()}); // 明天的同一时间
```

上述 cookie 会在创建了 24 个小时之后过期。我们可以通过 expire 选项指定 cookie 的删除日期。expire 的值是以毫秒表示的日期。

用户可以随时从浏览器中删除所有 cookie，所以最好不要在 cookie 中存储关键的应用数据。

2. 问题：我可以阻止用户查看 cookie 内容吗？

解答：不能。加密 cookie 内容的最佳方式是在将其发送到浏览器之前加密 cookie 字符串。下一章中，在 cookie 中存储会话数据时，我们会时间这个方法。

3. 问题：我可以阻止用户篡改 cookie 吗？

解答：不能。浏览器可以将任意 cookie 值返回给服务器。但是，我们可以为 cookie 中的值“签名（sign）”，这样就可以检测到篡改了。为了实现这一点，我们需要在创建 cookie 中间件时为其设置一个“密钥”：

```
app.use(cookieParser("encryptString"));
```

前面的 cookieParser 使用 "encryptString" 字符串作为密钥。现在，为了在保存 cookie 时为其添加签名，我们需要增加一个选项：

```
response.cookie("completedSurveys", // cookie 名称
                completedSurveysJSON, // cookie 字符串
                {signed:true}); // 对 cookie 进行签名
```

当 cookie 被创建时，其内容会与密钥相结合，生成一个附加到 cookie 上的验证字符串。当接收到带有签名的 cookie 时，系统会重复这个过程。如果两个验证字符串不匹配，那么这个 cookie 就会被视作无效并被忽略。为了处理这些带签名的 cookie，程序会利用 request 对象的 signedCookies 属性来访问存储的 cookie。：

```
let completedSurveysJSON = request.signedCookies.completedSurveys;
```

请注意，千万不要像前面那样直接把 "encryptString" 这样的字符串放入源代码。稍后，我们将探讨如何将机密信息与程序代码分开。

4. 问题：所有浏览器都共享相同的 cookie 吗？

解答：不，如果你使用 Chrome 浏览器访问一个网站，然后再使用 Edge 浏览器访问，你会发现这两个浏览器的 cookie 存储是不同的。

5. 问题：我可以手动从浏览器中清除 cookie 吗？

解答：可以。这可以通过浏览器的**开发者工具**中的“**应用程序**”标签来实现。这意味着，只要在每次投票后都清除 cookie，锲而不舍的人可以在 TinySurvey 中多次为同一问卷进行投票。

6. 问题：TinySurvey 应用程序可以删除 cookie 吗？

解答：可以。可以调用 `clearCookie` 函数来从浏览器中清除 cookie。该函数接受 cookie 的名称作为参数。

```
response.clearCookie("completedSurveys");
```

以上语句会移除名为 `completedSurveys` 的 cookie。

7. 问题：哪种 cookie（饼干）是最棒的？

解答：我最喜欢巧克力豆饼干，不过燕麦饼干也不错。

程序员观点

让用户知道你正在使用 cookie

TinySurvey 应用程序仅使用 cookie 来跟踪用户填写过哪些调查。这实际上不涉及任何隐私问题。即使如此，出于礼貌（有时甚至是法律要求），最好还是告知用户你正在使用 cookie，甚至还可以为他们提供选择，让不喜欢 cookie 的用户能自由地退出应用程序。

要点回顾与思考练习

在本章中，我们从专业的角度探讨了软件开发的各个方面。我们学习了如何将应用程序拆分为独立的模块，以便更容易地进行操作和开发。我们还了解了如何在模块之间建立明确的接口，以及如何通过在代码中添加 JSDoc 注释来生成交互式文档。我们还强调了错误检查的重要性，并学习了应用程序如何使用异常来标识错误状态。我们使用了测试框架，并为一个模块构建了一组单元测试。最后，我们研究了 cookie，并探索了它们是如何使应用程序能够在浏览器中保留状态信息的。以下是对本章要点的回顾及一些值得思考的要点。

1. 我们可以将 JavaScript 应用程序拆分为可以单独编写和测试的模块。一个模块可以包含一个类，其中包含实现该模块行为的方法。

2. JavaScript 代码可以包含 JSDoc 格式的注释。在 Visual Studio Code 中，这些注释可以通过在要记录的项的上方输入“`/**`”来创建。如果该项是函数或方法，Visual

Studio Code 将生成一个待填写的模板注释。这些注释可以用于创建文档网页，并且在输入代码时，Visual Studio Code 编辑器会显示注释信息。

3. JavaScript 中应该进行错误检查。应用程序的工作流应处理用户错误，而对于其他检测到的错误，则可以使用 JavaScript 的异常来处理。

4. 在程序执行过程中，可以使用 JavaScript 的 `throw` 关键字来抛出一个描述异常事件的对象。当抛出异常时，当前的执行流程将被终止，并跳转到 `catch` 块执行，或者在没有 `catch` 块的情况下，程序将直接结束执行。为了捕获异常，代码应在 `try` 块中执行，后面要有一个负责处理异常的 `catch` 块。异常可以嵌套，一个 `try` 块中可以包含另一个 `try-catch` 结构。在抛出异常时，距离 `throw` 最近的 `catch` 代码将会被执行。一旦异常被抛出，就无法返回原先的代码位置了。

5. `try-catch` 结构可以后跟一个 `finally` 块，无论 `try-catch` 结构中发生了什么，`finally` 块中的代码都会运行。`finally` 块常常用于释放在 `try` 块中分配的资源。

6. Jest 框架可用于管理 JavaScript 代码的自动化测试。一个测试文件可以包含许多测试，每个测试都应该产生特定的结果。Jest 提供了一系列的匹配机制来检查测试输出。它会自动运行一系列测试，并指出哪些测试已通过。

7. 如果应用程序在运行时检测到了错误，它应该记录错误输出，但不应公开详细的错误报告。

8. cookie 是一小块数据，应用程序可以将其作为对网络请求的响应发送给浏览器。当浏览器再次向同一地址发送请求时，它都会自动包含 cookie 内容。

9. cookie 包含名称 - 字符串对（name-string pair）。应用程序可以通过将数据值编码为 JSON 字符串来在 cookie 中存储信息。

10. 在浏览器的**开发者工具**中的“应用程序”视图展示了一个网站的所有 cookie，我们可以通过这个界面删除 cookie。

11. 关闭浏览器时，它通常会清除所有 cookie。如果想让 cookie 保留更长时间，可以设置其生命周期或到期时间。此外，应用程序也可以删除 cookie。

为了加深对本章的理解，你可能需要思考以下几个进阶问题。

1. **问题**：我们是否必须时刻编写“专业”的代码？

解答：不是。但你应该意识到，在某些情况下，最好采用前面介绍的一些专业做法。

2. **问题**：一个模块应该提供多少功能？

解答：一个模块应该只专注于一个目的，比如存储、打印、用户菜单等。如果你发现一个模块变得过于庞大，可能需要将其拆分为不同功能领域的子模块。虽然你可以尝试在开发之初确定自己需要哪些模块，以及它们的作用，但这往往很难实现。程序员们经常会进行“重构”，也就是在不同的模块之间调整或移动功能，或者改变功能。这应该是开发过程中的一个持续行为。如果一个设计的表现并不理想，那么即使它是我们最初的构想，我们也不能不知变通。

3. 问题：当一个函数检测到错误时，它应该返回一个错误值还是抛出一个异常？

解答：函数可以返回表示其工作状态的值，但是，只有当调用它的程序检查返回的值时，才能检测到函数运行失败。然而，如果函数在检测到错误时抛出一个异常，它会中断调用它的代码的执行流，这是一种更为主动的错误报告方式。程序默默地出错是最糟糕的情况。如果它崩溃了，那么至少我们能知道它出了问题。但是，如果它在显示任何错误的情况下未能保存数据，会造成更大的麻烦，因为我们可能会在使用了好一阵之后才发现程序出了故障。从这个角度看，抛出异常是个更好的选择，因为它能降低错误被遗漏的概率。

4. 问题：`try-catch` 结构中的 `finally` 部分是必要的吗？我们不能直接在 `try-catch` 结构后加一段代码吗？

解答：这是个好问题，但 `finally` 块有存在的必要。`catch` 块中的代码可能会抛出另一个异常，在这种情况下，`try-catch` 结构后的代码将不会执行。`try-catch` 结构也可能是在函数内部运行的，在执行 `catch` 块时，函数可能会提前结束。`finally` 块是确保代码得到执行的唯一方式。

5. 问题：应该何时开始编写测试？

解答：不要在写完全部代码之后再开始编写测试。它应该是开发过程的一部分。多年来，我在为代码编写测试时发现了很多设计上的问题。设计测试也能促使我们深入思考代码规范。

6. 问题：应该编写多少测试？

解答：知道何时结束测试是一个难题。每个功能或函数都至少应该有一个对应的测试，并且还应该有一个测试来检查任何可能的失败情况。

7. 问题：如果要让应用程序为每个用户分别存储数据，只能使用 cookie 吗？

解答：我们也可以使用本地浏览器存储，但这需要由在浏览器中运行的程序来完成。此外，浏览器与服务器也可以在用于访问网站的 URL 中留存会话信息。我们会在下一章中进一步探讨这个话题。

第Ⅲ部分 巧用云服务

在这一部分中，将深入研究可以增强应用程序性能的工具和技术。我们将探讨数据存储方法，包括如何使用文件和数据库。然后，学习如何创建登录功能并为应用程序的用户实施基于角色的安全策略。我们还将研究由 JavaScript 驱动的一系列技术，包括创建自己的服务器来搭建个人云、将灯光和按钮等硬件设备连接到服务器、将应用程序与物联网设备集成以及制作基于精灵的快节奏游戏。

第 10 章
存储数据

本章概要

本章中，我们将构建并部署一个由数据库驱动的应用程序。在这个过程中，将探索 JavaScript 应用程序如何与文件存储和数据库交互，以及如何利用 JavaScript 的异步特性处理那些可能需要一些时间来完成的进程。我们将学习如何使用 MongoDB 数据库和 Mongoose 中间件来设计和连接到数据库存储。随后，我们将为 TinySurvey 应用程序的部署做准备，并创建一个开发环境。最后，我们将配置并部署一个能够运行的应用程序。

10.1 文件数据存储

TinySurvey 应用程序差不多已经准备就绪，可以进行部署了，只不过，它还存在一个重大缺陷。当前版本的 TinySurvey 在程序的一个数组变量中存储调查问卷的数据，而当程序停止运行时，这些变量就会被丢弃。我们需要创建一个可以持久保存问卷数据的版本，以便在服务器上的文件中存储问卷数据。恰好，node.js 框架提供了一个能与文件交互的函数库。接下来，我们要着手为 TinySurvey 添加文件存储功能。第一个要研究的是如何打开并写入文件。

首先，需要导入文件功能。我们将使用 `import` 来将已有的 JavaScript 代码导入程序中。如果想查看关于 `import` 的更多信息，可以回顾第 4 章的 4.1.1 节“JavaScript 英雄：模块”。以下语句中使用的 `import` 采用了我们之前未见过的形式。它使用了一个通配符“*”来表示要从源代码中获取所有的项：

```
import * as fs from 'node:fs';
```

我们现在可以使用 `node.js` 提供的函数来执行文件的输入 / 输出操作。当这些函数运行时，会利用底层的操作系统（比如 Windows、Linux 或 MacOS）来保存文件。下面来看看如何在 node.js 应用程序中使用这些函数写入文件。

10.1.1 同步文件写入

我们要研究的第一个文件写入函数名为“writeFileSync”。它接受一段文本并将其写入具有特定名称的文件。下面的代码展示了如何使用这个函数来存储 TinySurvey 中的所有调查文件：

```
let surveysString = JSON.stringify(this.surveys);      将调查问卷数据编码为 JSON 字符串
fs.writeFileSync(this.fileName, surveysString);        将调查问卷字符串写入文件
console.log("File Written");                           记录写入已完成
```

`writeFileSync` 同步函数（synchronous function）接受一个文件名和一个要写入文件的文本字符串。因为它是一个同步函数，所以在文件被写入之前，`writeFileSync` 的调用不会返回。如果系统中有许多调查问卷，那么这可能需要花上一段时间才能完成。在此期间，服务器程序无法进行其他操作，也无法响应任何输入。

10.1.2 异步文件写入

要写入文件，一个更好的方法是使用异步函数（asynchronous function），它不会阻塞程序的运行。下面的代码展示了如何实现这一点：

```
function writeDone(err)                                在写入完成时运行的函数
```

```
{
    if(!err){
        console.log("File Written");                    记录写入已完成
    }
}                                                       将问卷数据编码为 JSON 字符串
let surveysString = JSON.stringify(this.surveys);
fs.writeFile(this.fileName, surveysString, writeDone);  将问卷数据字符串写入文件
```

writeFile 函数是异步执行的。除了 writeFileSync 所拥有的两个参数，它还有第三个参数，也就是写入完成后会调用的函数。在写入完成后，这个被调用的函数会接收一个参数，其中描述了可能发生的任何错误。如果参数为 false，就意味着写入成功。前面的代码中有一个 writeDone 函数，它检查 err 的值，并在写入成功时显示一条消息。writeFile 函数会启动写入过程，在开始写入后，writeFile 函数就返回给调用者，这样 node.js 程序就可以在写入文件的同时继续运行。尽管我们可以使用这种方式来管理写入过程，但 JavaScript 还提供了一种更好的管理异步操作的方法 Promise。

10.1.3 JavaScript 英雄：Promise 对象

Promise 对象是管理异步任务的绝佳方式。Promise 对象被用来表示一个任务。如果想用 Promise 对象来管理文件输入和输出功能的调用，那么我们的程序需要导入 Promise 版本的输入 / 输出函数，如下所示：

```
import * as fs from 'node:fs/promises';
```

与文件存储交互的调用现在会返回 Promise 对象。这意味着什么呢？为了进行说明，请让我以自己的童年生活为例。小时候，我妈妈有两种方法让我收拾自己的房间。一种是她站在我旁边盯着我收拾，另一种是让我保证我会在未来某个时间点把房间收拾了。她更喜欢第二种方法，因为这样她就有空去叫别人收拾他 / 她自己的房间了。如果妈妈盯着我收拾房间，那么她的行为就得和我同步，就像使用同步文件写入的程序那样，直到我整理完房间，她才能做其他事情。但如果她接受了我的承诺，她就可以在我收拾房间的时候去做其他事。在这种情况下，她的行动与我不同步，我是在异步收拾我的房间。

也就是说，异步调用的方法或函数会立即返回一个 Promise 对象，后者代表正在执行的任务。Promise 对象提供了几种与任务交互的方法，then 就是其中之一。then 方法接受一个函数，并在 Promise 得到满足之后执行该函数。

下面的 storeSurveys 函数展示了如何使用 then 方法。这个函数将问卷数据转换为 JSON 字符串，然后使用 fs 库中 Promise 版本的 writeFile 异步函数将这些数据保存到文件中。writeFile 函数是异步的，并会返回一个 Promise 对象。随后，代码调用 Promise 对象上的 then 函数，使函数在问卷数据存储完毕时显示一条消息：

```
storeSurveys() {
    let surveysString = JSON.stringify(this.surveys);
    fs.writeFile(this.fileName,
surveysString).then(()=>console.log("File Written"));
    console.log("Started storing");
}
```

动手实践 47

扫描二维码查看作者提供的视频合集或访问 https://www.youtube.com/watch?v=n_L7FhslgkU，观看本次动手实践的视频演示。

保存调查问卷

为了开展本次动手实践，请从 GitHub 下载新版本的 TinySurvey，地址如下：

https://github.com/Building-Apps-and-Games-in-the-Cloud/TinySurveyFileStore

把这个存储库复制到自己的计算机上，然后用 Visual Studio Code 打开。如果不清楚如何获取示例应用，请参考第 8 章的 8.5 节“获取示例应用程序”，并按步骤操作，只不过要更改一下复制的存储库的地址。在 Visual Studio Code 中打开应用程序所在的文件夹，然后打开 tinysurvey.mjs 源文件，并单击 Visual Studio Code 中的“**运行和调试**”图标以启动程序，如下图所示。

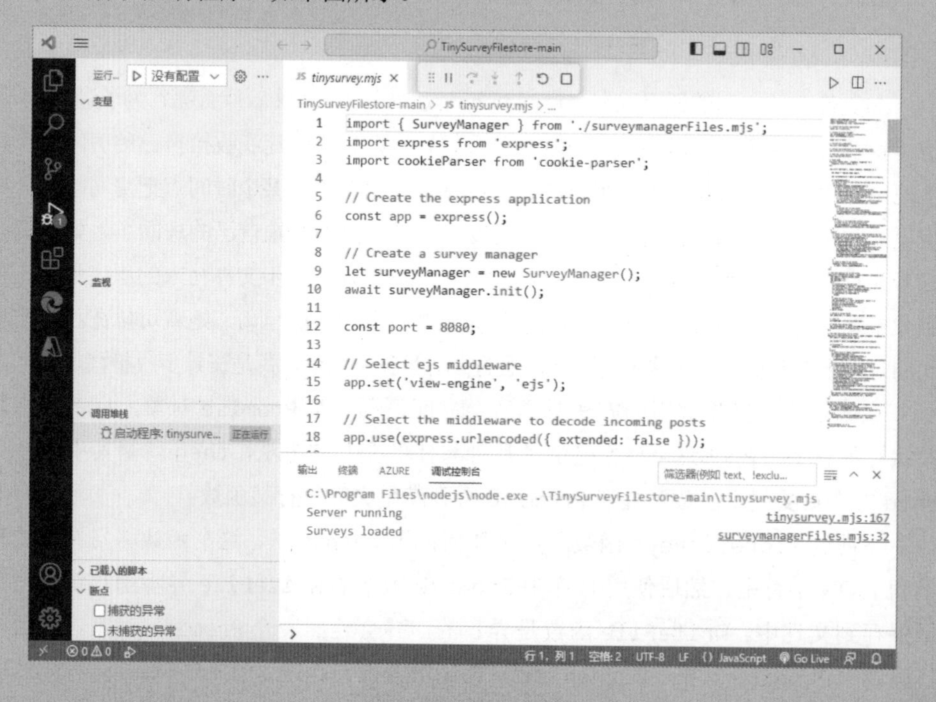

在 Visual Studio Code 中运行程序时，调试器会启动并显示程序的运行情况。调试控制台将显示“Server running（服务器正在运行）”和“Surveys loaded（调查问卷已加载）”这两条消息。请使用浏览器访问 localhost:8080/index.html，输入一个问卷名称并选择一个选项。然后，返回 Visual Studio Code 窗口。

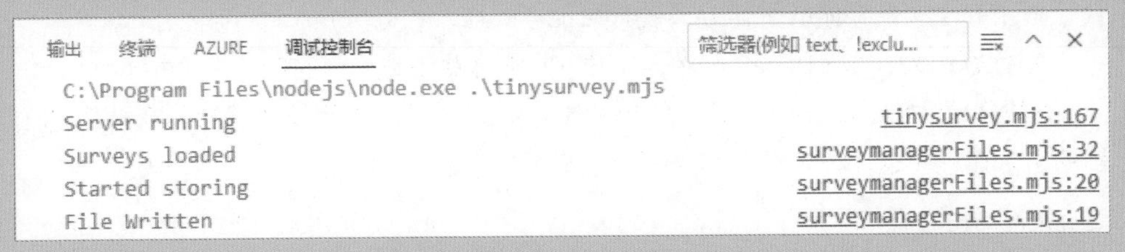

当输入一个问卷名称或进行投票时，我们之前看到的 storeSurveys 方法就会被触发，以保存问卷数据并打印如上图所示的消息。单击调试控件中的红色方格以停止程序，然后重新启动它。现在，返回到浏览器重新打开你刚刚创建的调查问卷，你会发现它被保留了下来。再次返回 Visual Studio Code，你会发现项目中有一个名为 surveys.json 的新文件。在编辑器中打开该文件。

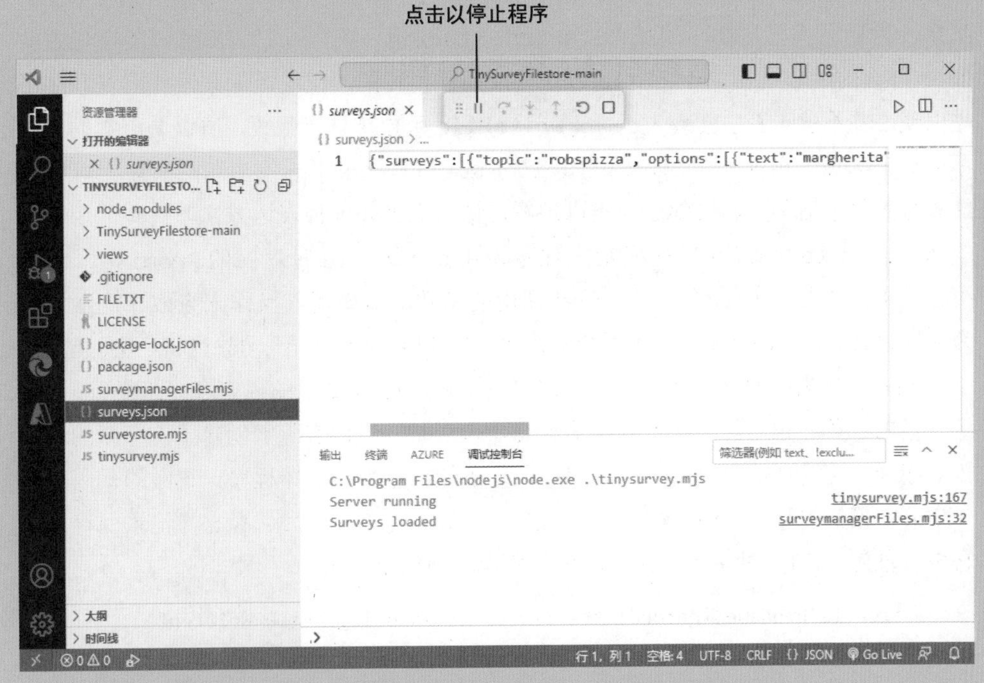

如上图所示，此文件以 JSON 字符串的格式存储了问卷的内容。每当输入新的调查问卷或选择一个选项后，这个文件都会更新。

代码分析 30

使用 Promise 的调查问卷存储

对于异步文件存储的工作方式，你可能有一些疑问。

1. 问题：为什么 storeSurvey 方法中的消息顺序是颠倒的？

解答：理解 JavaScript 中异步代码的工作方式之后，你就能理解为什么顺序是颠倒的了。在程序运行时，它会在控制台上记录以下输出：

```
Started storing
File Written
```

然而，显示这些消息的程序似乎将日志操作颠倒了。请看下面 storeSurveys 方法中的两条语句：

```
fs.writeFile(filename,surveys).then(()=>console.log("File Written"));
console.log("Started storing");
```

那么，为什么代码先打印的是“Started storing”呢？请记住，第一条语句中的 then 部分的函数是在 writeFile 方法完成后才执行的。仅仅因为某段代码在程序中先出现，并不意味着它就会先运行。writeFile 函数是异步函数，所以调用它的代码不会等它完成。前面的代码在调用 writeFile 后只记录了一条消息，然后就可以去继续做其他事情了。如果你还是难以理解，请考虑另外一种表达方式。代码使用了一个名为“writePromise”的变量来保存调用 writeFile 时返回的 Promise。then 函数被调用来指定 Promise 满足时要调用的函数。如果写入操作未完成（比如，因为存储设备已满），Promise 将不会被满足，“File Written”消息也将不会被显示。

问题：如果在输出文件被写入之前更改了 surveys 数组的内容，会怎样？

解答：程序很可能会失败。在进行异步调用时，我们实际上创建了一个新的程序执行序列，这潜藏着一定的风险，因为我们可能会不小心破坏程序。下面的代码来自一个非常糟糕的数据存储应用。用户输入一个数据记录，然后保存它。记录保存后，它被设置为 null，以备下次使用。你能发现其中的错误吗？

```
fs.writeFile(filename, record).then(() => console.log("File Written"));
record = null;
```

请记住，跟在 writeFile 调用后的语句会在 writeFile 函数完成之前执行，因为 writeFile 是一个异步函数，它在被调用后立即返回一个 Promise。也就是说，代码会在文件被写入之前删除记录的存储。正确的代码应该是下面这样的：

```
fs.writeFile(filename,record).then(()=> {
    console.log("File Written");
    record = null;
});
```

现在，记录将 then 部分中被清除，而这段代码是在 writeFile 完成后运行的。

2. 问题：如果 writeFile 永远不结束会怎样？

解答：文件操作可能会失败。举例来说，当存储设备已满或断开连接时，就会发生这种情况。这会导致问卷不会被保存，then 中指定的函数将不会执行，也不会显示“File Written”消息。不幸的是，调查问卷应用程序仍然会运行，让用户误以为一切正常。在本章的后续部分中，我们将研究如何处理这种情况。

3. 问题：为什么 Promise 优于异步回调（asynchronous callback）？

解答：在查看异步文件存储的代码之后，你可能觉得 Promise 并没有为我们省下多少功夫。但主要的区别在于，我们可以使用由 Promise 提供的 then 方法来指定当 Promise 满足时要调用的函数。尽管 writeFile 异步调用在文件写入完成时也会执行一个方法，但 Promise 更好，因为它会创建一个代表任务的对象。在 JavaScript 中，Promise 的能力远不止于此。我们可以同时启动多个任务，并使用 Promise.all 来等待所有任务完成。我们还可以使用 Promise.race 来执行多个任务，并在其中一个任务完成时结束。这样就可以在操作上实现延时功能。

4. 问题：如何创建 Promise？

解答：我们可以通过创建一个实现延时功能的函数来学习如何创建 Promise。下面的 makeTimeoutPromise 函数返回一个 Promise 对象，它将在创建后的指定毫秒数后得到解决：

```
function makeTimeoutPromise (timeoutMillis) {
    return new Promise((resolve, reject) => {      创建一个新的 Promise 以返回
      setTimeout(() => {                           创建一个在延迟后调用函数的延时器
        resolve('Timeout complete!');              在延时器完成时调用 resolve
      }, timeoutMillis);                           设置延时时长
    });
}
```

在创建 Promise 对象时，我们为它提供了一个引用函数，这个函数代表了需要执行的任务。这个任务函数接收两个参数。它们都是函数的引用。第一个函数（resolve）在任务成功完成时被调用。第二个函数（reject）在任务无法执行时被调用。makeTimeOutPromise 函数利用 JavaScript 提供的 setTimeout 函数创建了一个延时器，后者将在经过指定时间后调用 resolve 函数。下面的代码调用了

makeTimeOutPromise 函数，并使用 then 方法处理返回的结果。经过 1 秒（也就是 1000 毫秒）后，它将打印出“Timeout Complete”的消息。

```
makeTimeoutPromise(1000).then((message) => {
    console.log(message);
});
```

综上所述，通过使用 Promise 和 then，我们可以创建一个能够同时执行两项任务的程序。我们在上一个动手实践中使用的 storeSurveys 函数似乎在 writeFile 函数把数据写入文件的同时写入了另一条消息。这样做是有风险的，因为一个执行序列可能会干扰到另一个执行序列。通常，我们希望有某种机制能在不阻止 JavaScript 程序执行的情况下等待一个操作完成。为此，需要用到另外两个 JavaScript 英雄：await 和 async。

10.1.4 JavaScript 英雄：await 和 async

我们已经了解了如何使用 Promise 的 then 部分在程序运行时执行后台操作。但大多数时候，我们希望程序在某一操作完成之前不做任何事。这可以通过 JavaScript 的 await 关键字来实现。下面的 loadSurveys 方法负责读取调查问卷数据并将其加载回 TinySurvey 应用程序。它使用 fs.readFile 函数将文件内容读入一个字符串，然后使用 JSON.parse 将该字符串转换为一个 JavaScript 对象数组，这些对象可以用来构建新的 Survey 实例：

```
async loadSurveys() {
    try {
        let surveysString = await fs.readFile(this.fileName);      等待 readFile
        let surveyValues = JSON.parse(surveysString);              转换为列表
        let result = new Surveys();                                创建一个空的调查问卷存储
                                                                   处理传入的问卷数据
        surveyValues.surveys.forEach(surveyValue => {
            let survey = new Survey(surveyValue);                  根据传入的数据中创建一个
            result.saveSurvey(survey);                             新的调查问卷实例
        });                                                        存储调查问卷

        console.log("Surveys loaded");
        this.surveys = result;                                     将调查问卷设置为加载结果
    }
    catch {                                                        如果 readFile 失败，则抛出异常
```

```
        console.log("Survey file not found - empty survey created");
        this.surveys = new Surveys();                      创建一个空调查问卷
        this.storeSurveys();                                        存储它
    }
}
```

fs.readFile 的调用前面有一个 await 关键字。await 关键字接收 fs.readFile 返回的 Promise（因为 fs.readFile 是一个异步函数），然后将其返回给 loadSurveys 的调用者。然后，当 fs.readFile 完成时，它会继续执行 loadSurveys 方法的其余部分。loadSurveys 方法被定义为 async（异步），因为它返回一个 Promise 对象。await 的优点在于，它使异步代码看起来与同步代码很相似。我们希望程序能等 fs.readFile 完成后再处理存储的文件内容。

当 JavaScript 看到 await 时，会在后台进行一番操作，创建一个包含异步调用后的代码的 Promise-then 结构。这被程序员称为“语法糖”（syntactic sugar）。语法糖是一种语言特性，它并不会引入什么新功能，但可以使代码更加简洁。这就好比给食物加糖，虽然它无法增添营养价值，但会让食物更加美味。尽管我们可以完全不使用 await 关键字，而是用 then 来调用所有异步方法，但使用 async 的话，会使代码看起来更整洁。

10.1.5 在 TinySurvey 中使用 async

TinySurvey 应用程序使用一个名为 SurveyManager 的类来管理与问卷存储的交互。SurveyManager 负责加载和保存问卷，以及为网页显示获取问卷数据和选项。以下代码是 SurveyManagerFiles 类的第一部分，它采用了异步存储。这个类新增了一个 init 方法，用于加载调查问卷：

```
class SurveyManagerFiles {

    constructor() {
        this.fileName = "surveys.json";
    }

    async init() {
        await this.loadSurveys();
    }
    // rest of SurveyManager
}
```

代码分析 31

SurveyManagerFiles 类

针对这个类，你可能有一些疑问。

1. 问题：为什么不在 `SurveyManagerFiles` 类的构造方法中加载调查问卷？

解答：`SurveyManager` 的先前版本在类的构造方法中创建了一个用于存储问卷调查的列表变量。这意味着当管理器被创建时，存储空间也随之被创建。而新版本的类中有一个独立的 `init` 方法，用于加载调查问卷。之所以这样做，是因为类的构造方法不能是异步的。构造方法必须返回一个对象，而不是一个承诺会创建对象的 `Promise`。

2. 问题：如果 `init` 函数一直不返回，会怎样？

解答：我们已经注意到，涉及文件的操作可能会失败或无法完成。如果 `loadSurveys` 返回的 `Promise` 永远得不到解决，那么 `init` 函数也就永远不会返回，因为它会一直等待 `Promise` 的结果。在如下所示的 tinysurvey.mjs 程序中，这意味着如果调查数据没有成功加载，网页服务器就不会启动。因此，当用户访问 TinySurvey 的网站时，他们会得到“找不到网页”的提示。在下一节中，我们将探讨更为高效地处理此类错误的方法：

```
let surveyManager = new SurveyManager();     // 创建调查问卷管理器
await surveyManager.init();                  // 等待它加载数据
const port = 8080;                           // 设置服务器端口
app.listen(port, () => {                     // 启动服务器监听
  console.log("Server running");
})
```

3. 问题：如何在 Express 路由中调用异步函数？

解答：Express 框架负责处理传入的网络请求。我们知道，包含 `await` 关键字的函数必须定义为异步函数。下面的代码展示了如何通过 `async` 来将处理 `request` 和 `response` 的方法定义为异步方法：

```
app.post('/recordselection/:topic', async (request, response) => {
    ...
});
```

10.2 处理文件错误

目前，如果尝试打开文件失败了，我们的代码就会使 Express 服务器无法启动。这意味着当用户试图使用 TinySurvey 时，浏览器会显示“无法访问此页面”的消息。这样的处理方式显然不够好。我们至少应该让用户知道网站出错了，否则，人们可能会以为自己把地址输错了。因此，我们有必要为 TinySurvey 应用程序设计错误处理机制。

程序员观点

从一开始就要设计错误处理机制

我们已经看到，在设计应用程序时，首先考虑的是应用程序的工作流。对于错误，也应该采取类似的手段。在构建程序之前，需要考虑可能出现哪些错误，以及代码如何处理这些错误。TinySurvey 的上一个版本是完全独立的，它不依赖于其他有出错的可能的服务。但是，使用文件存储调查问卷的 TinySurvey 版本依赖于文件，所以我们需要考虑在无法打开文件时应用程序应该作何处理。

我们需要应对这样的情况：应用程序正在运行并响应请求，但数据库不可用。为此，可以在应用程序中创建一个旗标变量，并用该变量来跟踪数据库是否已连接，如下所示：

```
let surveysLoaded = false;
```

`surveysLoaded` 旗标的初始值为 `false`。现在，我们可以添加一些代码，在调查问卷加载后把旗标设置为 `true`。下面的代码通过调用 `async` 方法 `init` 来初始化 `surveyManager`。当 `init` 方法完成时，`then` 部分中的箭头函数会被调用，将 `surveysLoaded` 旗标设置为 `true`，并告诉应用程序存储已被加载。如果应用程序在调查问卷尚未初始化时收到请求，它会显示一个错误提示页面：

```
surveyManager.init().then(() => {      在 init 完成时运行箭头函数
    surveysLoaded = true;              将数据库旗标设置为 true
});
```

下面的代码负责处理当浏览器请求 index.html 时的路由。它会检查调查问卷是否已成功加载。如果是，就渲染 index.ejs 页面，反之则把响应的 `statusCode` 设置为 `500`（表示服务器故障），并渲染 error.ejs 页面。服务器通过状态码来告知浏览器请求是否被成功处理。状态码 `200` 表示成功处理，`404` 表示未找到请求的资源，`500` 则表示服务器端出现了问题：

```
// Home page
app.get('/index.html', (request, response) => {
  if (surveysLoaded) {                          成功加载调查问卷了吗？
    response.render('index.ejs');               如果是，则渲染主页
  }
  else {
    response.statusCode = 500;                  将响应状态设置为 500
    response.render('error.ejs');               渲染错误提示页面
  }
});
```

error.ejs 文件会显示如图 10-1 所示的页面。

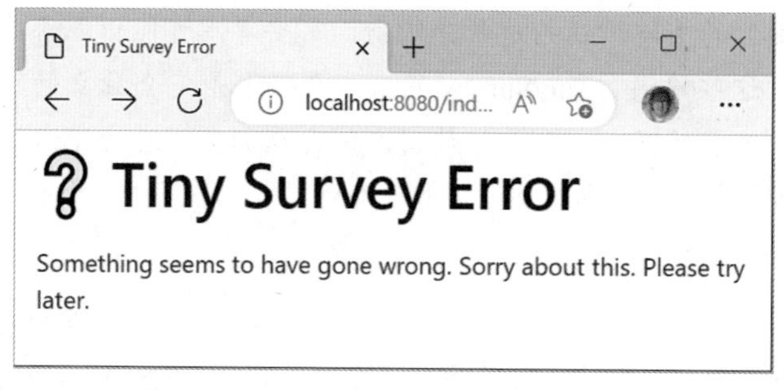

图 10-1 TinySurvey 出错了

创建错误处理中间件

在前文中，我们探索了如何在路由处理器中添加代码，以在调查数据未加载时显示错误提示页面。我们可以逐一查看 tinysurvey.mjs 文件中的每个路由，并为它们添加这种检测。但是，还有一种更简单的方法可以为路由添加这种错误处理，那就是在 Express 中创建中间件。在前面的章节中，介绍了中间件是插入应用程序中的代码，用于增加功能。我们已经在 TinySurvey 应用中添加了中间件来渲染页面和处理 cookie。现在，将在路由中添加中间件，以处理这种错误。

下面的代码看起来很像我们刚刚为 `index.html` 路由添加的检测代码。但同时，它也有点像路由处理器。`checkSurveys` 函数可以作为中间件插入到路由中。当路由被执行时，它就会被调用。这个函数接收三个参数，前两个分别是传入路由的 `response` 对象和 `request` 对象，第三个则是一个名为 `next` 的引用，它指向中间件所连接的下一个函数。如果调查问卷已成功加载，中间件会调用 `next` 函数并继续执行此路径。如果未能加载调查问卷，那么该函数将把状态码设置为 `500`，然后渲染错误提示页面。需要注意的是，在这种情况下，因为路由不能进入下一阶段，所以

next 函数不会被调用。surveysLoaded 旗标是从 tinysurveys.mjs 文件中导入的，而 checkSurveys 函数则是从该文件中导出的：

```
import { surveysLoaded } from '../tinysurvey.mjs';        导入已加载标志

function checkSurveys(request, response, next) {           创建 checkSurveys 中间件函数
    if (surveysLoaded) {                                   有已加载的调查问卷吗？
        next();                                            调用下一个中间件
    }
    else {                                                 调查问卷未成功加载
        response.statusCode = 500;                         将状态代码设置为服务器错误
        response.render('error.ejs');                      渲染错误提示页面
    }
}

export { checkSurveys };
```

上述代码位于 checkstorage.mjs 文件中，此文件在 helpers 文件夹内，是整体解决方案的一部分。如下面的代码所示，它被导入到 tinysurvey.mjs 中：

```
import {checkSurveys} from './helpers/checkstorage.mjs';
```

导入 checkSurveys 函数之后，就可以把它添加到路由中了。下面的代码展示了如何实现这一点。这意味着当该路由被请求时，checkSurveys 中间件会在路由处理器的主体执行之前运行。如果 checkSurveys 中间件函数没有调用 next，路由的主体将完全不会运行：

```
app.get('/index.html', checkSurveys, (request, response) => {
  response.render('index.ejs');
});
```

我们可以在 TinySurvey 应用程序的所有路由中添加 checkSurveys 的调用，这样一来，在调查问卷的存储未能成功加载时，所有路由都不会工作。另外，我们还可以添加多个相互连接的中间件函数。在第 11 章中，将创建一个受密码保护的站点，到时候把密码检测元素作为中间件添加。

动手实践 48

扫描二维码查看作者提供的视频合集或访问 https://www.youtube.com/watch?v=EpJ8_vlUeLk，观看本次动手实践的视频演示。

Express 错误中间件

为了开展本次动手实践，请从 GitHub 下载新版本的 TinySurvey，地址如下：

https://github.com/Building-Apps-and-Games-in-the-Cloud/TinySurveyFileStoreErrorMiddleware。

把这个存储库复制到自己的计算机上，然后用 Visual Studio Code 打开它。如果不清楚如何获取示例应用，请参考第 8 章的 8.5 节“获取示例应用程序”，并按步骤操作，只不过要更改一下复制的存储库的地址。在 Visual Studio Code 中打开应用程序所在的文件夹，然后打开 tinysurvey.mjs 源文件并启动程序。确保在终端视图中打开“调试控制台”。

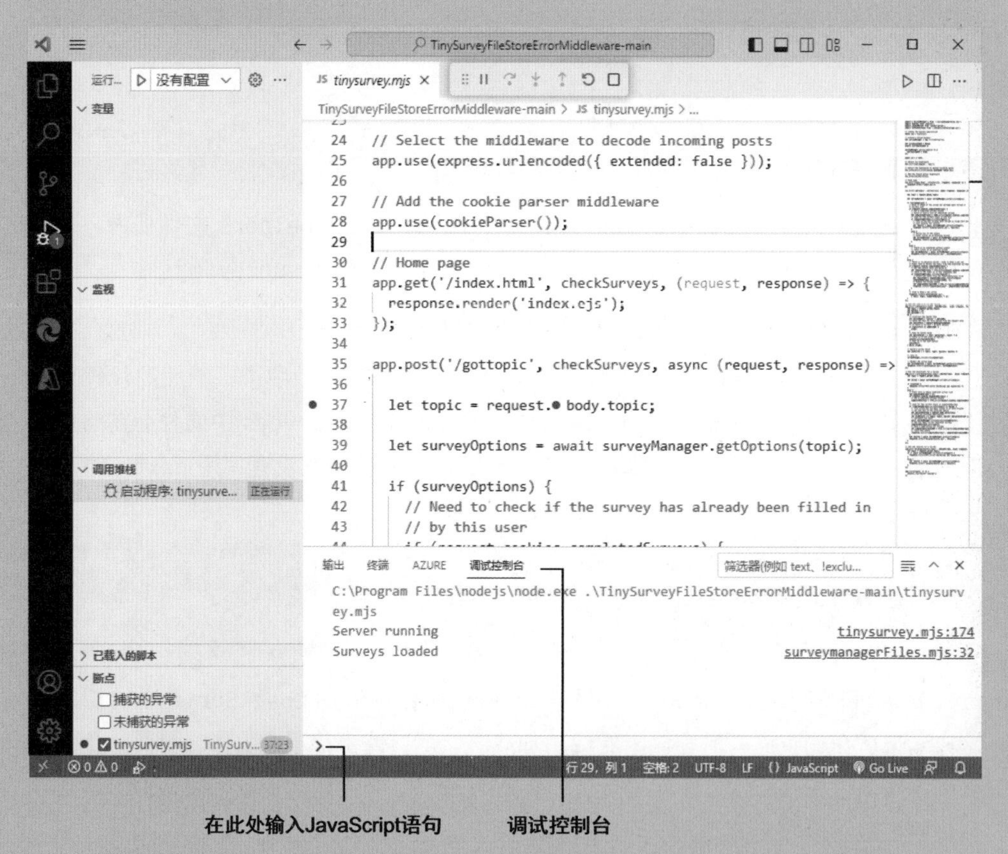

Visual Studio 将在调试器中显示应用程序的运行情况。在第 37 行设置一个断点，如上图所示。接着，使用浏览器导航到 localhost:8080/index.html，输入一个调查问卷主题，并单击 Start 按钮。现在，返回 Visual Studio Code 窗口。可以看到，服务器已经触发了我们所设置的断点。接下来，我们要做一件非常酷的事情：使用 Visual Studio Code 窗口底部的“调试控制台”来更改 `surveysLoaded` 变量的内容。在调试控制台中输入以下内容并按 Enter 键：

```
surveysLoaded = false
```

当程序在断点处暂停时，我们就可以使用调试控制台了。它和浏览器的开发者工具中的控制面板非常相似。我们可以输入并执行 JavaScript 语句，也可以更改或查看变量的值。

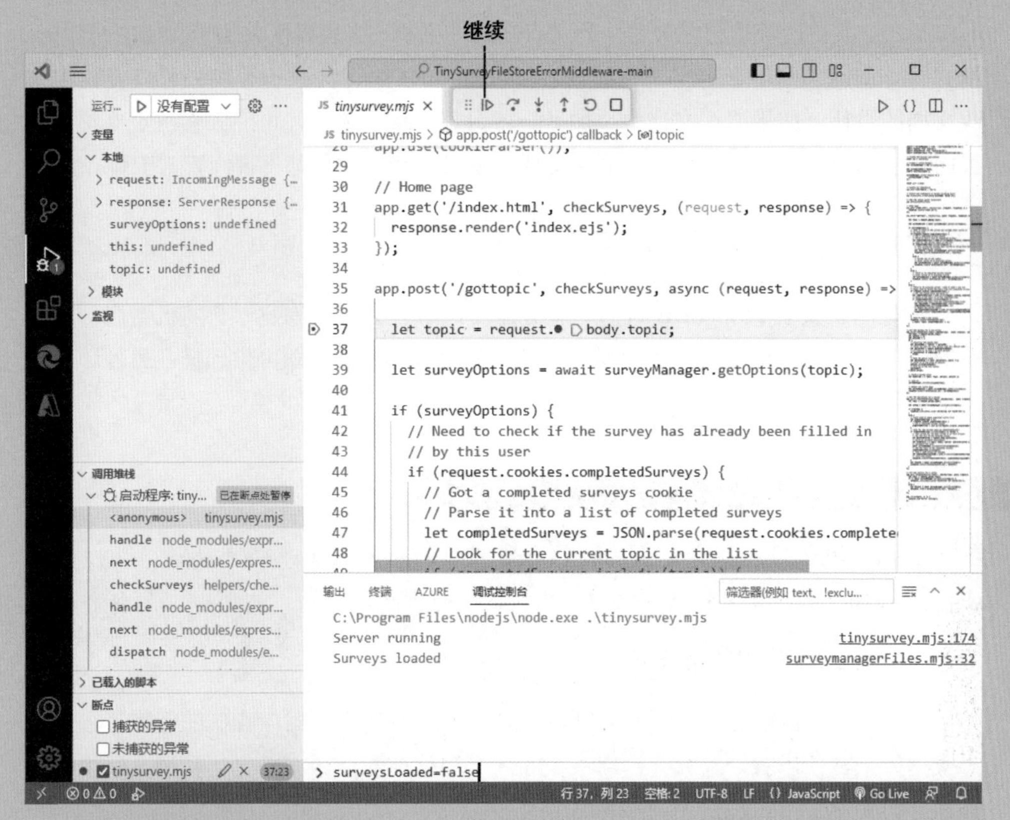

把 `surveysLoaded` 设置为 `false` 之后，应用程序会认为调查问卷尚未加载。请单击调试控件中的右箭头，以继续运行服务器。我们现在还不会看到错误提示页面，因为中间件在下一个路由处理器开始时才会启动。再次导航到 localhost:8080/index.html，并刷新浏览器中的页面，这样就可以查看错误提示页面了。

10.3 数据库存储

我们可以在服务器上使用文件来存放TinySurvey应用的数据，但这种方法并不高效。因为每当数据有所变动，整个调查文件都会被重写。我们想要一种方法来让我们更改调查问卷数据中的单独记录，而不是每次都重写整个文件。好消息是，这种方法确实存在，它被称为“数据库”（database）。

JavaScript可以与许多不同的数据库引擎配合使用。我们将使用MongoDB数据库（https://www.mongodb.com/home），它是一个面向文档的数据库（Document-oriented database），其中的数据记录被存储为带有属性的文档，这些属性承载了文档中的数据。模式（schema）则用于定义文档的内容。MongoDB的优势在于，我们可以轻松地修改文档的设计。如果要在文档中添加另一项内容（举例来说，可能突然决定要记录调查问卷的创建日期），就只需要更改文档的模式，其余部分都将继续正常工作。

10.3.1 开始使用MongoDB

在电脑上安装MongoDB数据库服务器后，后者会自动创建一个随机器启动而运行的服务。如果想将数据库迁移到云端，有多种付费托管计划可供选择，另外还有适用于小型项目的免费服务。

动手实践 49

扫描二维码查看作者提供的视频合集或访问 https://www.youtube.com/watch?v= ZBMcMCvmX-M，观看本次动手实践的视频演示。

安装MongoDB并创建数据库

安装MongoDB后，我们就可以在计算机上开发使用数据库存储的程序了。当这个数据库未被使用时，它只会占用极少的内存和处理器资源。首先，在浏览器中打开https://www.mongodb.com/try/download/community。

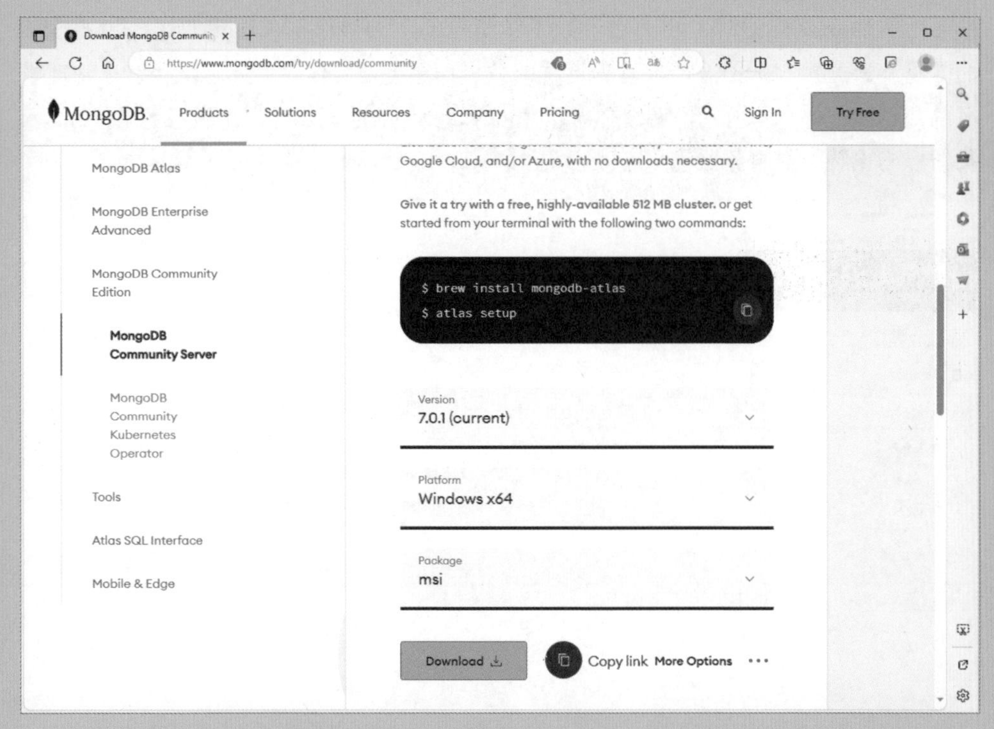

如上图所示，选择最新的版本和对应的平台，单击 Download 按钮下载安装程序，然后在电脑上运行这个程序。按照指引安装 MongoDB，并确保勾选了"安装 MongoDB Compass 应用程序"选项，因为我们将使用这个程序来管理数据库。安装完毕后，MongoDB 服务器将在后台运行，等待应用程序与之建立连接。服务器将在电脑上的本地文件中保存数据库信息。我们以使用 MongoDB Compass 应用与数据库服务器交互。这个应用通过网络与数据库服务器通信，我们可以用它来查看和编辑数据库记录的内容，并创建新的数据库。接下来，我们将用它来为 TinySurvey 应用程序创建一个数据库。

现在，如下图所示，启动电脑上的 MongoDB Compass 应用程序。

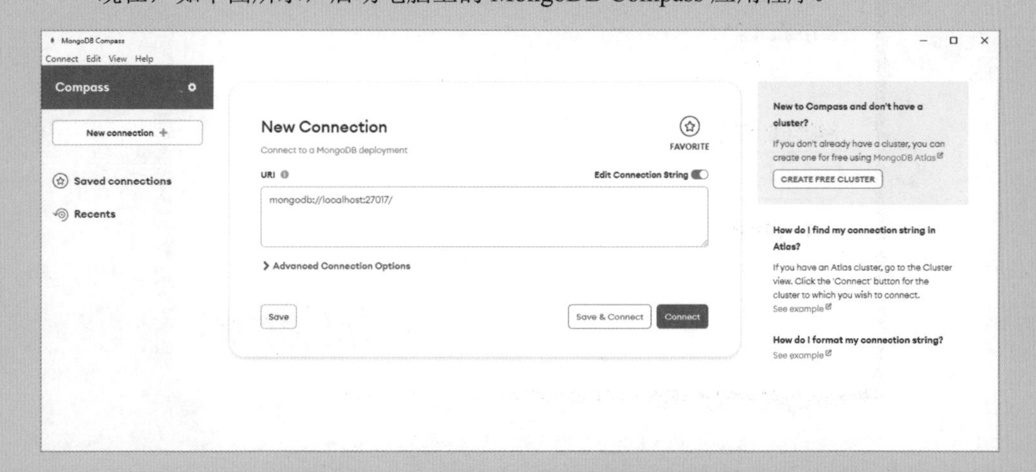

当 Compass 启动时，它会显示如下图所示的一个对话框，让我们选择想要连接的数据库。虽然 Compass 能够管理远程的数据库服务器，但我们此时将用它来管理本机的数据库。如上图所示，请选择本机（localhost）的连接，然后单击绿色的 Connect 按钮以与电脑上的服务器建立连接。

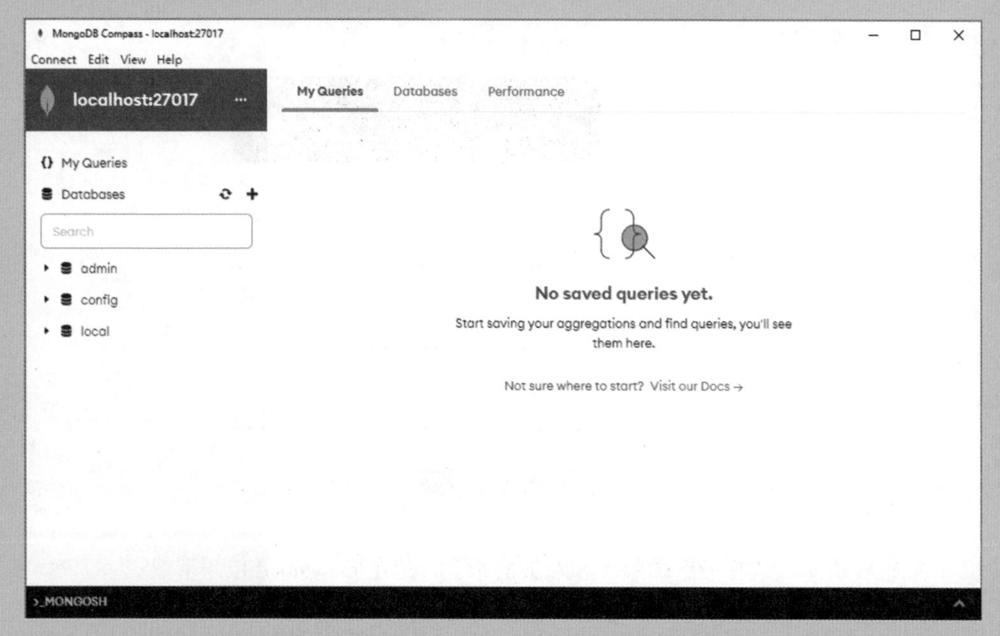

接着，我们将为 TinySurvey 应用程序创建一个数据库。在右侧窗口中选择 `Databases` 标签，然后单击绿色的 `Create Database`（创建数据库）按钮。创建一个数据库，命名为“tiny_surveys”，其中包含一个集合，命名为“surveys”，如下图所示。

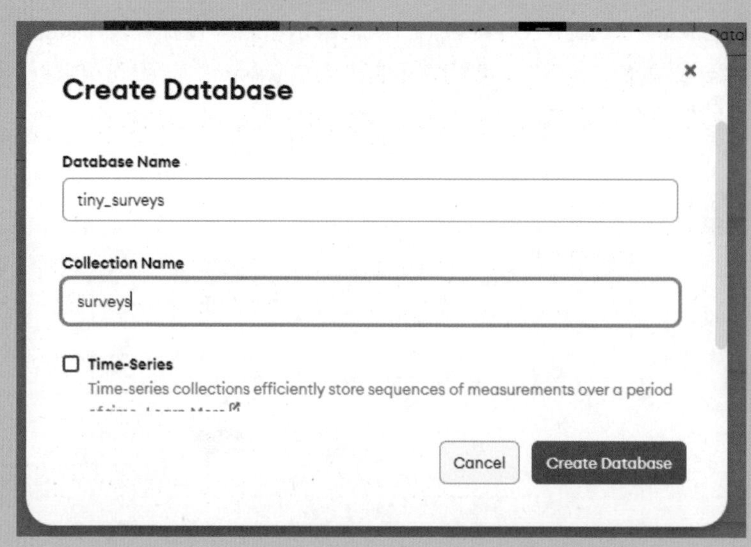

如下图所示，tiny_surveys 数据库和 surveys 集合将出现在窗口左侧的数据库列表中。

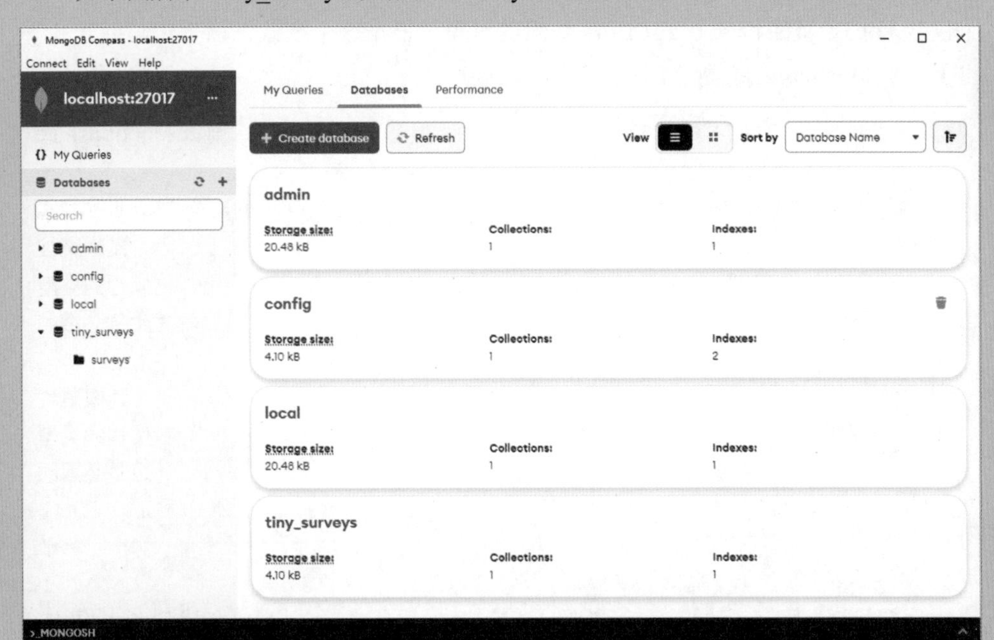

tiny_surveys 数据库为 TinySurvey 应用程序提供问卷数据的存储空间。接下来，我们将使用 Mongoose 的对象建模框架来从 JavaScript 代码中访问数据库。

10.3.2 Mongoose 和模式

可以使用 npm 将 Mongoose 添加到应用程序中，如下所示：

```
npm install mongoose
```

接着，我们可以将 Mongoose 导入到代码中，并使用它与 MongoDB 数据库交互。首先，我们需要告诉 Mongoose 我们的数据是什么样的。MongoDB 是一个面向文档的数据库，其中的记录被称为“文档”，而集合（collection）中存储了多个文档。`tiny_surveys` 数据库包含一个含有 survey 文档的集合。文档是通过名为“模式”（schema）的 JavaScript 对象描述给 Mongoose 的。我们知道，类的定义告诉 JavaScript 如何创建一个类的实例，同理，模式对象告诉 Mongoose 如何创建一个 MongoDB 文档。

以下代码来自 TinySurvey 应用程序的模式文件。它定义了两个模式：`option` 和 `survey`。`mongoose.Schema` 对象是通过一个包含属性定义的对象字面量来初始化的。观察下面的代码，可以看到 `optionSchema` 对象包含 `text` 属性和 `count` 属性。其中，

text 属性的类型为字符串，count 属性的类型为数字。surveySchema 则定义了一个包含 topic 属性和一个 options 数组的对象。根据这个模式，以下代码创建并导出了一个 Mongoose 模型：

```
import mongoose from "mongoose";          导入 Mongoose 库

var optionSchema = mongoose.Schema({      创建一个 Option 模式
    text: {                               文本属性
        type: String,                     属性的类型
        required: true                    文本是必需的
    },
    count: {                              计数属性
        type: Number,                     计数属性的类型
        required: true                    计数是必需的
    }
});

var surveySchema = mongoose.Schema({      创建 Surveys 模式
    topic: {
        type: String,                     调查问卷主题
        required: true                    主题是必需的
    },
    options: {                            调查问卷选项
        type: [optionSchema],             选项列表
        required: true                    选项是必需的
    }
});

let Surveys = mongoose.model('surveys', surveySchema);    创建模型

export { Surveys as Surveys };            导出
```

如果想在应用程序中存储更多文档，就要创建更多模式类，并使用它们创建要导出的模型。

10.3.3 SurveyManagerDB 类

TinySurvey 的文件存储版本使用 SurveyManagerFiles 类将问卷数据存储在一个文件中。我们打算创建一个使用数据库来存储问卷数据的新类，并将其命名为

SurveyManagerDB。然后，修改 tinysurveys.mjs 应用程序中的导入语句，使其引用新的 SurveyManagerDB 存储器。让我们看看如何把存储管理器改为使用数据库而不是文件。

以下代码展示了 SurveyManagerDB 类的第一部分。它导入了 Mongoose 库和前面代码中导出的调查问卷数据库模型。通常，我们会将将模式文件放在一个名为“models”的专属文件夹内，然后将它们导入应用程序，以管理应用程序的数据存储。SurveyManagerDB 的构造方法没有执行任何操作，而是由类中的 init 方法连接到数据库。尽管我们可以使用远程服务器的地址，但在本例中，我们使用的是本地机器上的 MongoDB 服务器。connect 方法是异步的，所以 init 方法在调用它时使用了 await 关键字。

```
import mongoose from 'mongoose';                    导入 Mongoose 库
import { Surveys } from './models/survey.mjs';      导入 Surveys 模式

class SurveyManagerDB {

    constructor() {
    }

    async init() {
    await mongoose.connect('mongodb://localhost/tiny_surveys');   连接到数据库
    }

    // rest of SurveyManager
}
```

需要为每个调查问卷管理方法创建对应的数据库版本。现在，每种方法都不再与调查存储类交互，而是与数据库交互。下面的代码展示了 storeSurvey 函数。它接受一个包含问卷主题和选项的对象。如果是首次存储一个调查问卷，storeSurvey 方法就需要创建并保存一个新的文档。如果该调查问卷已存在于数据库中，则需要根据新的内容进行更新。

```
                                                    调查问卷存储方法
    async storeSurvey(newValue) {                   按主题搜索调查问卷
        let survey = await Surveys.findOne({ topic: newValue.topic });
        if (survey != null) {                       是否同名调查问卷存在？
            await survey.updateOne(newValue);
        }                                           如果存在，则使用新值更新它
        else {
```

```
        let newSurvey = new Surveys(newValue);    // 如果不存在，则创建一个新的调查问卷文档
        await newSurvey.save();                   // 在数据库中保存它
    }
}
```

findOne 方法用于在集合中查找满足给定条件的文档；在这种情况下，文档的主题必须与新值中的主题相匹配。如果 findOne 未找到相应的文档，它将返回 null。从集合中加载的调查问卷具备模式中定义的所有属性，并且可以直接使用。以下代码展示了 getCounts 方法的数据库版本，它查找调查问卷并创建一个包含调查主题、选项名称和计数值的对象。这个对象随后将被传递给 displayresults.ejs 模板，用于显示结果。

```
async getCounts(topic) {
    let result;                                          // 创建一个空的结果对象
    let survey = await Surveys.findOne({ topic: topic }); // 找到要显示的调查问卷
    if (survey != null) {                                // 检查是否找到了调查问卷
        let options = [];                                // 创建一个选项结果数组
        survey.options.forEach(option => {               // 循环遍历选项
            let countInfo = { text: option.text, count: option.count };
            options.push(countInfo);                     // 创建一个选项结果
        });                                              // 将其添加到选项列表中
        result = { topic: survey.topic, options: options }; // 构建结果对象
    }
    else {                                               // 如果未找到调查问卷
        result = null;                                   // 将结果设置为 null
    }
    return result;                                       // 返回结果
}
```

动手实践 50

扫描二维码查看作者提供的视频合集或访问 https://www.youtube.com/watch?v=AYMMV 160B0o，观看本次动手实践的视频演示。

使用数据库

为了开展本次动手实践，请从 GitHub 下载新版本的 TinySurvey，地址如下：

https://github.com/Building-Apps-and-Games-in-the-Cloud/TinySurveyDatabase

把这个存储库复制到自己的计算机，然后用 Visual Studio Code 打开它。为了确保这个应用程序正常运行，请务必按照前文中的步骤来安装 MongoDB 并创建数据库。

在 Visual Studio Code 中打开应用程序所在的文件夹，然后打开 `tinysurvey.mjs` 源文件并启动程序。现在，使用浏览器访问 localhost:8080/index.html 并完整地创建并填写一个调查问卷。可以从下图中看到，应用程序的工作方式与以前相同。启动 MongoDBCompass，连接到服务器，然后查看调查问卷的集合。应该会看到一个包含你所输入的主题和选项的文档。如果之前已经运行了 MongoDBCompass，就可以选择 View（视图）> Reload Data（重新加载数据）以刷新显示。

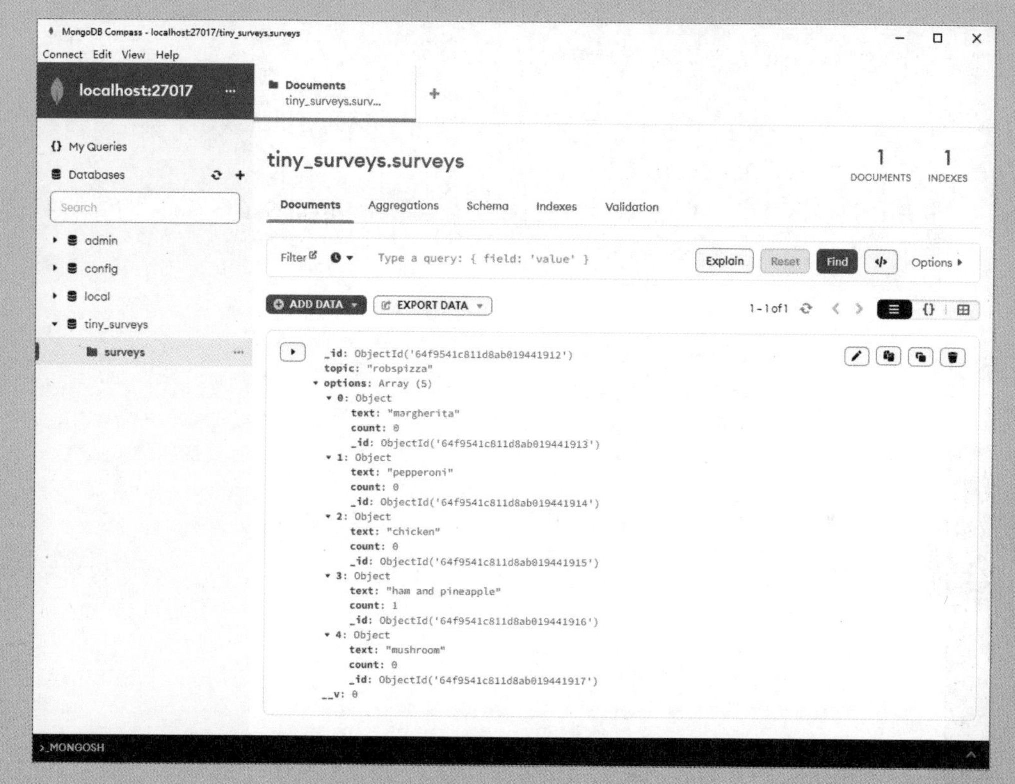

可以使用 MongoDBCompass 应用程序更改文档的内容，还可以删除文档——甚至整个数据库。

10.3.4 异步测试代码

在编写异步代码时，我们需要对测试方式稍作调整。测试本身会调用异步函数，并且测试框架也会异步地执行这些测试。下面的代码是 TinySurvey 的数据库版本所调用的测试之一：

```
test('Store and retrieve options', async () => {
  const result = await optionsTest();
  expect(result).toBe("");
});
```

等待测试结果

检查测试结果

动手实践 51

扫描二维码查看作者提供的视频合集或访问 https://www.youtube.com/watch?v=nTFrB1157MY，观看本次动手实践的视频演示。

测试数据库

如果在结束上一次动手实践之后还没有关闭应用，那么可以继续往下看。否则，请按照动手实践 50 来再次进行设置。

应用中已经内置了一些测试，可以直接运行。请在 Visual Studio Code 的终端中输入以下命令，并按 Enter 键执行：

```
npm test
```

测试将运行并通过，如下图所示。

```
66        if (testOption.count != 0) {
67          error = error + "incremented wrong count";
68        }
69      }
70    }
71  });
72  await manager.disconnect();
73  return error;
74 }
75
76 test('Store and retrieve options', async () => {
77   const result = await optionsTest();
78   expect(result).toBe("");
79 });
80
```

```
(Use `node --trace-warnings ...` to show where the warning was created)
(node:6792) [MONGOOSE] DeprecationWarning: Mongoose: the `strictQuery` option will be switched back to `false` by default in Mongoose 7. Use `mongoose.set('strictQuery', false);` if you want to prepare for this change. Or use `mongoose.set('strictQuery', true);` to suppress this warning.
PASS ./surveymanager.test.mjs
  √ Store and retrieve options (54 ms)
  √ Increment a count (21 ms)

Test Suites: 1 passed, 1 total
Tests:       2 passed, 2 total
Snapshots:   0 total
Time:        0.695 s, estimated 1 s
Ran all test suites.
PS D:\GitHub\TinySurveyDatabase-main>
```

每个测试都独立于其他测试运行，它们在运行时会先连接到数据库，并在结束时断开连接。测试完毕后，surveymanager 类会调用如下所示的 disconnect 方法来断开与数据库的连接：

```
async disconnect(){
    await mongoose.disconnect();        断开数据库连接
}
```

测试和数据存储

先前版本的 TinySurvey 把数据存储在内存中，因此当应用停止运行时，数据就消失了，没有任何持久化存储。然而，上述测试会与实时数据库进行交互，所以运行上述测试可能覆盖 Robspizza 调查问卷的内容。在下一节中，我们将探讨如何为测试和部署的应用版本管理使用不同的资源。

10.4 重构 TinySurvey

第 9 章介绍了专业应用程序的一些特点。现在，我们将探讨另一个这样的特点。专业的应用程序应该具备良好的结构。与最初的工作流相比，TinySurvey 应用程序已经演变了许多，但它的结构仍然有优化的空间。我们即将对代码进行重大的改进，允许用户登录这项服务，这是一个整理和优化结构的好机会。这个过程不会或至少不应该影响代码的运行方式。

创建路由文件

首先，把所有路由放到不同的文件中，从而缩小主程序，进一步增强团队协作。以下代码是应用程序主页的路由文件。它创建了一个 Express.Router 实例来处理主页的 get 请求。这个实例随后被导出并被命名为“index”：

```
import express from 'express';
import { checkSurveys } from '../helpers/checkstorage.mjs';        导入中间件
const router = express.Router();        创建一个空的路由器

// Home page
router.get('/', checkSurveys, (request, response) => {        为路由器设置 get 行为
  response.render('index.ejs');        为此路由渲染 index.ejs 文件
});
export { router as index };        用 index 名称导出路由器
```

以前，tinysurvey.mjs 文件包含了为 Express 应用分配路由处理器的代码。在重构后的版本中，上述的路由处理器被导入并添加到了路由中。下面的代码展示了这是如何实现的：

```
import {index} from './routes/index.mjs';        导入路由代码
app.use('/index.html', index);                   将路由连接到索引路径
```

我们可以将每个路由都看作添加到支撑应用的 Express 框架上的中间件。需要注意的是，所有的路由文件都存放在一个 route 文件夹里。

动手实践 52

扫描二维码查看作者提供的视频合集或访问 https://www.youtube.com/watch?v=uMKWm KdvGwQ，观看本次动手实践的视频演示。

查看重构后的版本

为了开展本次动手实践，请从 GitHub 下载新版本的 TinySurvey，地址如下：

https://github.com/Building-Apps-and-Games-in-the-Cloud/TinySurveyRefactored

把这个存储库复制到自己的计算机上，然后用 Visual Studio Code 打开它。选择“资源管理器”视图，并展开解决方案中的所有文件夹。接着，打开 TinySurvey.mjs 文件，看看路由是如何被导入和使用的。如果运行应用，你会发现它的工作方式和之前完全相同。但是，找到应用的各个组成部分就变得容易了许多。

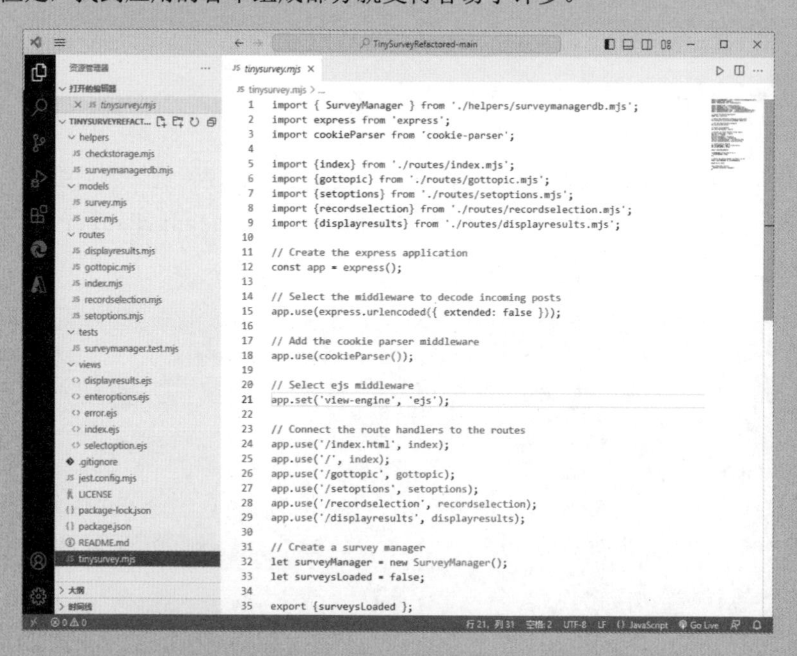

10.5 部署 TinySurvey

在第 6 章的“部署应用程序”小节中，我们使用 Azure 托管的 App Service 将小游戏《找奶酪》部署到了云端。现在，我们将部署 TinySurvey。但在此之前，我们最好先思考一下应用程序的开发流程。你可能认为我们只是创建了一个程序然后将它部署到云端，就像我们对小游戏《找奶酪》所做的那样。但其实不然，TinySurvey 应用使用了数据库来存储调查问卷信息，与《找奶酪》相比，它与用户的交互更加频繁，而且我们还为它构建了一些测试（目前，这些测试使用的是应用程序的数据库，这并不是一个好主意）。当应用处于开发阶段时，我们希望有一个“开发者模式”，而当应用部署给用户时，我们希望有一个“生产模式”。开发者模式可以利用本地计算机上的测试数据库，而生产模式可以利用云端数据库。好在 node.js 和 npm 的开发人员已经想到了这一点，因此我们可以使用 package.json 文件来配置这两种模式。为了深入了解其工作机制，我们首先要明白如何使用环境变量来配置应用。

10.5.1 管理环境变量

环境变量是用于从操作环境向应用程序传输信息的值。在 Azure 上配置应用程序的托管时，我们将创建环境变量将信息传递给应用。在第 6 章的“设置服务器端口”小节中，我们利用环境变量为小游戏《找奶酪》的服务器设置了 HTTP 端口。下面的代码出自《找奶酪》，它的作用是检测 PORT 环境变量是否存在。如果存在，它就会将 port 设置为该环境变量的值，否则就默认 port 为 8080。这种设置使得托管《找奶酪》的服务能够创建一个名为 PORT 的环境变量并为其赋值，然后告知应用该使用哪个端口：

```
const port = process.env.PORT || 8080;        设置为 8080 或 PORT 值

server.listen(port);                           开始监听端口
```

我们还希望在 TinySurvey 应用中引入另一项信息，也就是用于数据库连接的连接字符串。但现在，这个连接字符串是直接写入 surveymanagerdb.mjs 文件中的，如下所示：

```
await mongoose.connect('mongodb://localhost/tiny_surveys');
```

以上语句为数据库与应用程序建立了连接。connect 方法的参数是一个连接字符串（connection string），它定义了与 MongoDB 数据库服务器的连接方式。目前这个版本使用了一个 localhost 地址，因为数据库位于本地机器上。但在把这个应用程序部署到云端时，我们将使用一个远程服务器上托管的数据库的地址。连接字符串将包含一个密码，用于验证数据库连接。考虑到我们可能会把代码开源并让其他人使用，这种连接字符串不应该出现在应用程序的源代码中。即使要公开代码，我们也不想公开数据库服务器的地址和密码。

为了解决这一问题，我们可以创建一个环境文件，其中包含应用程序可以引用的值。环境文件被命名为“.env”，其中包含一组名 / 值对。下面的代码来自为 TinySurvey 应用程序创建的环境文件，它创建了一个 DATABASE_URL 环境变量，其值被设置为“mongodb://localhost/tiny_surveys”字符串：

```
DATABASE_URL=mongodb://localhost/tiny_surveys
```

可以安装一个名为 dotenv 的库，以在应用程序开发过程中使用。这可以通过下面的 npm install 命令来实现：

```
npm install dotenv --save-dev
```

请注意，npm install 命令的末尾有一个“--save-dev”选项，这意味着 dotenv 库将被添加到 package.json 文件的 devDependencies 部分中。因为我们在主机上安装应用程序时会配置环境变量的值，所以不需要在生产环境的代码中使用 dotenv。

安装完 dotenv 库后，就可以在 surveymanagerdb.mjs 文件中导入并初始化它，如以下代码所示。这段代码位于 surveymanagerdb.mjs 文件的开头处，它从库中导入了 dotenv 组件，并调用了 config 方法进行了设置：

```
import * as dotenv from 'dotenv';       从库中获取 dotenv
dotenv.config();                        开始运行 dotenv
```

设置完成后，程序就可以使用环境文件中声明的值了，这使我们可以如下修改数据库的连接语句：

```
await mongoose.connect(process.env.DATABASE_URL);
```

一旦程序运行，会从环境配置文件中读取 DATABASE_URL 的值，并在代码中相应的位置使用它。

代码分析 32

环境变量

对于环境变量，你可能有一些疑问。

1. 问题：为什么要再次使用环境变量？

解答：环境变量让我们能够向应用程序发送值。比起修改代码，我们更希望通过这种方式来在需要改变某些值时进行调整。当应用程序在 Azure 这样的云服务上运行时，它将利用环境变量从主机获取设置值。而 .env 文件则是我们在开发过程中模拟这些环境变量的一种方法。

2. 问题：在使用 Git 检查文件时，环境文件为什么没有被保存到存储库中？

解答：我们知道，存储库中可以有一个 .gitignore 文件，其中包含一系列模式，对应着那些不应被保存到存储库中的文件。我们首次使用它是在第 8 章的 8.3 节“使用 gitignore”中，以防止 Git 将库文件保存到存储库中。该文件还包含一个与 `.env` 文件匹配的模式，以防止它被保存到存储库中。

3. 问题：把应用程序加载到云服务器上时，会怎样？

解答：好问题。稍后，我们将探索如何为基于云的应用程序管理环境变量。

4. 问题：如何让别人知道我们的环境变量有什么作用？

解答：可以在项目中添加一个 README.md 文件作为文档。请参阅本章后面的 10.5.3 节“创建 README.md 文件”。

10.5.2 使用 nodemon 包进行编码和部署

在启动一个新的项目时，我的首要原则之一是建立一个良好的工作环境。如果你打算重复做某件事，那么最好让它尽可能地简单。为了更加轻松地运行和调试应用程序，我们可以考虑使用 npm 下载 nodemon 包。以下命令会将 nodemon 作为开发环境依赖项安装到应用中：

```
npm install nodemon --save-dev
```

安装了 nodemon 包之后，还需要修改应用程序的 package.json 文件，以提供一种方法来启动它。package.json 文件包含一个 scripts 部分，可以在其中添加从命令行执行的命令。下面的 JSON 展示了如何添加可以从命令行调用的脚本条目。脚本条目有三个，分别如下所示：

- `test`，它使用 jest 包来运行应用程序的测试；
- `devstart`，它负责启动 nodemon；
- `start`，它负责启动 TinySurvey。

```
"scripts": {
    "test": "node --experimental-vm-modules node_modules/jest/bin/jest.js",
    "devstart": "nodemon tinysurvey.mjs",
    "start":"node tinysurvey.mjs"
},
```

将这些条目添加到 package.json 文件中之后，就可以从终端使用命令来执行它们了。下面的命令运行 devstart 脚本，启动 nodemon 包：

```
npm run devstart
```

nodemon 包启动应用程序，并监控所有源代码文件。如果文件发生了任何变化，nodemon 包会自动重启应用。这在编写代码时非常有用，因为它能够确保程序始终基于最新版本的源代码运行。

动手实践 53

扫描二维码查看作者提供的视频合集或访问 https://www.youtube.com/watch?v=1UOx G_f9J0E，观看本次动手实践的视频演示。

快速开发与 nodemon 包

为了开展本次动手实践，请从 GitHub 下载新版本的 TinySurvey，网址如下：

https://github.com/Building-Apps-and-Games-in-the-Cloud/TinySurveyRelease

把这个存储库复制到自己的计算机上，然后用 Visual Studio Code 打开它。如下图所示，这个存储库包含了部署 TinySurvey 需要的所有文件，除了负责为应用提供数据库连接 .env 文件。因为我们不希望把这种连接信息公之于众，所以就没有把它放入公开的 GitHub 存储库。我们需要在存储库中新建一个文件，命名为 .env。请确保输入正确的内容，否则应用程序启动时会出错。

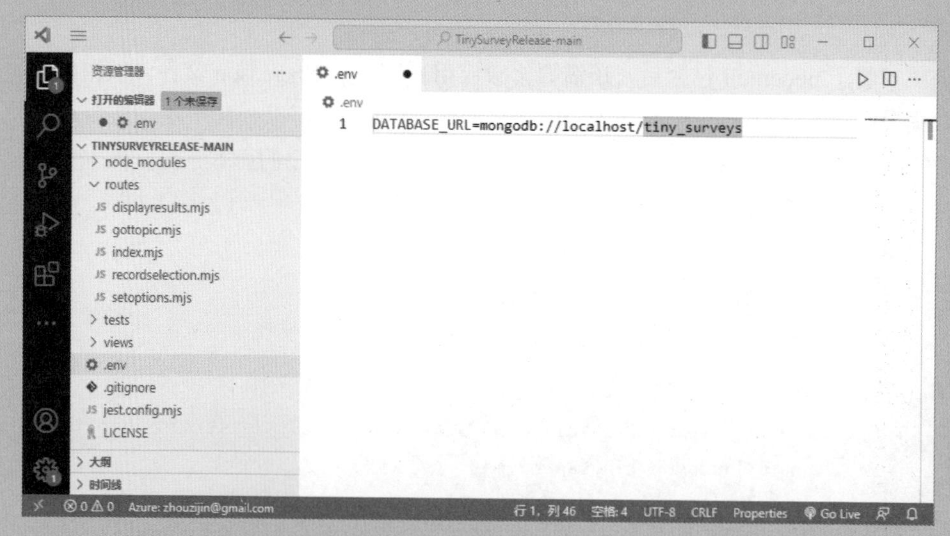

接下来，打开 routes 文件夹中的 index.mjs 文件。如下图所示，在左侧菜单中选择“运行和调试”选项，然后单击“JavaScript 调试终端”。

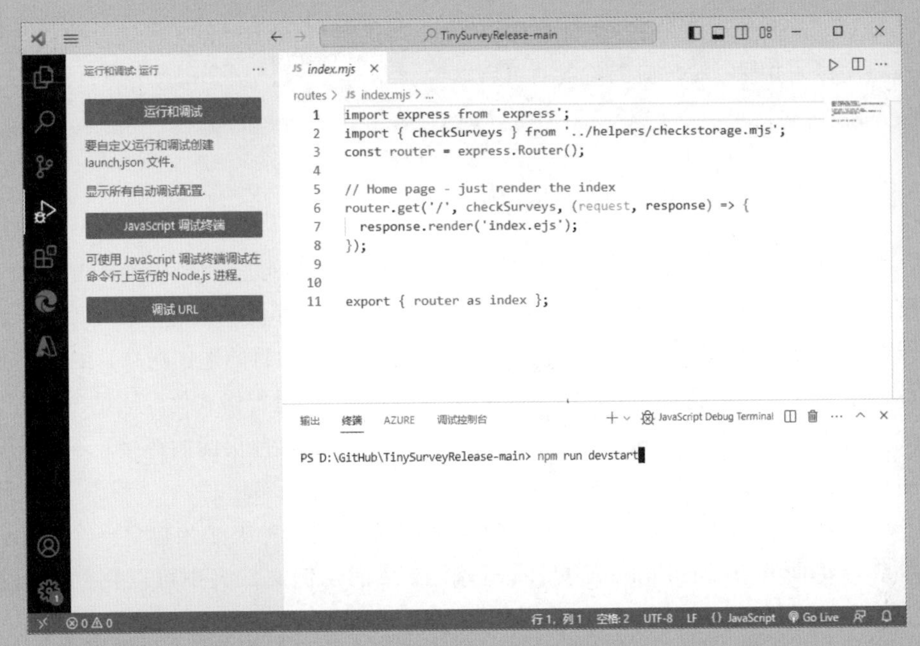

这将打开一个调试终端，并为此终端执行的程序附加调试器。我们可以为终端中运行的程序添加断点。使用 npm run 命令启动程序。如下图所示，运行 devstart 脚本，然后按 Enter 键。

```
npm run devstart
```

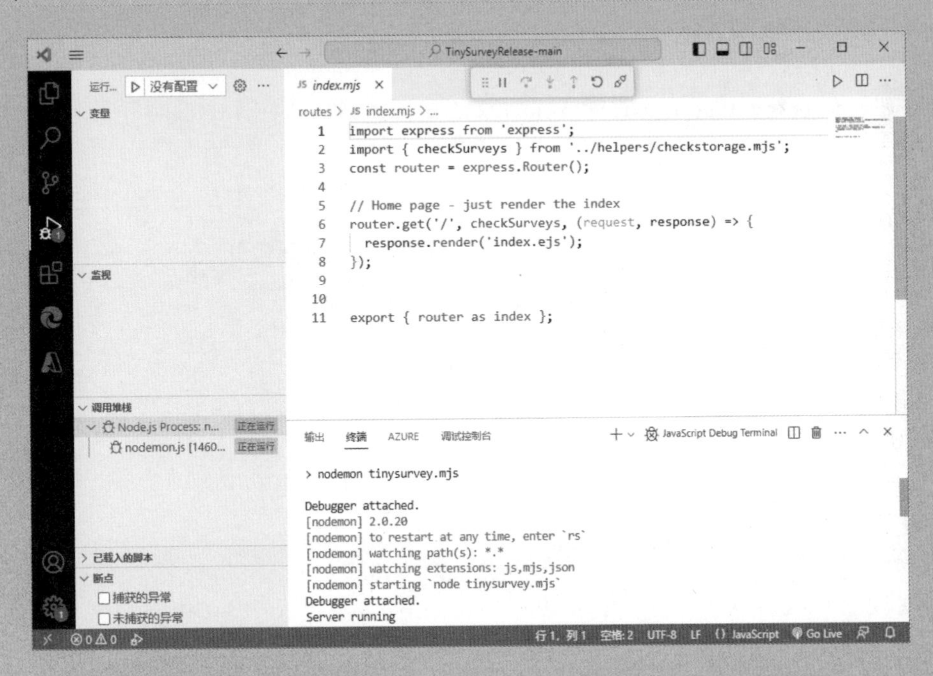

现在，nodemon 应用监视所有应用文件。当我们对 index.mjs 文件进行修改（例如添加注释）并保存时，应用会自动重启。

10.5.3 创建 README.md 文件

如果想让别人知道项目信息和它的工作方式，可以创建一个 README 文件。README 文件是 GitHub 的重要部分。每个存储库（甚至存储库里的每个文件夹）都可以有一个 README 文件，这个文件看起来像一个描述项目的迷你网站。README 文件使用 .md 作为扩展名，表示它们使用 Markdown 语法进行格式化。这是一种快速格式化文本的好方法。Markdown 文件还可以包含图片和其他页面的链接。下面是一个简短的 Markdown 示例，它说明了创建文档需要的几乎所有信息。

为了使这个示例正常工作，包含 README 文件的文件夹必须包含一个 images 文件夹，里面要有 small-rob.jpg 文件。在第 10 章的示例文件夹中可以找到下面的 README.md。

````
# This is a big heading
## This is slightly smaller

This is body text.

To make another paragraph we need a line break.

Make a numbered list by starting each line with a number followed
by a period (full stop):

1. It's that
1. easy.

Make a bulleted list using stars:

* this is
* easy too

Put code into blocks by using ```
```Javascript
````
````

````
function doAddition(p1, p2) {
    let result = p1 + p2;
    alert("Result:" + result);
}
```
Links are easy too https://www.robmiles.com or with names [my
blog](http://www.robmiles.com)

Finally, you can add pictures:
![picture of rob](images/small-rob.jpg)
````

图 10-2 展示了 Markdown 在浏览器中的显示效果。若想了解 GitHub 支持的 Markdown 版本，请访问 https://enterprise.github.com/downloads/en/markdown-cheatsheet.pdf。Markdown 值得我们花一些时间学习。还可以在 Visual Studio Code 中添加一个 Markdown 预览插件，以便在创建页面时轻松预览。

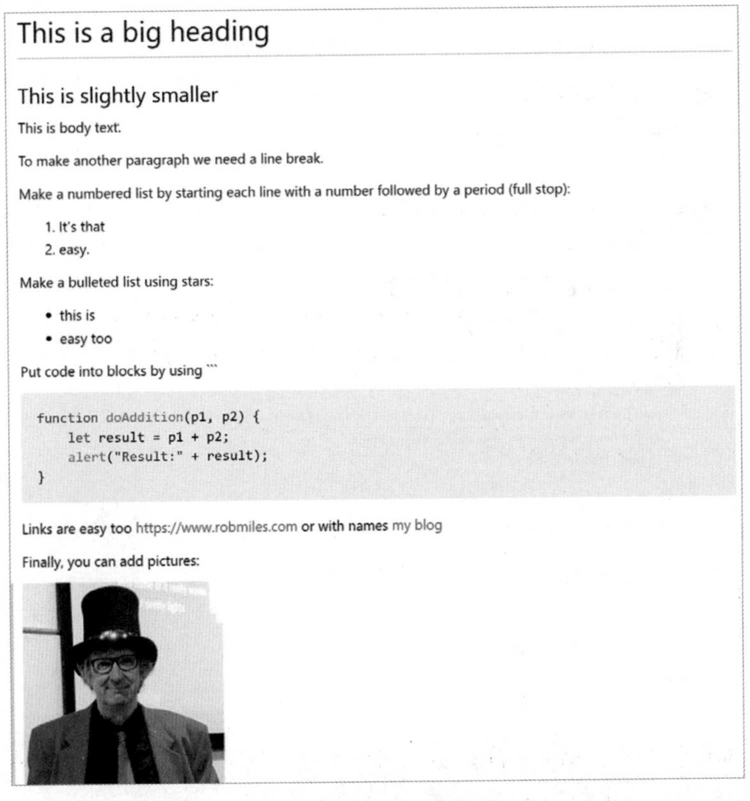

图 10-2　Markdown 输出
````

动手实践 54

扫描二维码查看作者提供的视频合集或访问 https://www.youtube.com/watch?v=oUIkJFnwNqA，观看本次动手实践的视频演示。

在 Azure 上部署 TinySurvey

TinySurvey 应用需要一个 MongoDB 数据库来存放调查问卷信息。我们可以在 mongodb.com 上获得 MongoDB 数据库的托管服务。我们需要创建一个账户，但无需提供任何支付信息。请按照 https://www.mongodb.com/basics/create-database 上的流程操作。创建共享级别的数据库，以获得可用于测试的小型数据库。接着，根据指引设置用户名和密码，并用它们生成数据库的连接字符串。

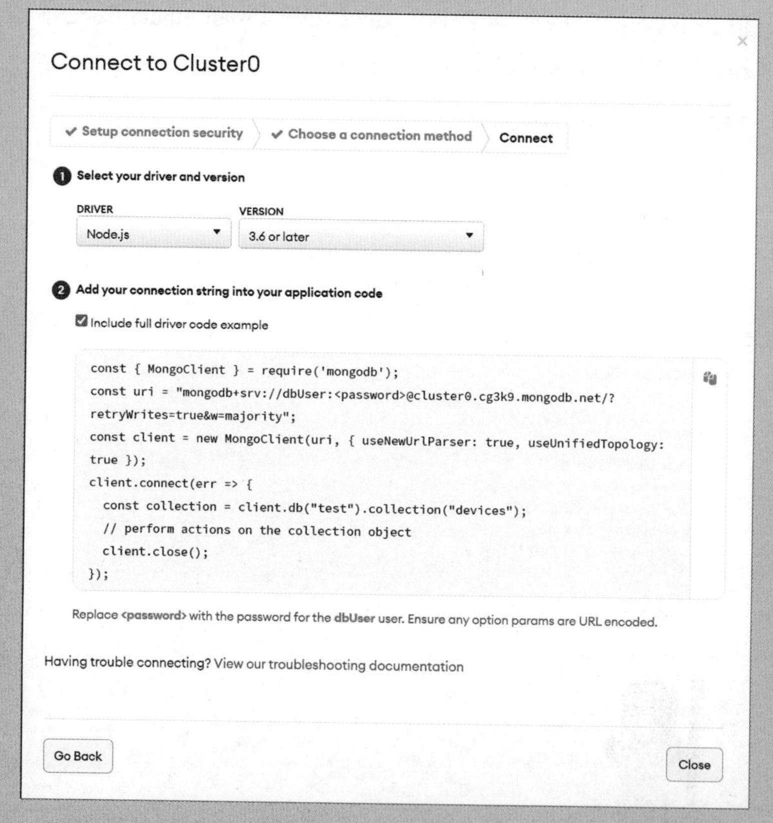

前面的截图展示了 MongoDB Atlas 网页生成的连接指令。其中，连接字符串保存在 `uri` 变量中。记得把 `<password>` 占位符更改为自己设置的密码。

有了可用的数据库之后，我们就可以在云端安装 TinySurvey 并将其连接到这个数据库了。首先，使用 Visual Studio Code 打开 TinySurveyRelease 应用程序，然后按照第 6 章中的动手实践 28：创建 Azure 应用服务中讲述的步骤操作。请注意，你不能使用 TinySurvey 作为服务的名称，因为它已经被我占用了。

在流程结束后，不要立即部署应用程序，因为我们需要先设置连接字符串的环境变量。如下图所示，在 Azure 中找到 App Services 集合，然后在列表中选择 TinySurvey 项目（你的服务可能没有很多）。右键单击 Application Settings（应用程序设置），然后在弹出的列表中选择 Add New Setting（新增设置）。

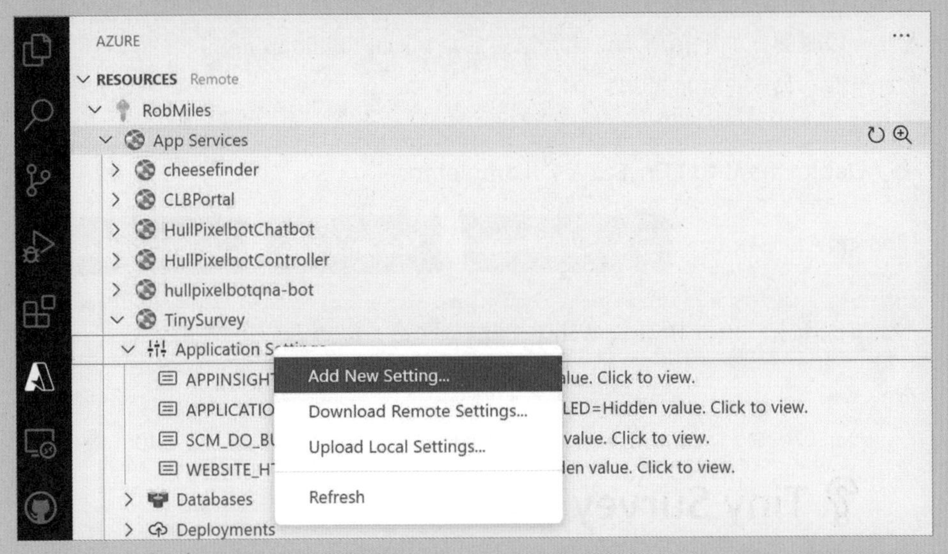

这将打开一个对话框，要求我们输入设置值的名称。如下图所示，在本例中，名称为“DATABASE_URL”。

DATABASE_URL

Enter new app setting name (Press 'Enter' to confirm or 'Escape' to cancel)

输入名称并按 Enter 键。如下图所示，系统会要求我们为它设置输入值，请输入从 MongoDB 设置中获取的连接字符串。

mongodb+srv://dbUser:<user here>@cluster0.cg3k9.mongodb.net/dbUser?retryWrites=true&w=ma

Enter value for "DATABASE_URL" (Press 'Enter' to confirm or 'Escape' to cancel)

按 Enter 键把字符串保存到应用程序设置中。现在，如下图所示，我们可以开始部署应用程序了。右键单击 TinySurvey 并选择 Deploy To Web App（部署到网页应用程序）。

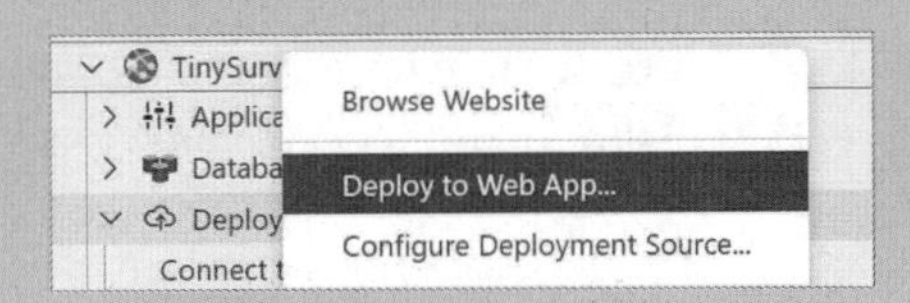

系统会要求我们选择要部署的应用程序所在的文件夹。如下图所示，选择存储库文件夹。

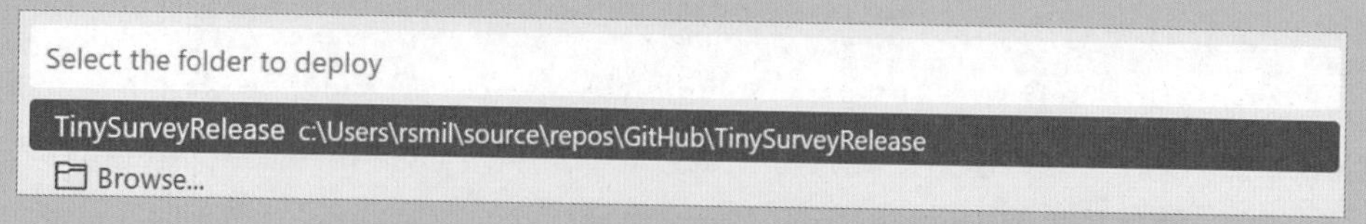

现在会弹出一个对话框，要求我们确认是否要部署。单击 Deploy（部署）。部署需要一段时间。如下图所示，部署结束后，Visual Studio Code 窗口的右下角会弹出一个对话框，显示已完成部署。

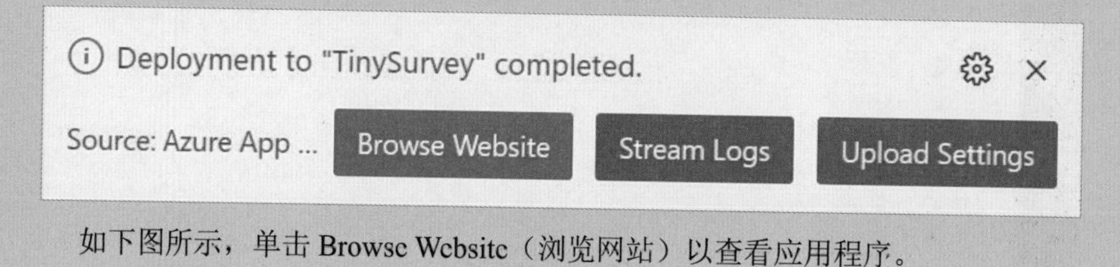

如下图所示，单击 Browse Website（浏览网站）以查看应用程序。

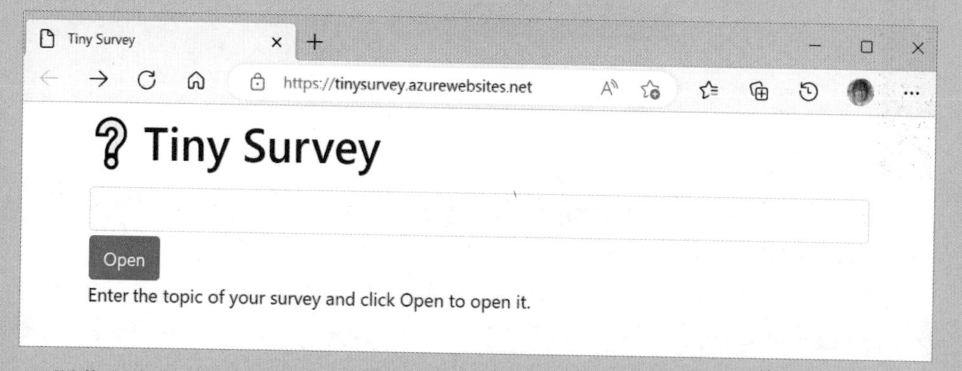

浏览器将启动我们的网页应用程序。请注意，上图中显示的 URL 是“tinysurvey.azurewebsites.net”，这是我上传应用程序的网址，你的网址将会有所不同。

要点回顾与思考练习

这又是一个内容丰富的章节。在这一章，首先学习了如何读取和写入文件，然后探索了如何在 JavaScript 中管理异步过程和编辑一些错误处理中间件。我们建立了我们的第一个 MongoDB 数据库，并使用 Mongoose 建立了数据库与 JavaScript 应用程序之间的连接。最后，我们整理了代码，构建了良好的开发环境，并配置和部署了程序。以下是对本章内容的回顾及一些值得思考的要点。

1. node.js 中的 fs 库为应用程序提供了文件输入 / 输出功能。这个库的所有函数都是异步的，它们会返回描述所请求操作的 promise 对象。接收 promise 后，代码可以继续执行，而不会被可能较长时间完成的函数调用所阻塞。

2. promise 对象提供了一个 then 方法，该方法可以指定一个在 promise 被解决时调用的函数

3. 应用程序经常需要等待一个返回 promise 的操作完成。在这种情况下，可以使用 await 关键字来等待返回 promise 的函数执行完毕。包含 await 操作的函数或方法必须用 async 关键字进行标记。这是因为 await 操作会生成一个 promise，并返回给包含 await 的代码的调用者。

4. 尽管异步操作看似允许 JavaScript 应用程序同时运行多个执行线程，但事实并非如此。JavaScript 维护一个调用堆栈和一个事件列表，并利用它们来快速在操作之间切换。事件被用来触发新的操作。举个例子，JavaScript 的底层代码不会等待一件网络事务完成，而是会设置一个事件，在网络事务完成时触发它。

5. 应用程序可以使用全局旗标变量来表示当前状态，并改变应用程序对输入的响应方式。

6. 我们可以自己编写 Express 中间件函数，并把它们添加到处理传入的网络请求并生成响应的函数序列中。根据需要（例如，当某个服务不可用时），中间件函数可以提前中断网络请求处理程序。

7. MongoDB 是一个面向文档的数据库，它以文档集合的形式存储数据。一个特定集合中的所有文档不必具有相同的属性，这使得 MongoDB 比标准的基于表的数据库更加灵活。我们可以在电脑上安装一个 MongoDB 服务器来管理数据存储，也可以将应用程序连接到远程服务器上的数据库。从 MongoDB 官网可以获取有限的 MongoDB 托管服务：https://www.mongodb.com/home。

8. 我们可以通过 npm 为应用程序添加 Mongoose 库。它提供了一个函数库，实现了面向对象的 MongoDB 接口。应用程序可以创建包含描述文档内容的属性的模式（schema）对象，也可以创建新文档以及搜索并更新现有文档。

9. 重构是确保应用程序中的代码结构与要解决的问题相匹配的过程。这是一个持续性过程，因为随着开发的推进，我们对问题的理解会不断加深，可能需要重新审视最初的设计决策。重构不仅可以使代码更易于维护，还为解决方案的各个部分提供了清晰的结构。

10. 为了改进 Express 应用程序的结构，我们可以将各个端点的路由存放到不同的代码文件中，如此一来，这些路由就成为了支撑应用程序的 Express 框架中的中间件项目。

11. 环境变量是将配置信息从操作环境传入正在运行的应用程序的一种手段。它们使应用程序的管理变得更加简单（无需更改代码内容就可以使用不同的资源），并增强了应用程序的安全性（源代码中不包含任何资源信息）。

12. 应用程序的`package.json`文件中的`devDependencies`部分列出了一些包，这些包在开发过程中被使用过，但未与应用程序一起部署。

13. package.json 文件可以有一个 script 部分，其中包含在开发和测试应用程序时要运行的脚本。

14. 在开发应用程序时，我们可以使用 `dotenv` 包和 `.env` 文件来创建环境变量，从而为测试配置应用程序。在把应用程序部署到云端时，必须在部署过程中设置这些环境变量的值。

15. 在开发应用程序时，我们可以使用 nodemon 包，这样每次文件发生变化时，应用程序都会自动重启。

16. 应用程序可以包含一个 README.md 文件，它提供了如何运行和部署应用的说明。该文件采用 Markdown 语法进行格式化。Markdown 语法提供了简洁且强大的格式化命令。

17. 当我们将一个数据库应用作为 Azure App Service 部署时，必须设定一个 Application Setting（应用程序设置）值，其中应包括在应用运行时需要的数据库连接字符串。

为了加深对本章的理解，可能需要思考下面几个进阶问题。

1. **问题**：如果函数中包含 `await` 关键字，但未被标记为 `async`，会怎样？

解答：JavaScript 编译器将拒绝运行这样的函数。

2. **问题**：如果使用 `await` 来等待一个未被标记为 `async` 的函数，会怎样？

解答：JavaScript 引擎将像平时一样调用函数。

3. **问题**：如果一个被标记为 `async` 的函数不包含 `await` 关键字，会怎样？

解答：该函数可以正常运行，但不会被异步地等待。

4. **问题**：如果异步函数中的代码抛出了异常，会怎样？

解答：当异步调用中抛出异常时，这个异常必须由对应的异常处理程序来捕获。如果一个异常处理程序中包含多个异步调用，它将无法捕获由这些调用抛出的异常。

5. **问题**：在 `Express` 中处理网络事务时，用作中间件的函数有什么特别之处？

解答：中间件函数必须具有正确的参数：`request`（指向描述传入的请求的对象）、`response`（指向将描述响应的对象）和 `next`（指向处理此请求的函数序列中的下一个中间件函数）。

6. 问题：Express 中间件函数如何停止处理请求？

解答：如果中间件函数认为没有继续处理请求的必要，它就不会调用序列中的下一个中间件函数。

7. 问题：面向文档的数据库有哪些优势？

解答：面向文档的数据库不要求集合中的所有对象都具有完全相同的属性。同时，通过在描述文档内容的模式对象中添加新属性，我们可以轻松地为文档增添新的属性。

8. 问题：MongoDB 和 Mongoose 有什么区别？

解答：MongoDB 是一种可以直接使用的文档数据库技术。Mongoose 是一个框架，它允许将数据库元素表示为 JavaScript 对象，从而简化了与 MongoDB 的交互。

9. 问题：如果两个应用程序尝试连接到同一个数据库，会怎样？

解答：数据库的一大优点是，它们在设计时考虑到了这种情况，所以数据库会正常运行。但是，如果两个应用程序开始“争夺”数据库中的同一文档，就可能会出问题。虽然数据库本身不会因此而崩溃，但如果这两个应用程序没有针对这种情况进行设计，它们可能会出错。

10. 问题：如果我忘了在部署应用程序时设置环境变量，会怎样？

解答：该变量的值是“undefined”，并且应用在运行时会失败。

11. 问题：我可以拥有多少个免费的应用程序和数据库？

解答：Azure 和 MongoDB 都限制我们只能拥有一个免费的应用程序或数据库。但同一个数据库可以供多个应用使用，只要它们使用不同的文档集合即可。

第 11 章

活动追踪与会话

本章概要

在本章中，将探索如何让我们的网站提供个性化的用户体验。首先，研究网站如何使用 cookie 来跟踪网页应用中的独立访客，并将用户与他们创建的内容联系起来。我们将创建全局唯一标识符（Globally Unique Identifier），并为 Express 制作一些中间件来管理用户跟踪。随后，将了解一些可以用来优化工作流设计的建模技术，还将创建一个用户管理数据库，并探索如何安全地存储密码。

接着，将为网站的路由创建一些安全中间件。最后，我们将探讨如何实现基于角色的安全机制来为 TinySurvey 应用程序执行简单的管理工作。需要了解的东西很多，但这些成果可以用于为任何网页应用程序增加安全性。

11.1 用户跟踪

我们的TinySurvey应用程序受到了用户的欢迎，因为他们能轻松地创建调查问卷，并确保每人只能为一个问卷投一次票。但用户也有一些不满，因为调查问卷在创建好之后，不能再删除或更改。他们希望能够删除调查问卷，并用不同的问卷选项制作新的版本。经过与用户充分讨论，我们决定只允许创建调查问卷的人删除它，这意味着我们需要一种方法来确定每个调查问卷的创建者。

目前，为了避免用户重复投票，TinySurvey 应用有一个追踪系统。它利用浏览器上的一个名为 completedSurveys 的 cookie 来记录用户投过票的问卷列表。每当浏览器发出网页请求时，TinySurvey 的服务器都会在响应中将 completedSurveys 这个 cookie 发送给浏览器，也就是说，用户每次访问 TinySurvey 网站时，completedSurveys 这个 cookie 都会发送回服务器。当用户尝试打开一个调查问卷时，应用程序会在 cookie 的已完成问卷的列表中查找问卷主题。如果找到同名主题，就跳转到结果页面；如果找不到，就跳转到投票页面。若想查看更多信息，请回顾第 9 章的 9.3.3 节“在 TinySurvey 中使用 cookie”。

11.1.1 创建全局唯一标识符（GUID）

我们将通过为用户分配一个在其浏览器 cookie 中存储的唯一 ID 来追踪他们。这意味着我们需要一个能生成唯一标识符的源。node.js 内置的一个加密库（cryptography library）提供了能生成全局唯一标识符（Globally Unique Identifiers，简称 GUID）的函数。下面的语句从 crypto 库中导入 `randomUUID` 函数，并利用它为 `creatorGUID` 变量设置一个随机 GUID：

```
import { randomUUID } from 'crypto';
let creatorGUID = randomUUID();
```

生成的 GUID 采用了随机字符串的形式。前面代码所生成的 GUID 如下所示。如果再次运行这段代码，会生成一个完全不同的 GUID：

```
f7581de2-cda6-4de4-8692-0cc7b36082b1
```

虽然 GUID 为每个用户提供了独特的标识符，但它并不能明确地告诉服务器特定用户正在访问网站。不过，我们可以用它来区分是我还是其他人在访问网站。在继续写代码之前，我们需要先考虑一下为每个用户分配 GUID 所带来的伦理问题。

11.1.2 用户跟踪的伦理问题

让 TinySurvey 识别调查问卷创建者的唯一方式是为每个用户提供一个独特的身份，然后将这个身份与调查问卷关联到一起。这从技术上不难实现，只不过它确实会引发伦理问题。有了身份跟踪的功能后，TinySurvey 就可以根据用户创建或投票的调查内容，针对特定用户投放广告。当用户首次访问 TinySurvey 时，我们应该让用户知道我们会使用 cookie，并取得他们的同意。我们应该阐明要存储的信息以及这些信息的用途。为了实现这一点，我们需要更改 TinySurvey 的工作流。

11.1.3 使用活动图来展现工作流

在前文中，我们了解过工作流的概念，并在第 7 章创建 TinySurvey 的应用程序工作流时使用了它。到目前为止，我们描述工作流时主要使用的是文字。但是，相较于文字，图表可能更易于理解。

图 11-1 展示了一张状态图（state diagram），这是统一建模语言（UML）中的一种图表类型，用于表示系统的各种可能的状态。若想进一步了解 UML，请访问 https://en.wikipedia.org/wiki/Unified_Modeling_Language。

图 11.1 展示了 TinySurvey 应用程序的原始工作流。顶部黑色圆点代表起始状态。每个状态的名称都与应用的各个页面相对应。它们之间的连线表示导致状态变化的原因。我们可以使用图表来展现工作流，而无需编写大量文本。在图 11-1 所显示的工作流中，应用程序检查某一特定调查问卷是否存在，并在不存在时允许用户创建新的调查问卷。

程序员观点

把图表添加到开发流程中

图表是展示工作流的绝佳方式。相较于用文字来对用户进行说明，图表直观得多。目前，我们绘制图表的目的是展示系统的使用流程，而不是它的具体实现方式。图 11-1 可以为任何编程语言下的解决方案提供基础框架。本书的图表是使用 PlantUML 这个在线工具创建的，后者可以把简单的文本描述转换为结构化的图表。还有一些其他类型的 UML 图表有助于描述开发过程中的其他部分，值得花时间了解一下。如果你是和团队一起工作，就要和团队成员共同制定标准，明确项目的各个阶段应使用哪种图表。

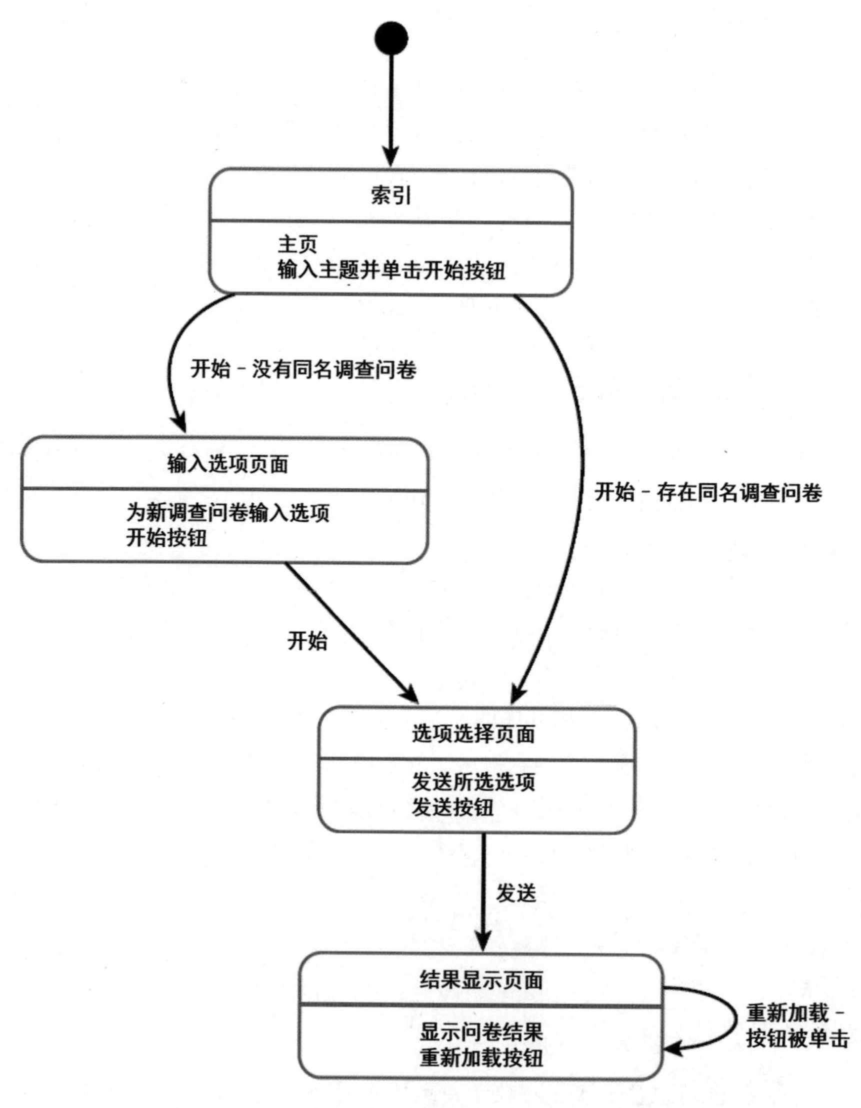

图 11-1 简单的 TinySurvey 工作流

11.1.4 cookie 使用许可条款的工作流

图 11-2 展示了获取使用 cookie 的许可的流程。如果用户在不带有追踪 cookie 的情况下进入主页，系统就自动跳转至 `trackCheck` 页面。如果用户选择不接受 cookie，那么流程就会在他们拒绝后终止。这个流程将被添加到应用程序工作流的开头处。

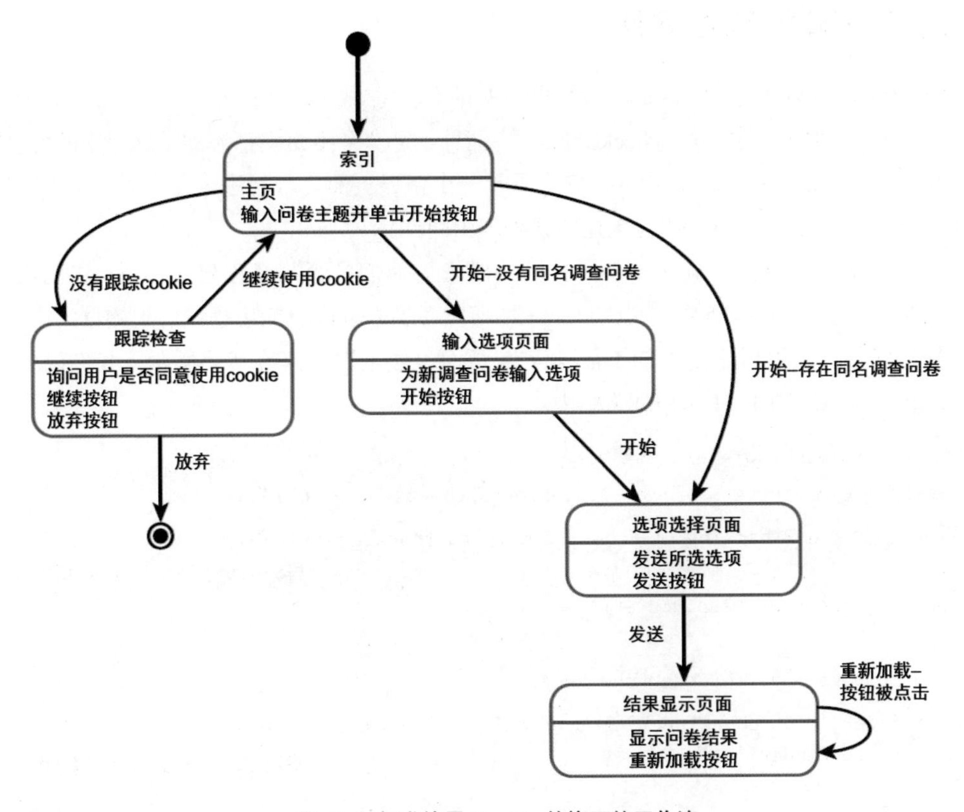

图 11-2 征求使用 Cookie 的许可的工作流

图 11-3 展示了用户首次访问 TinySurvey 网站时应显示的页面。用户可以通过单击 Continue With Cookies（继续并使用 Cookie）来同意使用 cookie。如果不同意并想离开网站，则可以单击 Abandon（放弃）。该页面实现了 cookie 使用许可工作流开始时的确认步骤。接下来，让我们看看如何使这个流程运作起来。

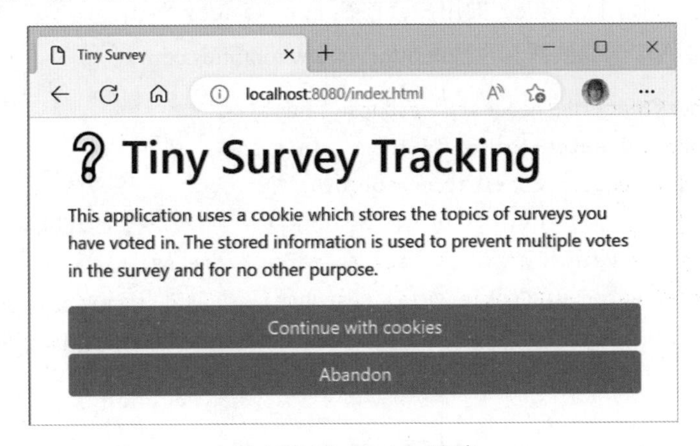

图 11-3 TinySurvey 追踪

11.1.5 创建追踪中间件

中间件是添加到 Express 应用程序中的代码，用以增添功能。我们已经为 TinySurvey 应用程序添加了 checkStorage 中间件。每一个路由中都添加了这个中间件，当应用程序未能连接到数据库时，它会显示一个错误页面。若想进一步了解这个中间件，请回顾 10.2 节介绍的如何创建错误处理中间件。

为了在用户首次访问 TinySurvey 网站时询问他们是否同意创建 cookie，我们还可以新建一个中间件。下面的代码展示了如何实现 TinySurvey 应用程序的起始页路由，它会加载包含应用程序主页的 `index.ejs` 页面。如下面的高亮代码所示，我们已将 `checkTracking` 中间件添加到路由中：

```
import express from 'express';
import { checkSurveys } from '../helpers/checkstorage.mjs';
import { checkTracking } from '../helpers/trackinghelper.mjs';
                                    导入 checkTracking 中间件
const router = express.Router();

// Home page - just render the index
router.get('/', checkTracking , checkSurveys, (request, response) => {
  response.render('index.ejs');
});                                 使用 checkTracking 中间件
```

路由一旦被使用，程序就会调用 `checkTracking` 中间件函数。以下代码展示了这个函数的内容，检查是否存在名为 `creatorGUID` 的 cookie。如果存在，它就调用 `storeCookie` 函数重新保存 cookie，以更新其到期时间。如果不存在，应用程序就显示图 11-3 中的菜单页，让用户选择是否要继续使用该网站。单击 Continue With Cookies（继续并使用 Cookie）的用户会前往 `trackingok` 路由，而单击 Abandon（放弃）的用户会跳转到我的博客页面（https://www.robmiles.com）。

```
function checkTracking(request, response, next) {
    // create a creator cookie if there isn't one
    let guid = request.cookies.creatorGUID;          获取 cookie
    if (guid) {                                      检查 cookie 是否存在
        // got a guid - write it back to refresh the age
        storeCreatorGUIDCookie(guid, response);      调用 storeCookie 来存储 cookie
        next();                                      继续到下一个中间件
    }
    else {
        // Not got a cookie - are we OK to track this user?
```

```
        let trackConfirm = {                                          构建菜单
            heading: "Tracking",                                      页面标题
            message: "This application uses a cookie which stores
                    the topicsof surveys you have voted in.           说明页面
                    The stored information is used to prevent        目的的文本
                    multiple votes in the survey and for no other purpose.",
            menu: [                                                   菜单选项列表
                {                                                     继续路径
                    description: "Continue with cookies",
                    route: "/trackingok"                              放弃路径
                },

                {                                                     不进行追踪时使用的路由
                    description: "Abandon",
                    route: "https:/www.robmiles.com"                  输入文本元素
                }
            ]
        };
        response.render('menupage.ejs', trackConfirm);   将菜单描述对象发送到模板
    }
}
```

菜单选择页面

checkTracking 中间件使用了我为应用新添加的一个页面模板。这个模板生成含有菜单的页面，名为 menupage.ejs。它接收一个描述了可选项及对应路由的对象。如下所示，这个 EJS（嵌入式 JavaScript 模板）页面包含 HTML 和 JavaScript 代码。我们第一次尝试使用 EJS 构建了模板页面是在第 8 章的“使用 EJS 创建页面模板”小节中。menupage.ejs 模板模板通过一个包含标题、消息和菜单列表的对象来展示内容。上一节中的 checkTracking 函数里，有一个用于描述跟踪确认菜单项的对象，这个对象被命名为 trackConfirm。menupage.ejs 模板根据这个对象展示标题和消息，然后遍历菜单中的所有项目，为每个项目创建一个按钮。当按钮被单击时，它将跳转到指定的路由：

```
<!DOCTYPE html>
<html>

<head>
  <title>TinySurvey</title>
```

```
  <meta name="viewport" content="width=device-width, initial-scale=1.0">
  <link rel="stylesheet"
href="https://cdn.jsdelivr.net/npm/bootstrap@4.3.1/dist/css/bootstrap.min.css"
    integrity="sha384-
ggOyR0iXCbMQv3Xipma34MD+dH/1fQ784/j6cY/iJTQUOhcWr7x9JvoRxT2MZw1T"
crossorigin="anonymous">
</head>

<body>
  <div class="container">
    <h1 class="mb-3 mt-2">&#10068; TinySurvey <%= heading%>        显示标题
    </h1>
    <p>
      <%=message%>                                                 显示消息
        <% menu.forEach( item=>{ %>                                遍历每个选项
          <div class="row">
            <div class="col-sm-12">
              <button class="btn btn-primary mt-1 btn-block"
onclick="window.location.href='<%=item.route%>' ">                 选项的路由
                <%=item.description%>                              按钮文本
              </button>
            </div>
          </div>
          <% })%>
    </p>
  </div>
</body>

</html>
```

tracking 路由

如果用户同意 TinySurvey 使用 cookie，就会跳转至 trackingok 路由。这个路由使用了另一个中间件（命名为“addTracking”），其功能是为页面添加一个追踪 cookie。该路由的代码如下所示，其中高亮显示了 addTracking 中间件。当页面被加载时，addTracking 中间件函数将被调用，然后在网站上添加一个追踪 cookie：

```
import express from 'express';
import {addTracking} from '../helpers/trackinghelper.mjs';
const router = express.Router();
```

```
// Render the home page but use the tracking middleware
router.get('/', addTracking , (request, response) => {
  response.render('index.ejs');
});

export { router as trackingok };
```

以下是 addTracking 中间件函数。它负责创建并存储一个新的 creatorGUID 值。然后，它会调用中间件序列中的下一个函数。将这个中间件添加到某个路由上后，系统会在有用户访问这个路由时生成一个 GUID。但它会先进行检查，只有在没有 cookie 的情况下才会创建新的 cookie：

```
function addTracking(request, response, next) {
    let guid = request.cookies.creatorGUID;               获取 creatorGUID cookie
    if (!guid) {                                          如果 cookie 不存在，则创建一个 cookie
        let creatorGUID = randomUUID();                   获取一个随机的 creatorGUID
        storeCreatorGUIDCookie(creatorGUID, response);    存储它
    }
    next();
}
```

序列中的最后一环是存储 creatorGUIDcookie 的函数。storeCreatorGUIDCookie 函数既可以刷新既有的 cookie，也可以创建新的 cookie。cookie 的最大有效期被设置为 1000 天：

```
function storeCreatorGUIDCookie(guid, response) {
    let cookieLifeInDays = 1000;
    let dayLengthInMillis = (24 * 60 * 60 * 1000);
    response.cookie("creatorGUID",
        guid,
        { maxAge: cookieLifeInDays * dayLengthInMillis });
}
```

动手实践 55

扫描二维码查看作者提供的视频合集或访问 https://www.youtube.com/watch?v=wu5CxBYRo UE，观看本次动手实践的视频演示。

查看 cookie

为了开展本次动手实践，请从 GitHub 下载 TinySurvey 的如下版本：

https://github.com/Building-Apps-and-Games-in-the-Cloud/TinySurveyTracker

将这个存储库复制到自己的电脑上，然后用 Visual Studio Code 打开它。如果不清楚如何获取示例应用的话，请查看 8.5 节，并按照步骤操作，只不过要更改一下复制的存储库的地址。然后，请在 Visual Studio Code 中打开应用程序。

因为这个代码存储库是从 GitHub 获得的，所以它缺少包含数据库服务器的地址 .env 文件。我们需要手动创建这个文件。请按照动手实践 53 中的步骤操作。

接下来，打开 helpers 文件夹中的 trackinghelper.mjs 源文件。滚动到第 44 行，单击左侧的空白处，在此处设置一个断点（这段代码负责创建跟踪 cookie）。现在，单击左侧菜单中的“运行和调试”按钮。

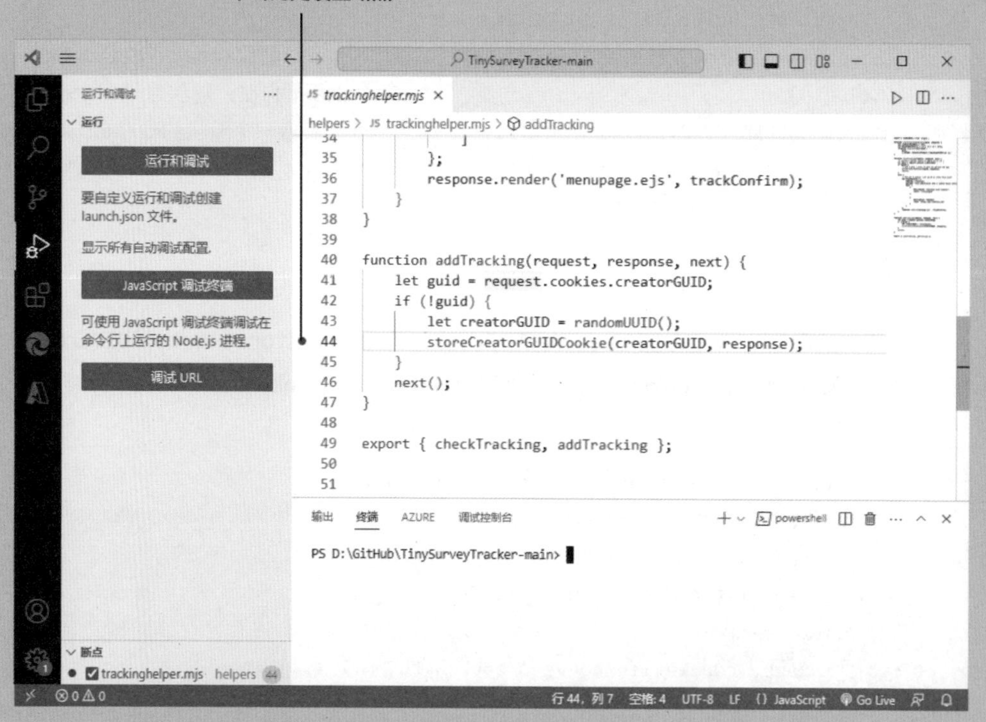

接下来，如下图所示，单击“JavaScript 调试终端”按钮打开调试终端。我们将使用 devstart 应用程序来运行程序，以在进行更改的同时，让应用程序自动重启。在终端中输入以下命令并按 Enter 键：

```
npm run devstart
```

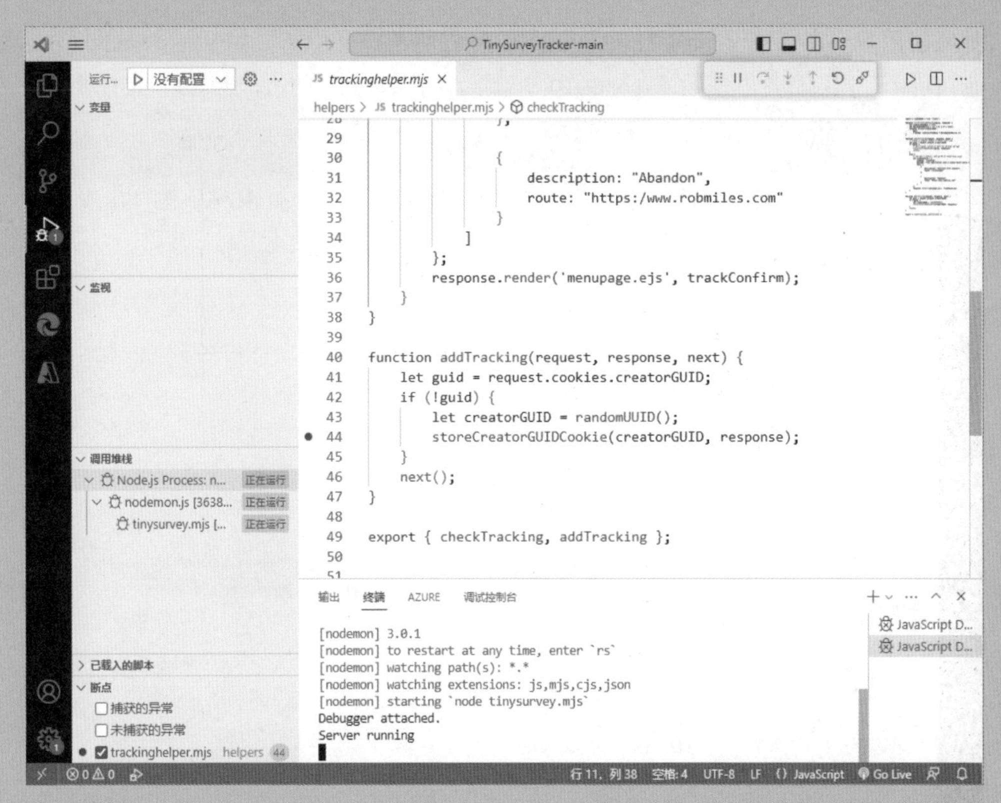

TinySurvey 现在已经启动，在等待来自浏览器的连接。启动浏览器并打开**开发者工具**（在 Microsoft Edge 中按 F12 功能键）。在**开发者工具**中切换到“**应用程序**”视图，并导航到 localhost:8080/index.html。

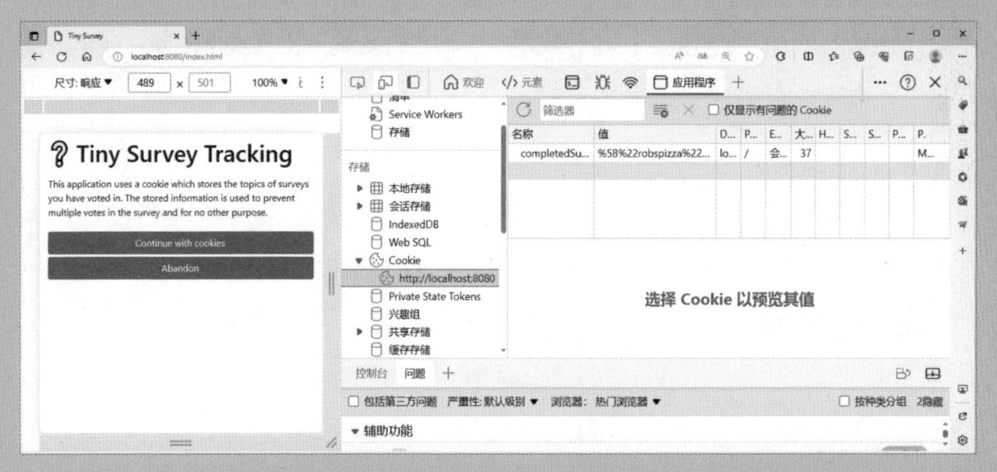

TinySurvey 应用程序检测到浏览器中没有存储 creatorGUID 这个 cookie，并询问我们是否想要继续并使用 cookie。在浏览器中单击 Continue with cookies 确认继续。这将

导致应用程序在 `trackingHelper`.mjs 的第 44 行的断点处中断，如 Visual Studio Code 窗口所示。把鼠标悬停在 `creatorGUID` 变量上，可以看到它的值，也就是 GUID。

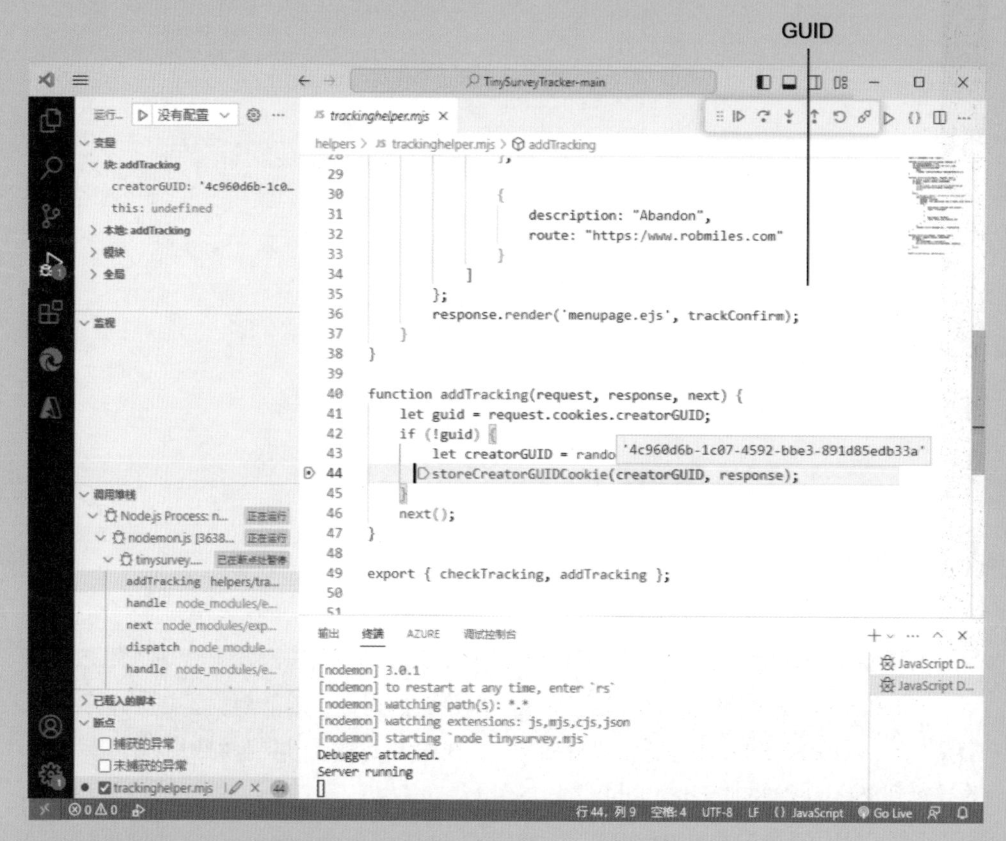

上图显示了 GUID 的值。在运行程序时，每个人看到的值会有所不同。使用调试控件继续运行程序，然后返回到浏览器中。

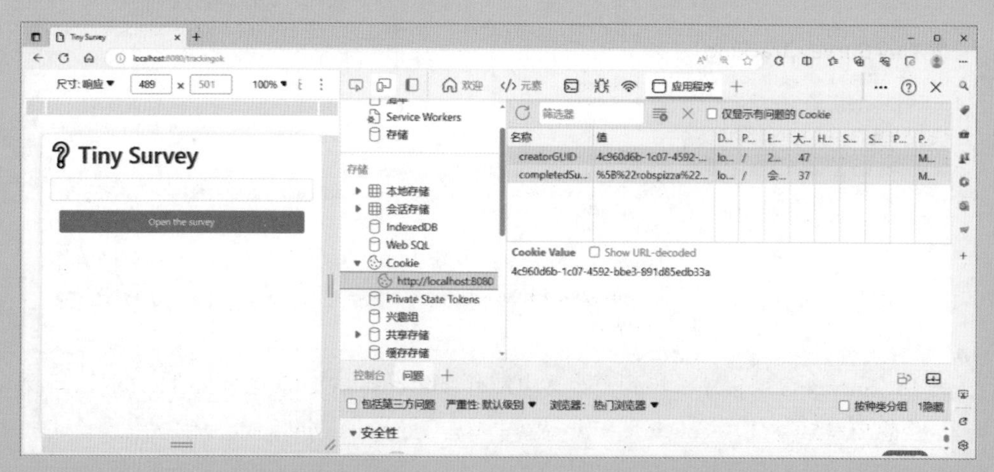

可以看到，应用程序中现在已经添加了一个包含代码设置的 GUID 值的 cookie。我们可以添加更多的断点并逐步执行其他代码，以了解它们是如何工作的。我们可以让程序继续运行，为下一个“动手实践”做准备。

11.1.6 存储调查问卷创建者

我们可以将 `creatorGUID` 值添加到存储的调查问卷中，以识别创建问卷的用户。这可以通过向调查问卷的模式（schema）中添加新的项目来实现。以下代码展示了修改后的模式。这个模式定义了存储在 MongoDB 数据库中的所有调查信息的数据项。在前面的 10.3.2 节中，我们首次看到了模式文件。当时，我们为 TinySurvey 创建了一个包含问卷主题和选项的模式文件。现在，我们末尾处添加了 `creatorGUID`。所有字段都被标记为必需，这意味着如果试图创建不包含这些值的调查问卷，程序就会在运行时抛出异常：

```
// Build a survey value
var surveySchema = mongoose.Schema({
    topic: {
        type: String,
        required: true
    },
    options: {
        type: [optionSchema],
        required: true
    },
    creatorGUID: {                    用于存储 creatorGUID 的额外字段
        type: String,                 字段的类型是字符串
        required: true                字段是必需的
    }
});
// save it
await surveyManager.storeSurvey(newSurvey);
```

有了存储 `creatorGUID` 值的地方之后，我们还需要编写代码来存储它。在创建调查问卷时，`creatorGUID` 会被添加到问卷中。应用程序在用户输入问卷主题和选项时使用 `setoptions` 路径创建一个新调查问卷，如以下代码所示。新调查问卷中的 `creatorGUID` 值根据 cookie 中的 `creatorGUID` 来设置，这意味着每个调查问卷都会

有一个用于识别创建者的 creatorGUID 属性。creatorGUID 属性存储在 MongoDB 数据库中。

```
let newSurvey = {                                    创建一个对象来描述调查问卷
    topic: topic,                                    添加主题
    options: options,                                添加选项
    creatorGUID: request.cookies.creatorGUID         添加创建者
};
```

现在，TinySurvey 应用程序会跟踪每个调查问卷的创建者。浏览器中的 cookie 存储了用户被赋予的唯一标识符。当用户创建调查问卷时，他们的唯一标识符会与问卷主题和选项一起存储。现在，我们还需要添加最后一个元素，使应用程序能够识别用户打开的问卷是否是他们自己创建的，并允许用户删除自己创建的问卷。

11.1.7 识别调查问卷创建者

图 11-4 显示了我们正在创建的这个版本的 TinySurvey 的完整状态图。你可以在图的右侧看到调查问卷管理元素。当用户打开调查问卷并被识别为问卷的所有者时，就会触发这个问卷管理元素。输入一个问卷主题之后，系统会检查问卷的 creatorGUID，如果与用户的 creatorGUID 相匹配，应用程序就会显示一个带有“删除问卷”按钮的调查问卷管理视图。

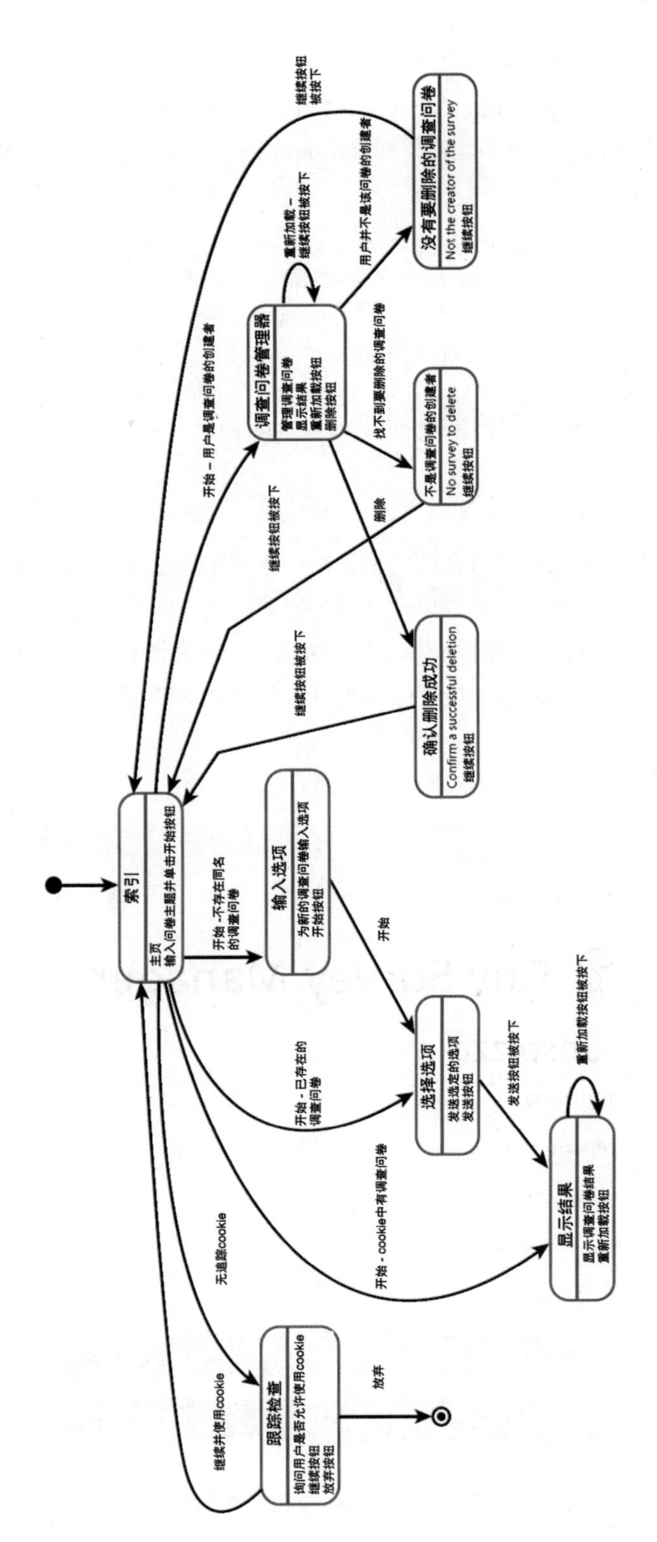

索引
主页
输入问卷主题并单击开始按钮
开始 - 不存在同名的调查问卷
输入选项
为新的调查问卷输入选项
开始按钮
开始
开始 - 已存在的调查问卷
选择选项
发送选定的选项
发送按钮
发送按钮被按下
显示结果
显示调查问卷结果
重新加载按钮
重新加载按钮被按下
开始 - cookie中有调查问卷
无追踪cookie
跟踪检查
询问用户是否允许使用cookie
继续按钮
放弃按钮
放弃
继续并使用cookie
开始 – 用户是调查问卷的创建者
调查问卷管理器
管理调查问卷
显示结果
重新加载按钮
删除按钮
重新加载 –
继续按钮被按下
用户并不是该问卷的创建者
没有要删除的调查问卷
Not the creator of the survey
继续按钮
继续按钮被按下
找不到要删除的调查问卷
不是调查问卷的创建者
No survey to delete
继续按钮
继续按钮被按下
删除
确认删除成功
Confirm a successful deletion
继续按钮
继续按钮被按下

图 11-4 完整的状态图

以下代码在 gottopic.mjs 路由中，实现了这个功能。我们修改了通过 `getOptions` 函数返回的 `surveyOptions`，使其包含 `creatorGUID` 值。如果调查问卷中的 `creatorGUID` 与 cookie 中的值相匹配，就显示 displayresultsmanage.ejs 模板：

```
if (surveyOptions) {
    // There is a survey with this topic
    // Need to check if this user created the survey
    if (surveyOptions.creatorGUID == request.cookies.creatorGUID) {
        // Render survey management page
        let results = await surveyManager.getCounts(topic);
        response.render('displayresultsmanage.ejs', results);
    }
}
```

如果你还是无法理解这段代码，请回想一下我们正在解决的问题：我们的目的是，应用程序在打开调查问卷的用户是其创建者时会有不同的行为。调查问卷包含一个 `creatorGUID` 属性，用于标识创建它的用户。打开调查问卷的浏览器里存储的 cookie 也包含 `creatorGUID`，用于标识用户。如果两者匹配，就应该渲染调查问卷管理页面。

图 11-5 展示了这个调查问卷的管理页面。

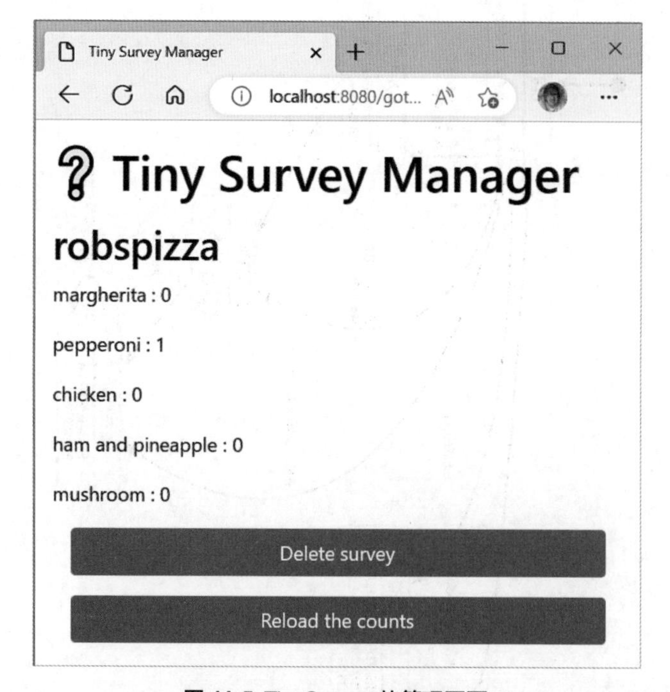

图 11-5 TinySurvey 的管理页面

这个页面与结果显示页面非常相似，但它还包含另外两个按钮，可以用来删除调查问卷或重新加载计数值。如果单击 Delete Survey（删除调查问卷），问卷就将被删除。如果单击 Reload The Counts（重新加载选项计数），计数值就会得到更新。displayresultsmanage.ejs 模板中定义这个页面。这两个按钮的 HTML 代码如下所示。这些按钮采用了一种样式，使它们的宽度能够随着页面的宽度而扩展。在单击 Delete Survey 按钮后，程序将前往 deletesurvey 路由，并将问卷主题追加到路径中。而在单击 Reload The Counts 按钮后，程序将前往 displayresultsmanage 路由，重新加载页面并更新计数值：

```
<div class="col-sm-12">
    <button class="btn btn-primary mt-1 btn-block"
onclick="window.location.href='/deletesurvey/<%=topic%>'">        删除时的路径
        Delete survey
    </button>
</div>
</p>
<p>
<div class="col-sm-12">
    <button class="btn btn-primary mt-1 btn-block"
onclick="window.location.href='/displayresultsmanage/<%=topic%>'">
        Reload the counts                                          重新加载时的路径
    </button>
</div>
```

在用户按下 Delete Survey 按钮后，程序将前往 deletesurvey 路由，其代码如下所示。它获取调查问卷的选项信息并返回调查问卷的 `creatorGUID`。接着，它检查存储的调查问卷的 `creatorGUID` 与发起请求的用户的 `creatorGUID` 是否匹配。如果不匹配，则显示一个错误；如果匹配，则删除调查问卷。另外，在找不到同名调查问卷时，路由也会显示一条消息：

```
Router.get('/:topic', checkTracking, checkSurveys, async (request,
response) => {

    let topic = request.params.topic;                      获取调查问卷的主题
                                                           获取调查问卷的选项
    let surveyOptions = await surveyManager.getOptions(topic);

    if (surveyOptions) {                                   有同名调查问卷吗？
        // Found the survey
```

```
        // Need to check if this person created the survey
        if (surveyOptions.creatorGUID == request.cookies.creatorGUID) {
            // This is the owner of the survey - can delete it
            await surveyManager.deleteSurvey(topic);                 调用删除函数
            messageDisplay("The survey has been deleted", response);
        } else {
            // Not the owner - display a message
            messageDisplay("You are not the creator of this survey", response);
        }
    }
else {
     // Survey not found
     messageDisplay("The survey was not found", response);
     }
});
```

deletesurvey 路由使用了 messageDisplay 函数来构建并渲染一个菜单页面。下面的 messageDisplay 代码会生成一个对象，这个对象随后会被传入之前的菜单页面：

```
function messageDisplay(message,response){
  let messageDescription = {
    heading: "Delete",                      所有消息都有“Delete”作为标题
    message: message,                       添加所需的消息文本
    menu: [
      {
        description: "Continue",            所有消息都有一个继续按钮
        route: "/"                          所有消息都将用户重定向至到应用程序主页
      }
    ]
  };
  response.render('menupage.ejs', messageDescription);
}
```

我们要探索的最后一部分代码是 surveymanagerdb.mjs 辅助文件中的一个函数，它可以删除既有调查问卷。这个函数通过 Mongoose 来连接数据库，然后从中删除调查问卷。在 surveymanagerdb.mjs 文件中，这个连接被一个名为 Surveys 的变量所引用。在之前的版本中，使用 findOne 函数来查找具有特定主题的调查问卷。现在，使用 deleteOne 函数来删除具有特定主题的调查问卷。deleteOne 操作可能会花一些

时间，因此我们将把它声明为异步函数，并让它返回一个 Promise。代码使用 await 关键字来等待 Promise 完成：

```
/**
 * Delete the survey with the given topic
 * @param {string} topic topic of the survey
 */
async deleteSurvey(topic){
    await Surveys.deleteOne(({ topic: topic }));
}
```

动手实践 56

扫描二维码查看作者提供的视频合集或访问 https://www.youtube.com/watch?v=V9RTCB6z07w，观看本次动手实践的视频演示。

管理调查问卷

本次动手实践所使用的存储库与上一次相同。请参考动手实践 55 来获取详细信息。运行 TinyServerTracker 并连接到网站的主页。这次，我想换个问卷主题，改为调查哪种编程语言最受欢迎。请在问卷主题输入框里输入“Programming languages”。

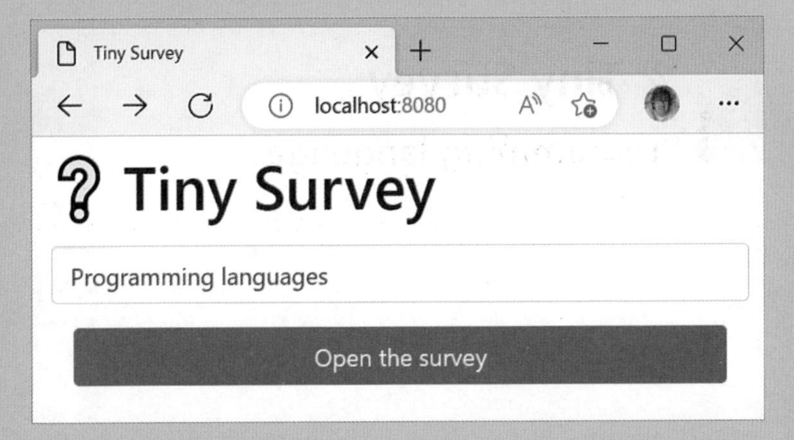

单击选择 Open The Survey 按钮打开这个问卷。因为这是一个新建的调查问卷，所以我们现在将跳转到设置调查问卷选项的页面。

输入了所有选项后，单击 Start Survey 按钮，开始为调查问卷投票。

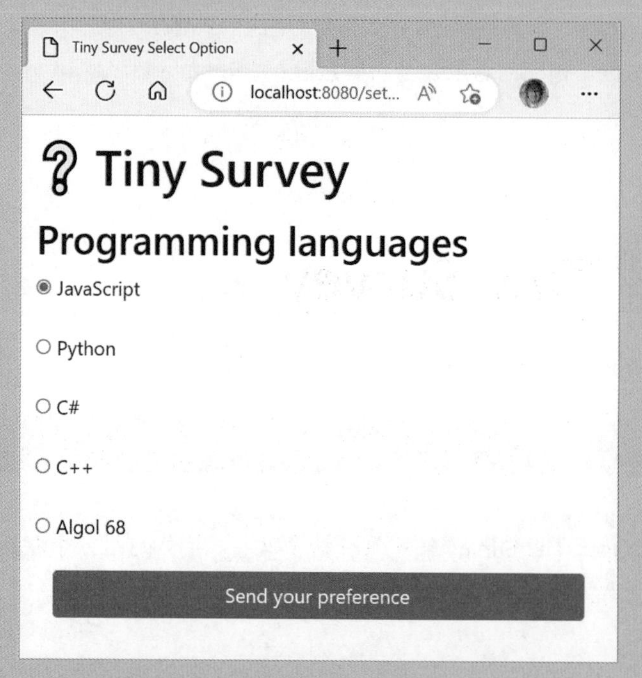

现在，可以选择一个编程语言（JavaScript、Python 等）然后单击 Send Your Preference（发送你的偏好）按钮。这将让我们跳转到结果显示页面。

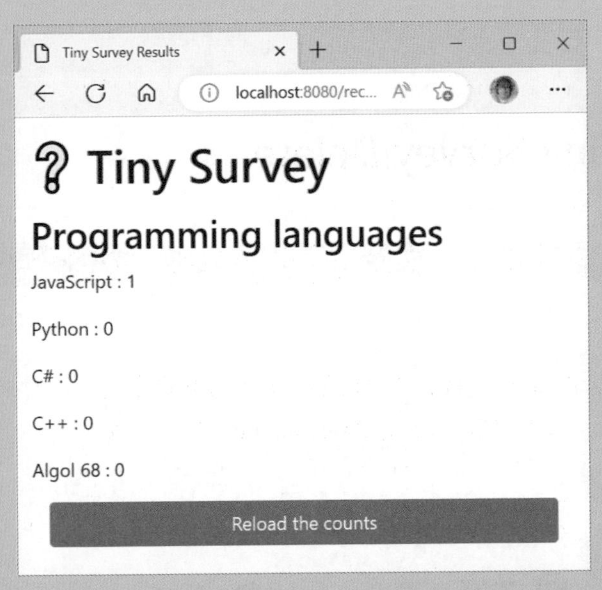

现在，我们有了一个已存储的调查问卷，可以对其进行管理了。在浏览器的地址栏输入“`localhost:8080/index.html`”，返回 TinySurvey 的主页。然后，输入“`Programming languages`”，重新打开这个调查问卷。

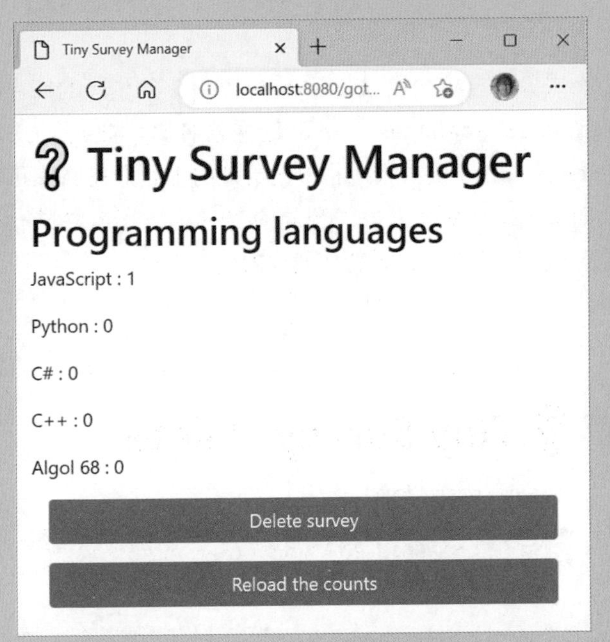

服务器会检查浏览器随页面发送的 cookie 中的 GUID 值。由于我们就是这个调查问卷的创建者，所以我们现在将被重定向到调查问卷管理页面。我们可以在这个页面中删除调查问卷。单击 Delete Survey 按钮删除它。页面将显示如下图所示的确认消息。

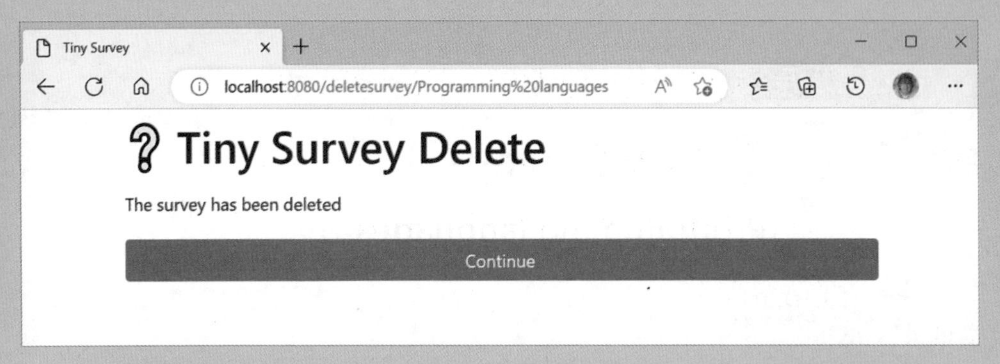

仔细观察上面的截图，可以看到删除操作是如何触发的。页面有如下这样的 URL：http://localhost:8080/deletesurvey/Programming%20languages

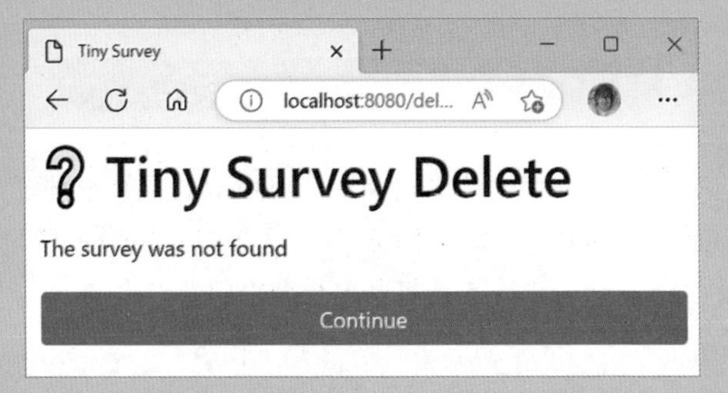

这个地址会将服务器重定向至 deletesurvey 路由。要删除的问卷主题是路径的一部分。`Programming%20languages` 字符串是主题名称（`%20` 是 URL 对空格字符的编码方式）。deletesurvey 路由中的代码将根据给定的主题查找调查问卷，然后删除它。你可能会好奇，如果再次向服务器发送相同的 URL，尝试删除同一个调查问卷的话会怎样。单击浏览器的刷新按钮，重新加载 URL。

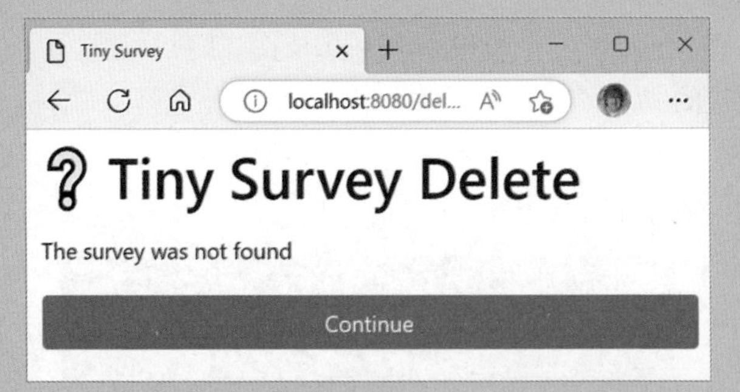

页面上显示了“The survey was not found”（未找到调查问卷）消息，这意味着应用程序正确处理了此事件。如果想进一步探索程序的各种行为，可以打开源代码文件，并通过在代码中放置断点来观察它的运行情况。可以在 routes 文件夹中的 deletesurvey.mjs 文件中找到实现这种行为的代码。

代码分析 33

跟踪 cookie

对于 cookie 的使用方式，你可能有一些疑问。

1. 问题：GUID 为什么是独一无二的？

解答：GUID 值以当前日期和时间为基础，还添加了其他随机元素，以创建唯一值。

2. 问题：为什么每次打开 TinySurvey 程序时，都要重新保存 cookie？

解答：在 cookie 被保存时，其到期日期会更新为未来 1000 天之后。这样可以确保只要用户持续使用 TinySurvey，cookie 就不会失效。

3. 问题：如果用户丢失了自己的 `creatorGUID` cookie，会怎样？

解答：这个 cookie 用于识别由特定用户创建的调查问卷。如果用户换了一台新计算机或清除了 cookie，他们将得到一个与原始 cookie 不同的新 cookie，并且将不会识别为“他们”的调查问卷的所有者。作为程序员，我们要判断这个问题的重要性。如果用户为这个应用程序支付了一大笔钱，而且他们的调查问卷对他们来说非常重要，那么我们可以添加一个工作流，允许他们设置自己的 `creatorGUID`，并将其转移到其他设备上。在接下来的“用户会话”小节中，我们将探索如何让用户通过用户名和密码登录 TinySurvey。

11.2 改进 TinySurvey

TinySurvey 现在已经是一个相当复杂的应用了。不过，你可能已经注意到，它仍然有下面这些改进的空间。

- 在当前版本中，只有在创建者重新打开调查问卷时，程序才会为其显示管理页面。更好的做法是在创建者为问卷投过票后就显示管理页面。你会怎么实现这个功能呢？

  提示：你需要在记录投票后立即添加一个检测，以确定接下来要加载哪个页面。

- 可以为问卷创建者添加一个将票数清零的功能。这个功能应该如何实现呢？你会把它添加到工作流的哪一处呢？

  提示：这比上一个改进要棘手一些。需要添加一个新路由（也许可以将其命名为 `resetsurvey`）并修改 `displayresultsmanage` 页面。还需要在

SurveyManagerDB 类中添加一个新行为（也许可以命名为 resetsurvey）。不过，请回想一下，从工作流的角度来看，重置调查问卷与删除它是差不多的。这样一想，事情变得简单多了。

如果在实现这些改进时遇到了困难，或是想与我的解决方案进行对比，你可以在 GitHub 上找到我的改进版 TinySurvey，网址是 https://github.com/Building-Apps-and-Games-in-the-Cloud/TinySurveyUpgraded。

11.3 用户会话

为了使用许多网站的服务，我们经常需要注册和登录账号。TinySurvey 可能不属于那种需要登录的应用程序，但通过添加用户登录和会话功能，我们可以学到很多。所以，这就是我们接下来要做的。首先，需要使用 MongoDB 为所有用户信息创建一个存储空间。

存储详细用户信息

以下代码展示了 TinySurvey 用户数据的存储模式：用户名、密码和电子邮件地址。它还包含他们完成的所有调查问卷的列表。这意味着我们不需要在用户的浏览器中存储一个 completedSurveys cookie 来跟踪他们填写过的调查问卷。我们可以使用数据库的 id 字段作为 creatorGUID，不需要再使用 cookie 来跟踪问卷的创建者了。这个模式还包含一个“role（角色）”属性，使我们能够实施基于角色的安全机制。例如，拥有管理员权限的用户可以更新密码。SurveyUsers 模型导出后可供应用程序使用：

```
import mongoose from "mongoose";

var optionSchema = mongoose.Schema({

    text: {
        type: String,
        required: true
    },

    count: {
        type: Number,
```

```
        required: true
    }
});

var surveySchema = mongoose.Schema({
    topic: {
        type: String,
        required: true
    },
    options: {
        type: [optionSchema],
        required: true
    },
    creatorGUID: {
        type: String,
        required:true
    }
});

let Surveys = mongoose.model('surveys', surveySchema);

export { Surveys as Surveys };
```

可以把 `SurveyUsers` 对象导入 TinySurvey 应用程序，并使用它与 MongoDB 中存储了相关信息的文档进行交互。当第一次写入信息时，文档会自动创建。现在，在确定了如何存储用户数据后，就可以开始在 TinySurvey 应用程序中使用这种方式来管理用户了。首先，看看如何为应用程序添加新的功能来实现这一目的。

11.4 注册和登录工作流

图 11-6 展示了一个带有登录和注册功能的调查问卷的简单工作流。TinySurvey 将使用一个 cookie 来跟踪用户会话。当用户通过验证时，一个 cookie 就会被创建，其中包含关于会话信息的 token。当用户访问这个应用程序中的某个页面时，系统会检查这个 token。如果 token 已失效（会话已超时）或 cookie 已丢失，用户将被重定向到登录页面。

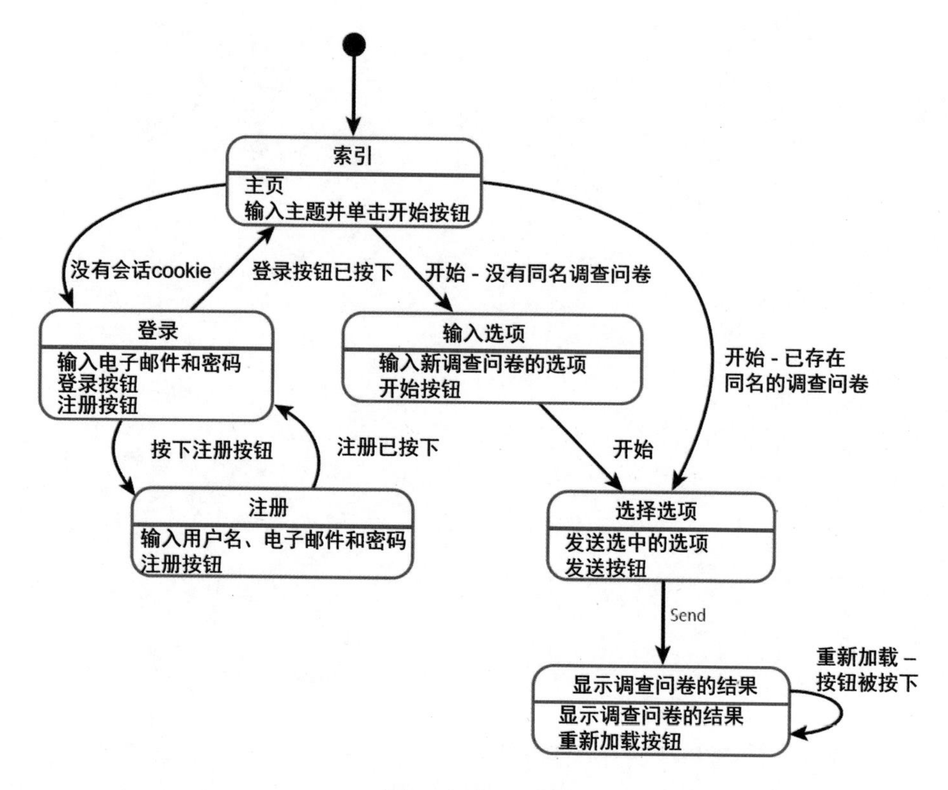

图 11-6 登录工作流

如果用户没有账号，可以先注册一个。让我们先来看一下注册页面。

11.5 用户注册

图 11-7 显示了 TinySurvey 的“新用户注册”页面，其中包含一个表单，它带有三个字段：Name（用户名）、Email（电子邮箱）和 Password（密码）。当用户单击 Register（注册）时，表单的数据就会被提交到 `register` 路由，该路由将把数据存储在数据库的 `SurveyUsers` 文档中。但在存储用户信息之前，我们需要讨论一下密码的哈希处理。

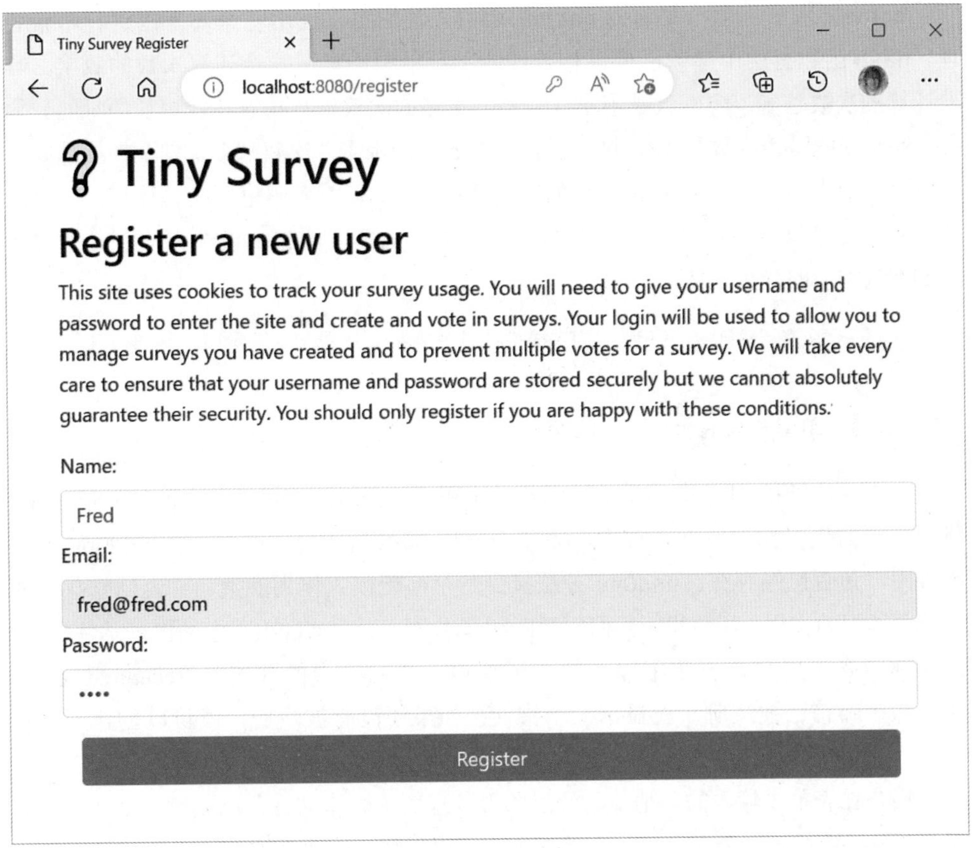

Tiny Survey Register

localhost:8080/register

Tiny Survey

Register a new user

This site uses cookies to track your survey usage. You will need to give your username and password to enter the site and create and vote in surveys. Your login will be used to allow you to manage surveys you have created and to prevent multiple votes for a survey. We will take every care to ensure that your username and password are stored securely but we cannot absolutely guarantee their security. You should only register if you are happy with these conditions.

Name:

Fred

Email:

fred@fred.com

Password:

••••

Register

图 11-7　新用户注册

11.5.1 对密码进行哈希处理

密码是需要存储的用户属性之一。出于安全考虑，我们永远不应该直接存储用户输入的密码。换句话说，“secret”这个密码不应该以字符串“secret”的形式直接存储在数据库中。我们需要防止任何能够访问 `SurveyUsers` 数据库的人查看密码字段，而这将通过在存储密码之前对其进行哈希处理来实现。哈希（hash）是一种使文本变得无法识别的过程。我认为这个名字可能来源于一种烹饪方法，即将所有食材放入锅中搅拌，直至无法辨认它们的原貌。

一个优秀的哈希算法是不可逆的，也就是说，你不能把经过哈希处理的文本恢复原状。bcrpt 库（https://www.npmjs.com/package/bcrypt）可以用来制作要存储的密码的哈希版本。我们需要把这个库导入路由中，如下所示：

```
import bcrypt from 'bcrypt';
```

bcrypt 库中包含一个名为 hash 的函数，我们可以使用它来对密码进行哈希处理。hash 函数有两个参数：要进行处理的字符串和决定了哈希计算次数的数字。哈希计算的次数越多，解密就越困难（当然，更多的次数也意味着花费更长的时间）。TinySurvey 的哈希次数是 10，这是一个相对安全的水平。次数越多，安全性就越高，但代价是会占用更多计算资源。下面的语句展示了如何对密码进行哈希计算。需要注意的是，这个操作可能需要花上一些时间才能完成，因此它被设计为一个必须使用 await 来调用的异步函数：

```
const hashedPassword = await bcrypt.hash(request.body.password, 10);
```

11.5.2 register 路由

一旦用户在图 11-7 中显示的注册表单上单击 Register 按钮，就会前往 register 路由，它的代码如下所示。首先，系统会使用 SurveyUsers 模型上的 findOne 方法检查用户是否已经存在。findOne 方法接受一个匹配模式作为参数，并返回它找到的第一个匹配的文档。在这里，我们想要匹配请求体（request body）中的电子邮件模式。请求体包含了用户在表单中输入的电子邮箱；图 11-7 中的邮箱是 fred@fred.com。如果这个邮箱已被注册，就显示一个错误；如果还没有被注册，就可以创建一个新用户。

用户在表单中输入的其他值与经过哈希处理的密码相结合，以创建一个新的问卷用户对象，随后，这个对象会被存储在数据库中。整个函数都被包在一个 try-catch 结构中，如果过程中抛出了异常，就会显示错误信息：

```
router.post('/', checkSurveys, async (request, response) => {
    try {
        // first try to find the user
        const existingUser = await SurveyUsers.findOne(              查找用户
                            { email: request.body.email });
                                                                     用户是否已注册？
        if (existingUser) {                                          如果此电子邮箱已被注册，则显示错误
            messageDisplay("Register failed",
             `User ${request.body.email} already exists`, response);
        }
        else {                                                       对密码进行哈希处理
                const hashedPassword = await bcrypt.hash(request.body.password, 10);
                const user = new SurveyUsers(                        创建用户对象
                    {
```

```
                    name: request.body.name,
                    password: hashedPassword,
                    role: 'user',
                    email: request.body.email
                });
            await user.save();                                在数据库中保存用户信息
            messageDisplay("Register OK", `User
${request.body.email} created`,response);
        }
    }
    catch (err) {                                             捕获任何异常并显示消息
        messageDisplay("Register failed", `Please contact support`,response);
        return;
    }
})
```

代码分析 34

用户注册

你可能对这段代码有一些疑问。

1. 问题：哈希计算是如何运作的？

解答：在第 6 章中，我们探索了如何创建伪随机值序列。哈希计算使用传入的文本来创建一个伪随机序列，这个序列与数据结合，以一种使得原始文本非常难以识别的方式进行编码。

2. 问题：`messageDisplay` 函数有什么作用？

解答：它是一个辅助函数，接受标题、消息和响应作为参数，然后生成一个包含这些信息的消息显示页面，以及一个链接回 TinySurvey 主页的 Continue 按钮。

3. 问题：字符串中的美元符号“$”和花括号“{ }”是什么意思？

解答：这被称为“模板字面量”（template literal）。字符串应使用一对反引号“`”来包含，并且可以包含占位符，让我们能够在字符串中插入表达式。每个占位符都以美元符号“$”开始，后接一个包着表达式的花括号“{ }”。占位符是创建格式化字符串的一种简洁方法，可以用来将电子邮件地址嵌入到发送给用户的消息中。

动手实践 57

扫描二维码查看作者提供的视频合集或访问 https://www.youtube.com/watch?v=4ykX1TT3vkY，观看本次动手实践的视频演示。

用户注册

为了开展本次动手实践，请从 GitHub 下载 TinySurvey 的如下版本：

https://github.com/Building-Apps-and-Games-in-the-Cloud/TinySurveyLogins

将这个存储库克隆到自己的电脑上，然后用 Visual Studio Code 打开它。

我们需要创建一个 .env 文件来配置应用程序。这个文件必须包含五个环境配置项：首先是用来连接数据库的信息，接下来的两项是应用程序首次运行时将创建的初始管理员的用户名和密码，它被赋予了重置其他用户的密码的权限。我们会在本章后面讨论管理员用户。最后两个环境配置项是用于创建和维护管理会话的 Web token）的密钥。

使用 Visual Studio Code 在应用中创建一个 .env 文件，并填写以下内容。你可以在存储库的 README.md 文件中找到这些行，可以直接从那里复制过来：

```
DATABASE_URL=mongodb://localhost/tiny_surveys
INITIAL_ADMIN_USERNAME=surveyMaster@tinysurveys.com
INITIAL_ADMIN_PASSWORD=mango-chutney-diva
ACTIVE_TOKEN_SECRET=BAA95340FD3908F8571F87E30887B0E4870A4E8C4291A6498991B29661AB4
REFRESH_TOKEN_SECRET=416310A5824409FE02A5FBB8D59CB3E35E57BAA97E4B60A96EE18582DC50
```

现在，启动应用并打开浏览器，然后导航到 localhost:8080/index.html。TinySurvey 应用将显示登录页面。我们还没有注册，所以单击如图 11-7 所示的 Register 按钮。输入用户名、邮箱和密码，然后单击 Register 按钮。

接着，启动 MongoDBCompass 应用。我们首次使用它是在第 10 章介绍如何创建数据库时，当时我们用它创建了 TinySurvey 数据库。现在，你可以在其中查看刚刚创建的用户的数据。将 MongoDBCompass 连接到 localhost 数据库，打开数据库视图，并选择 surveyusers 文档。

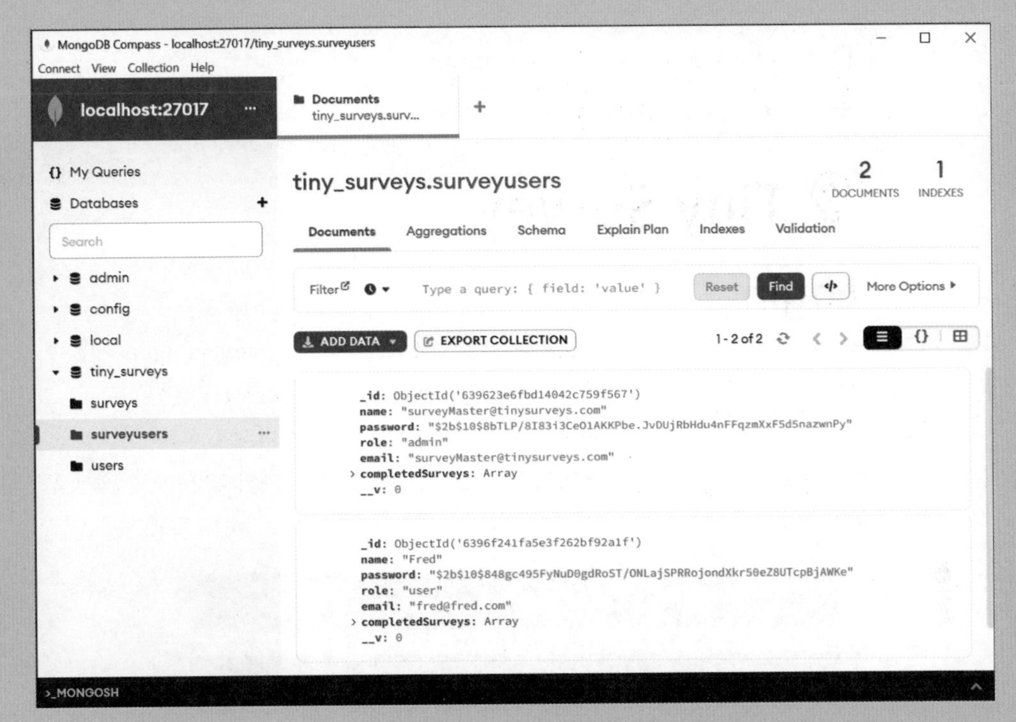

应该会看到两个用户。第一个是由 TinySurvey 自动创建的管理员用户（本章后面讲介绍它的具体用途），第二个则是我们刚刚创建的用户。可以看到，`name` 和 `email` 都是明文，但 `password` 的值是一长串乱码一样的字符。这就是经过哈希处理的密码，它原本是“`fred`”。

用户和密码值都存储到数据库中之后，我们就可以用它们验证应用的登录了。下面就来看看具体该怎么做吧。

11.6 用户登录

图 11-8 展示了 Tiny Server 的登录页面。当用户访问应用的任意页面，但其浏览器中没有会话令牌（session token）cookie 时，就会显示这个页面。用户需要输入电子邮箱和密码，然后单击 Login（登录）以启动一个 TinySurvey 会话。在单击 Login 按钮后，电子邮件和密码会通过一个表单发送到登录路由。

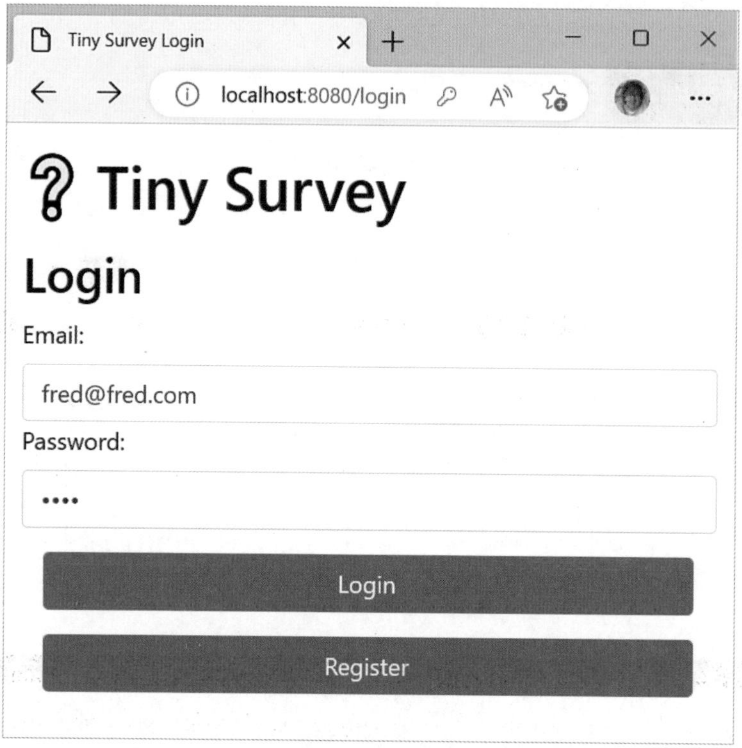

图 11-8 登录页面

下面的代码实现了该路由。它首先会查找用户，如果找到用户，它就会使用 `bcrypt.compare` 函数比对表单中输入的密码与数据库中存储的哈希密码。如果这两者匹配，代码就会创建一个存储在浏览器 cookie 中的会话令牌。设置了 cookie 之后，路由会将用户重定向到应用程序的主页：

```
router.post('/', checkSurveys, async (request, response) => {
    try {
        // first find the user
        const user = await SurveyUsers.findOne({ email: request.body.email });

        if (user) {
            // we have the user - now check the password
            const validPassword = await
bcrypt.compare(request.body.password, user.password);
            if (validPassword) {
                // now make the jwt token to send back to the browser
                const accessToken = jwt.sign(
```

```
                { id: user._id },                              token 的 ID
                process.env.ACTIVE_TOKEN_SECRET,               token 的编码字符串
                {
                    algorithm: "HS256",                        token 的配置
                    expiresIn: jwtExpirySeconds,
                });

            response.cookie("token", accessToken,
                                { maxAge: jwtExpirySeconds * 1000 });
            response.redirect('/index.html');                  在 cookie 中存储 token
        }
        else {
            messageDisplay("Login failed", "Invalid user or password", response);
        }
    }
    else {
        messageDisplay("Login failed", "Invalid user or password", response);
    }
}
catch (err) {
    messageDisplay("Login failed", `Please contact support`, response);
    return;
}
})
```

11.7 访问 token

我在本章中多次提到了 token（令牌）一词，但没有解释过它的意思。简单来说，token 是一个描述会话的数据块，不过我认为这个解释不是很清晰。你可以把它想象成你参加某个活动所需的门票。每次你进入活动会场时，检票员都会检查门票是否有效，然后以此决定你是否可以进入。

对于 TinySurvey 应用，这个"门票"是存储在用户的浏览器中的一个 cookie，命名为"token"。每次用户访问应用的任意页面时，这个 token 都会被检查。若想深入理解其工作原理，最好的方式是通过实践来探索。下面来看看这个 token cookie 是如何工作的。

动手实践 58

扫描二维码查看作者提供的视频合集或访问 https://www.youtube.com/watch?v= UXfTPPLGUV0，观看本次动手实践的视频演示。

探索 token

本次实践所使用的应用程序版本与上一个动手实践相同，https://github.com/Building-Apps-and-Games-in-the-Cloud/TinySurveyLogins 中的应用程序应该还在继续运行，浏览器应该在访问 localhost:8080，并且 MongoDBCompass 应用程序应仍在运行。我们已经创建了一个 TinySurvey 用户。现在，可以像黑客电影那样放一些刺激的背景音乐。首先，以我们所创建的用户身份登录，然后在浏览器中打开开发者视图。使用“应用程序”视图查看浏览器存储的 cookie。可以看到其中有一个 cookie，命名为 token，里面包含一个看起来像乱码一样的长字符串。

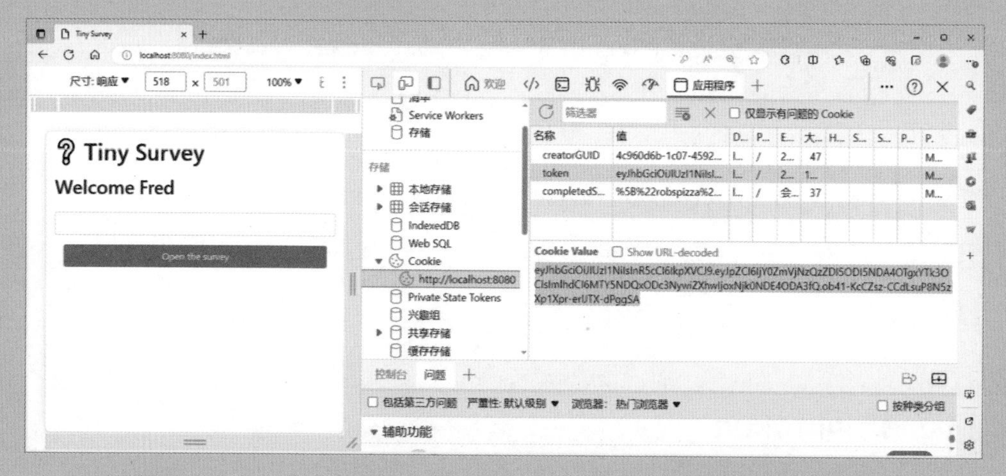

可以使用 JSON Web Token（JWT）提供的调试工具来查看这个 token 的内容。选中 cookie 值并复制它。访问 https://jwt.io/#debugger-io，并将 cookie 内容粘贴到左侧窗口中。

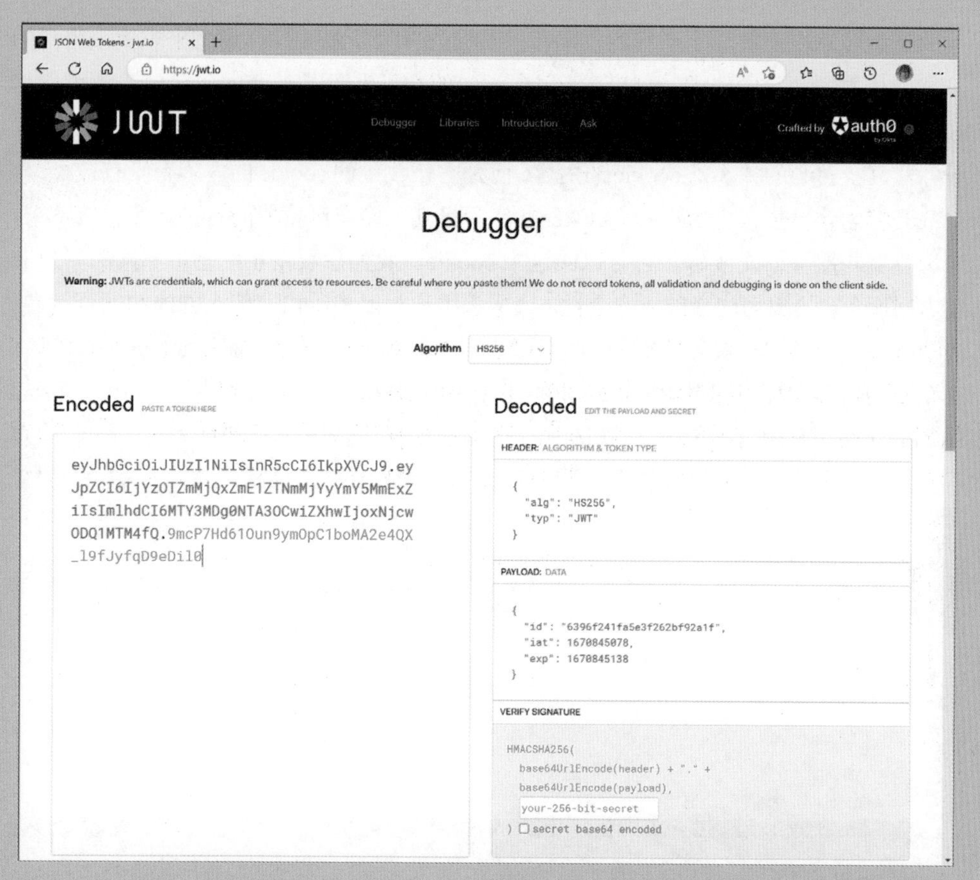

cookie 的内容解码后显示在右侧。这个 token 的实际负荷（payload）[①] 是已登录用户的 id。我们可以从 `SurveyUsers` 数据库中获得这个 `id` 的值。当 MongoDB 创建一个新文档时，它会为其分配一个唯一的 `id`。TinySurvey 将 `SurveyUsers` 文档的 `id` 存储在 token 中，以确定是谁在使用该应用程序。在上图的负载面板中，用户的 `id` 是以 `639` 开头的一长串。不过，你的 token 中的数字将会有所不同。打开 MongoDB 数据库视图并打开 `SurveyUsers` 文档，然后查找你登录的账号所对应的条目。可以看到，调试器网页上的 `id` 与数据库中对象的 `id` 是一致的。

```
_id: ObjectId('6396f241fa5e3f262bf92a1f')
name: "Fred"
password: "$2b$10$848gc495FyNuD0gdRoST/ONLajSPRRojondXkr50eZ8UTcpBjAWKe"
role: "user"
email: "fred@fred.com"
> completedSurveys: Array
__v: 0
```

① 译注：在计算机科学与电信领域，负荷（payload）又称“负载”，是数据传输过程中传输的实际信息，通常也称为“实际数据”或“数据体”。信头与元数据（称为“开销数据”）只用于辅助数据传输。

这意味着在服务器上运行的代码可以获取当前用户的 id，并用它来查找该用户的记录。从本次动手实践中，可以看出 token 中的数据并不是加密的。任何人都可以将 token cookie 的内容赋值粘贴到 JWT 调试器网站并查看其中的数据负载。但实际上，服务器真正关心的并不是cookie的内容，而是它接收到的cookie的内容有没有被篡改。服务器将创建一个包含用户 id 的 token，然后将其存储在浏览器的 cookie 中。接下来，当浏览器与服务器交互时，它会返回这个 cookie。我们想要禁止的是将不同的用户 id 发送回服务器，因为这会破坏安全性，让恶意用户得以控制由其他人创建的调查问卷。为了解决这个问题，服务器保留了一个“密钥”，用于在存储之前对 token 进行签名。这个密钥保存在环境变量中，而所有的环境变量都保存在 .env 文件中。请打开 Visual Studio Code 并打开 TinySurvey 项目中的打开 .env 文件。

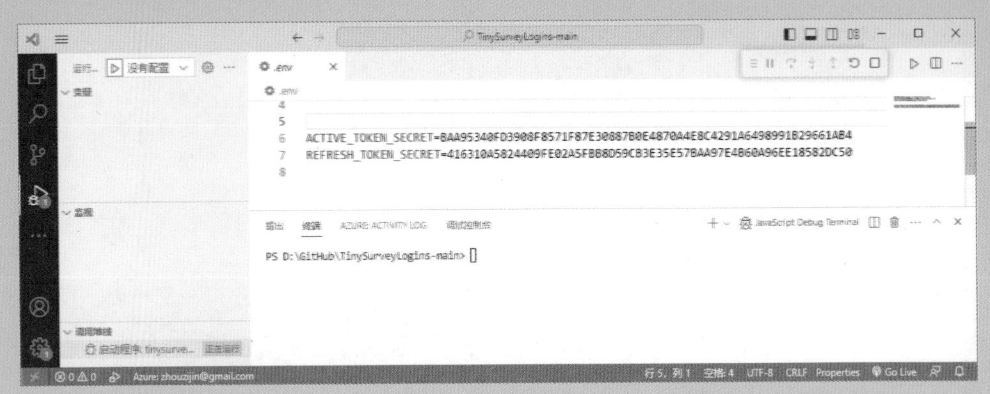

ACTIVE_TOKEN_SECRET 值是一个看起来像乱码一样的长字符串。它用于为 token 签名。这个字符串必须保密。任何拥有这个密钥的人都可以创建被 TinySurvey 服务器视为有效的 token。我们可以通过将这个密钥粘贴到调试器网站来测试它是否与特定的 token 匹配。从 .env 文件中复制 ACTIVE_TOKEN_SECRET，然后查看调试器网站上题为“VERIFY SIGNATURE”的部分。

```
VERIFY SIGNATURE

HMACSHA256(
  base64UrlEncode(header) + "." +
  base64UrlEncode(payload),
  your-253eb653e6d6cbdef
) ☑ secret base64 encoded
```

将密钥粘贴到文本框中，然后单击 secret base64 encoded 之前这个复选框。现在，页面会检查我们输入的 token 是否使用该密钥进行了编码。

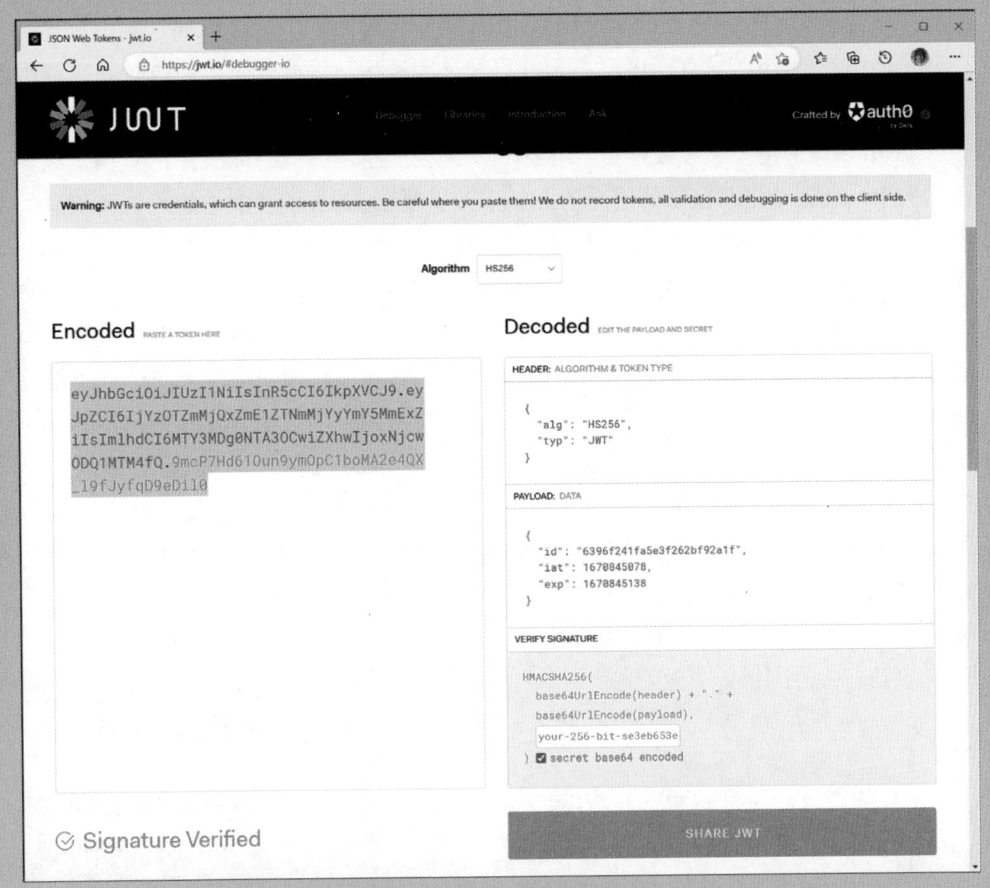

该页面现在将显示 Signature Verified（签名已验证）。当 TinySurvey 服务器从浏览器接收到 token 时，也会执行这一验证过程。

现在可以关掉黑客背景音乐了。我们已经了解到两件重要的事：

- token 存储在 cookie 中，并且可以包含应用程序使用的负载；
- token 在创建时会被签名，并在从浏览器接收时被验证。

接下来，让我们看看用于创建 token 的代码。

创建访问 token

我们使用了一个 JsonWebtoken 库（https://jwt.io/）来创建用作访问应用程序的凭证的 token。JWT 库在 `login` 路由的开头处被导入：

```
import jwt from 'jsonwebtoken';
```

以下是我们刚刚浏览过的 login 路由的代码。它创建了一个 token，其中包含正在登录的用户的 id。只有在用户名和密码经过验证后，这段代码才会执行。它调用了 JWT 库的 sign 函数来创建 token。

sign 函数的第一个参数是一个对象，其中包含了要存储在 token 中的数据负载。在本例中，负载是正在登录的用户的 id。千万不要在 token 的负载中放入机密信息，因为从 token 中提取这些信息非常简单，就像我们在前文中看到的那样。

sign 函数的第二个参数是用于编码此 token 的密钥，它存储在环境变量中。

第三个参数是一个包含 JWT 配置信息的对象。其中的首个配置项指定了构建和编码 token 的算法。TinySurvey 使用的是 HS256，它在性能和安全性之间达到了很好的平衡。TinySurvey 的第二个配置项是 cookie 的到期时间，由 jwtExpirySeconds 变量保存。我们通过它来控制会话活跃时长。token 过期之后就无法使用了。TinySurvey 的会话到期时间为 30 秒。用户每次访问网站时，都会生成一个新 token，所以如果用户在网站上无操作的时间达到 30 秒，他们将被自动登出并需要重新登录。如果觉得这样的设置可能会让用户不满，你可以增加这个值，给他们更多的时间：

```
const accessToken = jwt.sign(
    { id: user._id },                      token 中要存储的数据
    process.env.ACTIVE_TOKEN_SECRET,       用于编码 token 的 GUID
    {
        algorithm: "HS256",                token 使用的哈希算法
        expiresIn: jwtExpirySeconds,       token 的到期时间
    });
```

有了 token，就可以把它存储在 cookie 中了。下面的语句创建了一个名为“token”的 cookie，其中包含我们刚刚创建的 accessToken 值。请注意，cookie 的过期日期也与 token 的过期日期相匹配。cookie 的最大生命周期是以毫秒（千分之一秒）表示的，所以这个值需要乘以 1000：

```
response.cookie("token", accessToken, { maxAge: jwtExpirySeconds * 1000 });
```

路由中的最后一个语句使用了一个我们之前没见过的方法。redirect 函数的作用是将浏览器重定向到指定的地址。在本例中，当登录完成后，用户会被重定向至应用程序的主页。然后，主页会获取 cookie，验证它，并允许用户与 TinySurvey 交互：

```
response.redirect('/index.html');
```

11.8 验证 token

现在，我们了解了如何创建和存储用户信息并使用它进行身份验证。我们还知道，当用户被认证后，浏览器会存储一个包含用户 id 的 token。这个 token 的生命周期是有限的，并通过应用程序中一个密钥进行了签名，以确保不能伪造 token。

身份验证的最后一个环节是使用 token 来验证页面的访问权限。这正是我们接下来要研究的。我们将创建一些中间件并把它们添加到页面中，这样只有当请求包含有效的 token cookie 时，页面才能被访问。我们已经很熟悉中间件了——它是插入到应用程序中的代码。在前文中，我们创建过中间件，以询问用户是否同意使用 cookie，以及确保在访问页面时调查问卷的连接是有效的。

现在，我们将创建一个用于在访问页面时验证 token 的中间件。下面的 `authenticateToken` 函数会获取 token，并使用 `JWT.verify` 来验证 token 的内容并提取用户 id。然后，它会在数据库中查找该用户，并将一个 `user` 属性添加到 `response` 中。这意味着任何使用 `authenticateToken` 中间件的路由都会自动接收到用户信息。如果其中的任何一步失败了，中间件会把用户重定向至登录页面。在末尾处，中间件调用了 `next` 函数，以进入下一个中间件函数：

```
async function authenticateToken(request, response, next) {
    const token = request.cookies.token;                         获取 token
    // if the cookie is not set, go to the login page
    if (!token) {
        response.redirect('/login');                             前往登录页面进行登录
        return;
    }

    let payload;                                                 将保持来自 token 的有效负载
    try {                                                        验证 token
        payload = jwt.verify(token, process.env.ACTIVE_TOKEN_SECRET);
    } catch (e) {                                                如果验证失败，将抛出一个异常
        response.redirect('/login');                             如果验证失败则前往登录页面
        return;
    }

    // got the token - use the ID in the token to look up the user
    const user = await SurveyUsers.findOne({ _id: payload.id });
    if (user == null) {                                          如果找不到用户则前往登录页面
        response.redirect('/login');
```

```
        return;
    }

    // renew the token
    response.user = user;
    next();
}
```

更新访问 token – 详情请见后文

将用户属性添加到 response 对象中

执行下一个中间件项目

这段中间件代码位于 helper 文件夹中，并被导入到了需要使用它的路由中。应用程序的大多数路由中都插入了这段代码。不过，它并未添加到登录或注册路由中，因为在生成 token 之前，这些页面就已经开始运行了。下面的代码展示了如何将 `authenticateToken` 插入到路由中。它是在 `checkSurveys` 中间件之后被调用的：

```
router.get('/:topic', checkSurveys, authenticateToken, async (request, response) =>
{
    // route code here

});
```

11.9 会话延长

在创建 token 时，我们注意到，它的到期时间被设置成 30 秒。这意味着用户每 30 秒就必须重新登录一次，相当不方便。我们可以在用户每次访问一个页面时，都刷新会话 token。这意味着当用户在 30 秒内无任何操作后，会话就会超时。这可以在 `authenticateToken` 中间件中实现。token 的负载里有一个 exp 属性，它以 Unix 时间的形式给出了 token 的到期时间（以秒为单位）。Unix 时间从 1970 年 1 月 1 日 0:0:0 开始计时，并一直计算到现在。下面的代码将获取当前的 Unix 时间，并计算距离 token 过期还有多久。如果剩余时间小于 `jstRenewSeconds`（在我们的例子中是 10 秒），就会创建并保存一个新的 token：

以秒为单位获取时间

```
const nowUnixSeconds = Math.round(Number(new Date()) / 1000);
const tokenSecondsLeft = payload.exp - nowUnixSeconds;

if (tokenSecondsLeft < jwtRenewSeconds) {
    // need to make a new token
    const accessToken = jwt.sign(
        { id: user.id },
        process.env.ACTIVE_TOKEN_SECRET,
```

获取此 cookie 剩余的秒数

是不是该更新了？

创建一个新的 token

使用不同的密钥来编码新 token

```
        {
            algorithm: "HS256",
            expiresIn: jwtExpirySeconds,
        }
    );                                                          存储 cookie
    response.cookie("token", accessToken, { maxAge: jwtExpirySeconds * 1000 });
}
```

设置 jwtExpirySeconds 和 jwtRenewSeconds 的值是为了在不等待太久的情况下展示超时和更新行为。将时间设置得更长对用户来说更加方便，但安全性会降低，因为无操作的机器会在更长时间之后才超时。我们可以采取其他措施来提高 token 的安全性，比如在 .env 文件中增加一个条目，使用与当前密钥不同的密钥来实现刷新行为。

11.10 基于角色的安全机制

基于角色的安全机制能够根据用户的角色为其赋予不同的权限。在 TinySurvey 中，我们将通过这种机制来使用户可以重新设置密码，而无需手动修改 SurveyUser 数据库记录。在本章刚开始的时候，我们创建了 SurveyUser 模式，那时我们注意到每个用户都有一个 role 属性。在注册新用户时，role 属性始终设置为字符串“user”。但实际上，用户还可以使用第二个角色 admin（管理员）。在访问主页时，具有 admin 角色的用户会被重定向到不同的页面。

这个路由的代码如下所示。如果用户具有 admin 角色，程序就会渲染 adminindex 页面。该页面包含一个表单，允许管理员为系统中的任意用户设置新密码：

```
import express from 'express';
import { checkSurveys } from '../helpers/checkstorage.mjs';
import { authenticateToken } from '../helpers/authenticateToken.mjs';

const router = express.Router();

// Home page - just render the index
router.get('/', checkSurveys, authenticateToken, (request, response) => {
    if(response.user.role == "admin"){                        管理员主页
        response.render('adminindex.ejs', { name: response.user.name});
    }
    else {                                                     用户主页
        response.render('index.ejs', { name: response.user.name});
```

```
    }
});
```

图 11-9 显示了管理员的欢迎主页，其中包含一个表单，管理员可以在其中为指定的用户设置新密码。在单击 Update Password（更新密码）按钮后，系统会进入 `updatepassword` 路径。

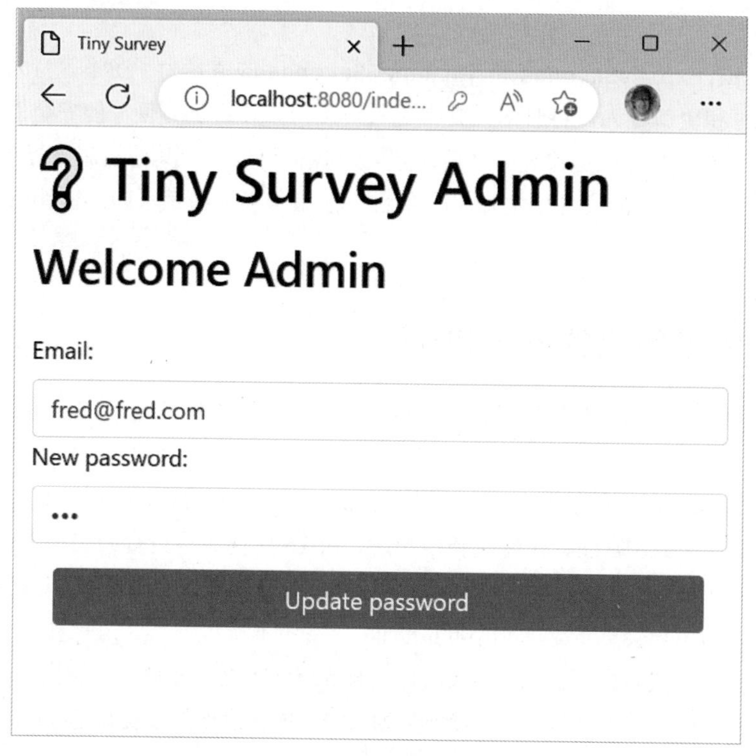

图 11-9 管理员主页

`updatepassword` 路径的代码如下所示。它首先在数据库中找到用户，并检查用户的角色属性是否为 `admin`。如果是，密码就会被更新、加密并保存到数据库中：

```
router.post('/', checkSurveys, authenticateToken, async (request, response) => {
    console.log("Updating a password.");

    if (response.user.role == "admin") {
        try {
            // first find the user
            const user = await SurveyUsers.findOne({ email: request.body.email });

            if (user) {
```

```
                try {
                    const hashedPassword = await
bcrypt.hash(request.body.password, 10);
                    user.password = hashedPassword;
                    await user.save();
                    messageDisplay("Updated OK", 'User
${request.body.email} updated', response);
                } catch (err) {
                    console.log("err:", err.message);
                    messageDisplay("Update failed", "Please
contact support", response);
                }
            } else {
                messageDisplay("Update failed", 'User
${request.body.email} not found', response);
            }
        } catch (err) {
            messageDisplay("Update failed", "Please contact support", response);
            return;
        }
    } else {
        messageDisplay("Update failed", "User not admin", response);
    }
});

export { router as index };
```

创建管理员用户

你可能很好奇，想知道管理员用户是从哪里来的。TinySurvey 使用了一个名为 userManager 的辅助类。这个类中有一个 init 函数，如果不存在管理员用户，这个函数就会创建一个。应用程序每次启动时，都会调用这个类的 init 函数。init 函数的代码如下所示：

```
async init() {
    const adminUser = await SurveyUsers.findOne(        查找管理员用户
        { email: process.env.INITIAL_ADMIN_USERNAME }
    );
```

```
    if (!adminUser) {                                    如果没有管理员用户，则创建一个
        console.log(' Admin user not registered');

        const hashedPassword = await
bcrypt.hash(process.env.INITIAL_ADMIN_PASSWORD, 10);

        const user = new SurveyUsers({                   创建管理员用户
            name: "Admin",
            password: hashedPassword,
            role: 'admin',
            email: process.env.INITIAL_ADMIN_USERNAME
        });

        await user.save();                               保存管理员用户
        console.log(" Admin user successfully registered");
    }
}
```

动手实践 59

扫描二维码查看作者提供的视频合集或访问 https://www.youtube.com/watch?v= owlNoW8Otk0，观看本次动手实践的视频演示。

玩转 Tiny Survey

明白了如何进行会话管理之后，最好花些时间来体验一下这款应用程序。你可以登录前面提到的管理员账号，并试着修改用户的密码。这个应用程序的表现应该与你用过的许多应用程序类似。可以像探索一个新地方或解开一个悬疑推理故事那样深入其代码。可以在不太理解的代码中放置断点，观察它们是如何运行的。还可以学以致用，把新学的技术应用到创建新的应用上。

要点回顾与思考练习

这一章充满了乐趣。我们学会了如何为应用程序创建稳定且安全的会话，主要的收获如下。

1. 用户跟踪是通过在用户的浏览器中存储 cookie 来实现的。这个 cookie 包含一个可以识别该用户的唯一值。每当用户打开应用程序的页面时，浏览器都会把这个 cookie 值发送给服务器。

2. 用户跟踪涉及隐私问题。在使用 cookie 进行用户跟踪之前，出于礼貌——甚至在某些地方，是出于法律要求——我们应该先征求用户的同意。

3. 统一建模语言（UML）定义了一组可用于描述系统行为的图表。我们可以使用 UML 中的状态图来展示 Web 应用程序的工作流。PlantUML（https://www.plantuml.com）提供了一种根据文本来快速创建图表的好方法。需要注意的是，这些图表不是用来编写或设计代码的，而是用来展示应用的行为模式的。

4. 想要在应用程序的多个页面上执行相同的操作的话，可以通过创建中间件来实现。

5. 可以为 cookie 设置一个最大生命周期（以毫秒为单位），以使其持续存在于浏览器中。

6. 我们可以创建用于显示消息或从用户处接收选项的页面模板，并将他们重定向到其他页面。

7. MongoDB 架构中的属性可以设为“必需”属性，如此一来，在试图存储缺少这些属性的对象时，系统将抛出异常。

8. 应用程序中的用户登录信息可以作为 MongoDB 数据库中的文档进行存储。存储重要信息时应格外小心，确保信息的安全。在存储密码之前，应先对其进行哈希处理。

9. 哈希处理是使一个项目变得无法识别的过程。它与加密不同，因为它是不可逆的。你可能会加密一条信息并发送给朋友，然后朋友再进行解密并读取信息内容。但经过哈希处理的消息完全无法被读取，并且不可能被还原出原文。哈希处理非常适用于密码。用户输入的文本会被哈希处理，并与系统中存储的经过哈希处理的密码进行比较。如果两者匹配，就说明用户输入了正确的密码。

10. bcrypt 库接受项目并对其进行哈希处理。它允许用户设置哈希计算的时长。

11. 在 Express 中，会话可以通过在 cookie 中创建一个访问 token 来进行管理。这个 token 包含应用程序所使用的负载信息。应用页面每次加载时，都会进行 token 检查。如果会话丢失或已过期，用户就会被重定向到登录页面。

12. token 中的负载并不受加密保护，所以它可以被读取。但是，创建 token 时可以使用一个只有 token 创建者知道的“密钥”进行签名。在接收 token 时，token 创建者可以检查签名以确保内容是有效的。这很重要，因为它可以防止恶意用户创建包含错误信息的 token。

13. 在创建 token 时，我们会为其设置到期时间，过了这个时间之后它就不能被使用了。token 的接收者可以读取这个值，并在需要延长会话时，创建一个更新了到期时间的 token。

14. jsonwebtoken 库提供了一个 `sign` 函数，用于创建 token。该函数接受三个参数：负载对象、用于为 token 签名的密钥，以及可以设置加密算法和 token 的到期时间的配置对象。

15. jsonwebtoken 库还提供了一个验证功能。在给出正确的 token 和密钥的情况下，它就会返回负载对象。如果 token 验证失败，该函数将抛出异常。

16. 我们可以通过使用中间件来检查 token 的内容，以验证 token 的有效性，如果 token 的内容无效，就将用户重定向到登录页面。中间件还可以检查 token 还有多久到期，并在它即将到期的情况下触发新 token 的创建。

17. 我们可以在系统中指定用户的角色，这些角色决定了他们在应用程序中可以执行哪些操作。

为了加深对本章的理解，你可能需要思考下面几个进阶问题。

1. 问题：我不知道怎样设计网络应用程序。我应该从何处着手？

解答：TinySurvey 的设计是一个很不错的参考。你可以把它用作许多其他应用的基础。试着把应用程序想象成一个寻宝游戏，我们从一个地方走到另一个地方，然后找到下一步要去哪里的线索。在基于网络的应用程序中，我们从一个页面跳转到另一个页面。在到达某个页面时，该页面的路由代码会执行，并决定下一步要重定向到哪个页面。你可以先确定应用程序需要有哪些页面，把它们画在一张纸上，用方框表示每个页面，然后研究用户应该怎样从一个页面跳转到另一个页面。接着，你可以考虑数据如何在页面之间传输，以及这该如何实现。看看 TinySurvey 是如何在页面之间传输问卷主题的。设计好页面之后，就可以开始设计基础存储模式（应用程序需要存储的东西），然后创建页面模板和路由代码。

2. 问题：为什么要在页面上使用全局按钮（full-width button）？

解答：好问题。在本章之前，我们使用的都是带有标签的按钮。而在这一章中，按钮变得更大了，标签被放在按钮内部。这样设计的目的是为了更好地应对屏幕尺寸的变化，尤其是当页面上存在多个按钮时。

3. 问题：TinySurvey 中的用户跟踪真的会威胁到用户的安全性吗？

解答：目前，我们在 TinySurvey 中只使用了 `creatorGUID`，使问卷的创建者能够管理自己的问卷。但是，一旦设置了跟踪 cookie，我们能做的事情就没有限制了。我们可以根据用户创建的调查问卷对他们进行分析，还可以通过在调查中的每个选项中加入 `creatorGUID` 值列表来记录用户的投票偏好，这样我们就能明确地知道谁选择了哪个选项。所有这些都可以在不向用户端添加任何代码的前提下实现。在允许一个站点使用 cookie 追踪你的时候，必须牢记，你是在信任这个网站不会用它来侵犯你的个人隐私。

4. 问题：我需要学习统一建模语言（Unified Modeling Language，简称 UML）吗？

解答：不需要。用自己喜欢的绘图工具就可以了，但请务必绘制点东西出来，尤其是在团队中工作的时候。

5. 问题：浏览器可以存储个多少 cookie ？

解答：这实际上并没有上限，但大多数应用程序都会自己设定一个限制，只存储少数几个 cookie。可以尝试打开**开发者工具**，看看你访问的网页都创建了哪些 cookie，这会很好玩的。

6. 问题：如果用户丢失了他们的 `creatorGUID`，我们该如何恢复？

解答：TinySurvey 不算是一个很正式的应用程序。但如果有人很重视它呢？在用户丢失 `creatorGUID` 时，会发生什么？当人们以创建者未曾预料到的方式使用系统时，这种情况就可能会发生。举例来说，一位医生可能会用 TinySurvey 创建调查问卷，并让病人们填写。而当医生买了新电脑之后，他会发现自己无法管理调查问卷。解决这个问题的关键在于 MongoDB 提供的 Compass 应用程序。它提供了一个查看存储在调查数据中的 `creatorGUID` 记录的窗口。如此一来，我们就可以把医生的 `creatorGUID` 告诉他，他在浏览器的开发者工具的“应用”视图里手动设置一下就好了。

7. 问题：如何阻止恶意用户伪装成问卷的创建者？

解答：从上一个问题的解答中，我们可以联想到，如果某人把别人的 `creatorGUID` 复制到自己的浏览器上，他就可以删除由别人创建的调查问卷。对于这个问题，答案是我们无法阻止这种行为。不过，只有在恶意用户知道目标用户的 `creatorGUID` 时，他们才能这么做，而 `creatorGUID` 存储在目标用户的计算机上，因此恶意用户必须先拿到这台计算机的物理访问权限。

8. 问题：cookie 和数据库访问控制之间有什么区别？

解答：cookie 是由网站服务器发送并由浏览器保存的数据块。当浏览器再次访问该网站时，它会将 cookie 的数据作为 HTTP 请求的一部分发送回服务器。在

TinySurvey 中，我们利用 cookie 来尝试防止用户为一个调查问卷的重复投票。但是，用户随时可以在浏览器中修改或删除 cookie。TinySurvey 的最终版本要求用户在使用调查问卷系统之前先登录，并将用户参与过的调查问卷记录到了数据库中，这为我们提供了一个更加可靠的用户行为追踪方式，尽管这要求用户每次使用调查问卷之前都要进行登录和身份验证。

9. 问题：如果我使用用户注册来管理对 TinySurvey 的访问，那我还需要告诉用户应用程序使用了 cookie 吗？

解答：TinySurvey 的先前版本使用浏览器存储的 cookie 来跟踪用户，最终版本则要求用户用使用密码登录。虽然我们现在没有用 cookie 来跟踪用户了，但它们仍被用来保持状态，所以我们还是应该告知用户。

10. 问题：为什么要使用 MongoDB 的用户记录 `id` 属性来跟踪调查问卷的创建者，而不是直接使用 `email` 属性？

解答：先来明确一下这个问题：在 TinySurvey 的前一个版本中，我们为每个调查问卷添加了 `creatorGUID` 属性，它存储在用户浏览器的 cookie 中，以便问卷创建者管理它。在添加了登录功能的 TinySurvey 版本中，我们改为使用数据库创建的一个字段——用户记录的 `id`——来跟踪调查问卷的创建者。问卷创建者的电子邮件地址是唯一的，那我们为什么不使用它呢？原因在于，我们或许会在应用程序的未来版本中让用户能够更改电子邮件地址，而这意味着与之关联的调查问卷也都需要进行相应的更改。但 MongoDB 提供的 `id` 属性是绝对唯一的，并且永远不需要更改，所以我们选择了它。

11. 问题：一个 token 中可以存储多少数据？

解答：token 内部包含一个可以有多个属性的负载对象。最好确保负载内容尽可能精简。不要在负载中直接存储图像和音效等内容，而是应该存储指向它们的链接。

12. 问题：我可以为 TinySurvey 添加更多管理功能吗？

解答：当然可以。你可以轻松地在管理员主页上添加更多元素。你可以更改用户名，或者改进用户注册功能。

13. 问题：如果忘记管理员用户的密码，会怎样？

解答：在这种情况下，我们需要使用 MongoDB 提供的 Compass 应用程序来更新管理员用户的密码。当然，我们在存储密码之前必须对其进行加密。另一个解决方案是注册一个新用户，然后将它的 role 属性更改为 admin。

14. 问题：如何实现退出登录功能？

解答：TinySurvey 的当前版本没有“退出登录”功能。会话会在一定时间后自动超时。如果想专门添加一个退出登录功能，可以创建一个路由来删除 token cookie，这样一来，用户在下次访问网站时将需要重新登录。

第 12 章 JavaScript 进阶

本章概要

本章与前一章有所不同。在本章中，我想向你展示一些可以进一步发挥 JavaScript 技能的高级应用场景。本章的示例文件包含了一些帮助入门的操作指南，另外，我还会推荐一些可以下载和使用的 GitHub 存储库。我们将创建自己的云，制作远程控制的灯光和锁，实现一个远程控制按钮，探索如何构建自己的物联网，并研究如何创建游戏。最后，我还会提供一些建议，告诉你如何进一步发展 JavaScript 技能，比如在手表中运行 JavaScript，或者创建一个可以判断用户情绪的 JavaScript 应用。

12.1 创建自己的云

前面已经在浏览器、个人电脑和云端运行过我们编写的 JavaScript 应用程序了。现在，我们要把这些应用部署到一个更小型的设备（树莓派）上。树莓派是一款小巧却功能强大的计算机，可以运行 Node.js。我们可以用它在家里的局域网中托管网页应用程序（包括 TinySurvey 和小游戏《找奶酪》）。我们可以让树莓派上托管的应用程序在互联网上可见，但这需要特定的网络配置，超出了本书的范畴。可以从一个初始状态的树莓派开始，按照本书给出的步骤操作，最后配置成一个可以部署本书应用程序的服务器。

设置树莓派服务器

首先，需要将树莓派设置为服务器。市面上有好几个树莓派版本，其中最便宜的是树莓派 Zero，售价为 15 美元。尽管它不适合作为主流的桌面电脑，但作为独立的服务器或物联网（IoT）设备时，它表现得极为出色。更高端的树莓派版本性能更强，连通性（connectivity）更好，但所有树莓派设备都配备一个 40 针连接器，因而可与外部设备连接。树莓派的软件和数据都存储在一个 microSD 卡上，我们可以通过更换这张卡来轻松地改变树莓派的操作系统和数据。下面的动手实践将说明如何为树莓派准备一个带有操作系统的 microSD 卡并连接它。

动手实践 60

扫描二维码查看作者提供的视频合集或访问 https://www.youtube.com/watch?v= 4hVDSYNy6ks，观看本次动手实践的视频演示。

搭建服务器

为了开展本次动手实践，你需要一个树莓派、一个空白的 micro-SD 卡和一个 micro-SD 读卡器。将读卡器插入计算机，然后把 SD 卡插入读卡器，接着访问 https://www.raspberrypi.com/software/。

从该网站下载并安装 Raspberry Pi imager 程序。我们将使用这个程序将操作系统写入 SD 卡中。启动这个镜像烧录软件，系统可能会询问你是否允许这个应用更改你的电脑设置，请单击“是”表示确认。

现在，如上图所示，单击“选择操作系统”按钮来选择想要使用的操作系统。

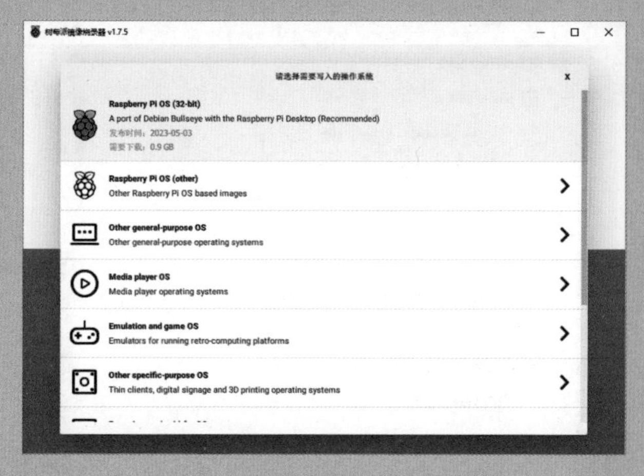

如上图所示，选择第一个选项，Raspberry Pi OS (32-Bit)，然后单击“选择 SD 卡”选择你想要写入的 SD 卡。

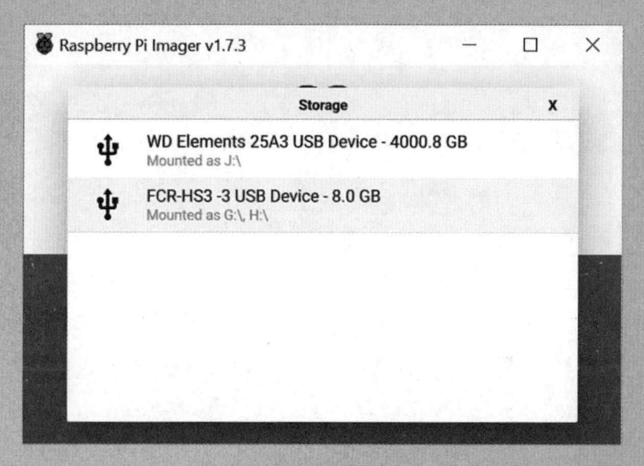

如上图所示，我的系统有两个外置驱动设备，所以我必须确保我正在使用正确的那个，也就是 8.0GB 的驱动设备。如果你看到的驱动设备不止一个，你需要确定哪个是 SD 卡。一个辨别方法是先拔出 SD 卡，启动安装程序并查看显示的驱动器。然后，退出安装程序，重新插入 SD 卡，并再次启动安装程序。此时新出现的驱动器即是你要使用的 SD 卡。

在选择了数据源和目标驱动设备后，就可以开始配置要写入的操作系统了。这么做可以让我们在树莓派启动后立即访问和使用它。如下图所示，单击安装窗口右下角的齿轮图标，打开高级设置对话框。

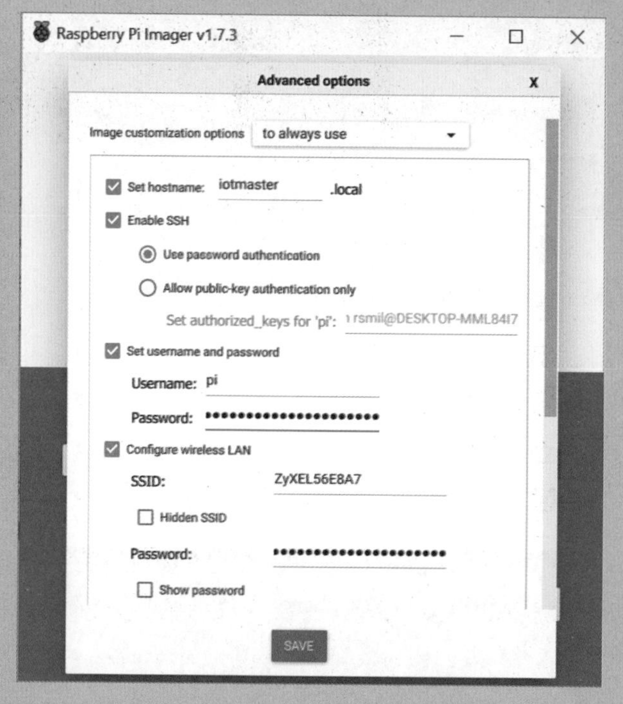

首先，需要为树莓派设置一个主机名，这样在树莓派启动时，就可以在本地网络中找到它。给它起个名字并记下来，我起的名字是“iotmaster”。接着，为树莓派设置用户名和密码，这也需要记下来。确保勾选了“开启 SSH 服务”和“使用密码登录”这两项。然后输入具体的网络 WiFi 登录信息（设置用户名和密码以及配置无线局域网）。设置好的树莓派将在启动时自动连接到你的网络。还有其他一些可以设置的选项，但前面的这几个是最重要的。单击“保存”以保存这些设置。现在，单击“烧录”来写入镜像。安装程序会在开始写入操作系统之前要求你进行确认。它将视情况下载操作系统。SD 卡烧录完毕后，我们就可以将它插入树莓派并启动。等待几分钟的时间让其启动，然后从你的电脑上连接到它。

打开 PowerShell 命令提示符（右键单击 Windows 按钮并在弹出的上下文菜单中

选择“PowerShell”），输入以下命令。将“hostname”一词替换成你给树莓派起的名字。

```
ssh hostname.local -l pi
```

ssh 命令会尝试与主机建立一个安全的连接。主机的回复如下图所示。

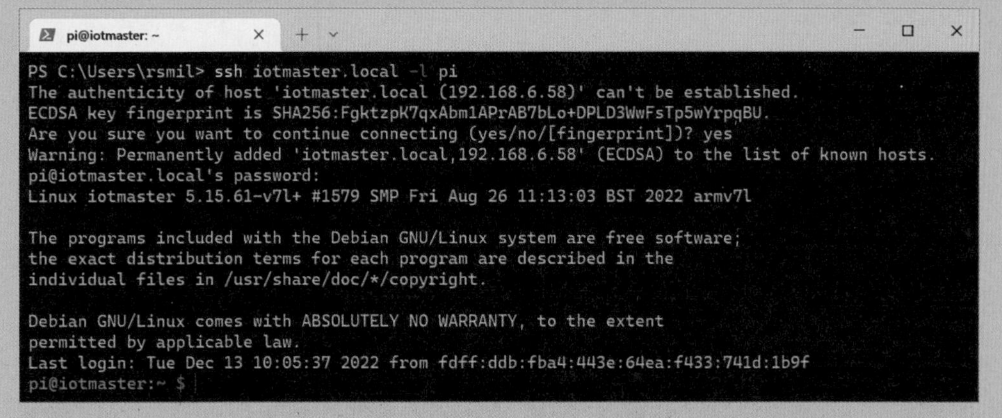

如上图所示，当你第一次尝试使用 SSH（Secure Shell Protocol，安全外壳协议）程序连接到树莓派时，程序会提示你验证连接的真实性。在被询问是否要继续连接时，只需回复“是”即可。现在，你应该已经连接到树莓派了。如果树莓派没有响应，请确保它已经启动，并且你输入了正确的主机名，且它与电脑连接到同一网络。考虑到下一次动手实践，暂时不要关闭树莓派和终端程序。

12.1.1 安装 node

有了一个可以正常运行的树莓派之后，就可以连接并开始使用它了。树莓派可以运行图形用户界面。你可以连接键盘、鼠标和显示器，并将其用作一个功能齐备的计算机。你甚至可以在这台机器上安装 Visual Studio Code 来开发程序。但你可能会发现，笔记本和台式机给你带来的体验更好，因为树莓派的速度并不足以与它们媲美。我们将使用终端界面来控制树莓派。在第 4 章的“安装 node”小节中，我们就使用了终端来操作 node。你也可以在树莓派上输入这些命令，只不过提示符会略有不同。你可能已经注意到了，我们输入的某些命令前面带有“sudo”一词。这个词是“supervisor do”的缩写，表示命令在运行时需要管理员权限。

动手实践 61

扫描二维码查看作者提供的视频合集或访问 https://www.youtube.com/watch?v=E4Wvir0Vg3Y，观看本次动手实践的视频演示。

安装 node

启动并连接树莓派之后，我们接下来要做的是安装 node 以运行 JavaScript。这需要输入以下两个命令。第一个命令的作用是将 Node 的最新版本下载到设备上；第二个命令则是安装它。

```
sudo curl -fsSL https://deb.nodesource.com/setup_16.x | sudo bash ——
sudo apt-get install -y nodejs
```

两个命令都会产生大量的输出。在它们执行完毕后，就可以输入命令来启动 Node：

```
node
```

```
pi@iotmaster: ~
0 upgraded, 1 newly installed, 0 to remove and 0 not upgraded.
Need to get 24.2 MB of archives.
After this operation, 120 MB of additional disk space will be used.
Get:1 https://deb.nodesource.com/node_16.x bullseye/main armhf nodejs armhf 16.18.1-deb-1nodes
ource1 [24.2 MB]
Fetched 24.2 MB in 6s (3,874 kB/s)
Selecting previously unselected package nodejs.
(Reading database ... 106329 files and directories currently installed.)
Preparing to unpack .../nodejs_16.18.1-deb-1nodesource1_armhf.deb ...
Unpacking nodejs (16.18.1-deb-1nodesource1) ...
Setting up nodejs (16.18.1-deb-1nodesource1) ...
Processing triggers for man-db (2.9.4-2) ...
pi@iotmaster:~ $ node
Welcome to Node.js v16.18.1.
Type ".help" for more information.
>
```

恭喜，现在就有了一个可以托管应用的服务器。在想要退出 Node 并回到命令提示符时，可以使用 `.exit` 命令。

12.1.2 托管应用程序

安装了 Node 之后，我们还需要获取应用程序的代码。这可以使用 Git 程序来实现。在第 8 章中创建 TinySurvey 项目时，我们通过命令行与 Git 进行了交互。现在，我们将使用 Git 从 GitHub 加载一个存储库。树莓派已经预安装了 Git 程序，所以我们可以直接在命令提示符中使用它。

动手实践 62

扫描二维码查看作者提供的视频合集或访问 https://www.youtube.com/watch?v=cPEk2CP3oCs，观看本次动手实践的视频演示。

托管应用程序

我们将使用 Git 在树莓派上下载来自 GitHub 的存储库。在此之前，我们要确保已经安装了 Git 应用程序。请执行以下命令：

```
sudo apt-get install -y git
```

可以看到，Git程序已经安装完毕了。现在，我们可以开始把存储库克隆到树莓派上了。下面的命令会将 TinySurvey 的一个版本复制到设备上。请在同一行内输入以下命令：

```
git clone https://github.com/Building-Apps-and-Games-in-the-Cloud/TinySurveyFilestore
```

```
pi@iotmaster:~ $ git clone https://github.com/Building-Apps-and-Games-in-the-Cloud/TinySurveyF
ilestore
Cloning into 'TinySurveyFilestore'...
remote: Enumerating objects: 23, done.
remote: Counting objects: 100% (23/23), done.
remote: Compressing objects: 100% (16/16), done.
remote: Total 23 (delta 7), reused 18 (delta 6), pack-reused 0
Receiving objects: 100% (23/23), 43.03 KiB | 1.27 MiB/s, done.
Resolving deltas: 100% (7/7), done.
```

Git 会创建一个文件夹，其中包含存储库中的所有文件。使用 cd（change directory，更改目录）和 ls（list files，列出文件）命令查看文件夹的内容。输入下面的命令，在输入了一个命令之后就按 Enter 键：

```
cd TinySurveyFilestore/
ls
```

```
pi@iotmaster:~ $ cd TinySurveyFilestore/
pi@iotmaster:~/TinySurveyFilestore $ ls
FILE.TXT  package.json       surveymanagerFiles.mjs  surveystore.mjs  views
LICENSE   package-lock.json  surveys.json            tinysurvey.mjs
```

我们可以看到所有从 GitHub 获取的文件。但目前，应用程序缺少必要的库。我们必须使用 npm 来安装这些库。输入以下命令并按 Enter 键：

```
npm install
```

```
pi@iotmaster:~/TinySurveyFilestore $ npm install

added 75 packages, and audited 76 packages in 5s

9 packages are looking for funding
  run `npm fund` for details

found 0 vulnerabilities
npm notice
npm notice New major version of npm available! 8.19.2 -> 9.2.0
npm notice Changelog: https://github.com/npm/cli/releases/tag/v9.2.0
npm notice Run npm install -g npm@9.2.0 to update!
npm notice
```

下载库文件之后，就可以使用 Node.js 运行 TinySurvey 应用程序了：

```
node tinysurvey.mjs
```

现在，由树莓派托管的站点可以用计算机上的浏览器访问了。这个版本的TinySurvey将运行在8080端口上，所以我们需要在地址中添加“:8080”，如下所示。注意，“iotmaster”是我给服务器起的名字，你需要在URL中输入自己的服务器的名称：

http://iotmaster.local:8080/index.html

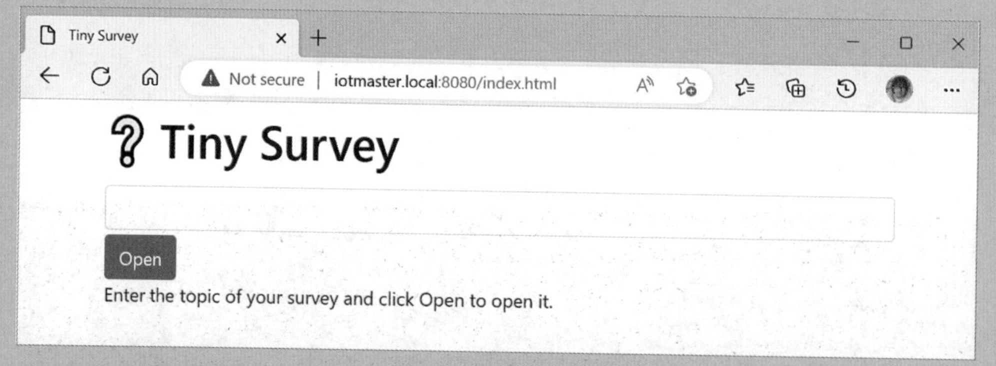

恭喜！你已经成功地在自己搭建的机器上运行了TinySurvey。还可以尝试从GitHub下载其他存储库并运行它们。如果想中断正在运行的站点，只需要按快捷键CTRL+C返回命令行。

12.1.3 在服务器上使用MongoDB

我们的树莓派并没有运行MongoDB数据库，因此任何试图连接到本地数据库的应用程序都会出错。如果想在树莓派上运行MongoDB，我们必须安装64位版本的操作系统。如果想查看详细操作步骤，请访问以下链接：

https://www.mongodb.com/developer/products/mongodb/mongodb-on-raspberry-pi/

12.1.4 关闭服务器

在本节中，我们要做的最后一件事是学习如何关闭服务器。尽管通过直接切断电源来关闭树莓派似乎并无大碍，但为了确保操作系统有足够的时间关闭所有打开的文件和资源，有必要遵循正常的关机流程。

动手实践 63

扫描二维码查看作者提供的视频合集或访问 https://www.youtube.com/watch?v=hlyCRdN8NRc，观看本次动手实践的视频演示。

关闭服务器

先使用快捷键 CTRL+C 来停止正在运行的服务器，然后再输入以下命令：

```
sudo shutdown -h now
```

执行这条命令后，服务器将停止运行，我们的 shell 连接会在一段时间后自动断开。

12.1.5 运行服务器

这里只是简单介绍了一下如何动手创建服务器。树莓派采用 Linux 作为操作系统。如果你想练习操作和配置 Linux，可以在 Windows 系统的电脑上使用 Windows 的 Linux 子系统来运行它。若想了解更多信息，请访问 https://learn.microsoft.com/en-us/windows/wsl/install。

12.2 从服务器控制硬件

除了创建服务器，树莓派也可以通过其通用输入 / 输出（GPIO）引脚连接到硬件。引脚位于顶部，这种连接有多种用途。我们将使用一个输出引脚来控制 LED，同时使用一个输入引脚来读取按钮的状态。虽然树莓派无法直接驱动大型灯和电机，但我们可以用它的信号来控制继电器和其他电路。此外，树莓派还能够读取模拟信号和由我们将使用的开关产生的数字（开 / 关）信号。

12.2.1 通过浏览器控制的灯

我们将开始创建一个可以通过浏览器控制的灯。通过单击树莓派托管的网页上的按钮，这盏灯可以被打开或关闭。我们之前制作过包含按钮的网页，而现在我们将在服务器上创建一可以控制灯的开和关的路由。图 12-1 显示的页面包含两个按钮。

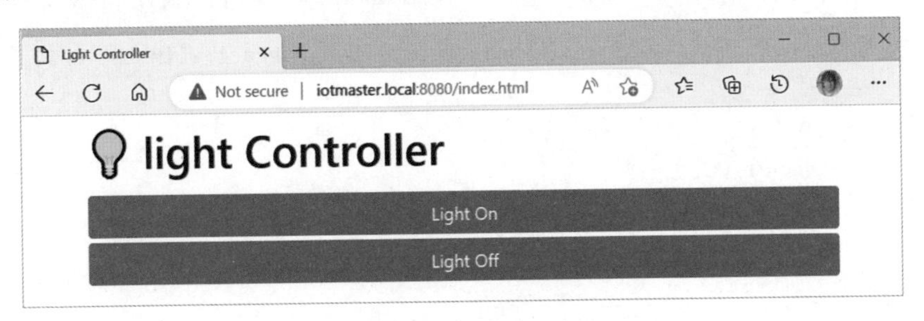

图 12-1　灯光控制器

下面是这两个按钮的HTML元素。当按钮被单击时，它们会导航到 setLightState 路由，并带有一个路由参数，该参数为 on 或 off：

```
<button onclick="window.location.href='/setLightState/on'">
    Light On
</button>
<button onclick="window.location.href='/setLightState/off'">
    Light Off
</button>
```

当按钮被单击时，浏览器会从 setLightState 路由加载一个页面。该路由的处理器会读取参数，并调用一个功能，从而控制与树莓派相连的 LED 灯的开或关。setLightState 路由的代码如下所示。lightControl 对象包含把灯的状态改为 on 或 off 的方法：

```
router.get('/:state', (request, response) => {

    let state = request.params.state;

    if (state == "on"){
        lightControl.on();
    }
    if (state == "off"){
        lightControl.off();
    }
    response.redirect('/index.html');
});
```

lightControl 对象是 OutGPIO 类的一个实例，它用于与树莓派硬件通信。OutGPIO 类的代码如下所示，它使用了一个名为 onoff 的库，其中包含一个提供对树莓派硬件的访问的 Gpio 类。要在此程序中使用 onoff 库，必须先使用 npm 安装它：

```
import * as onoff from 'onoff'; // include onoff to interact with the GPIO

class OutGPIO {
    constructor() {
    }

    init() {
```

```
        console.log("Initialising OutGPIO");            有硬件访问权限吗？
        if (onoff.Gpio.accessible) {
            this.gpio = new onoff.Gpio(4, 'out');       创建一个 Gpio 实例
        }
    }

    on() {
        console.log("OutGPIO on");
        if (onoff.Gpio.accessible) {
            this.gpio.writeSync(1);                     设置输出为高电平
        }
    }

    off() {
        if (onoff.Gpio.accessible) {
            this.gpio.writeSync(0);                     设置输出为低电平
        }
        console.log("OutGPIO off");
    }
}
```

OutGPIO 类中的 on 方法和 off 方法用于控制外部设备，将输出状态设置为开（高电平）或关（低电平）。

输出硬件

我们计划通过在树莓派上托管的网页控制的 LED 灯已经连接到了树莓派的通用输入/输出（GPIO）引脚上。图 12-2 展示了 LED 是如何连接到树莓派的某个引脚上的。我们使用的这个引脚被称为 GPIO 4。每个引脚都有一个对应的编号，但这并不与连接器上的实际引脚编号对应。可以在以下网址找到所有引脚的完整描述及其用途：

https://www.raspberrypi.com/documentation/computers/raspberry-pi.html

为了限制流经 LED 的电流，我们加入了一个 330 欧姆的电阻。如果没有电阻，高电流可能会对树莓派和 LED 造成损坏。当程序向输出端口写入 1 时，树莓派会将输出引脚的电压设置为 3.3 伏。这导致电流通过 LED 和电阻流向地面，使 LED 发光。图 12-3 展示了该电路的实物形式。右侧的工具被称为面包板（Breadboard），其上有可以插入电线和组件的孔洞。这些孔在底部通过金属条进行横向连接。按照图 12-3 中的方式放置元件，我们就可以构建出图 12-2 所展示的电路。

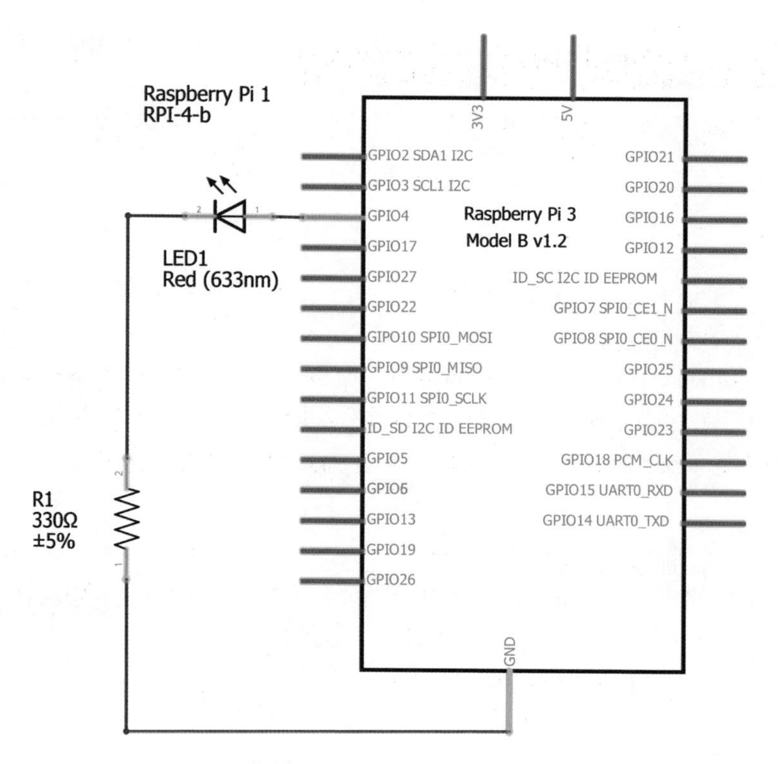

图 12-2 树莓派 LED 输出电路

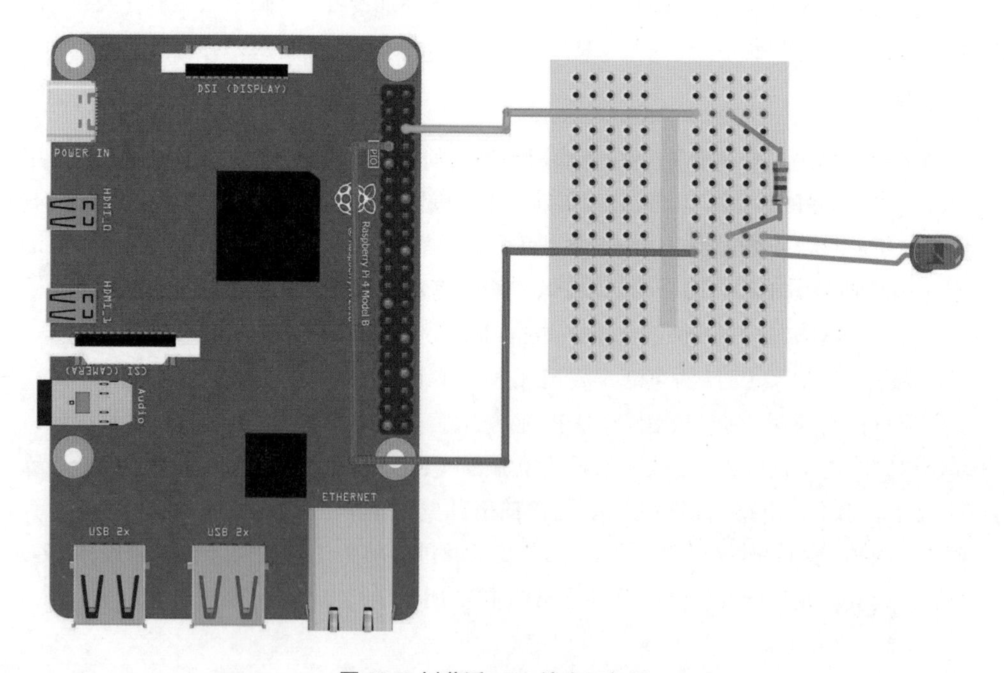

图 12-3 树莓派 LED 输出面包板

动手实践 64

扫描二维码查看作者提供的视频合集或访问 https://www.youtube.com/watch?v= cJzLNNkgVmU，观看本次动手实践的视频演示。

控制输出

为了开展本次动手实践，你需要有一个树莓派和图 12-3 中的硬件。本次实践的代码位于 GitHub 存储库内，链接如下：

https://github.com/Building-Apps-and-Games-in-the-Cloud/RemoteLight

使用 Git 将软件克隆到树莓派上并启动它。接着，在电脑上使用浏览器访问树莓派上托管的页面（如图 12-1 所示），单击 Light On（开灯）按钮，你应该会看到 LED 亮起后又熄灭。

另一个存储库（https://github.com/Building-Apps-and-Games-in-the-Cloud/RemoteLock）中的代码可以用来创建一个需要密码的远程控制锁。输入正确的密码后，程序会让输出持续脉冲 1 秒，从而触发解锁。如果想知道密码是什么，需要查看程序的文件。

12.2.2 远程控制按钮

我们已经学会了如何创建一个可以托管网页的树莓派应用，这个网页允许用户远程控制树莓派的输出。接下来，我们将制作一个应用程序，该应用能读取与服务器连接的按钮的状态，并将这个状态发送给查看由树莓派托管的网页的用户。我们可以用它来开始一场竞速比赛，每个参赛者都可以访问页面，当连接到服务器的按钮被按下时，参赛者的浏览器会通知他们比赛开始。

图 12-4 展示了应用的界面：其中，“UP”表示按钮没有被按下，而当按钮被按下时，显示会切换为“DOWN”。这个网页支持多个用户同时查看，并且他们能够实时地看到服务器上按钮被按下时的状态变化。

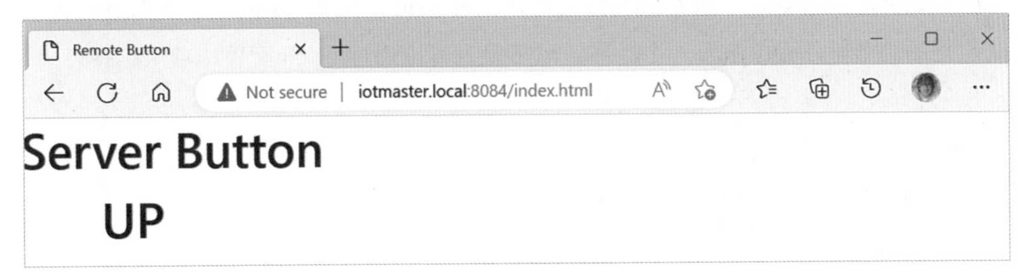

图 12-4 服务器按钮

输入硬件

我们打算使用一个按钮为运行服务器应用程序的树莓派提供输入。按钮包含一个在按钮按下时会关闭的开关。我们将此按钮接到树莓派的一个引脚上，并借助 onoff 库的 `Gpio` 实例来读取输入的状态。

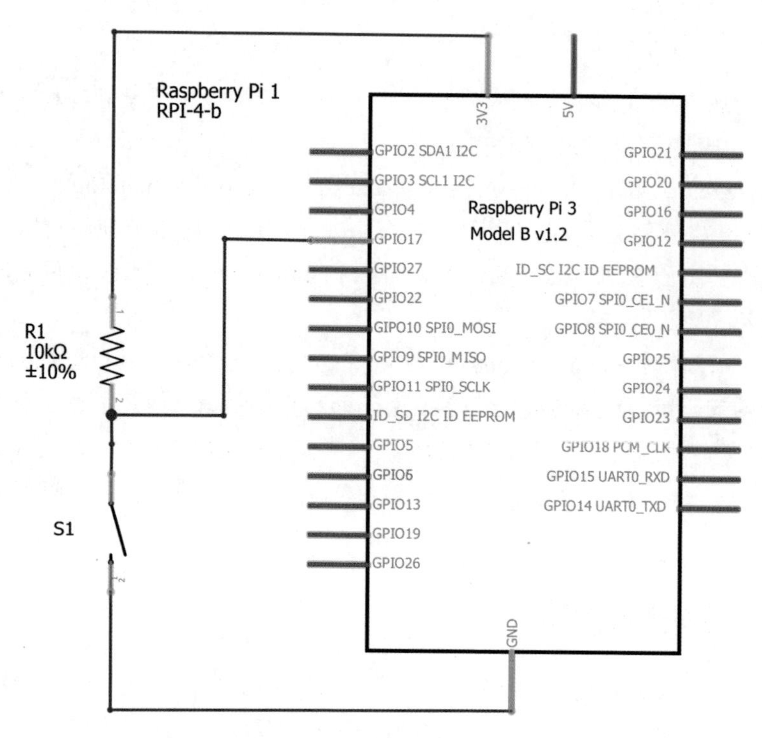

图 12-5 树莓派按钮输入电路

我们使用如图 12-5 所示的电路将按钮与树莓派相连接。按钮使用 GPIO17。在按钮未被按下时，一个与 3.3 v 电源相连的 10 kΩ 电阻会把输入电平拉高至 1。而当按钮被按下，开关就会与地（电路的参考点）相连，使得输入电平变为 0。

图 12-6 展示了如何在面包板上构建电路。和输出示例一样，这个软件使用了来自 onoff 库的 `Gpio` 对象。在创建时，`Gpio` 实例可以被配置为输入。下面的语句创建了代表 GPIO 17 的对象。这个输入对象在接收到从低电平转为高电平或从高电平转为低电平的信号时，必须触发一个动作。这种行为可以通过 `both` 配置选项来选择。

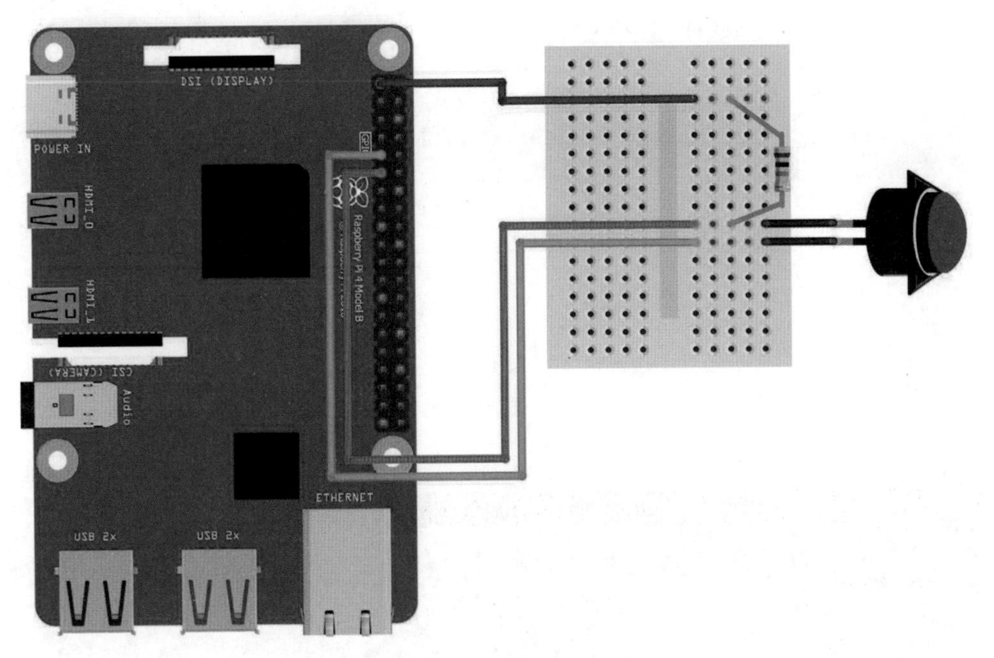

图 12-6　树莓派按钮输入面包板

输入还在端口对象内部实现了一个 debounceTimeout 过滤器，以减少开关在开启和关闭时产生的信号噪声所导致的重复触发：

```
this.gpio = new onoff.Gpio(17, 'in', 'both',{debounceTimeout:10});
```

应用程序可以通过读取输入端口来判断按钮是否被按下，但这不是我们想要的。我们希望在信号状态发生变化时调用一个函数。Gpio 类提供了一个 watch 方法，允许在输入信号状态改变时调用指定的函数。下面的代码显示了如何在 inGPIO 对象内使用这个方法为应用程序提供输入信号。如果出现了错误，函数会接收到 value 和 error 两个参数，并显示错误信息；在没有错误发生的情况下，函数会接收到 value 值，并检查新值是否与旧的值有区别。如果有变化，回调方法就会被调用，将更新的值传递给应用程序：

```
this.gpio.watch((error, value) => {
    if (error) {                                        检查是否有错误
        console.log(`GPIO ${this.GPIONumber} error ${error}`);
    } else {                                            获得有效输入
        // Make sure the value has changed
        if (this.oldValue === undefined) {              第一次信号变化
            console.log(` Sending: ${value}`);
            // send the result to the callback
```

```
            this.callback(value);                  调用回调函数
        } else {                                   查看信号是否已更改
            if (this.oldValue != value) {
                console.log(` Sending: ${value}`);
                // send the result to the callback
                this.callback(value);              调用回调函数
            }
        }
        this.oldValue = value;                     更新旧的值
    }
});
```

代码分析 35

watch 函数

对于前面的内容，你可能有一些疑问。

1. 问题：watch 函数有什么作用？

解答：我们的服务器需要知道当输入信号从 0 切换到 1 或从 1 切换到 0 时该如何操作。watch 函数让程序在输入发生变化时执行一个指定的函数。上述代码中用到的是一个箭头函数，用于确保状态发生了实质性的变化。如果有实质性的状态变化，就会触发一个回调函数。

2. 问题："实质性的"状态变化是什么意思？

解答：由 watch 调用的函数理应只在输入信号值发生实际变化时被调用。但在我测试时，如果使用一个很不稳定的开关，程序有时会在值并没有真正变化的情况下被多次触发。因此，我设置了一个筛选机制，通过一个名为 oldValue 的变量来记住之前的状态，并只在状态真正发生变化时响应。这其实是一个通过软件补偿硬件缺陷的典型例子。

3. 问题：回调函数有什么作用？

解答：输入函数利用回调函数来给应用程序发送消息，告诉它输入状态已经发生了变化。下面是 InGPIO 类的构造方法。它需要引脚编号以及当输入状态变化时要调用的函数作为参数。这些值随后保存在对象中：

```
constructor(GPIONumber, callback) {
    this.GPIONumber = GPIONumber;
    this.callback = callback;
}
```

以下代码展示了如何创建一个 InGPIO 的实例。这个应用使用了 17 号引脚，并在输入状态变化时调用 sendButtonState 函数：

```
let buttonGPIO = new InGPIO(17, sendButtonState);
```

12.2.3 使用 WebSockets 从服务器发送值

到目前为止，应用程序执行的每个操作都是对浏览器的请求所作出的响应。浏览器向服务器发送消息，服务器则返回响应。但是，对于与按钮连接的服务器来说，这种方法是行不通的。如果按钮的状态发生了变化，服务器必须主动向浏览器发送消息。一种解决方法是让用户不断地刷新页面。另外，也可以创建一个按钮状态查看器页面，利用定时器（比如第 3 章中的时钟程序中使用的那种）定期更新按钮的状态显示。不过，更好的方法是使用 WebSockets。

12.2.4 创建 WebSocket

WebSocket 是在浏览器中运行的代码和在服务器中运行的代码之间的直接连接。你可以将其想象为两者之间的一个管道。服务器中的代码可以将值推送到管道，这样就可以在浏览器中显示这些值，反之亦然。

12.2.4.1 服务器 WebSocket

当按钮的状态发生变化时，服务器会向浏览器发送一条消息。为了实现这一点，我们将使用 WS WebSocket 库（https://github.com/websockets/ws）。首先，我们需要通过以下命令将这个库安装到服务器应用程序中：

```
npm install ws
```

安装了这个库之后，我们就可以在应用程序中使用它了。通过以下语句导入它：

```
import { WebSocketServer } from 'ws';
```

现在可以开始创建 WebSocket 服务器了。这部分代码稍有些复杂，因为 web sockets 使用 HTTP 连接作为其数据传输的方式。同时，我们还想使用 Express 来托管我们的页面。因此，下面的代码首先为 Express 创建了一个 app 服务器（这与我们在之前的应用程序中所做的操作类似），接着使用它来创建一个 HTTP 服务器和 WebSocket 服务器：

```
const app = express();                          创建 express 应用
const httpServer= http.createServer(app);       使用 express 框架创建一个 HTTP 服务器
const webSocketServer= new WebSocketServer({ httpServer});
                                                使用 http 连接创建一个 WebSocketServer
```

有了服务器之后，还需要为其添加一些行为。我们将通过指定事件并为这些事件创建响应函数来实现这一点。其中一个事件是当浏览器客户端连接到服务器上的WebSocket时触发的。下面的代码会响应连接请求，并将连接添加到连接列表中。同时，这段代码还定义了在套接字（socket）发送消息和套接字关闭时要执行的函数。服务器不需要响应传入的消息，因此这些消息只会显示在控制台上。当套接字关闭时，它会从列表中被移除：

```
let sockets = [];                                   已连接的套接字的列表
webSocketServer.on('connection', (socket) => {      在客户端连接时运行
    console.log("connected");
    sockets.push(socket);                           将套接字添加到列表

    socket.on('message', (message) => {             当套接字向服务器发送消息时运行
        console.log(`Received ${message}`);
    });

    socket.on('close', function () {                当套接字关闭时运行
        sockets = sockets.filter(s => s !== socket);
    });
});
```

12.2.4.2 从服务器发送消息

在本章前面的“远程控制按钮”小节中，我们看到了应用程序如何将函数与GPIO引脚连接，并在引脚的状态发生变化时执行这个函数。下面的代码展示了如何将sendButtonState函数连接到GPIO的17号引脚：

```
let buttonGPIO = new InGPIO(17, sendButtonState);
```

我们还需要定义sendButtonState函数，它会向所有已连接的套接字发送消息。这个函数会遍历所有已连接的套接字，并在每个套接字上调用send方法。send方法的参数是从GPIO引脚接收到的状态：

```
function sendButtonState(state) {
    sockets.forEach(s => s.send(state));
}
```

12.2.4.3 浏览器WebSocket代码

远程控制按钮应用程序的最后一部分是在浏览器中运行的代码，该代码创建WebSocket连接，并在从服务器接收到消息时更新页面。由于浏览器的JavaScript环

境内置了 WebSocket 代码，所以我们可以通过以下语句直接创建一个 WebSocket。在创建套接字时，需要添加主机的地址。在本例中，按钮服务器运行在本地网络上的一个名为 iotmaster.local 的机器上，并使用了 8080 端口：

```
let socket = new WebSocket('ws://iotmaster.local:8080');
```

请注意，前面的语句连接到的是 iotmaster 服务器。如果你给服务器起了另外的名字，就必须改成对应的地址。创建了套接字之后，我们就可以指定一个在接收到消息时执行的函数。下面的代码展示了这应该如何实现。套接字的 onmessage 属性指定了当从套接字接收到消息时要调用的函数。我们使用一个箭头函数来查找 buttonBanner 对象，然后将对象中的文本设置为 UP 或 DOWN：

```
socket.onmessage = (msg) => {
    let element = document.getElementById("buttonBanner");
    if (msg.data == 1) {
        element.innerText = "UP";
    } else {
        element.innerText = "DOWN";
    }
};
```

动手实践 65

扫描二维码查看作者提供的视频合集或访问 https://www.youtube.com/watch?v= jU8KVNrLxOo，观看本次动手实践的视频演示。

监控按钮

为了开展本次动手实践，你需要有一个树莓派和图 12-3 中的硬件。本次实践的代码位于 GitHub 存储库内，链接如下：

https://github.com/Building-Apps-and-Games-in-the-Cloud/RemoteButton

使用 Git 将软件克隆到树莓派上并启动它。接着，在电脑上使用浏览器访问树莓派上托管的页面，并按下连接到树莓派的按钮。网页上的消息将会更新。

我们可以使用 WebSockets 直接将浏览器和服务器连接起来。我们可以制作新版本的 TinySurvey，让它在输入新的值时实时更新分数。但如果只是想从一个系统向另一个系统发送消息的话，该怎么办呢？在这种情况下，我们可以使用 MQTT 网络机制。

12.3 使用 MQTT

IBM 研发了一个系统管理工具，名为 MQTT（Message Queue Telemetry Transport，消息队列遥测传输）。它的核心是一个“发布和订阅”（publish and subscribe）机制，允许各个设备间实现通信。在 MQTT 中，有一个名为代理（broker）的中间件，它维护着一个“主题”（topic）列表。连接到代理上的设备可以向特定的主题发布消息，也可以订阅某些主题来接收相应的消息。

图 12-7 展示了链接到同一网络上的一个按钮、灯和 MQTT 代理。代理维护着一个主题列表。网络中的任意设备既可以发布消息到这些主题，也可以订阅这些主题以接收其他设备发布的消息。当某个设备向某一主题发布消息时，所有订阅了这一主题的设备都将收到这条消息。在图 12-7 中，“灯”订阅了 data/button001 主题。一旦按钮被按下，可能会向该主题发布一个消息，进而打开“灯”。多个设备可以订阅同一个主题，这意味着一个按钮可以控制多个灯。而因为任何设备都可以向同一主题发布消息，所以我们可以用多个按钮控制同一个灯。更有趣的是，我们还可以在主题中使用通配符，这样系统就可以订阅“数据”主题，并接收到发布到该主题的所有消息。每条消息都包含了发送者的身份信息和数据包。

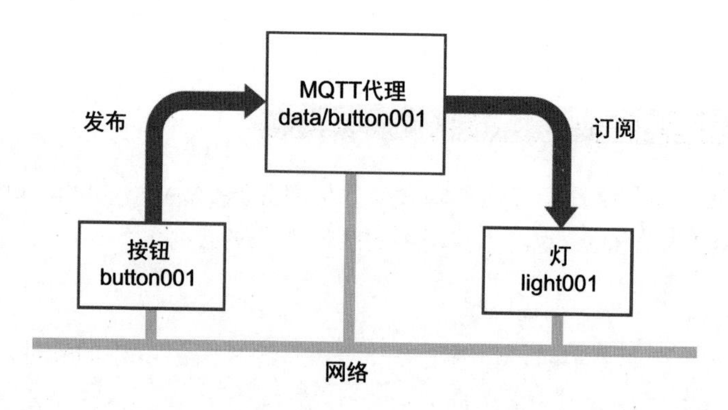

图 12-7 按钮、灯和 MQTT 代理

MQTT 代理作为一个应用程序，运行在与网络相连的服务器上。在设备启动时，它会连接到这个代理。有的代理是开放的，这意味着任何设备都可以连接、发布并订阅任何主题。而另一些代理则会要求设备通过用户名和密码进行身份验证才能连接。可以在包括树莓派在内的任何机器上运行 MQTT 代理。代理可以在托管 `node.js` 网站的机器上运行。Mosquitto 代理是一个值得推荐的选择，它的官网是 https://mosquitto.org/。Azure IoT Hub 也可以作为 MQTT 代理使用。MQTT 可以使用安全套接字（secure sockets）来进行数据传输，以免被网络窃听者（network eavesdroppers）监听。

node.js 应用中的 MQTT

mqtt 库用于将 node.js 应用连接到 MQTT 代理。可以按照以下常规方式进行安装：

```
npm install mqtt
```

安装了 MQTT 库之后，应用程序就可以使用 connect 函数连接到 MQTT 代理。下面的代码展示了设备如何连接到 MQTT 代理。它使用的是由 HiveMQ（https://www.hivemq.com/）提供的开放 MQTT 代理。我们可以用它进行测试和演示，但它是完全开放的，任何人都可以发布和订阅主题。下面的连接使用最低的服务质量（0 级）来发送简单的命令：

```
import * as mqtt from "mqtt"                                    导入库
let mqttClient = mqtt.connect("mqtt://broker.hivemq.com");      调用 connect 函数
```

发布消息

创建了客户端连接之后，应用程序就可以向 MQTT 服务器上的主题发送消息。下面的代码将 Hello world 消息发送到 data 主题。我们无法知道是否有任何设备接收了这条消息。如果没有设备订阅 data 主题，那么消息将不会发送给任何人。但如果有数百台设备正在监听，它们都会收到 Hello world 这条信息：

```
mqttClient.publish("data","Hello world");
```

订阅一个主题

从 MQTT 接收消息的第一步是订阅一个主题。下面的语句指示 mqttClient 订阅 data 主题。如果想让一个设备订阅多个主题，只需多次调用 subscribe 函数并指定所需的主题名称：

```
mqttClient.subscribe( "data", { qos: 1 });
```

服务质量

在订阅主题时，还需要设置连接的“服务质量”。服务有三个级别。在 0 级，设备会向代理发送一次消息。消息可能会成功送达，也可能不会。在 1 级，设备会不断地发送消息给代理，直到它收到消息已成功送达的确认。这确保了消息的交付，但可能会导致接收者收到重复的消息。2 级服务质量则可以确保消息送达，并且每个订阅者只会接收到一次。级别越高，设备和代理之间的协议就越复杂。应该根据消息重要性来选择合适的服务质量。举个例子，如果丢失了一个传感器读数也无所谓，那么 0 级或许就够了，但对于重要的消息，可能需要选择更高的服务级别，以确保消息被接收。

从主题中获取消息

下面的代码展示了如何在 `mqttClient` 收到其订阅主题的消息时运行一个 JavaScript 函数。这个函数会在控制台上显示接收到的消息及其主题。

```
this.mqttClient.on("message", (topic, message) =>
console.log('Received ${message} on ${topic}'));
```

动手实践 66

扫描二维码查看作者提供的视频合集或访问 https://www.youtube.com/watch?v=2gDZdh_hdi0，观看本次动手实践的视频演示。

创建一个由 MQTT 控制的灯

为了开展本次动手实践，你需要有一个树莓派和图 12-3 及图 12-6 中的硬件。本次实践的代码位于 GitHub 存储库内，链接如下：

https://github.com/Building-Apps-and-Games-in-the-Cloud/MQTTLamp

使用 Git 将软件克隆到树莓派上。不同于传统的网站，这个程序是在终端中运行的。它能够向 MQTT 的 data 主题发送 on 和 off 的消息，并根据 data 主题上收到的消息来开关 LED。我们可以通过访问 http://www.hivemq.com/demos/websocket-client/ 页面并连接到 HiveMQ 服务器与灯进行交互。接着，我们可以发布 on 和 off 的消息来控制灯。

可以基于这个项目开发一套可以用来监听不同主题的联网灯。该项目使用了位于 mqtt://broker.hivemq.com 的公开 MQTT 代理。

在这一节中，我们对 MQTT 进行了初步的介绍。MQTT 代理的连接可以通过密码进行保护，并可以使用安全的套接字来发送数据，以免被窃听。此外，它也可以作为一个非常简单和便宜的方法来连接设备。前面的代码可以在树莓派 Zero 上运行。在下一节中，我们将进一步探索如何使用 JavaScript 和 MQTT。

12.4 物联网设备

我创建了一个 Connected Little Boxes 项目，它利用 MQTT 连接设备，并在各个设备之间传递消息。每条消息都包含一个 JSON 格式的命令，使一个设备可以控制另一个设备。我们可以使用它来将灯与按钮连接，这样一来，一旦按钮被按下，灯就会亮起或显示一个来自远程传感器的温度值。目前，这个项目支持一系列设备，包括按钮、伺服器、旋转编码器（rotary encoder）、打印机、环境传感器和文本显示器。我还创建了一个服务器应用程序来管理设备并向它们发送消息。Connected Little Box 设备并不运行 JavaScript，而是由一个嵌入式的 C++ 程序控制，这个程序管理连接到盒子的传感器和输出，并且通过 MQTT 发送和接收 JSON 格式的消息。

12.4.1 创建自己的物联网设备

Connected Little Boxes 项目的官网（https://www.connectedlittleboxes.com），如图 12-8 所示。可以通过网站来了解该项目，甚至还可以创建自己的设备。只需将 ESP32 或 ESP8266 微控制器插入计算机，然后单击页面上的 Get Started 按钮，就可以在电脑上安装 Connected Little Boxes 软件，并将其配置到家里的 WiFi。如果想使用 ESP8266，我推荐使用 WEMOS D1 mini 设备，如果想使用 ESP32，我推荐 WEMOS D1 ESP32。ESP32 设备更为强大，并且可以使用安全套接字与各种主机（包括 Azure IoT Hub）进行连接。这些设备可以在如 Ali Express（https://www.aliexpress.com/）这样的供应商处购买。设备可以控制各种外设，包括 LED、打印机、环境传感器、显示屏、按钮和旋转编码器。一个设备可以控制多个外设。

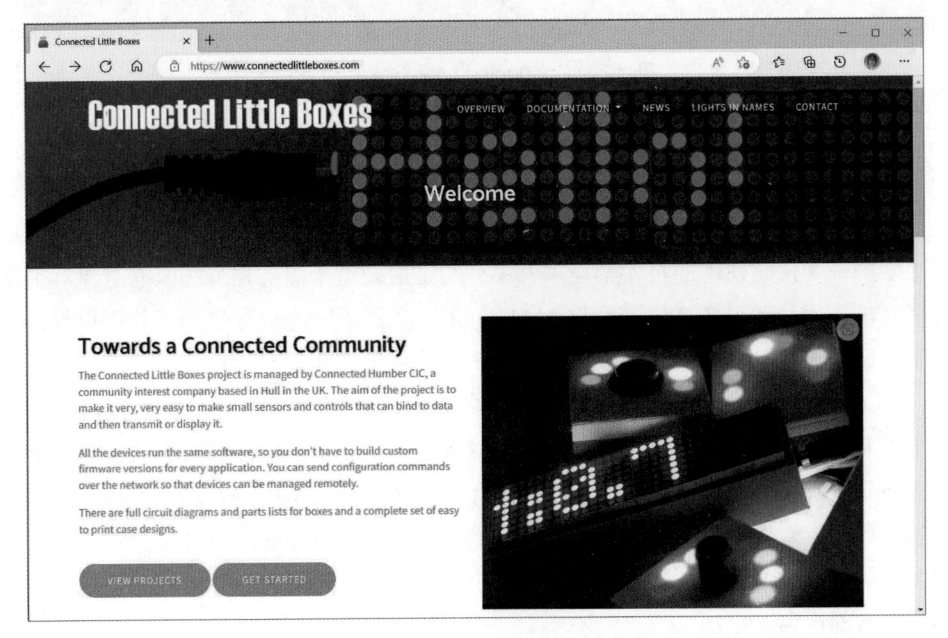

图 12-8 Connected Little Boxes 官网

图 12-9 展示了多个 Connected Little Boxes 设备，包括像素环、文本显示器、被动红外（PIR）传感器、按钮、旋转编码器和伺服器。还有用于热敏打印机和 NeoPixels 的灯链的设计方案。所有设备运行的都是同一个软件，但这个软件会根据每一个具体的应用场景进行配置。

图 12-9 Connected Little Boxes 设备

12.4.2 管理使用 Connected Little Boxes 服务器的设备

我们可以使用服务器应用程序来管理 Connected Little Boxes 的安装。服务器应用程序中的许多代码使用的技术都是本书中介绍过的。这个服务器应用具有登录和会话管理功能。用户和设备详情都存储在 MongoDB 文档中。用户登录后，就可以管理和控制他们的设备。用户还可以查看设备列表，然后选择要管理的设备。

图 12-10 展示了设备的配置页面。设备可以被标记并命名。

软件、电路和设备外壳的设计可以从 Connected Little Boxes 网站（https://github.com/connected-little-boxes）获得。网站上有关于这些设备和用于管理及控制它们的服务器的代码库，以及所有设备的电路设计和可 3D 打印的外壳的设计。虽然本书不会用太多篇幅来详细介绍，但如果想建立一个连接设备的网络，可以在网站上找到很多值得探索的内容。

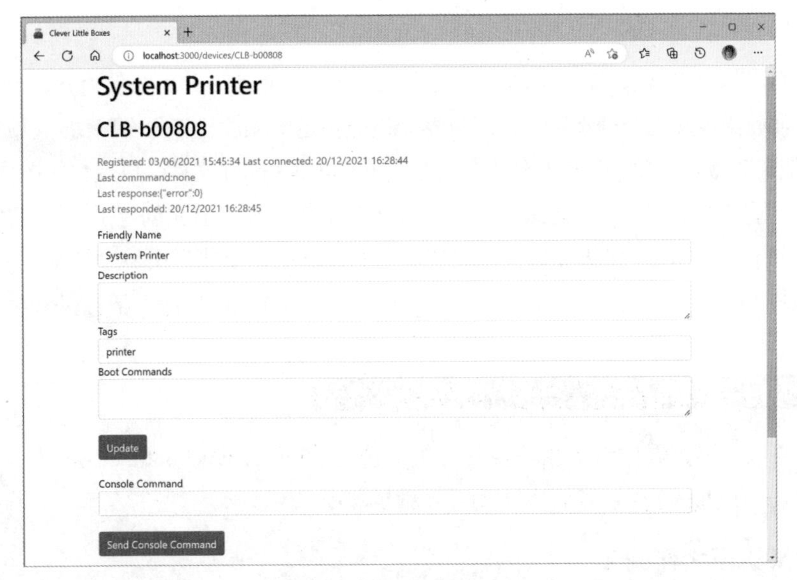

图 12-10　设备配置页面

12.5　使用 Phazer 创建游戏

在我的《轻松学会 JavaScript》[①] 一书中，我使用 HTML 的 canvas 元素创建了一个游戏《饼干大作战》。在游戏中，玩家需要控制奶酪去捕捉饼干，同时要避开追杀自己的番茄杀手。我们创建了一个精灵引擎和一个简单的物理模型来实现这个游戏。但是，如果要制作在浏览器内运行的游戏，应该使用像 Phazer（https://phaser.io/）这样的框架。Phazer 提供了精灵动画、物理引擎、粒子效果和场景管理等功能。我们可以用它创建在浏览器中运行的街机级 2D 游戏。这些游戏可以托管在提供游戏文件的 HTTP 或 Express 网站上。

使用 Express 提供静态文件

到目前为止，我们使用 Express 服务器提供的所有文件都是包含 HTML 文档模板的 EJS 文件。但有时，我们可能需要提供 HTML 文件和其他资源，比如图像和声音。下面的语句展示了如何做到这一点。它创建一个静态路由。所有要共享的文件都在 public 文件夹中。在这个静态路由被添加到服务器中间件之后，Express 就会在服务器的 public 文件夹中查找浏览器请求的 HTML 或资源文件。如果找到匹配的文件，它就会将其返回给浏览器。

---

① 译注：关于《轻松学会 JavaScript》，可扫码了解详情。

```
app.use (express.static('public'));
```

我们可以在静态文件夹中添加多个子文件夹，使文件更加井然有序，还可以为Express服务器定义多个静态路由，服务器会按照指定的顺序检查每个路由。以游戏《饼干大作战》为例，它的public文件夹包含了游戏的index.html文件，以及包含图像和音效的各个资源文件夹。本书不会深入介绍Phazer的工作原理，但我创建了一个使用Phazer制作的《饼干大作战》供大家研究。它使用了Phazer的内置物理引擎来控制精灵的移动并检测碰撞。此外，网上还有很多其他例子和教程，可以帮助你深入学习和探索。

动手实践 67

扫描二维码查看作者提供的视频合集或访问 https://www.youtube.com/watch?v=b_aL4hz0GqY，观看本次动手实践的视频演示。

玩游戏《饼干大作战》

可以在GitHub上找到使用Phazer创建的《饼干大作战》小游戏的代码，地址如下：

https://github.com/Building-Apps-and-Games-in-the-Cloud/CrackerChase

使用Git将软件克隆到电脑上。然后启动它并访问 http://localhost:8080 来玩这个游戏。

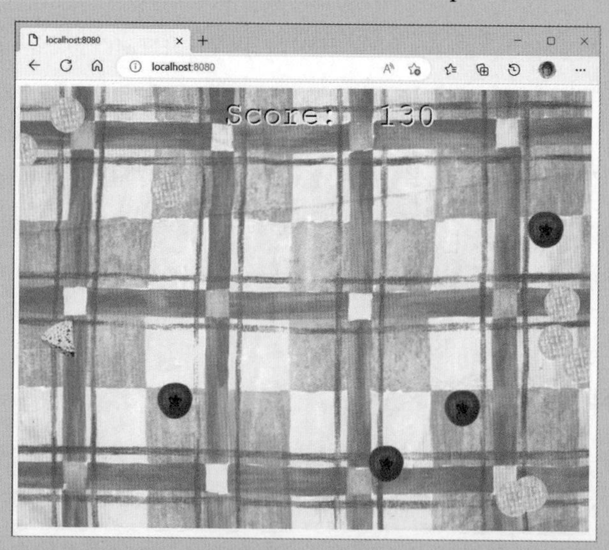

在使用Phazer创建《饼干大作战》这个游戏时，我发现了许多有趣的功能。你可以让精灵碰撞并反弹开来、可以为它们指定质量和角速度以实现旋转效果、可以使用精灵表单（sprite sheet）来创建动画化的精灵，还可以为平台游戏创建固定的游戏元素。总之，这是一个强大的、功能丰富的系统。

12.6 进阶，成为高手

随着你对 JavaScript 的深入了解，可能会对下面这些技术产生兴趣。本章的示例文件夹提供了更多与这些技术相关的链接。

12.6.1 Typescript 语言

我在学习 JavaScript 的过程中发现，这门语言的某些设计无谓地复杂化了应用程序的开发。具体来说，在组合和更改类型时，JavaScript 可能过于宽松了。另一方面，恰如其名的 Typescript（https://www.typescriptlang.org/）为 JavaScript 增加了类型管理功能，还加了一个编译步骤，可以发现那些在 JavaScript 代码中难以识别的错误。编译后的 Typescript 代码是标准的 JavaScript 代码，这意味着我们可以在任何支持 JavaScript 的环境中使用 Typescript。如果想创建更安全、更易于管理的代码，并想了解如何通过类型来优化代码的安全性和效率，那么 Typescript 绝对值得你深入研究。

12.6.2 React 框架

大家已经知道 Express 框架是如何创建用户界面的。这为学习 React（https://reactjs.org/）打下了良好的基础。可以使用 React 来创建带有状态的用户界面组件，这些组件只在用户与应用互动时自动更新必要的元素。

12.6.3 Electron 框架

Electron 框架（https://www.electronjs.org/）可以创建由 JavaScript 驱动的独立应用程序。我们知道，可以通过在 PC 上安装 node.js 框架来运行 JavaScript 应用程序，而 Electron 在此基础上进行了扩展，让我们能够创建可以像其他应用程序一样安装和运行的跨平台应用。我们从第 1 章开始就一直在使用的 Visual Studio Code 就是一个利用 Electron 在电脑上运行的 JavaScript 程序。如果想创建由 JavaScript 驱动的独立应用程序，就有必要了解 Electron。

12.6.4 Graphql 框架

我们知道，应用程序通过发送查询与数据库进行交互，并处理返回的数据。在 TinySurvey 应用程序中，我们就使用了这种方式来处理存储的调查问卷。Grapql 框架（https://graphql.org/）能使与数据存储的交互变得更加简单。

12.6.5 Socket.io 框架

socket.io 框架（https://socket.io/）基于 WebSockets，它提供了一个强大的平台，你可以用来开发需要实时通信的应用程序。它支持用户识别和会话管理。我们可以用它来创建多人游戏或其他类型的分布式应用程序。它可以大大简化开发过程，非常值得一探。

12.6.6 ml5.js 库

我们可以使用机器学习来创建应用程序，使它具备目标检测、人脸识别、面部表情读取、人体姿势识别、作曲以及许多其他功能。可以使用 ml5.js 库[①]（https://ml5js.org/）连接到 TensorFlow 的 JavaScript 版本，这是一个非常受欢迎的机器学习工具。若想了解如何在 JavaScript 中使用机器学习，可以观看 Coding Train 的视频教程（https://www.youtube.com/watch?v=26uABexmOX4）。

12.6.7 Espruino

如果想在微型设备——甚至是手表上——运行 JavaScript 代码，就应该了解一下 Espruino 的产品（http://www.espruino.com/）。可以通过蓝牙来使用 JavaScript 在浏览器中进行编程。它们还能与其他蓝牙设备以及外部硬件设备进行通信。

要点回顾与思考练习

本章的内容很有启发性。现在，我们掌握了为应用程序创建稳定和安全会话的方法。我们主要有以下收获。

1. 我们可以在树莓派这样的小型设备上安装 node.js，然后在自己的“迷你云”中托管 JavaScript 应用程序。

2. 在树莓派上运行的 node.js 应用程序可以与相连接的硬件互动。这意味着客户端可以通过浏览器连接，与服务器上的硬件进行交互。利用这个功能，我们可以创建一个通过浏览器控制的灯，以及一个服务器上的按钮，用于向浏览网站的用户发送信号。

3. JavaScript 应用程序可以使用 WebSockets 框架来实现浏览器和服务器之间的数据传输。无论是浏览器还是服务器，都可以建立 WebSocket 连接，并且该连接中的数据可以通过 HTTP 连接进行传输。这使得在没有浏览器请求的情况下，服务器应用也可以向浏览器发送信息。当连接到服务器硬件的按钮被按下时，我们使用它来向连接的用户发送消息。

---

① 译注：这个 JavaScript 库是纽约大学 ITP 开发的，旨在帮助艺术家、创意编程人员和学生更好地学习机器学习。ml5.js 库基于 TensorFlow 的人体动态捕捉功能来识别人体的骨骼。

4. 消息队列遥测传输（MQTT）是一种为计算能力有限的设备（如微控制器）设计的通信方式，使它们能与其他设备及服务器交互它依赖一个 MQTT 代理来实现发布-订阅服务。设备可以连接到这个代理，对主题进行订阅或向主题发布消息。一旦代理收到某个主题的消息发布请求，就会把消息传递给所有订阅了那个主题的设备。这样一来，两个设备就可以轻松通信：一个设备订阅一个主题，而另一个设备向这个主题发布消息。主题名称可以在层次结构中进行排列，设备可以订阅该层次结构中的一个点并接收其下的所有子主题的消息。例如，一个设备订阅 sensor 主题之后，它会接收到 sensors/kitchen 和 sensors/garage 等子主题的所有消息。每条消息都包含完整的主题名称和数据。

5. JavaScript 的 MQTT 库可以安装在 node.js 应用程序中，让程序能够发布和订阅消息。

6. 我们可以在树莓派上部署一个 MQTT 代理。Mosquitto 代理是一个不错的选择。此外，也可以使用 Azure IoT Hub 作为 MQTT 代理。MQTT 连接可以通过用户名和密码进行验证，并能使用安全的套接字连接进行通信。

7. Phazer 框架让我们可以更轻松地用 JavaScript 创建游戏，它提供了许多专门用于游戏开发的功能和元素。

8. Express 应用可以作为 HTTP 服务器，提供不需要通过模板生成的静态文件，比如页面和其他资源。

现在，为了最后加深对本章的理解，你可能需要思考以下几个进阶问题。

1. **问题**：我可以在任何计算机上运行 JavaScript 吗？

解答：JavaScript 是一种解释型语言。也就是说，JavaScript 程序的源代码会被一个解释器逐条解读并执行。这与 C++ 等编译型语言形成了鲜明的对比。编译后的 C++ 程序是直接由目标设备的硬件执行的一系列指令。要运行 JavaScript，设备必须有足够的能力来运行 JavaScript 的解释器。例如，树莓派的处理器可以运行 JavaScript 解释器，但 Arduino（一个流行的嵌入式计算设备）的处理器就没有那么强大。

2. **问题**：如何使树莓派服务器在启动时就运行我的 JavaScript 程序？

解答：这是个好问题。我们已经看到了如何通过 `node` 启动应用程序并将树莓派转变为应用服务器。如果我们希望每次树莓派启动时都这样，一个简易方法是编辑位于 `/etc` 目录的 `rc.local` 文件。这个文件包含了树莓派启动时要执行的命令。你可以在此文件中添加启动你的程序的命令，这样当机器启动时，它就会自动运行。虽然这么做是可行的，但如果程序崩溃，你可能需要重启树莓派来恢复。一个更好的方法是使用 `systemd`，它是一个操作系统组件，用于终止和启动服务。我们可以用它来让系统在程序崩溃时重启程序。

3. 问题：树莓派上可以连接多少个硬件？

解答：树莓派有一个40针的接口，为我们提供了许多引脚。虽然不是所有引脚都能使用，但能使用的大约有超过20个。树莓派可以为LED和小型外设提供足够的电力，但如果你想控制电机等设备，可能需要增加额外的电路和电源，以提供比树莓派引脚更强的电力。

4. 问题：在树莓派上运行Visual Studio Code实在是太慢了。这个问题可以搞定吗？

解答：我们可以通过关闭一些优化来使Visual Studio Code在树莓派上运行得更顺畅。打开它，使用CTRL+SHIFT+P打开命令窗口，然后输入Preferences: Configure Runtime Arguments。这会打开一个配置文件，其中包含通常会被注释掉的disable-hardware-acceleration属性。取消注释以“激活”这一属性。退出Visual Studio并重新启动它。现在，用户界面应该变得更加流畅了。

5. 问题：我们可以通过WebSockets连接发送哪种类型的数据？

解答：这并没有限制。在这一章中，我们发送了简单的文本命令，但我们也可以发送描述复杂对象的JSON。使用WebSockets的挑战在于如何在服务器端组织所有的连接。建议你了解一下socket.io框架，它能提供很大的帮助。

6. 问题：可以使用MQTT连接哪种设备？

解答：我们可以将功耗非常低的设备连接到MQTT网络中。有各种不同语言和平台的MQTT客户端库。Paho客户端是一个不错的起点，请参见https://www.eclipse.org/paho/。

7. 问题：如果MQTT设备出现了故障，该怎么办？

解答：MQTT最初是为了在计算机之间发送系统管理消息而创建的。MQTT设备会定期向代理发送“I' m still alive（我还在）”的消息。它可以设置一个“last will（遗愿）”行为，如果代理长时间没有从MQTT设备那里收到任何消息，它会自动地发送一个消息。这样其他的设备就可以在某个MQTT设备失效时得到通知。

8. 问题：可以使用Phazer制作3D游戏吗？

解答：尽管有一些3D物理引擎可以与Phazer框架协同工作，但Phazer框架主要是针对2D的。如果刚开始接触游戏开发，我强烈建议你从2D开始，这比3D要简单得多。

9. 问题：JavaScript还有哪些其他的用处？

解答：JavaScript几乎无所不能。它有很多库，可以应用于各种不同的场景。当你想到了一个点子并希望开始实现它的时候，我强烈建议你搜索一下有没有相关的库。你很可能找到一个能帮助你构建解决方案的现成的库或工具。在开始编写代码之前，请确保你已经在GitHub里搜索过了。另外，别忘了享受编程的乐趣！

术语详解

欢迎查阅专业术语表，希望它能对你有所帮助。部分定义附带了代码示例，可以在本书示例文件夹内的 Glossary 文件夹中找到这些代码。

1. 应用程序（Application）

应用程序执行用户想要做的事情，无论是玩游戏还是写书。原本，应用程序是我们复制到设备上的一个独立软件。但现在，我们在网页浏览器中也可以使用应用程序。浏览器为应用程序创建了一个安全的运行环境，它被称为“沙盒（sandbox）”。沙盒为应用程序提供了它所需的所有服务，并严格控制对底层计算机的访问权限。应用程序本身可能由多个协作的软件部分组成，它们共同为用户提供体验。应用程序还可以使用云组件来实现这一点。

2. 应用程序编程接口（Application Programming Interface，API）

API 是软件公开的一组函数或方法，以便其他软件使用其功能。这些功能可以是一个简单的动作，比如数学计算（例如求一个值的正弦）；也可以是一个更复杂的事务，例如加载文本文件。

3. 实参（Argument）

实参（argument）是传递给函数调用的值。在函数内部，匹配的形参（parameter）会被调用中提供的实参替代：

```
doAddition (3,4);
```

在以上语句中，3 和 4 是传入 doAddition 函数的实惨：

```
function doAddition(p1, p2) {
    let result = p1 + p2;
    alert("Result:" + result);
}
```

当函数被调用时，每个实参都会映射到函数体内的对应形参。如果没有提供某个实参，那么与之对应的形参的值会被设置为“undefined”。如果一个调用的实参数量超过了接收函数的形参数量，那么多余的实参将被忽略。

4. 赋值（Assign）

赋值操作符 = 会取一个表达式的结果并将其赋给一个变量。

```
let age = 21;
```

上述赋值操作将数字 21 赋值给了新创建的 age 变量。

5. 异步（Asynchronous）

在前往汽修店保养车的时候，我们可以采用两种方法。一种是把车开到汽修店，交出钥匙，然后在接待区静候保养完成。等车子保养好之后，再开车回家。这是保养汽车的“同步”方法，因为我们必需等汽车保养完毕后才能回去做其他事。我们的时间与汽修店的工作速度是同步的。

另一种方法是异步方法，把车开到汽修店，然后坐出租车回家。当汽车保养完毕后，汽修店会打电话给我们，然后我们再坐出租车回店里取车。在这种情况下，我们可以在汽车保养的同时继续做自己的事情。

JavaScript 是为异步方法而打造的。无论何时，我们都不应发现 JavaScript 程序在等待某件事情完成。JavaScript 程序不会请求文件系统打开一个文件然后干等着，而是会请求打开文件，并提供一个在文件准备就绪时要调用的函数。如此一来，当文件系统从存储中获取文件时，程序还可以执行其他任务。JavaScript 的特点是可以很轻松地创建和使用匿名函数，这使得它很适合进行异步操作。

但也要注意，异步操作并不总是简单直接的。例如，如果操作系统无法找到一个文件，就需要一种方法来生成“找不到此文件”消息，这样请求文件的程序就可以作出回应。为了帮助管理异步操作，JavaScript 提供了 Promise。Promise 代表了一个正在执行的异步任务。

6. 属性（Attribute）

HTML 页面包含由浏览器渲染的元素。每种元素类型都与特定的属性集关联。属性为元素提供额外的信息。下面的 HTML 使用 <button> 元素创建了一个屏幕上的按钮供用户单击。按钮上的文本是“Throw dice”，其 id 属性为 diceButton。

```
<button id="diceButton">Throw dice</button>
```

在 JavaScript 程序中，可以使用 id 属性来定位文档中的某个元素。文档对象模型（Document Object Model，DOM）提供的 getElementById 方法可以根据特定的 id 属性搜索文档中的元素。下面的语句创建了一个名为 diceButton 的变量，该变量引用代表按钮的 DOM 对象：

```
let diceButton = document.getElementById("diceButton");
```

JavaScript 程序可以使用 setAttribute 函数为元素创建新的属性。前面的语句利用 id 属性找到一个按钮，然后为该按钮添加了一个名为 name 的属性，其值为 "Rob"：

```
diceButton.setAttribute("name", "Rob");
```

注意，按钮包含一些 HTML（在本例中是 Throw dice 字符串）。这不是按钮元素的属性，不过在 JavaScript 中，我们可以使用元素的 innerHTML 属性来访问它。下面的语句可以将按钮的 innerHTML 设置为 "Please click to throw the dice"：

```
let diceButton = document.getElementById("diceButton");
diceButton.innerHTML = "Please click to throw the dice"
```

注意，这存在一个潜在的安全风险。如果元素的 innerHTML 被插入到网页中，攻击者有可能向文档中插入恶意 HTML 代码。下面的代码展示了这种可能的情况。doReadName 函数从输入元素读取一个名称，然后通过设置 helloPar 段落的 innerHTML 来显示这个名称。但如果访问网页的用户在姓名输入框中输入了 HTML 代码，那么页面上就可能会出现新的 HTML 元素。为了避免这种情况，建议使用 innerText 属性来设置元素的文本，而不是 innerHTML：

```
function doReadName() {
    let nameInput = document.getElementById("nameInput");
    let name = nameInput.value;
    console.log(name);
    let helloPar = document.getElementById("helloPar");
    helloPar.innerHTML = name;
}
```

我提供了一个示例应用程序供大家尝试，它位于以下链接中的 Attributes 文件夹：https://begintocodecloud.com/glossary.html。若想进一步了解 innerHTML，请访问 https://developer.mozilla.org/en-US/docs/Web/API/Element/innerHTML。

7. 代码块（Block）

在 JavaScript 中，代码块指的是多条语句被组合在一起，并被视为一个整体。你可以通过将语句放在花括号中来创建一个代码块。代码块让我们你可以利用单个的条件语句来同时控制多个操作。

以下代码在年龄大于 70 时输出一条消息，并将 age 的值设置为 70。两个语句都受到同一个条件——检查年龄值——的控制。另外，在定义函数体的时候，我们也会将代码放入这样的代码块中：

```
if ( age>70 ) {
```

```
    console.log("Age too large. Using 70");
    age = 70;
}
```

8. 类（Class）

类有两种类型。一种是 HTML 页面上的类，它被应用在元素上，使其具有特定的样式。下面的语句来自我们在第 2 章中编写的时钟程序：

```
<p id="timePar" class="clock">0:0:0</p>
```

这表明显示时钟值的元素被分配了 clock 类。样式表中定义了 clock 类，使时间文本在页面上显得又大又居中：

```
.clock {
    font-size: 10em;
    font-family: 'Courier New', Courier, monospace;
    text-align: center;
}
```

类在将页面的设计与元素本身分离上非常有用。一个给定的元素可以被分配到多个类中。容器元素可以被赋予一个类，该类的样式会应用于容器中的所有项目，这构成了层叠样式表（CSS）的基础（注意，应用于单个项目的类设置将覆盖其父类中的设置）。

第二种类型的类出现在 JavaScript 代码中，它将数据和行为结合在一起以创建对象。以下代码创建了一个名为 Vehicle 的类，我们可以使用它来存储车辆的颜色和制造商。Vehicle 类包含两个方法——一个构造方法和一个名为 logDetails 的方法。这些方法与类中存储的两个属性——color 和 make——相关联：

```
class Vehicle {
    constructor (newValue){
        this.color = newValue.color;
        this.make = newValue.make;
    }
    logDetails(){
        console.log("Color is:"+this.color+" make is:"+this.make);
    }
}
```

Vehicle 类定义了一个对象的结构。在基于这个类创建一个新实例时，我们得到的是一个对象。在 Vehicle 类的方法中，this 关键字被解析为一个引用，指向正在调用此方法的对象：

- 在构造方法中，this 引用的是正在创建的对象；
- 在 logDetails 方法中，this 引用的是正在调用此方法的对象。

以下代码创建了两个 Vehicle 的实例——分别由 v1 和 v2 引用——并记录了它们的详细信息。

```
let v1 = new Vehicle({color:"white",make:"Nissan"});
let v2 = new Vehicle({color:"blue",make:"Ford"});
v1.logDetails();
v2.logDetails();
```

在第一次调用 logDetails 时，this 的值将是对 v1 的引用。在第二次调用时，它则会指向 v2。因此，第一次调用会输出 "Color is:white make is:Nissan"。如果仔细思考一下，你会发现是 this 关键字使方法得以按照我们的期望运行。而在这里，我们期望的是在第一次调用 logDetails 时输出 v1 的内容。

类可以包含多种方法和数据属性。注意，在类中声明方法时，不需要使用 function 关键字作为前缀。类还可以被用来创建类的层次结构，其中一个类被另一个子类继承，子类根据父类添加新的行为和属性。

9. 云（Cloud）

"云"指的是托管在互联网上的远程服务器网络，用于存储、管理和处理数据。这些服务器通常由第三方供应商拥有和运营，供应商允许客户运行应用程序或存储和分享数据。

10. 闭包（Closure）

闭包可以在 JavaScript 程序中用来创建私有变量。请看下面的函数，它包含一个包含字符串消息的变量：

```
function outerFunc(){
    let outerVar = "I'm a var in the outer function";
}
```

如果调用这个函数，outerVar 变量就会被创建。但是，因为它是用 let 声明的，所以当函数执行完毕后，它就会被删除。现在，我们在外部函数内部再放一个函数，并让外部函数返回这个内部函数。

```
function outerFunc(){
    let outerVar = "I'm a var in the outer function";
    function innerFunc(){
        console.log(outerVar);
    }
```

```
    return innerFunc;
}
```

我们可以在函数内部声明函数，而一个内部运行的函数可以访问其封闭函数中声明的所有变量。因此，innerFunc 可以输出 outerVar 的值。现在，让我们调用 outerFunc 并将其返回值赋给一个变量。以下语句创建了一个名为 funcRef 的变量，该变量引用了调用 outerFunc 的结果：

```
let funcRef = outerFunc();
```

也就是说，funcRef 指向的是 innerFunc 函数。在调用 funcRef 时，它将在控制台上输出 outerVar 的值。我们可以称这个过程为“闭包”。outerVar 的值被保留了下来。通常情况下，JavaScript 会销毁超出作用域的变量，但在这里，由于闭包的作用，编译器判断 outerVar 的值仍然被需要，所以就保留了它。下面的语句调用 funcRef 所引用的函数（即 innerFunc），然后在控制台上显示："I'm a var in the outer function"：

```
funcRef ();
```

闭包可能比较难以理解，但它的确非常强大。outerVar 变量对程序的其他部分是不可见的，它是一个私有变量。下面就让我们来看看如何使用它。假设我们想要一个只增不减的计数器，并确保恶意用户不能更改计数器的值。下面展示的 countUp 函数可以帮助我们实现这一点。countUp 函数包含一个局部 count 值，该值会被内部声明的 nextCount 函数递增并返回。这构成了一个闭包：

```
function countUp(){
    let count = 0;
    function nextCount(){
        count = count + 1;
        return count;
    }
    return nextCount;
}
```

现在，我可以调用 countUp 来获得一个计数行为，如下所示：

```
let myCounter = countUp();
console.log(myCounter());
```

myCounter 变量引用 nextCount 函数，该函数会增加 count 的值，然后返回它。首次调用 myCounter 时，它会返回 1，第二次调用则会返回 2，依此类推。这个计数值无法重置。请注意，如果我像下面这样创建一个新的计数器，它将拥有独立的

count 变量副本。换句话说，每次调用 countUp 都会创建一个新的局部变量，这是通过闭包来实现的：

```
let newCounter = countUp();
console.log(newCounter());
```

11. 代码（Code）

code（代码）一词通常被认为与 program（程序）同义。但是，code 的原始含义是计算机硬件为了实现一个程序而需要执行的非常低级的指令。例如，一个程序可能包含一条为一个变量的值加 1 的语句。为了实现这个操作，代码可能是一系列的指令：首先获取该变量，再加 1，然后将它存回随机存取存储器（RAM）。机器代码（machine code）一词指的是特定类型的硬件所执行的代码。

12. 条件（Condition）

我们使用条件来控制程序的执行流程。条件由一个值控制，这个值可以是真值（truthy）或假值（falsey）。有些条件很明确，例如下面检查 age 值的这段代码，如果超过 70，它就会将其设为 70：

```
if ( age>70 ) {
    console.log("Age too large. Using 70");
    age = 70;
}
```

但也存在一些不那么明确的条件。JavaScript 有内置的值，如 Infinity、undefined、NaN 以及像空数组或 null 引用这类的对象。那么，这其中哪些是真值，哪些是假值呢？答案是除了下面的几项以外，都是真值：

- false；
- 值 0；
- 空字符串；
- 空引用；
- undefined；
- NaN。

13. 控制台（Console）

这个词有两个常见的含义。第一个是通过表示遗憾来安慰某人，例如："很抱歉，你的程序无法正常工作。"第二个则指的是由键盘和屏幕组成的用户界面。通常，我们会在用户界面中输入命令并收到相应的反馈。但也有文本编辑器这样的工具，允许我们使用方向键来在屏幕上移动光标并与显示内容交互。我们在其中输入控制台命令的环境被称为“shell”。例如，Windows PowerShell 就是一个跨平台的 shell，并支持创建和运行脚本以自动执行任务。若想了解更多信息，可以访问 https://learn.microsoft.com/en-us/powershell。

14. 上下文（Context）

我们所做的一切都发生在特定的上下文中。例如，我们在教堂里的行为和在足球场上的行为是不同的。JavaScript 会通过检查它正在处理的操作数的类型来确定操作的上下文。例如，操作符 + 在处理两个数字时会执行数值相加，而在处理两个字符串时则会连接它们。

15. 编译器（Compiler）

编译器是一个能够将程序文本转化为可直接在计算机上执行的机器代码的程序。这个编译过程是在程序实际运行前完成的。不过，这么说其实有点过于简化了。有时，编译器生成的不是机器代码，而是所谓的中间代码，这些代码在程序运行时会被执行或再次编译但无论如何，所有编程语言都有在程序运行之前发生的编译过程。

不同的编程语言的编译器对代码的准确性有不同的标准。以 JavaScript 为例，其编译器相对较为宽容。它可能会容忍某些其他语言不会接受的语法错误。这意味着，一个 JavaScript 程序可能会成功运行，但输出的结果可能是错误的。因此，我们需要格外注意这一点。

16. 计算机（Computer）

计算机是由可以运行程序的硬件组成的集合。单独的计算机对我们来说没有任何用处。它必须配备软件才能发挥作用。有些计算机只能运行一个程序，而另一些则允许用户选择和添加新程序。计算机也常常被用作其他设备的一部分，比如手机。有些设备还依靠运行“嵌入式”软件的计算机来正常工作，例如遥控灯。

17. 常量（Constant）

在 JavaScript 中，变量可以使用 `const` 关键字来声明，如下所示：

```
const maxAge = 70;
```

声明为 const 的变量必须赋予一个初始值，且该值不能被更改。通过将变量声明为 const，我们可以防止它被更改。

18. 光标（Cursor）

在控制台中，图形光标元素——可能是一个下划线或方格，有时会闪烁——指示了文本的输入位置。而在带有窗口的操作环境，比如 Windows 或 macOS 中，它可能会显示为鼠标指针。此外，Cursor 一词还可能指代一个因为发现程序没有如期运行而破口大骂的人。

19. 数据（Data）

数据是计算机处理的原料。这些数据以位的模式存在，并组合形成不同的位模式。当这些模式展现给人类时，人们会决定这些数据是否构成了“信息”（即具有某种意义的内容）。

20. 声明（Declaration）

变量的声明告诉 JavaScript 变量存在。

```
let x;
```

以上语句告诉 JavaScript 存在一个 x 变量，但它并未提供关于 x 的类型或初始内容的任何信息。一个已声明但未赋值的变量的值为 undefined。你可能会好奇，既然 JavaScript 可以自动声明变量，为什么我们还要特地这样做。原因在于，我们想明确设置声明的变量的作用域。

21. 定义（Define）

在定义一个变量时，我们会向 JavaScript 提供关于这个变量的全部信息：

```
let age = 21;
```

以上语句定义了一个名为 age 的变量。JavaScript 可以推断出这个 age 变量是一个数字，并且其初始值为 21。

22. 定界符（Delimiter）

定界符是用来标明某物边界或范围的字符或标记。在英文中，大写字母和句号被用作句子的定界符。JavaScript 程序和 HTML 文档在多种不同的情境中使用定界符。JavaScript 代码块由花括号 { } 界定。文本字符串由单引号 '、双引号 " 或反引号 ` 界定。HTML 元素由它们的名称来界定，比如 <par> 和 </par>。

23. 文档对象模型（DOM）

我们可以把程序的输入和输出理解为程序读取我们输入的内容，然后输出结果。这就是控制台应用程序的工作方式，摒弃了打孔卡之后，我们就是通过这种方式使用计算机的。

然而，基于浏览器的应用程序并不以这种方式进行输入和输出。浏览器使用网页上的 HTML 内容来构建一个代表该页面的文档对象模型（DOM）。这个模型包含了一系列代表页面元素的互相连接的软件对象。程序可以从由浏览器设置的元素属性中获取输入。如果用户在输入元素中输入了内容，元素的 value 属性就会包含所输入的内容。程序可以通过修改和添加对象的属性来显示输出。

浏览器会渲染这些更改以改变页面的外观。DOM 中的对象还可以生成事件，例如当网页按钮被单击时。JavaScript 函数可以与这些事件绑定，从而在事件发生时执行函数。这使得页面能够对用户的输入做出响应。

24. 元素（Element）

HTML 页面可以包含多种元素。每个元素都有其特定的类型（例如，段落或标题）以及特定的属性集。一个元素可以包含其他元素，实现嵌套结构。

25. 事件（Event）

一些软件组件会生成事件。事件是触发代码执行的机制。当事件发生时，JavaScript 程序会通过指定一个函数来“处理”这一事件。这个函数可以是命名函数，也可以是箭头函数。

26. 异常（Exception）

异常是一个描述刚刚发生的错误或问题的对象。在编程中，我们使用 `try-catch` 结构来处理这些异常。请查阅后续词汇表中的“`Try-Catch`”部分，以获取更多信息。

27. 漏洞利用（Exploit）

漏洞利用指的是利用软件的内部工作机制来使软件执行它本不应执行的操作。例如，你可能会发现，在把用户名和密码留空时，一个编写得有缺陷的验证系统会允许你登录。通过适当地测试和验证代码，我们可以降低出现此类漏洞的风险。

28. 函数（Function）

函数是一个对象，它包含由 JavaScript 语句组成的“函数体”（body），这些语句会在函数被调用时执行。函数还包含一个作为名称的 `name` 属性。函数可以通过名称被调用，在这种情况下，程序的执行会转移到构成函数主体的语句。当函数执行完毕后，程序将返回到调用该函数后的语句。函数可以接收参数并返回结果。下面的 `doAddition` 函数接受两个参数并显示它们相加的结果：

```
function doAddition(p1, p2) {
    let result = p1 + p2;
    alert("Result:" + result);
}
```

函数有助于简化程序。在需要重复使用某些语句时，我们不必每次都重新写一遍，而是可以创建一个函数并在需要时调用它。此外，函数也使程序更容易维护，因为如果函数出了问题，我们只需修改一处。函数还可以使程序更易于理解和开发。通过将任务分解为多个函数，我们可以独立地编写和测试每个函数，然后将它们组合成一个完整的解决方案。

29. 全局（Global）

全局上下文存在于所有其他上下文之外。在全局层面上声明的内容对系统内的任何代码都是可见的，更重要的是，它们可以被修改。只应该把真的需要对整个系统都可见的数据值设置为全局状态。

30. 词汇表（Glossary）

谢谢你查找“词汇表”这个词。你可以把词汇表视为“为书籍设计的字典”。字典提供了单词的定义，而词汇表提供了单词在特定背景下的定义，本书的背景是关于如何创建基于云的应用程序的。

31. 哈希（Hash）

在互联网交易中，哈希被广泛应用于在使用数据之前进行验证它的有效性。在第8章中，当我们开始使用Bootstrap样式表时，我们首次接触到了哈希算法。以下是一个示例HTML，说明如何将Bootstrap样式表文件添加到网页中：

```
<link rel="stylesheet"
href=https://cdn.jsdelivr.net/npm/bootstrap@4.3.1/dist/css/bootstrap.min.css
integrity="sha384-
gg0yR0iXCbMQv3Xipma34MD+dH/1fQ784/j6cY/iJTQUOhcWr7x9JvoRxT2MZw1T">
```

链接的 `integrity` 属性保存了样式表文件的哈希码，其目的是让浏览器确保样式表的内容没有被篡改。`integrity` 属性的值通过使用SHA-3（Secure Hash Algorithm 3，安全哈希算法3）计算得出，后者根据文件内容产生一串看似随机的字符。哈希算法旨在为给定的输入生成一个唯一的输出。从互联网接收样式表文件后，浏览器会使用SHA-3算法计算其哈希值，并与HTML中提供的值进行比对。如果两个值相同，就说明样式表是有效的，因为一旦文件被篡改，它的哈希码就会改变。

32. 超文本传输协议（Hypertext Transfer Protocol，HTTP）

HTTP是浏览器使用的基于文本的协议。当在浏览器中输入一个网址时，浏览器会发送一个以GET开头的消息。当浏览器想向服务器发送消息（例如用户填写的表单内容）时，它会发送一个以POST开头的消息。HTTP定义了标头（header），为消息提供额外的细节。在GET请求中，标头指示页面是否被正确找到以及响应的数据格式。如果我们想从头开始创建一个网页服务器，就需要深入了解所有消息和响应的格式。幸运的是，一些适用于JavaScript和 `node.js` 的库可以用来组装和响应HTTP格式的消息。

33. 标识符（Identifier）

标识符是程序员创建的一个名称，用来指代程序需要跟踪的内容。JavaScript设定了构建标识符的规则：

- 标识符必须以一个字母（A-Z 或 a-z）、美元符号（$）或下划线（_）开头；
- 标识符可以包含字母、数字（0-9）、美元符号（$）或下划线（_）。

最好让标识符描述与它们相关的事物。一个名为“a”的标识符并不是很有用，名为“age”的标识符就具体了许多，而名为“ageInYears”的标识符就更加明确了。如果想在标识符中使用多个单词，JavaScript 的惯例是将标识符内每个单词的首字母大写。这被称为“驼峰命名法（camel case）”，因为大写字母像骆驼的驼峰一样隆起。请注意，标识符的字母大小写是有区别的。JavaScript 会将 AgeInYears 和 ageInYears 视为不同的标识符。如果程序因为找不到某个东西而出错，请确保你使用了正确的标识符。

在为函数或方法选择标识符时，可以考虑使用动宾结构。举个例子，“displayMenu”这个标识符就很适合用于显示菜单的函数。在选择类名时，标识符的首字母应该大写。

34. 无穷大（Infinity）

JavaScript 的数字范围包括 Infinity 值。如果计算结果生成了这个值，变量将被设置为 Infinity：

```
var x = 1/0;
```

以上语句将 x 的值设置为 Infinity。如果打印 x 的值，它将显示 Infinity 值。你可能已经猜到了下面这些 Infinity 的实现方式：

- 为 Infinity 加 1，得到的仍然是 Infinity
- 如果使用 Infinity 除以任何值，商仍然为 Infinity。
- 如果用任何数字除以 Infinity，得到的结果将为 0
- 如果用 Infinity 除以 Infinity，得到的结果将是 NaN（非数字）
- 程序可以将变量的值设置为 Infinity，并可以检测该值：

```
if(x==Infinity) console.log("result too large");
```

35. 互联网（Internet）

互联网建立在一个名为 TCP/IP（传输控制协议 / 互联网协议）的开放标准上。TCP/IP 由美国国防部的高级研究项目局（DARPA）创建。TCP/IP 规定了如何构建和连接局域网，以创建可以覆盖全球的“网络之网”。这些标准为网络上的每个物理设备提供了一个编址方案，并为用户提供了一个资源命名方案，允许用户通过名称而不是地理位置来识别服务。互联网并不是唯一一个使用 TCP/IP 的网络。你甚至可以在自己卧室里创建一个 TCP/IP 网络。

你可能会误以为互联网连接就是两台机器之间的电缆，但事实并非如此。传输数据时，发送方会将其分割成小的数据包单独发送。这就好比我把一个面包切成很多片，然后一片片地寄给你。接收端的软件会收集这些数据包，按正确的顺序组合它们，并将其传给使用该连接的应用程序。使用连接的应用程序（比如加载网页的浏览器）对这整个数据打包和解包的过程一无所知，它只负责接收并处理数据。

当年，在核战争可能爆发的阴影下，互联网作为一种通信工具诞生了。它使用一个名为“服务器”的系统网络，每个服务器都有一个网络“地图”，负责将传入的数据包传递到其目的地。如果某个服务器突然无法使用了，其他服务器会自动绕过它来传输数据包。客户端机器与这些服务器相连接，以发送和接收数据包。

为了在全球范围内实现网络连接，美国国防部决定公开 TCP/IP 标准，并免费提供他们开发的所有软件。这使得硬件制造商甚至业余爱好者能够轻松将他们的设备接入到网络上。很快，互联网风靡全球，为人们带来了一项革命性的创新：只要接入网络，就可以将数据包传送到世界任何地方，而成本几乎为零。在互联网问世之前，人们如果想要连接计算机，必须自己铺设电缆或从电信公司租赁，并且跨国通信的费用极高。

在把计算机连接到互联网后，就可以发送数据包了。这些数据包将会到达其目的地，无论这个目的地在何处。如果目的地较远，数据包可能会花费更长时间，因为它在旅途中会从一个系统传输到另一个系统，但无论距离有多远，费用都是一样的。相继发送到同一目的地的两个数据包可能会经由完全不同的路线，但它们都会到达目的地。互联网的任务是隐藏所有这些复杂性，并让用户产生了直接连接到另一台机器的感觉，即使这台机器位于地球的另一侧。互联网可以在许多不同的物理媒体上运作，包括电话线、有线连接、无线网络和移动电话。

可以把互联网想象成一个连接各地的铁路系统，但就像铁路一样，你需要用互联网来进行传输，它才真正有了意义。就像火车为铁路赋予了意义一样，应用程序为互联网增添了魅力。电子邮件是互联网的第一个“杀手级应用”。用户会连接到与互联网相连的邮件服务器，这些服务器会接收并储存消息供用户查阅。同时，邮件服务器也会向其他邮件服务器发送邮件。不过，真正使用户大量涌入互联网的应用是万维网（World Wide Web）。

36. IP 地址（IP address）

互联网上的每台计算机都有一个独特的地址，这杯称为互联网协议或 IP 地址。你可以把它想象成计算机的电话号码。当我们想给某人打电话的时候，必须输入他们的电话号码。而当一个程序想要调用远程计算机上的一个程序时，它需要使用那台计算机的 IP 地址。当然，在现实生活中，我们很少亲自输入电话号码，因为它已经被存储在通讯录的联系人信息里了。互联网也有类似的机制，它使用域名系统（DNS）将名称（例如，robmiles.com）转换为 IP 地址。如果在浏览器的地址栏中输入“www.

robmiles.com”，浏览器首先会使用 DNS 来找到托管我的博客的服务器的 IP 地址，然后向该服务器发送 HTTP 请求。

互联网上的大部分地址都使用 32 位整数来存储 IP 值。这种编址方案被称为“IPv4”，它可以提供超过 40 亿个不同的地址，在它诞生的时候，这个数量似乎已经足够了，但随着连接设备数量的增加，这些地址已经不太够用了。一个更先进的编制方案，IPv6，正在普及，它使用 128 位整数，从而能连接更多的设备。IPv4 和 IPv6 是设计为可以并存的，并且未来仍会一直存在。

IPv4 地址通常表示为由四个 8 位值组成的数字，每个值之间用点分隔，例如 158.252.73.252。可以通过在浏览器中搜索“IP 地址”来查看电脑的 IP 地址。

37. JSON

JavaScript 对象表示法（JavaScript Object Notation），简称 JSON，是对 JavaScript 对象数据内容的文本描述。JSON 文档能以名值对的形式包含数组和对象。不同于其他格式，JSON 不包含对对象的引用，而是直接插入被引用对象的内容。JSON 支持数字、字符串和布尔值。许多语言都提供了 JSON 的原生支持，因此它成为了不同设备和程序间传输数据的通用格式。若想了解更多关于 JSON 的标准定义，可以查看 https://www.json.org/json-en.html。

38. let 关键字

在编程中，为了存储和处理数据，程序会使用变量。程序可以使用 `let` 关键字来声明一个变量。使用 `let` 声明的变量的特点在于，当程序执行离开声明这个变量的代码块时，它就会被丢弃。可以称这些变量具有“块级作用域”：

```
{
    let personName = "Rob";
    // 使用personName 变量进行一些操作
}
    // 这时，personName 变量将不复存在
```

考虑前面的代码。`personName` 变量是在代码块内声明的。它可以在这个代码块中被使用，但当程序执行完该代码块中的语句并离开代码块后，`personName` 变量就被丢弃了。这意味着，这个名为 `personName` 的变量不可能与程序其他部分使用的名为 `personName` 的变量相混淆。

值得注意的是，如果外围的代码块包含一个名为 `personName` 的变量（它将在如上所示的代码块之外声明），那么该外部的 `personName` 变量在内部代码块中将是不可访问的。但是，当程序离开前面的代码块时，外部的 `personName` 变量就会再次变得可访问。

除了 `let`，还可以看看词汇表中的 `var` 和 `global` 这两个词条，它们在 JavaScript 中也被用来管理变量的使用范围。

39. 本地变量（Local）

本地变量的作用域是有限制的。使用 `let` 声明的本地变量局限于特定的代码块中，而使用 `var` 声明的本地变量则局限于声明它的函数或方法中。

40. Localhost

连接到互联网的设备有一个用于定位它的 IP 地址。程序使用这个 IP 地址向该机器发送消息。程序也可以向 Localhost（本地主机）地址——也就是机器自身的地址——发送消息。我们用本地主机地址在机器上进行网络服务测试。换句话说，我可以在我的电脑上运行一个实现网页服务器的程序，然后在浏览器中输入 localhost 地址来连接到这个服务器。IPV4 的 localhost 地址是 127.0.0.1。我们也可以使用 localhost 一词作为地址。如果你想在电脑上托管一个网站，并使用这台电脑的浏览器连接到那个网站，就可以使用 localhost 地址。

41. 逻辑（Logical）

在计算领域，这个术语有两种用法。首先，计算机程序使用逻辑表达式进行决策。例如，当程序需要表达“如果未满五岁，就不能乘坐这个游乐场设施”时，它就会使用逻辑表达式，比如使用“<”这样的逻辑运算符来做决策。在这种情境下，“逻辑”指的是编程环境中用于表示如何做出决策的元素。

其次，“逻辑”一词也代表一种看待事物的方式。例如，当我们说某些网络使用“逻辑”地址时，“逻辑”意味着某个事物可能与物理设备相对应，也可能不对应。比如，一个逻辑地址可能会被映射到一个物理计算机上。但是，它也可能会被映射到某台支持多个此类进程的计算机上的特定进程。“逻辑”实体的概念在我们讨论云中的组件时起着关键作用。我们为组件分配一个逻辑地址，然后当它被使用时，底层系统会确定其实际位置。

42. 机器代码（Machine code）

计算机的处理器负责处理被编码为“机器代码”的指令，这种代码以一种硬件可以理解的非常底层的形式来表达要执行的动作。机器代码程序针对特定的硬件架构有其特定的结构和内容。使用高级语言（如 C++）编写的程序必先须转换为机器代码，然后才能在设备上运行。不过，JavaScript 程序在运行之前通常不会转换为机器代码，而是由一个解释器程序直接在硬件上运行。解释器解读每条 JavaScript 语句的意图，然后执行它。当然，事情并不总是这样简单。有时，为了提高执行效率，JavaScript

解释器可能会在运行某些 JavaScript 代码之前将其部分转换为机器代码，这种做法被称为“即时编译”（Just-in-Time compilation）。

43. 元数据（Metadata）

元数据是“描述数据的数据”。例如，一个照片文件的元数据可能包括拍摄照片的日期和时间、所使用的相机类型等。如果我们将这张照片表示为一个 JavaScript 对象，那么每个元数据项都是该对象的一个属性。

44. 方法（Method）

方法是类的成员，其使用方式与函数完全相同。它们可以接受参数并返回结果。在方法内部，this 关键字引用了方法所属的对象。下面是一个名为 Vehicle 的类的定义。这个类包含两个方法：构造方法和 logDetails：

```
class Vehicle {
    constructor (newValue){
        this.color = newValue.color;
        this.make = newValue.make;
    }
    logDetails(){
        console.log("Color is:"+this.color+" make is:"+this.make);
    }
}
```

如果创建一个类实例，我们会得到一个对象，这个对象的行为是由它包含的方法所提供的。构造方法用于创建类的实例。当执行下面的语句时，Vehicle 的构造方法会被调用，并带有一个参数，也就是一个包含初始化对象所需的信息的对象字面量：

```
let v1 = new Vehicle({color:"white",make:"Nissan"});
```

logDetails 方法可以被调用来显示 Vehicle 实例中保存的数据：

```
v1.logDetails();
```

在 logDetails 方法内部，this 关键字指向 v1，也就是调用 logDetails 的对象。

45. 嵌套（Nesting）

在 JavaScript 中，我们可以把一个结构嵌套在另一个结构中。在下面的代码中，记录消息和将年龄设置为 70 的语句嵌套在了一个判断是否执行它们的 if 结构中：

```
if ( age>70 ) {
    console.log("Age too large. Using 70");
```

```
    age = 70;
}
```

46. 网络（Network）

随着计算机数量的增加，我们把它们连接了起来，形成了网络。网络使两件事成为了可能：首先，网络连接使我们能够远程利用其他计算机的处理能力，可以在那台计算机上运行程序。其次，网络使得我们可以在各个系统之间传输数据。这意味着在一台机器上运行的程序能够访问另一台机器上存储的数据。数据可以集中存储，并供连接的客户端使用。服务可以由多个系统合作提供，而不是仅仅由一台机器上运行的一个进程提供。

最早的计算机网络是“专有”的。这意味着由A公司生产的机器不能与B公司的机器通信，这让A公司的客户很难换用B公司的产品（计算机公司很喜欢这一点）。但后来，有人创建了一个极具吸引力的网络，每个人都想把自己的机器连接到这个网络上，它就是我们熟知的互联网。

47. NaN

JavaScript 使用 NaN（Not a Number，非数字）值来表示一个操作没有生成数字结果。请看以下代码：

```
var x = 1/"fred";
```

以上语句将 x 的值设置为 1 除以字符串 "fred" 的结果，这个计算是无意义的。在某些编程语言中，如果尝试用字符串除一个数字，就会在程序编译时被拒绝，或在程序运行时产生错误。但在 JavaScript 中，即使无法计算数值表达式，程序也仍然会继续执行，只不过表达式的结果值会被设置为 NaN。你可以检查一个变量是否为 NaN，但检查方式可能有些出乎你的意料。

下面的 if 语句是无效的。因为 NaN 本身不是一个值，所以与其进行比较是没有意义的。但我们知道，NaN 的值与任何东西都不相等，包括它自己：

```
if (x==NaN) console.log("x is not a number");
```

下面的 if 语句通过检查 x 是否与其自身不相等，来判断它是否为 NaN。值得注意的是，JavaScript 的表达式计算还懂得 Infinity 的概念。接下来，可以看一看专业词汇详解中的 Infinity 词：

```
if (x!=x) console.log("x is not a number");
```

48. Null

JavaScript 程序可以包含作为对象或函数引用的变量。在程序中，null 值表示引用变量不指向任何对象的情况。当你调用一个函数来寻找某个东西但没有找到的时候，这个函数就可以返回 null 来表示这种情况。程序可以检查一个值是否为 null，null 值本身是假值（意味着直接对包含 null 引用的值进行测试时，会返回 false）。你可以在本词汇表的“条件”条目中找到更多关于真值和假值的信息。

49. 代码混淆（Obfuscation）

代码混淆的作用是让代码难以阅读。网络窃听者可能会查看发送到浏览器的 JavaScript，并在搞清楚代码的工作方式之后创建攻击手段。代码混淆可以帮助我们避免这种情况的发生。

50. 对象（Object）

原始（primitive）数据类型，比如数字或字符串，只能表示单一的值。而 JavaScript 对象是一个可以承载多个数据值的容器。存储在对象内的值被称为“属性”，每个属性都有其名称。对象可以被用来描述具体的物品，每个描述性特点都可以是一个属性。我可以使用如下代码来描述我的汽车属性的对象。这条语句创建了一个包含两个属性的对象。第一个属性描述汽车的颜色；第二个则描述汽车的品牌。一个名为 car 的变量被设置为引用这个新创建的对象。

```
let car = {color: "white", make: "Nissan"};
```

在 JavaScript 程序中，我们可以通过在变量名后加句点“.”和属性名来访问其引用对象的属性。例如，下面的语句会在控制台上显示“white”，因为这是 car 对象的 color 属性的值：

```
console.log(car.color);
```

我们可以通过为属性赋新值来更新其内容。下面的语句将 car 的 color 属性设置为 "blue"：。

```
car.color="blue";
```

我们还可以简单地通过为新属性名赋值来为对象添加新属性。下面的语句给 car 对象添加了一个 model 属性，并将其设置为 "Cube"：

```
car.model="Cube";
```

属性可以是函数，也可以是值。下面的语句为 car 添加了一个新属性。新属性是一个名为 toString 的函数，它返回描述对象内容的字符串。字符串包含了汽车的颜色、名称和型号。注意，函数中使用了 this 关键字来引用函数所属的对象。现在，可以在 car 引用的对象上调用 toString 函数：

```
car.toString = function (){return this.color+" "+this.make+" "+this.model};
```

为对象添加了函数属性之后，就可以调用这个函数了。请看以下语句。如果 car 对象的 color 属性已被更新为 "blue"，那么这条语句将在控制台上显示“blue Nissan Cube”，也就是 toString 函数返回的内容：

```
console.log(car.toString());
```

可以通过这种方式管理对象属性来创建和管理对象，但使用 JavaScript 类可以使对象更具内聚性（cohesive）。需要注意的是，对象是通过引用来管理的。

51. 开源（Open source）

开源代码是完全公开的，所有人都可以查看。它通常附有一个许可证，其中规定了如何修改和再发布代码。有的许可证还允许他人把开源代码整合到新产品中并商用。在开始构建程序之前，你应该先看看是否已经有了类似的开源版本。GitHub 是进行搜索的绝佳起点。

52. 组织（Organization）

在 GitHub 中，可以创建“具体的组织形式”来放置相关的代码存储库。组织可以有多个管理者和贡献者，每个组织都可以有一个 github.io 存储库，用于为该组织托管一个网页。例如，我创建了一个名为“Building-Apps-and-Games-in-the-Cloud”的组织形式来托管这本书相关的所有存储库，地址是 https://github.com/Building-Apps-and-Games-in-the-Cloud。

53. 参数（Parameter）

程序可以通过在调用中添加一个参数来将数据传递给函数或方法。

请看下面的 doDisplay 函数的调用。该函数接受一个参数，也就是 "Hello" 字符串。在函数的定义中，传递的数据被称为参数：

```
doDisplay("Hello");
```

下面的 doDisplay 函数接受 message 作为参数。在前面的函数调用执行时，message 的值将被设置为 "Hello" 字符串。doDisplay 函数调用 alert 函数，为用户显示消息。注意，函数的参数没有明确指定类型：

```
function doDisplay(message){
    alert(message);
}
```

下面的语句使用 99（一个数字，而非字符串）作为参数调用 doDisplay。但这个函数依然可以正常工作，因为当 alert 函数展示这个值时，数字 99 会被转化为字符串：

```
doDisplay(99);
```

下面是 doDisplay 的另一个版本，它为 message 参数设置了一个默认值。如果在调用 doDisplay 时没有提供参数，message 的值则将被设置为默认字符串 "empty"：

```
function doDisplay(message="empty"){
    alert(message);
}
```

以下代码将在提示框中显示“empty”：

```
doDisplay();
```

54. 物理（Physical）

当我们与计算机打交道时，可以把事物划分为物理元素和逻辑 / 虚拟元素。物理元素指的那些是必须插入并开启的部分。

55. 端口（Port）

一台计算机可以支持众多客户端连接。有些客户端可能想浏览该机器上托管的网站；而有些可能想要连接到机器上运行的邮件服务器。当一个应用程序创建与互联网的连接时，它会指定一个将用于网络输入和输出的端口号。网页服务器应用通常使用 80 端口，邮件服务器则通常使用 587 端口。连接到服务器的客户端知道要使用哪个端口。除非我们在 URL 中专门指定了不同的端口号，否则浏览器将默认使用 80 端口连接到服务器。

端口号是一个 16 位的值，总共有 65 655 个可能的端口号。前 1 023 个端口是为诸如邮件和网页之类的重要服务所保留的。从 1 024 到 49 151 的范围可供希望建立自己的服务的组织注册。大于 49 151 的端口号可以用于临时连接。这意味着，如果我想连接到计算机上的某个程序，我需要知道计算机的 IP 地址以及程序所在的端口号。

56. 原始类型（Primitive）

JavaScript 语言提供了 8 种不同的数据类型来存储不同的值。其中的 7 种类型被定义为“原始类型”，其中包括数字、布尔值和字符串。我们无法向原始类型添加属性，因为它只能存储一个值。如果想让一个变量存储多个值，例如 x 坐标和 y 坐标，那么就必须使用对象。对象是通过引用来管理的。

57. 过程（Procedure）

过程是一个不返回任何值给调用者的函数。例如，下面的 doDisplay 函数会显示一条消息，但不会返回任何值：

```
function doDisplay(message="empty"){
    alert(message);
}
```

如果一个程序试图使用从过程调用返回的值，它将获得 undefined 值。以下语句把 res 的值设置为 undefined：

```
let res = doDisplay("hello")
```

58. 程序（Program）

程序是一系列指导计算机如何执行特定任务的指令。例如，我们可以编写一个程序来计算两个数字的和并显示其结果。

59. Promise

在 JavaScript 中，Promise 是一个描述执行异步任务意图的对象。Promise 可以被实现或被拒绝，并且我们可以为每种结果添加事件处理器。Promise 也有可能既不被实现也不被拒绝。Promise 对象包含一个 then 方法，当 Promise 实现时，它接受一个函数引用并调用它。

Promise 对象还提供了与 Promise 相关的实用函数。例如，Promise.race 函数接受一个 Promise 列表，并返回一个 Promise，在列表中的任意一个 Promise 对象实现后，这个返回的 Promise 将随之实现。我们还可以使用 Promise.resolve 来将多个 Promise 组合成一个。这个方法接受一个 Promise 列表，并返回一个 Promise，当列表中的所有 Promise 都实现之后，这个 Promise 就会实现。

60. 属性（Property）

JavaScript 对象可以包含属性值（若想了解如何创建 JavaScript 对象并添加属性，请参阅词专业术语详解表中的“对象”词条）。假设我们有一个描述汽车的对象。它具有 color 属性、model 属性和 make 属性。我们可以使用 delete 运算符从对象中删除一个属性：

```
delete car.model;
```

以上语句会从由 car 变量引用的对象中删除 model 属性。以上语句使用“点表示法”（dot notation）来访问对象的属性。属性名和变量名之间使用一个点“.”来分隔。当我们使用方括号表示法来访问对象中的属性时，它就变得更加有趣了。下面的语句

会将 "model" 属性恢复到由 car 引用的对象中。在这种情况下，属性名 model 被指定为一个用方括号括起来的字符串：

```
car["model"] = "Cube"
```

点表示法和方括号表示法都可以访问相同的属性。我们可以使用方括号表示法来创建包含空格的属性名，如下所示：

```
car["number of seats"] = 5;
```

但是，如果属性名包含空格，我们将无法使用点表示法来访问此属性，只能使用方括号。下面的语句将显示汽车的座位数量：

```
console.log("Passenger capacity: " + car["number of seats"]);
```

61. 专有（Proprietary）

专有技术由某个组织或公司拥有并推广，这种技术通常是为了保持对全部或部分市场的控制而开发的。

62. 递归（Recursion）

想知道什么是递归吗？请再递归地查看一次本词条（抱歉，一直这样的话就没完没了的啦）。当函数直接（Fred 调用 Fred）或间接地（Fred 调用 Jim，Jim 再调用 Fred）调用自身时，就会发生递归。在解析语法或遍历层次结构时，递归非常有用。

63. 引用（Reference）

引用是指向对象的变量。对象变量是通过引用管理的，而其他所有类型的变量则是通过值管理的。可以把引用设置为 null 值，以明确表示它不指向任何内容。

64. 渲染（Render）

渲染指的是将逻辑内容（比如结构化数据）转换为更物理的形式（比如屏幕上的图像）。渲染被广泛地应用于各种领域，在游戏中，代表玩家和场景的数据对象被转换为图像，而在浏览器中，文档对象模型被转化为页面。在大多数系统中，渲染过程是独立于应用程序的其他部分进行的。

65. 存储库（Repository）

存储库是一个可以被 GitHub 作为一个整体管理的资源集合。它可以包含各种类型的文本和二进制文件。每个存储库都有自己的名称，并可以由个人或组织所拥有。

66. 返回（Return）

在 JavaScript 中，函数或方法使用 return 关键字来返回一个值或提前返回。

67. 沙盒（Sandbox）

系统可以在沙盒环境中托管应用程序，该环境严格控制应用程序对主机的访问权限。

68. 作用域（Scope）

在 JavaScript 中，作用域指的是程序中可以访问给定变量的那一部分。用 `let` 关键字声明的变量的作用域是声明它的代码块。用 `var` 关键字声明的变量的作用域是声明它的函数。自动声明的变量具有全局作用域，这意味着它对程序中的所有函数都是可见的。在创建嵌套的代码块时，新声明的变量可能会覆盖外部块中同名的变量。以下代码创建了两个名为 `i` 的变量。第一个（外部）变量的值为 `0`。第二个（内部）变量的值为 `99`。在内部块中运行的代码无法访问外部版本的 `i`，因为对 `i` 的任何引用都会解析为内部变量：

```
let i = 0;
{
    let i = 99;
}
```

69. 语句（Statement）

在 JavaScript 中，我们通过语句来表达要执行的操作。每个语句都执行一个动作，例如调用函数或进行变量赋值。如果一行里有多个语句，它们之间必须使用分号分隔。如果语句由换行符分隔的或在独立的代码块中，则可以省略分号。语句会生成一个值。例如，赋值操作的结果值是赋值给变量的那个值。

70. 字符串（String）

JavaScript 中的字符串类型可以存储 Unicode 字符。JavaScript 字符串可以非常长，甚至超出计算机中的存储空间。可以通过将字符串常量赋给一个变量来创建一个字符串类型的变量。字符串可以用于比较相等性。当进行大于 / 小于比较时，字符串将基于字母顺序进行排序。使用运算符 + 可以将两个字符串连接起来。若想更深入地了解字符串，请参见 https://developer.mozilla.org/en-US/docs/Web/JavaScript/Reference/Global_Objects/String。

71. 同步（Synchronous）

同步操作指的是必须等待其完成的操作。如果程序调用一个函数来执行某项操作，并且该函数以同步方式工作，那么程序将会暂停，直到操作完成并且函数返回结果。我们应该尽量避免使用同步函数，因为它们可能会拖慢系统的运行速度。与同步操作相对的是异步操作。

72. 系统软件（System software）

系统软件是为其他软件提供服务的软件。接触最多的系统软件应该是计算机的操作系统。系统软件的种类还有很多，比如显卡和打印机的驱动程序。

73. this 关键字

`this` 关键字的行为可能有点让人迷惑，因为它的定义完全取决于上下文。接下来，我们将探索几种不同的上下文并讨论 `this` 在它们中的含义。请注意，这这里只会做简要概述。若想了解更多信息，请查看 https://developer.mozilla.org/en-US/docs/Web/JavaScript/Reference/Operators/this。

74. 在方法中的 this

方法是对象内的代码块，为对象提供了特定的行为。下面的 `Vehicle` 类包含两种方法：

- 类的构造方法；
- `logDetails` 方法。

两种方法都使用了 `this` 关键字，在这个上下文中，`this` 关键字指的是“正在执行该方法的对象”：

```
class Vehicle {
    constructor(newValue) {
        this.color = newValue.color;
        this.make = newValue.make;
    }
    logDetails() {
        console.log("颜色为：" + this.color + "，品牌为：" + this.make);
    }
}
```

在方法中，`this` 关键字使得方法能够操作对象的属性。在下面的代码中，当执行 `logDetails` 方法时，`this` 的值指向了 `v1`：

```
let v1 = new Vehicle({color:"white",make:"Nissan"});
v1.logDetails();
```

75. 在函数中的 this

在 JavaScript 中，函数本身也是对象，可以拥有属性。在函数体中，`this` 指向该函数对象本身。下面的代码展示了一个包含两条语句的函数：

- 第一条语句显示了 `name` 属性

- 第二条语句将 name 设为 "fred"

```
function thisDemo() {
    console.log(this.name);
    this.name = "fred";
}
```

在首次调用 thisDemo 函数时，显示的消息将是 undefined，因为此时函数没有 name 属性。而当我们再次调用这个函数时，显示的将是 "fred"，因为 thisDemo 函数的 name 属性已经被设置成了 "fred"。

76. 在箭头函数（=>）中的 this

我们已经看到，在函数体中，this 通常指向函数对象。但是，如果函数被声明为箭头函数，这种行为会有所不同。箭头函数经常被创建为与 JavaScript 事件绑定的匿名函数。请看前面的代码（“在函数中的 this”），它在 HTML 页面中创建了一个按钮元素。当按钮被单击时，count 值会被更新并在控制台中显示：

```
function makeCountButton() {
    this.count = 0;
    let container = document.getElementById("mainPar");
    let newButton = document.createElement("button");
    newButton.textContent = "Increment Count";
    newButton.addEventListener("click", (e) => {
        console.log(this.count);
        this.count = this.count + 1;
    });
    container.appendChild(newButton);
}
```

count 值被存储在 makeCountButton 函数中。当按钮被单击时，count 值会递增。这段代码之所以可以正常工作，是因为绑定到按钮的 click 事件的事件处理器使用了箭头表示法，这意味着事件处理器中的所有 this 引用都指向其外部对象（在本例中，这个对象是包含 count 值的 makeCountButton 函数）。如果按照下面的方式编写事件处理器（也就是编写成为一个普遍函数），那么 makeCountButton 中的 count 值将不会递增，因为此时的 this.count 指向事件处理器中的变量：

```
newButton.addEventListener("click", function (e) {
    console.log(this.count);
    this.count = this.count + 1;
});
```

77. 抛出（Throw）

当程序遇到无法继续执行的情况时，它可以抛出一个异常，这样程序的控制权会转移到一个专门的代码块，这个代码块会试图恢复程序到一个已知的正常状态。引发异常的原因有很多，比如操作超时或函数，或一个方法调用的参数无效或缺失。以下语句将抛出一个包含字符串消息的异常：

```
throw("Something bad happened");
```

若想了解更多信息，请查看 try-catch 的定义。

78. Try – catch – finally

如果一段代码可能会抛出异常，那么我们可以把它放在 try-catch-finally 结构中。把可能抛出异常的代码放在 try 块中，异常处理代码则放在 catch 块中，然后把无论是否抛出异常都要运行的代码放在 finally 块中。下面的代码展示了这个结构是如何运作的，它尝试从 URL 获取数据。这里我们使用了 JavaScript 的 fetch 函数来完成操作。如果找不到资源，fetch 函数会抛出一个异常。catch 子句里的代码负责处理这个错误，而无论是否抛出异常，finally 块中的代码都会运行：

```
try {
    // 尝试获取某些数据
    const response = await fetch('https://api.example.com/data');
    const data = await response.json();
    // 使用这些数据
    console.log(data);
} catch (error) {
    // 处理错误
    console.error('获取数据时出错：', error.message);
} finally {
    // 清理任何资源
    console.log('正在清理资源...');
}
```

79. 未声明（Undeclared）

未声明变量就是没有在程序中声明过的变量。这意味着它并不存在于我们的程序中。你可能会问："怎么创建一个未声明变量？"显然，答案是我们无法创建这样的变量。这正是问题所在。如果 JavaScript 遇到一个未声明的变量，它会抛出一个异常，导致该执行流程停止。请看下面这段 JavaScript 代码，它是完全合法的：

```
if(age>70) console.log("too old");
```

如果 age 变量的值大于 70，这段代码会在控制台中输出消息。但是，如果没有声明过 age 变量，那么程序将会抛出一个 ReferenceError 异常并停止执行。尽管“未声明”听起来很像“未定义（见下文）”，但实际上它们迥然不同。一个未声明的变量是不存在的，而一个未定义的变量是存在的，只不过它的值是 undefined，这意味着它没有被赋值。

80. 未定义（Undefined）

如果创建了一个变量但没有为其赋值，那么该变量的值会被设置为 "undefined"。

```
var x;
console.log(x);
```

在开发者工具的控制台中执行以上语句，控制台将会显示 "undefined" 值。JavaScript 认为 undefined 是一个可以赋值并检测的值；

```
x = undefined;
if(x==undefined) console.log("x has not been defined")
```

如果想明确标记某个变量处于未赋值状态，可以为其赋予 undefined 值。函数可以测试参数以确保它们不为 undefined。如果程序尝试在数值表达式中使用 undefined 值，那么这个表达式的结果将是一个特殊值：NaN（非数字）。

81. Var 关键字

程序可以使用 var 关键字来声明一个变量。在函数内部使用 var 声明的变量将持续存在于这个函数中。如以下代码所示，虽然 varDemo 函数中的 v 变量是在一个内部块中声明的，但它在整个函数体中都是可见的，这意味着控制台会输出值 99。

```
function varDemo(){
    {
        // 内部块
        var v = 99;
    }
    console.log(v);
}
```

在所有函数之外使用 var 声明的变量将具有全局作用域。

82. 变量（Variable）

在 JavaScript 程序中，一个变量可以存储一个值，并通过一个标识符进行引用。变量可以存储一个原始类型的值（例如一个数字），也可以作为对象的引用。虽然变量是有类型的，但 JavaScript 会根据其赋值来推断变量的类型。以下代码首先创建了一个包含字符串的变量 a，然后为它赋值一个整数：

```
let a = "Rob";
a = 99;
```

83. 虚拟（Virtual）

我们可以使用软件和计算机来创建真实世界中事物的虚拟版本，比如虚拟文件、虚拟文件夹甚至是人类的虚拟形象。

84. 可见性（Visibility）

变量的“可见性”指的是程序代码中可以访问该变量的部分。若想了解更多信息，请查阅词汇表前面的词条“作用域”。